Python 人工智能

原理、实践及应用

杨博雄 ◎主编
Yang Boxiong

于营 肖衡 潘玉霞 高华玲 梁志勇 ◎副主编
Yu Ying Xiao Heng Pan Yuxia Gao Hualing Liang Zhiyong

清華大學出版社
北京

内容简介

本书巧妙地将 Python 语言与人工智能知识结合在一起进行编排，使读者既能全面学习 Python 编程语言，又能系统了解人工智能基本原理并深入掌握人工智能特别是新一代人工智能的关键技术，同时配有丰富的教学案例和前沿热点应用，每一个知识点都配有对应的 Python 语言实现。

全书共分为 9 章。第 1 章主要讲解人工智能的发展历史、驱动因素及关键技术等。第 2 章为 Python 编程语言，系统介绍 Python 的语法规则、数据类型、程序结构及文件操作和图形化编程等。第 3 章为概率统计基础，本章是人工智能的理论基础。第 4 章为最优化方法，解释人工智能算法本质问题。第 5 章深度学习与神经网络是本书的重点章节，该章对当前基于深度学习的多层神经网络，如卷积神经网络、递归/循环神经网络、长短期记忆神经网络等进行全面、深入的讲解。第 6 章 TensorFlow 深度学习，重点介绍深度学习开源框架 TensorFlow 的使用方法及如何利用 TensorFlow 开发和部署各种深度学习模型。第 7 章数据采集与数据集制作，详细介绍如何通过网络爬虫等方法从互联网上搜集数据并制作成数据集。第 8 章详细阐述如何利用 GPU 并行计算设备和 CUDA 编程来加速人工智能深度学习的模型训练。第 9 章精心挑选了 7 个人工智能实验案例，包括数据智能分析、视频图像智能理解、自然语言处理等各个方面，从易到难，可以作为本书配套的实验教学内容。

本书可作为人工智能、计算机、电子信息、智能科学与技术、数据科学与大数据、机器人工程等专业的高年级本科生及研究生的学习用书，也可作为从事人工智能研究与开发的科研人员、工程技术人员及智能应用爱好者的参考书籍。

图书在版编目(CIP)数据

Python 人工智能：原理、实践及应用/杨博雄主编. —北京：清华大学出版社，2021. 1 (2025.1 重印)
(清华开发者书库 • Python)
ISBN 978-7-302-57188-9

Ⅰ. ①P… Ⅱ. ①杨… Ⅲ. ①软件工具—程序设计 Ⅳ. ①TP311. 561

中国版本图书馆 CIP 数据核字(2020)第 260216 号

责任编辑：赵佳霓
封面设计：刘　键
责任校对：焦丽丽
责任印制：丛怀宇

出版发行：清华大学出版社
网　　址：https://www.tup.com.cn，https://www.wqxuetang.com
地　　址：北京清华大学学研大厦 A 座　　**邮　　编**：100084
社 总 机：010-83470000　　**邮　　购**：010-62786544
投稿与读者服务：010-62776969，c-service@tup. tsinghua. edu. cn
质量反馈：010-62772015，zhiliang@tup. tsinghua. edu. cn
课件下载：https://www.tup.com.cn，010-83470236
印 装 者：三河市龙大印装有限公司
经　　销：全国新华书店
开　　本：185mm×260mm　　**印　张**：18. 75　　**字　　数**：454 千字
版　　次：2021 年 3 月第 1 版　　**印　　次**：2025 年 1 月第 8 次印刷
印　　数：10501～12000
定　　价：69. 00 元

产品编号：090377-01

序

PREFACE

曾经，人工智能离我们那么遥远而不可及。但是近年来，出现在我们身边的各种智能化应用，如自动驾驶、扫地机器人、自然语言对话机器人、人脸识别、视频理解、移动支付、信息智能化推送、VR/AR/MR应用等，让我们目不暇接，感叹于科技的力量。人工智能已不再是科幻小说或科幻电影中的科学幻想，它已成为现实生活中的真实存在，并已应用到许多行业和领域之中。人工智能时代已经来临，科幻电影中的场景将成为现实，在将来不懂人工智能就像现在不懂操作计算机的人一样，在工作与生活中会有很多不便，而掌握了人工智能技术的人，则可能引领世界。

如今，人工智能正处于高速发展时期，世界各国相继出台一系列政策支持人工智能的发展。我国是人口大国，拥有大量数据资源，在发展人工智能方面具有得天独厚的优势。人工智能是中国的一次机遇，国家已经认识到了这一点并将人工智能提升到了国家战略级别。目前，社会对人工智能的期望与人工智能技术的实际能力之间存在着巨大的差距，特别是近年来人工智能概念本身的急剧泛化，导致其理论和方法都发生了重大变化。与此相伴的是人工智能人才严重短缺，而传统的人工智能教材又难以适应并满足新形势下的需求。因此，编写与时俱进，内容反映当前研发与应用现状的人工智能教材，成为一项迫切的任务。

1988年Xerox PARC实验室的一系列研究计划最早提出了普适计算。在该计划中美国施乐(Xerox)公司PARC研究中心的Mark Weiser首先提出了普适计算的概念。1991年Mark Weiser在*Scientific American*上发表文章*The Computer for the 21st Century*，正式提出了普适计算(Ubiquitous Computing)。1999年，IBM公司也提出普适计算(IBM称之为Pervasive Computing)的概念，即为无所不在的，随时随地可以进行计算的一种方式。当今逐渐被社会认同并迅速进入应用领域的人工智能技术，其基础理论即来源于普适计算理论。普适计算环境提出，技术手段将支持场景化的应用环境，普适计算环境将全面感知用户的需求。20世纪90年代互联网技术尚未达到普适计算的要求，而科技发展到今天，普适计算将成为人工智能的最基础理论。

科技在发展，社会在进步。越来越多的人都在关注，都想学习人工智能，它具有神秘的面纱且更加吸引人。但是很多人都不敢学，因为传统教材的门槛都很高，需要编程、高等数学、统计学等各种专业知识，让人退避三舍。但是，由杨博雄博士主编的《Python人工智能——原理、实践及应用》的出版解决了当前的急需，满足了无数人想学习和掌握人工智能技术的梦想。该书介绍人工智能的基本思想、原理、算法和应用，重点突出技术的可操作性，全面覆盖学科领域的相关技术方向。独特的是，本书将人工智能语言Python作为单独一章进行专门讲解，弥补了传统人工智能书籍过于理论化的短板，为人工智能学习者提供了一个快速入门并动手实践的工具，同时又集中介绍了TensorFlow。TensorFlow是谷歌公司开发的一款开源的人工智能应用框架，用于帮助研究者研究和部署深度学习神经网络，为研究者提供了加速深度学习的平台，TensorFlow 已经成为世界上应用最广泛的机器学习平台。通过该教材，读者可以快速掌握 TensorFlow 的开发方法。

该书所选例子浅显易懂，每个理论讲解之后都会附有对应的 Python 代码实现，以方便初学者掌握算法的基本流程并编程实现，每个案例都经过精挑细选，与现实应用紧密结合，非常容易激发读者的兴趣。本书内容具备一定的理论深度，又具有一定的应用高度，可作为相关专业高年级本科生、研究生的教学用书，也可供有一定数学和程序设计基础的技术人员参考。

中国智慧城市专家委员会首席科学家：

2020 年 10 月

前言

PREFACE

近年来，人工智能（Artificial Intelligence，AI）终于开始展示其巨大能量了，给人类社会带来了翻天覆地的变化，机器能通过"图灵测试"似乎变得不那么遥不可及了。过去十年来的技术发展，如更加智能的机器学习算法的突破、可用于"训练"人工智能系统的大数据技术的出现、GPU 设备的广泛应用与计算能力的大幅增强等，大大提升了机器在自然语言处理、图像视频理解、大数据精准营销及个性化推介等领域的智能水平，使得人工智能得以应用于更为广泛、更高智能的领域，出现了城市大脑、自动驾驶、机器翻译、对话机器人等各种高端的智能应用产品与服务。

毋庸置疑，本轮人工智能是一种全新的人工智能，是对我们的生活进行全新变革的人工智能，是对全球各个产业进行重塑的人工智能。之前的人工智能较常应用于制造业或者工厂，主要负责一些比较烦琐的体力劳动等行为工作，但是新一代人工智能却主要体现在提高人类生活质量和社会管理水平上，它借助物联网、云计算、大数据等新技术和移动互联网、智能手机、可穿戴设备等新载体，润物细无声地渗透到现代社会的方方面面，潜移默化地影响甚至改变着当今人类的生产生活与思维方式，重构整个社会生态。

人工智能技术的发展带来了社会的进步和产业的繁荣，同时也带来了 AI 人才培养的迫切需求。许多高校已经纷纷开始申请设置数据科学与大数据、智能科学与技术、网络与新媒体、区块链工程等与人工智能相关的专业，并成立人工智能学院。中国教育部在 2019 年已经把人工智能作为一门独立的专业在高校中设立并招生。未来人工智能有望成为一级学科，并与其他学科一起协同发展形成交叉学科，成为第四次工业革命的主力军。

Python 被称为人工智能语言，是因为 Python 具备了强大的 AI 支持库，同时具有优良的可扩展性和平台可移植性，它能够轻松地把用其他语言制作的各种模块联结在一起，通过 Python 语言可以很方便快捷地开发和部署各种 AI 应用。由于 Python 语言简单、免费，所以初学者很容易自学掌握。本书采用 Python 语言作为人工智能应用和开发的工具，并专门用一章来详细讲解 Python 语言，满足没有 Python 语言基础的读者也能通过本书学好人工智能。

不言而喻，新一代人工智能的进步关键得益于深度学习与神经网络等算法的发展与成熟，而深度学习取得如此显著成绩的背后得益于大数据驱动、GPU 算力加速及各种商业领域的创新应用与智慧化、泛在化民生服务。虽然深度学习背后的数学概念几十年前便被提出，但致力于创建和训练这些深度模型的编程库是近年来才出现的。TensorFlow 是当前广受欢迎的一个深度学习开源平台，具有灵活性、高效性、良好的可扩展性及可移植性。各种形式和尺寸的计算机，从智能手机到大型计算集群，都可运行 TensorFlow。本书以 TensorFlow 为工具，采用 Python 语言来搭建深度学习模型和训练平台，让学习内容既具有一定的普适性，又能做一些基础性研究与算法设计，拓展了深度学习的应用空间。

本书由三亚学院杨博雄、于营、肖衡、潘玉霞、高华玲、梁志勇六位老师共同编写，是六位老师多年来对人工智能教学经验的凝练和总结。本书理论紧密联系实际，力求在每一个知识点的理论讲述之后都有具体案例加以体现，同时在实验部分选取当今人工智能的热点应用并改编为教案，让读者一目了然，兴趣盎然。

本书在编写过程中，难免会出现疏漏和差错，欢迎读者批评指正。

作　者

2020年10月

教学课件

配书视频

本书源代码

教学大纲

课后思考题答案及选择题

实验报告

目录

CONTENTS

第1章 概述

当前，人工智能（Artificial Intelligence，AI）技术正迎来新的发展浪潮，神经网络、深度学习等人工智能算法及物联网、云计算、大数据、5G等新一代信息技术快速发展，更智能的生活解决方案将让人类过得更好。毫无疑问，人工智能将被嵌入到广泛的生活场景中，人们对更幸福的生活、更健康的身体及更高的工作效率和能力的追求将驱动人工智能产业与应用快速发展。

本章首先以当前人工智能领域的前沿热点研究和应用为开端，引入人工智能的概念、定义及分类。接着详细介绍人工智能的起源、发展与走向，特别是对大数据时代新一代人工智能的兴起进行深入剖析。在此基础上，结合社会发展背景详细介绍新一代人工智能的主要驱动因素，详细阐述人工智能三大学派及其对应的应用形式。最后介绍人工智能应用领域所涉及的关键技术。

1.1 引言

近年来，人工智能得到人类的共同关注，成为当今主导世界经济全面发展的关键技术，并影响着社会的方方面面，极大地改变了人们的生产和生活乃至思维方式。无论是"抖音"（TikTok）"微视""快手"等移动短视频与直播App，还是"哔哩哔哩""优酷""爱奇艺"等视频网站，对于视频的智能识别、语义理解、内容辨析、特征关联等成为驱动这一行业快速发展与促进用户体验不断增强的关键技术。不断涌现的各种智能硬件设备，如天猫精灵、小度在家、小艾同学等成为助力传统行业效率升级、提升智能人机交互能力、提高商业服务效率的有力支撑。正是有了数据挖掘、用户匹配、知识关联、智能推荐等各种智能算法与方法，才有了"今日头条"重塑内容搜索与信息精准推送行业，才有了"拼多多"另辟蹊径、异军突起，在竞争激烈的互联网商业应用领域立足与快速成长。

今天，人工智能技术已经走出了技术发展与商业脱节的怪圈，形成了市场拉动与技术推动的良好发展局面。人工智能技术发展势头正猛，无论是一个个技术瓶颈的突破还是一个个商业模式的创新，都证明新一代人工智能是一个与各类应用紧密联系的技术，它是物联网、云计算、大数据、脑认知、知识图谱、深度学习、神经网络、GPU并行计算等各类信息技术的高度集成，形成"AI＋行业"与"行业＋AI"的发展业态，未来将在社会管理、商业服务、经济发展、文化教育、医疗健康、国家安全等领域发挥各种更加重要的作用，为人类创造更加美好的生活。

1.2 人工智能的概念与定义

人工智能的初衷就是让计算机能够像人类一样具有自我学习、自我思考、自我决策的能力。早在1956年，在美国达特茅斯学院召开的一个夏季讨论班上，与会人员首次提出Artificial Intelligence概念，探讨了“如何用机器模拟人的智能”，由此开启了人工智能学科。1950年，图灵发表了一篇论文《机器能思考吗?》(*Can Machines Think*?)，文中提出了“图灵测试(Turing test)”，他主张用这个测试来判断计算机是否具有“智能”。所谓图灵测试就是隔墙相问，不知道与你对话的是人还是机器。“图灵测试”为人工智能提供了一个发展目标和检验标准。

在业界，对人工智能的定义没有一个统一的标准，不同时代、不同应用、不同学者对人工智能的理解不同。本书引用百度百科中对人工智能的定义：人工智能是研究、开发用于模拟、延伸和扩展人的智能的理论、方法、技术及应用系统的一门新的技术科学。人工智能是研究使计算机来模拟人的某些思维过程和智能行为(如学习、推理、思考、规划等)的学科，主要包括计算机实现智能的原理、制造类似于人脑智能的计算机，使计算机能实现更高层次的应用。

人工智能原本是计算机科学的一个分支，目前中国已经设置了人工智能专业，人工智能有望成为一级学科。人工智能企图了解人类智能的实质，并寄托计算机生产出一种新的能以人类智能相似的方式做出反应的智能机器，该领域的研究包括机器人、语言识别、图像识别、自然语言处理和专家系统等，如图1-1所示。人工智能从诞生以来，理论和技术日益成熟，应用领域也不断扩大，可以设想，未来人工智能带来的科技产品将会是人类智慧的“容器”。人工智能可以对人的意识、思维的信息进行模拟，人工智能不是人的智能，但能像人那样思考，也可能超过人的智能。

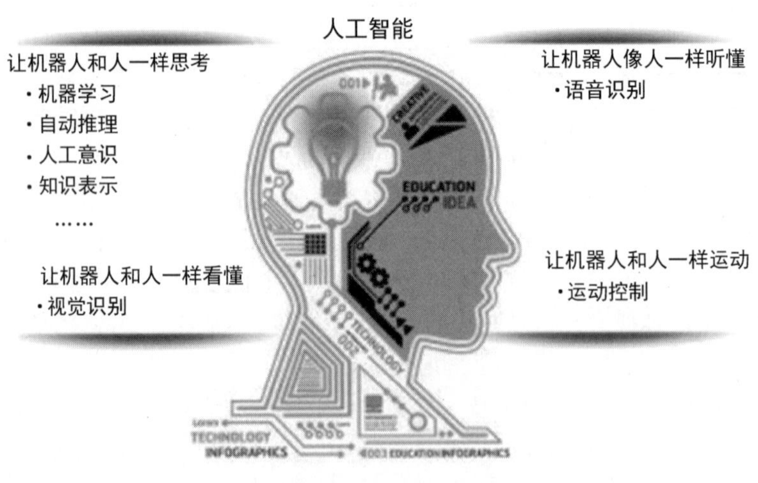

图1-1 人工智能概念与定义

人工智能的概念很宽泛，现在人们根据人工智能达到的能力水平将其划分成3类。

1. 弱人工智能

“弱人工智能(Artificial Narrow Intelligence，ANI)”是指能根据人类设计的某种算法依托计算机进行基本逻辑推理(Reasoning)和解决某种特定问题(Problem-solving)的智能。

弱人工智能在某一方面表现出智能,但是不具有与人类相当的智力水平和思维模式。例如,弱人工智能可以用于文本理解、图像识别、语音识别、知识关联等,但是只能程式化地部分替代人类对图像或声音的辨别和处理。虽然机器逐渐具备了所谓的自我学习能力,但它们只会在各自的领域内学习,而不会像人类一样具有好奇心,也不会自主地探索新的技术和方法。这些机器只不过看起来是智能的,但是并不真正拥有智能,也不具有自主意识。

2. 强人工智能

"强人工智能(Artificial General Intelligence,AGI)"有时也叫通用人工智能(General Artificial Intelligence)或完全人工智能(Full AI),指的是可以胜任人类所有工作的人工智能,能够进行思考计划、解决问题、抽象思维、理解复杂理念、快速学习和从经验中学习,具备在存在不确定性因素时进行推理、使用策略、解决问题、制订决策的能力,使用自然语言进行交流沟通的能力及将上述能力整合以实现既定目标的能力。

3. 超人工智能

"超人工智能(Artificial Super Intelligence,ASI)"是指随着科学技术的不断发展和协同工作,让计算机创造出一种在科学创新、通识和社交技能等方面都比人类大脑聪明很多的智能。"超人工智能"寄托着人类美好的愿景但不一定能够达到的目标。

尽管弱人工智能的名称中带有一个"弱"字,但它的实力不容小觑,更是为人类的生活带来了极大便利。例如,AlphaGo围棋机器人在围棋领域一点也不弱;人脸识别技术可以在密集的人群中一眼就发现目标人物;扫地机器人可以自动打扫房间的每个角落,并且在电量不足时自行找到充电桩充电;自动驾驶汽车可以处理路况,并且自行到达目的地,等等。"弱人工智能"代表了人工智能的主流,并在相当长的一段时间内引领行业发展。

1.3 人工智能三大学派

在人工智能的整个发展过程中,不同学科背景的研究人员对人工智能有不同的理解,因此也形成了人工智能的三大发展学派。

传统的人工智能被称为符号主义(Symbolicism)学派,符号主义主要研究的是基于逻辑推理的智能模拟方法。而一些人则认为可通过模拟大脑的神经网络结构结合脑认知原理实现,逐步形成连接主义(Connectionism)学派。此外还有人认为可以从仿生学及生物体与环境互动的模式中寻找答案,进而形成行为主义(Actionism)学派。

1.3.1 符号主义学派

"符号主义"研究者认为人工智能源于数理逻辑。数理逻辑从19世纪末得以迅速发展,到20世纪30年代开始用于描述智能行为。计算机出现后,又在计算机上实现了逻辑演绎系统。其中比较有代表性的研究成果为启发式程序逻辑理论家LT(Logic Theorist),它证明了38条数学定理,表明可以应用计算机研究人的思维过程来模拟人类智能活动。在1956年的美国达特茅斯会议上首先提出"人工智能"术语的科学家大多来源于符号主义者学派。

在此基础上,符号主义学派发展了启发式算法→专家系统→知识工程理论与技术,并在20世纪80年代取得很大发展。符号主义曾长期一枝独秀,为人工智能的发展做出了重要贡献,尤其是专家系统的成功开发与应用,为人工智能走向工程应用和实现理论联系实际具有特别重要的意义。在人工智能的其他学派出现之后，符号主义仍然是人工智能的主流派别，这个学派的代表人物有纽厄尔(Newell)、西蒙(Simon)、尼尔逊(Nilsson)等。

如今，基于大数据知识工程的知识图谱(Knowledge Graph)是符号主义学派人工智能代表性应用成果，如图1-2所示。大数据时代，由于拥有了前所未有的算力和数据，有着花样繁多的模型、大规模的众包平台及高质量的用户内容，这使得自动化知识获取、自动化的知识图谱构建成为可能。知识图谱首先是一种大规模知识表示，所以它通常包含海量的实体，往往是数以亿计。大规模也体现为多样的关系，以及成千上万的关系。知识图谱解决了语言表达鸿沟问题，并补全了缺失的因果链条。通过建设大量词汇知识图谱，包含领域的同义词、缩略词、上下位词等关系，可以有效解决语言表达鸿沟的问题，实现精准信息推送。这些都有着密集的专家知识、有限的数据资源和深度的知识应用等鲜明特性。在知识图谱的带动下，自然语言理解(Natural Language Processing，NLP)取得了飞速进展并获得了长足进步，出现了知识问答、自动客服、智慧司法、答题机器人等各种更高智能的应用形式。

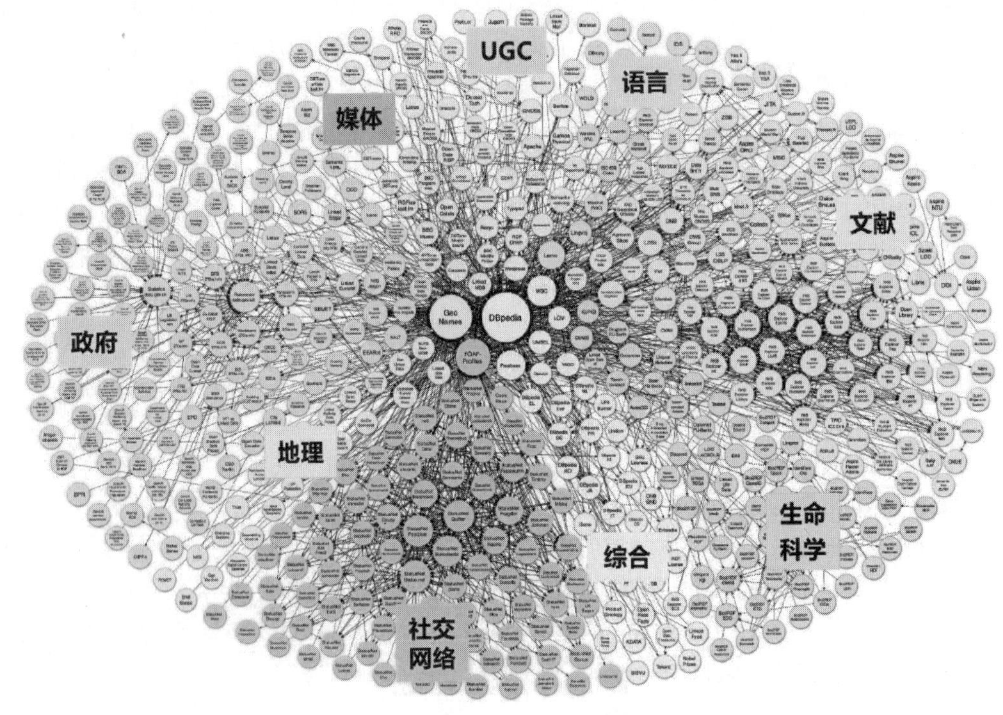

图1-2 基于大数据知识工程的知识图谱人工智能

1.3.2 连接主义学派

每个人的大脑都有上百亿个神经元细胞，它们错综复杂地互相连接，也被认为是人类智慧的来源，所以人们很自然想到能否通过大量神经元来模拟人类大脑的智力。基于此，“连接主义”研究者认为神经网络和神经网络间的连接机制和学习方法能够产生智能。

20世纪60—70年代，连接主义对以感知机(Perceptron)为代表的脑模型的研究出现过热潮，由于受到当时的理论模型、生物原型和技术条件的限制，脑模型研究在20世纪70年代后期至80年代初期落入低潮。直到美国John J. Hopfield教授在1982年和1984年发表两篇重要论文，提出用硬件模拟神经网络以后，连接主义才又重新引发关注。1986 年，鲁梅尔哈特(Rumelhart)等提出多层网络中的反向传播算法(Back Propagation，BP)算法。此后又有卷积神经网络(Convolutional Neural Networks，CNN)的研究，连接主义开始重新焕发生命力，从模型到算法，从理论分析到工程实现，为基于神经网络的人工智能走向市场打下基础。

2006 年，Hinton 在 *Science* 和相关期刊上发表了论文，首次提出了深度信念网络(Deep Belief Network，DBN)的概念，将深度学习推向学术界，并成为当前人工智能领域非常热门的研究方向，如图 1-3 所示。当前，人工智能领域所取得的大量应用和突破性进展都是基于深度神经网络并结合大数据和高性能计算技术而取得。

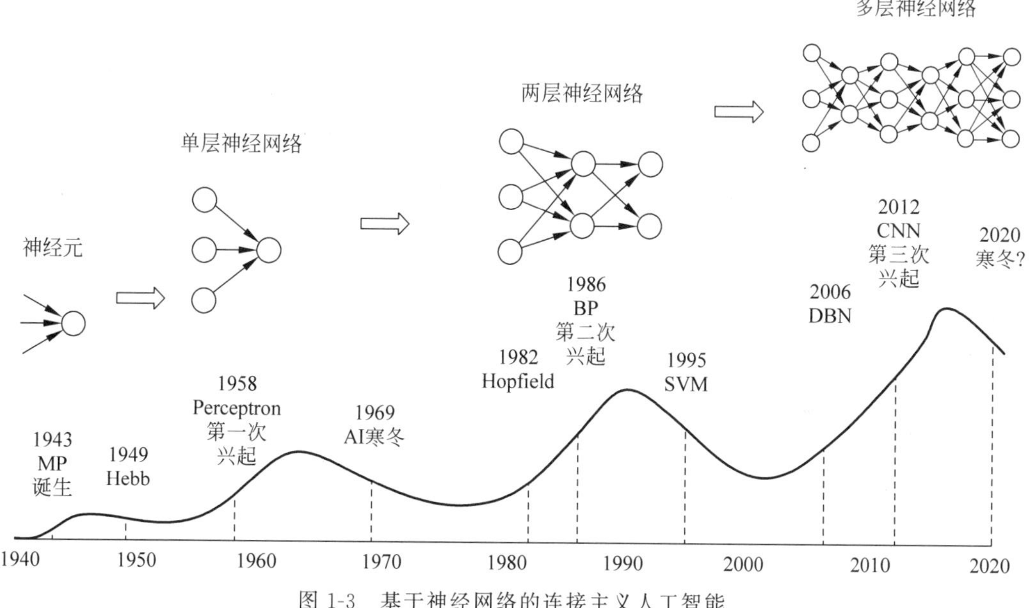

图 1-3 基于神经网络的连接主义人工智能

1.3.3 行为主义学派

“行为主义”研究者认为人工智能源于控制论。控制论思想早在 20 世纪 40—50 年代就成为时代思潮的重要部分，影响了早期的人工智能工作者。维纳(Wiener)和麦卡洛克(McCulloch)等提出的控制论和自组织系统及钱学森等人提出的工程控制论和生物控制论影响了许多领域。控制论把神经系统的工作原理与信息理论、控制理论、逻辑及计算机联系起来。早期的研究工作重点是模拟人在控制过程中的智能行为和作用，如对自寻优、自适应、自镇定、自组织和自学习等控制论系统的研究，并进行“控制论动物”的研制。到 20 世纪 60—70 年代，上述这些对控制论系统的研究取得一定进展，播下智能控制和智能机器人的种子，并在 20 世纪 80 年代诞生了智能控制和智能机器人系统。

行为主义是 20 世纪末才以人工智能新学派的面孔出现的，引起许多人的兴趣。当前行为主义人工智能研究走在世界前列的无疑是波士顿动力(Boston Dynamics)机器人，图 1-4 列举了历年来波士顿动力所研制的各类智能仿生机器人。

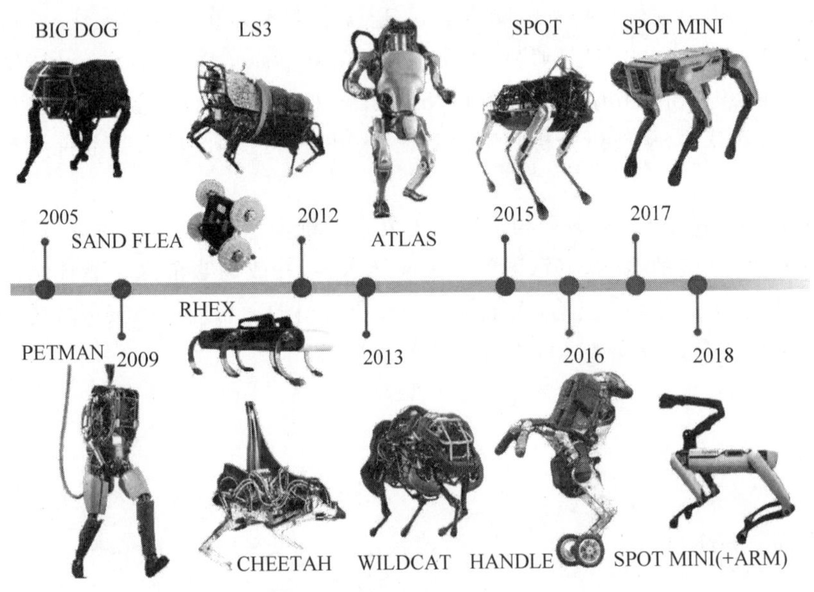

图 1-4 行为主义人工智能代表——波士顿动力机器人

1.4 人工智能起源与发展

人工智能自概念提出到现在已经经历 60 余年的风雨历程，期间有过多次发展浪潮，也经历数次寒冬，如图 1-5 所示。从早期基于推理和搜索的时代，到基于知识工程和专家系统时代，直到今天以机器学习和深度特征表示学习的时代。

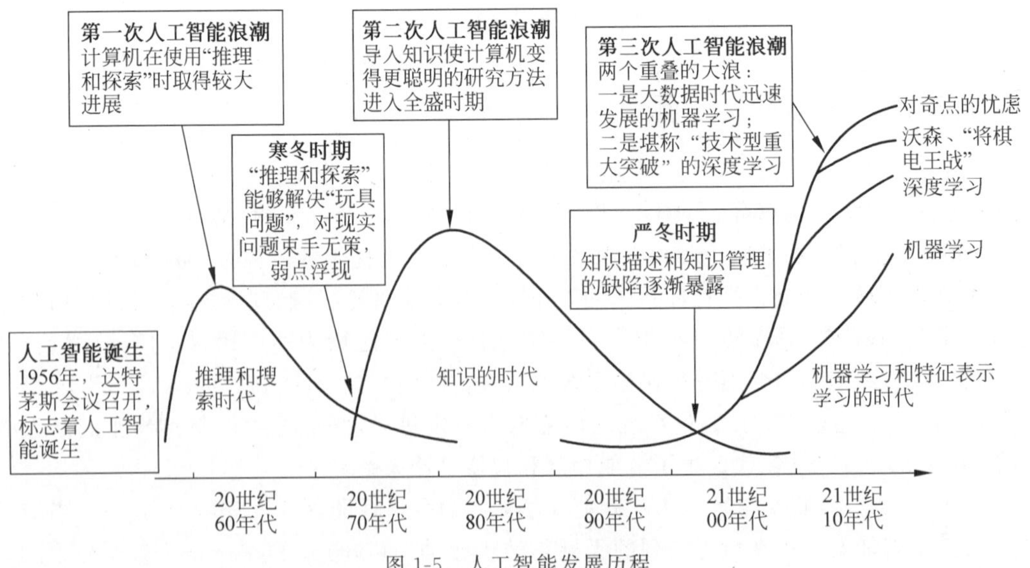

图 1-5 人工智能发展历程

本书将人工智能的发展历程划分为以下 6 个阶段。

起步发展期：1956 年—20 世纪 60 年代初。人工智能概念提出后，相继取得了一批令人瞩目的研究成果，如机器定理证明、跳棋程序等，掀起人工智能发展的第一个高潮。

反思发展期：20 世纪 60—70 年代初。人工智能发展初期的突破性进展大大提升了人们对人工智能的期望，人们开始尝试更具挑战性的任务，并提出了一些不切实际的研发目标。然而，接二连三的失败和预期目标的落空，例如无法用机器证明两个连续函数之和还是连续函数、机器翻译闹出笑话等，使人工智能的发展走入低谷。

应用发展期：20 世纪 70 年代初—80 年代中。20 世纪 70 年代出现的专家系统模拟人类专家的知识和经验解决特定领域的问题，实现了人工智能从理论研究走向实际应用、从一般推理策略探讨转向运用专门知识的重大突破。专家系统在医疗、化学、地质等领域取得成功，推动人工智能走入应用发展的新高潮。

低迷发展期：20 世纪 80 年代中—90 年代中。随着人工智能的应用规模不断扩大，专家系统存在的应用领域狭窄、缺乏常识性知识、知识获取困难、推理方法单一、缺乏分布式功能、难以与现有数据库兼容等问题逐渐暴露出来。

稳步发展期：20 世纪 90 年代中—2010 年。由于网络技术特别是互联网技术的发展，加速了人工智能的创新研究，促使人工智能技术进一步走向实用化。1997 年国际商业机器公司(IBM)深蓝超级计算机战胜了国际象棋世界冠军卡斯帕罗夫，2008 年 IBM 提出“智慧地球”的概念等都是这一时期的标志性事件。

蓬勃发展期：2011 年至今。随着大数据、云计算、互联网、物联网、智能手机、北斗定位、5G 通信等新一代信息技术的发展，泛在感知数据和图形处理器等计算平台推动以深度神经网络为代表的人工智能技术飞速发展，大幅跨越了科学与应用之间的“技术鸿沟”，诸如图像分类、语音识别、知识问答、人机对弈、无人驾驶等人工智能技术实现了从“不能用、不好用”到“可以用”的技术突破，迎来爆发式增长的新高潮。

1.5 新一代人工智能的驱动因素

相比前几次人工智能发展浪潮，本轮人工智能是一种全新的人工智能，是对我们的生产生活进行全新变革的人工智能，特别是以深度学习(Deep Learning，DL)为代表的人工智能异军突起，在计算机视觉、自然语言处理等领域取得了很好的效果，成为主导新一轮人工智能发展的主力军，如图 1-6 所示。大数据(Big Data)的发展为深度学习注入了新的“燃料”，极大地提高了深度学习的智能水平。计算能力的提升促进了深度学习模型的训练效率，成为推动新一代人工智能发展的主要驱动力。移动互联网与智能手机的结合为新一代人工智能插上腾飞的翅膀，产生了全新的应用，如语音购物、人脸支付、视频理解、自然语言处理、无人超市、自动驾驶等。

1.5.1 数据量爆发性增长

我们正处于一个数据大爆炸时代，与以往不同，我们也处于一个能对大量数据进行有效管理和开发的时代。随着物联网、移动互联网、云计算、大数据等新一代信息技术的快速发展与普及，使得以前制约人工智能发展的瓶颈问题得以解决。物联网、移动物联网的快速发

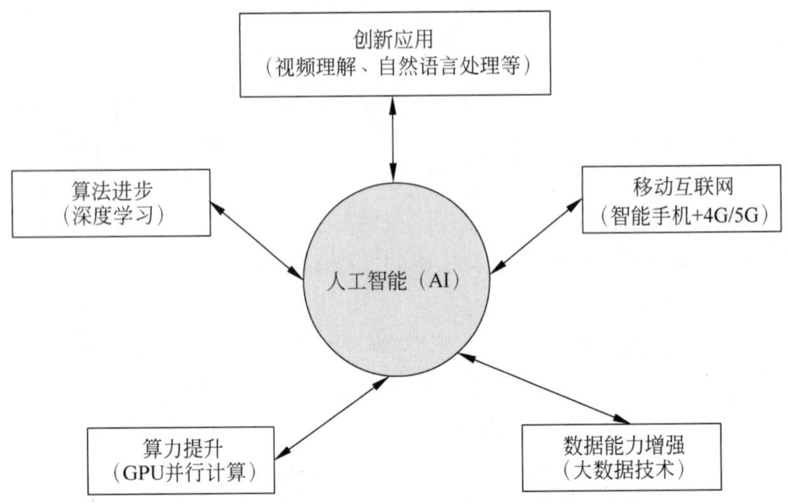

图 1-6 驱动新一代人工智能发展的关键因素

展极大地提高了数据的获取效率,使得人类每时每刻都可以产生并捕获、传输、存储和管理前所未有的海量数据,各行各业产生的数据呈爆发性增长。云计算则为大数据提供了精准分析和弹性计算能力,并可输出有实际价值的信息。大数据则为基于数据训练的人工智能提供了数据来源。截至 2020 年,全球数据已经超过 40ZB,如图 1-7 所示,并且数据的增长速度越来越快,丰富的数据训练集为人工智能技术在更多产业应用提供了可能。

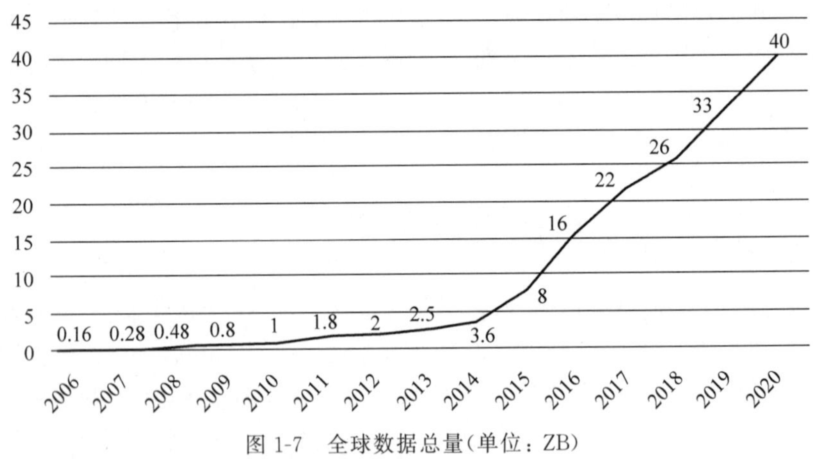

图 1-7 全球数据总量(单位:ZB)

1.5.2 计算能力大幅提升

人工智能算法的实现需要强大的计算能力作为支撑。随着 GPU(Graphics Processing Unit)芯片的普及,计算机的运算能力迈入新阶段。与传统以串行处理为主的 CPU 不同,GPU 的设计更适用于进行并行计算,如图 1-8 所示。CPU 包含几个专为串行处理而优化的核心,而 GPU 则由数以千计更小、更节能的核心组成,这些核心专为提供并行计算能力而设计。GPU 的并行计算能力可同时处理人工智能算法所需的大量数据,从而大大提升计算效率。

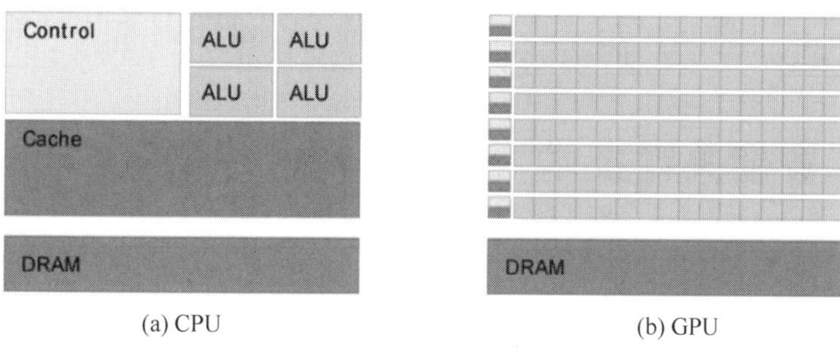

(a) CPU　　(b) GPU

图 1-8　CPU 与 GPU 的区别

GPU 缩短了深度学习的训练周期,从而加速人工智能产业发展进程。随着 GPU 技术的发展,为模拟人脑计算能力所构建的神经元网络连接的数目出现巨大增长。以语音识别为例,深度学习所需样本量在十亿量级,采用 CPU 单机需要几年才能完成一次训练,而 GPU 只需数周就能完成。GPU 缩短了深度学习的训练周期,进而加速人工智能产业发展进程。

当前还出现了专门为深度学习训练用的专用计算芯片,如 TPU(TensorFlow Processing Unit)芯片。TPU 是谷歌为训练 TensorFlow 深度学习模型而推出的专用处理器,它可以在神经网络运算上达到高计算吞吐量,使深度学习模型运行更快,同时能耗和物理空间都很小。

1.5.3　深度学习等算法发展

计算能力的提升和数据规模的增长,使得深度学习、强化学习(Reinforcement Learning,RL)、迁移学习(Transfer Learning,TL)等算法发展起来。这些算法广泛应用于计算机视觉、语音识别、自然语言处理等领域并取得丰硕的成果。技术适用的领域大大拓展,从而越来越多复杂和动态场景的需求得到了满足。深度学习可以让人类通过自然语言和视觉两种方式与人工智能沟通。强化学习让智能系统从环境到行为映射地学习,以使强化信号函数值最大。迁移学习可以将已经学到的模型参数(也可理解为模型学到的知识)通过某种方式来分享给新模型,从而加快并优化模型的学习效率。

1.5.4　移动 AI 创新应用牵引

移动互联网与智能手机的结合催生了移动应用 App 时代到来。微机电系统(Micro-Electro-Mechanical System,MEMS)技术集微传感器、微执行器、微机械结构、微电源微能源、信号处理和控制电路、高性能电子集成器件、接口、通信等于一体,使得加速度计、话筒、微发动机、微泵、微振子、光学传感器、压力传感器、陀螺仪、定位模块等传感器变得小巧、精密、可靠、节能,从而为手机搭载更多传感器,让手机变得更加小巧、更加智能。低功耗嵌入式处理器运行速度的不断提高为智能手机提供更加强劲的处理能力,从而让智能手机具有独立的操作系统,独立的运行空间,可以由用户自行安装各类智能 App。

移动互联网的进步和智能手机的出现,为各种基于个性化、移动化、智能化的应用和服务提供了可能,人类曾经梦寐以求的手机导航、移动支付、网约打车、共享单车、语音购物、AR 教育、智能识花、健康管家、虚拟主播、短视频娱乐等各类智能产品、智能服务如雨后春算般不断涌现，提高了商业服务效率和质量，丰富了人们的物质和文化生活，增强了社会安全保障，极大地推进了人工智能产业的良性发展和惠民应用。

1.6 人工智能关键技术

随着新一代人工智能理论研究的发展和成熟，人工智能的应用领域更为宽广，应用效果更为显著。总结起来，当前人工智能技术包含了以下几个关键技术。

1.6.1 机器学习与深度学习

机器学习（Machine Learning，ML）是一门涉及统计学、系统辨识、逼近理论、神经网络、优化理论、计算机科学、脑科学等诸多领域的交叉学科，研究计算机怎样模拟或实现人类的学习行为，以获取新的知识或技能，重新组织已有的知识结构使之不断改善自身的性能，是人工智能技术的核心。基于数据的机器学习是现代智能技术中的重要方法之一，研究从观测数据（样本）出发寻找规律，利用这些规律对未来数据或无法观测的数据进行预测。根据学习模式、学习方法及算法的不同，机器学习存在不同的分类方法。根据学习模式将机器学习分类为监督学习、无监督学习和强化学习等。

根据学习方法可以将机器学习分为传统机器学习和深度学习。深度学习是机器学习领域中一个新的研究方向，它更接近于人工智能的追求目标。深度学习是学习样本数据的内在规律和表示层次，这些学习过程中获得的信息对诸如文字、图像和声音等数据的解释有很大的帮助。它的最终目标是让机器能够像人一样具有分析学习能力，能够识别文字、图像和声音等数据。人工智能、机器学习、深度学习三者之间的相互包含关系如图 1-9 所示。

图 1-9 人工智能、机器学习、深度学习的相互关系

深度学习是一个复杂的机器学习算法，在语音和图像识别方面取得的效果远远超过先

前相关技术。深度学习在搜索技术、数据挖掘、机器学习、机器翻译、自然语言处理、多媒体学习、语音识别、推荐和个性化技术及其他相关领域都取得了很多成果。深度学习使机器模仿视听和思考等人类的活动，解决了很多复杂的模式识别难题，使得人工智能相关技术取得了巨大的进步。

1.6.2 知识图谱

知识图谱本质上是结构化的语义知识库，是一种由节点和边组成的图数据结构，以符号形式描述物理世界中的概念及其相互关系，其基本组成单位是"实体—关系—实体"三元组，以及实体及其相关"属性—值"对。不同实体之间通过关系相互联结，构成网状的知识结构。在知识图谱中，每个节点表示现实世界的"实体"，每条边为实体与实体之间的"关系"。通俗地讲，知识图谱就是把所有不同种类的信息连接在一起而得到的一个关系网络，提供了从"关系"的角度去分析问题的能力。

知识图谱可用于反欺诈、不一致性验证、组团欺诈等公共安全保障领域，需要用到异常分析、静态分析、动态分析等数据挖掘方法。特别地，知识图谱在搜索引擎、可视化展示和精准营销方面有很大的优势，已成为业界的热门工具。但是，知识图谱的发展还有很大的挑战，如数据的噪声问题，即数据本身有错误或者数据存在冗余。随着知识图谱应用的不断深入，还有一系列关键技术需要突破。

1.6.3 自然语言处理

自然语言处理是计算机科学领域与人工智能领域中的一个重要方向，研究能实现人与计算机之间用自然语言进行有效通信的各种理论和方法，涉及的领域较多，主要包括机器翻译、机器阅读理解和问答系统等。

1. 机器翻译

机器翻译技术是指利用计算机技术实现从一种自然语言到另外一种自然语言的翻译过程。基于统计的机器翻译方法突破了之前基于规则和实例翻译方法的局限性，翻译性能取得了巨大提升。基于深度神经网络的机器翻译在日常口语等一些场景的成功应用已经显现出了巨大的潜力。随着上下文的语境表征和知识逻辑推理能力的发展，自然语言知识图谱不断扩充，机器翻译将会在多轮对话翻译及篇章翻译等领域取得更大进展。

2. 语义理解

语义理解技术是指利用计算机技术实现对文本篇章的理解，并且回答与篇章相关问题的过程。语义理解更注重于对上下文的理解及对答案精准程度的把控。随着 MCTest 数据集的发布，语义理解受到更多关注，取得了快速发展，相关数据集和对应的神经网络模型层出不穷。语义理解技术将在智能客服、产品自动问答等相关领域发挥重要作用，进一步提高问答与对话系统的精度。

3. 问答系统

问答系统分为开放领域的对话系统和特定领域的问答系统。问答系统技术是指让计算机像人类一样用自然语言与人交流的技术。人们可以向问答系统提交用自然语言表达的问题，系统会返回关联性较高的答案。尽管问答系统目前已经有了不少应用产品，但大多是在实际信息服务系统和智能手机助手等领域中的应用，在问答系统稳健性方面仍然存在着问题和挑战。

自然语言处理面临四大挑战：

一是在词法、句法、语义、语用和语音等不同层面存在不确定性；

二是新的词汇、术语、语义和语法导致未知语言现象的不可预测性；

三是数据资源的不充分使其难以覆盖复杂的语言现象；

四是语义知识的模糊性和错综复杂的关联性难以用简单的数学模型描述，语义计算需要参数庞大的非线性计算。

1.6.4 人机交互

人机交互主要研究人和计算机之间的信息交换，主要包括人到计算机和计算机到人的两部分信息交换，是人工智能领域重要的外围技术。人机交互是与认知心理学、人机工程学、多媒体技术、虚拟现实技术等密切相关的综合学科。传统的人与计算机之间的信息交换主要依靠交互设备进行，主要包括键盘、鼠标、操纵杆、数据服装、眼动跟踪器、位置跟踪器、数据手套、压力笔等输入设备，以及打印机、绘图仪、显示器、头盔式显示器、音箱等输出设备。人机交互技术除了传统的基本交互和图形交互外，还包括语音交互、情感交互、体感交互及脑机交互等技术。

1.6.5 计算机视觉

计算机视觉是使用计算机模仿人类视觉系统的科学，让计算机拥有类似人类提取、处理、理解和分析图像及图像序列的能力。自动驾驶、机器人、智能医疗等领域均需要通过计算机视觉技术从视觉信号中提取并处理信息。近来随着深度学习的发展，预处理、特征提取与算法处理渐渐融合，形成端到端的人工智能算法技术。根据解决的问题，计算机视觉可分为计算成像学、图像理解、三维视觉、动态视觉和视频编解码五大类。

目前，计算机视觉技术发展迅速，已具备初步的产业规模。未来计算机视觉技术的发展主要面临以下挑战：

一是如何在不同的应用领域与其他技术更好地结合，计算机视觉在解决某些问题时可以广泛利用大数据，已经逐渐成熟并且可以超过人类，而在某些问题上却无法达到很高的精度；

二是如何降低计算机视觉算法的开发时间和人力成本，目前计算机视觉算法需要大量的数据与人工标注，需要较长的研发周期以达到应用领域所要求的精度与耗时；

三是如何加快新型算法的设计开发，随着新的成像硬件与人工智能芯片的出现，针对不同芯片与数据采集设备的计算机视觉算法的设计与开发也是挑战之一。

1.6.6 生物特征识别

生物特征识别技术是指通过个体生理特征或行为特征对个体身份进行识别认证的技术。从应用流程看，生物特征识别通常分为注册和识别两个阶段。注册阶段通过传感器对人体的生物表征信息进行采集，如利用图像传感器对指纹和人脸等光学信息、话筒对说话声等声学信息进行采集，利用数据预处理及特征提取技术对采集的数据进行处理，得到相应的特征进行存储。

识别过程采用与注册过程一致的信息采集方式对待识别人进行信息采集、数据预处理和特征提取，然后将提取的特征与存储的特征进行比对分析，完成识别。从应用任务看，生物特征识别一般分为辨认与确认两种任务，辨认是指从存储库中确定待识别人身份的过程，是一对多的问题。确认是指将待识别人信息与存储库中特定单人信息进行比对，确定身份的过程，是一对一的问题。

生物特征识别技术涉及的内容十分广泛，包括指纹、掌纹、人脸、虹膜、指静脉、声纹、步态等多种生物特征，其识别过程涉及图像处理、计算机视觉、语音识别、机器学习等多项技术。目前生物特征识别作为重要的智能化身份认证技术，在金融、公共安全、教育、交通等领域得到广泛应用。

1.6.7 SLAM 技术

机器人想要自由行走，实现自主定位导航是关键。自主定位导航包括定位、建图与路径规划。同步定位与建图(Simultaneous Localization and Mapping，SLAM)技术是目前市场上使用较为广泛的室内自主定位与导航技术，采用该技术运动物体可以根据传感器的信息，一边计算自身位置，一边构建环境地图或环境模型，这一过程解决了机器人等在未知环境下运动时的定位与地图构建问题，如图 1-10 所示。

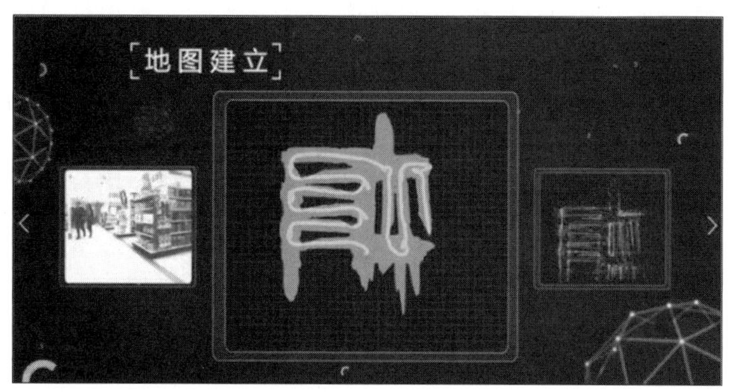

图 1-10　SLAM 构图与导航

从 20 世纪 80 年代 SLAM 概念的提出到现在，SLAM 技术已经走过了 30 多年的历程。SLAM 系统使用的传感器在不断拓展，从早期的声呐，到后来的 2D/3D 激光雷达，再到单目、双目、RGBD、ToF 等各种相机，以及与惯性测量单元 IMU 等传感器的融合，SLAM 的算法也从开始的基于滤波器的方法(EKF、PF 等)向基于优化的方法转变，技术框架也从开始的单一线程向多线程演进。

当前，SLAM 构图根据传感器不同又分为基于视觉的 VSLAM(Visual SLAM)和基于激光雷达的激光 SLAM(Lidar SLAM)，分别对应视觉导航和激光导航。视觉导航技术的优势在于成本较低，最基础的功能仅需要可以采集到清晰环境图像信息的摄像头及处理信息的计算单元，搭载训练完成的 AI 模型即可实现。激光导航技术通过向各个方向更多点位测距，可以二维地建图或三维地建模，确定扫地机器人自身的位置，同时还可以利用两点间的距离信息进行三角测距。这两种技术各有千秋，现阶段市场中各占有一定的份额，主要还是看哪种技术适合某种特定应用。

1.6.8 VR/AR/MR技术

虚拟现实(Virtual Reality,VR)、增强现实(Augmented Reality,AR)、混合显示(Mixed Reality,MR)等技术是以计算机为核心的新型视听技术。结合相关科学技术,在一定范围内生成与真实环境在视觉、听觉、触感等方面高度近似的数字化环境。用户借助必要的装备与数字化环境中的对象进行交互,相互影响,获得近似真实环境的感受和体验,通过显示设备、跟踪定位设备、触力觉交互设备、数据获取设备、专用芯片等实现。

VR/AR/MR从技术特征角度,按照不同处理阶段,可以分为获取与建模技术、分析与利用技术、交换与分发技术、展示与交互技术及技术标准与评价体系5个方面。获取与建模技术研究如何把物理世界或者人类的创意进行数字化和模型化,难点是三维物理世界的数字化和模型化技术;分析与利用技术重点研究对数字内容进行分析、理解、搜索和知识化方法,其难点在于内容的语义表示和分析;交换与分发技术主要强调各种网络环境下大规模的数字化内容流通、转换、集成和面向不同终端用户的个性化服务等,其核心是开放的内容交换和版权管理技术;展示与交互技术重点研究符合人类习惯数字内容的各种显示技术及交互方法,以期提高人对复杂信息的认知能力,其难点在于建立自然和谐的人机交互环境;技术标准与评价体系重点研究虚拟现实/增强现实基础资源、内容编目、信源编码等的规范标准及相应的评估技术。

目前VR/AR/MR技术面临的挑战主要体现在智能获取、普适设备、自由交互和感知融合4个方面。在硬件平台与装置、核心芯片与器件、软件平台与工具、相关标准与规范等方面存在一系列科学技术问题。随着5G移动通信技术的普及应用,通过VR/AR/MR技术构建基于移动端的真实场景虚拟叠加、虚实环境对象无缝融合、全方位自然交互体验等将是未来人工智能应用领域的一个发展趋势。

本章小结

当前,新一代人工智能技术正加速在各行各业深度融合和落地应用,推动经济社会各领域从数字化、网络化向智能化加速跃升。本章通过对人工智能概念和定义的引入,全面梳理人工智能的来源和发展之路,进而指明人工智能的发展目标和主要任务。在此基础上,对近年来新一代人工智能的出现及其驱动因素进行了深入剖析,特别是对深度学习算法、GPU并行计算、大数据技术及新近出现的5G技术、AR技术等进行探讨,对其中所涉及的关键性技术进行详细介绍,为读者理解人工智能内涵及洞察新一代人工智能发展方向等提供了认知基础,从而为后面的学习打下基础。

课后思考题

1. 什么是人工智能?人工智能的意义和目标是什么?
2. 驱动新一代人工智能发展与进步的关键因素有哪些?
3. 人工智能有哪三大流派?各种流派有哪些特点和代表性研究成果?
4. 新一代人工智能的关键技术有哪些?

第2章 Python 编程语言

Python 是最接近人类自然语言的计算机语言，也是全球排名前三的编程语言，由于语言的简洁性、易读性及可扩展性，得到了越来越多的科学家、工程技术人员及编程爱好者等的青睐。Python 常常作为胶水语言来组合其他语言编写功能模块，多用于科学计算、大数据、人工智能、金融科技等领域。Python 具有丰富且强大的支持库，通过 Python 编程，人们可以很方便地采集、加工、整理和分析各种数据，构建人工智能算法从而实现各种智能化应用等。本章将以 Python 编程语言学习为目标，系统掌握 Python 的语法规则、数据类型、程序结构及文件操作和图形化编程等，为后面的学习奠定基础。

2.1 Python 简介

2.1.1 Python 语言的发展

Python 是由 Guido van Rossum 在 20 世纪 80 年代末和 90 年代初，在荷兰国家数学和计算机科学研究所设计出来。Python 本身也由诸多其他语言发展而来，包括 ABC、Modula-3、C、C++、ALGOL 68、SmallTalk、UNIX shell 和其他脚本语言等。像 Perl 语言一样，Python 源代码同样遵循 GPL(GNU General Public License)协议。现在 Python 由一个核心开发团队在维护，Guido van Rossum 仍然占据着至关重要的作用，并指导其发展。2020 年，Python 2.7 被确定为最后一个 Python 2.X 版本，它除了支持 Python 2.X 语法外，还支持部分 Python 3.1 语法。

2.1.2 Python 开发环境的安装

Python 语言是开源项目的优秀代表，其解释器的全部代码都是开源的，可以在 Python 语言的主网站(http://www.python.org)免费下载。主网站下载页面如图 2-1 所示。

在下载界面可根据自己的操作系统版本选择相应的 Python 3.X 系列进行安装。Python 的解释器会逐步发展，对于初学者来说，建议采用 Python 3.6 或之后的版本。

在 Windows 平台安装 Python 开始环境，其步骤如下：

(1) 在主网站选择 Windows 平台的安装包，如图 2-2 所示。此处以 Python 3.6.3 为例。

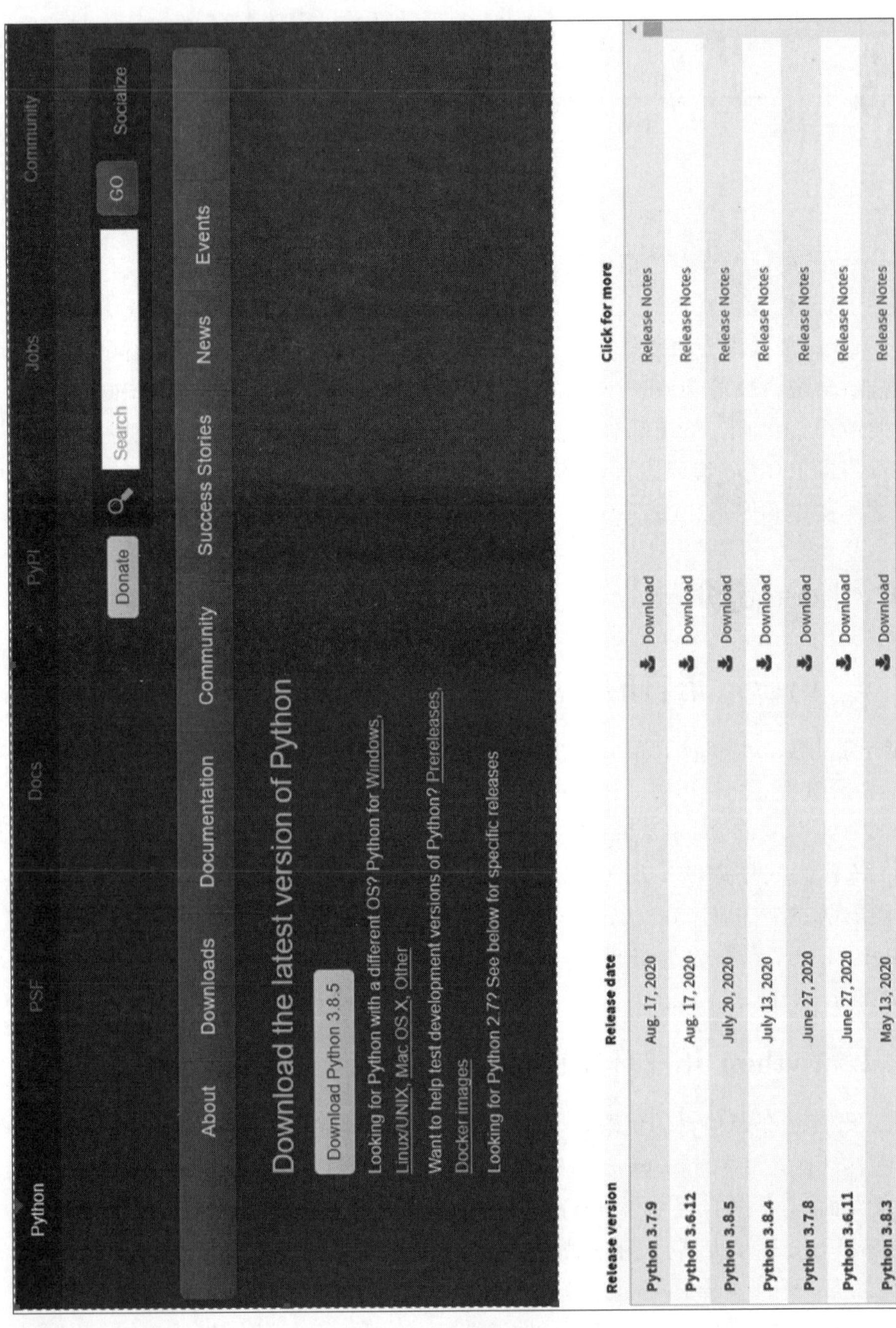
Python
PSF
Docs
PyPI
Jobs
Community
Donate
Search
GO
Socialize
About
Downloads
Documentation
Community
Success Stories
News
Events
Download the latest version of Python
Download Python 3.8.5
Looking for Python with a different OS? Python for Windows, Linux/UNIX, Mac OS X, Other
Want to help test development versions of Python? Prereleases, Docker images
Looking for Python 2.7? See below for specific releases
Release version
Release date
Click for more
Python 3.7.9
Aug. 17, 2020
Download
Release Notes
Python 3.6.12
Aug. 17, 2020
Download
Release Notes
Python 3.8.5
July 20, 2020
Download
Release Notes
Python 3.8.4
July 13, 2020
Download
Release Notes
Python 3.7.8
June 27, 2020
Download
Release Notes
Python 3.6.11
June 27, 2020
Download
Release Notes
Python 3.8.3
May 13, 2020
Download
Release Notes

图 2-1 下载界面

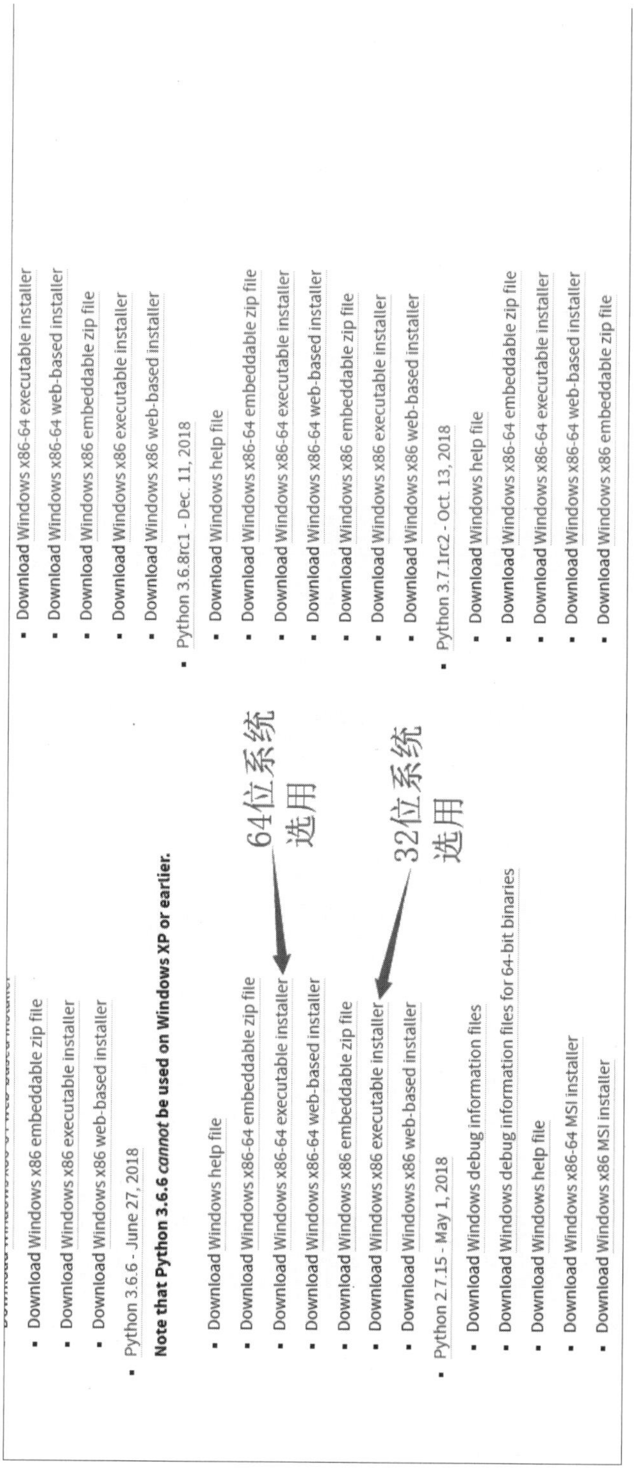

- Download Windows x86 embeddable zip file
- Download Windows x86 executable installer
- Download Windows x86 web-based installer

- Python 3.6.6 - June 27, 2018

  Note that Python 3.6.6 *cannot* be used on Windows XP or earlier.

  - Download Windows help file
  - Download Windows x86-64 embeddable zip file
  - Download Windows x86-64 executable installer ← 64位系统选用
  - Download Windows x86-64 web-based installer
  - Download Windows x86 embeddable zip file
  - Download Windows x86 executable installer ← 32位系统选用
  - Download Windows x86 web-based installer
- Python 2.7.15 - May 1, 2018
  - Download Windows debug information files
  - Download Windows debug information files for 64-bit binaries
  - Download Windows help file
  - Download Windows x86-64 MSI installer
  - Download Windows x86 MSI installer

- Download Windows x86-64 executable installer
- Download Windows x86-64 web-based installer
- Download Windows x86 embeddable zip file
- Download Windows x86 executable installer
- Download Windows x86 web-based installer

- Python 3.6.8rc1 - Dec. 11, 2018
  - Download Windows help file
  - Download Windows x86-64 embeddable zip file
  - Download Windows x86-64 executable installer
  - Download Windows x86-64 web-based installer
  - Download Windows x86 embeddable zip file
  - Download Windows x86 executable installer
  - Download Windows x86 web-based installer
- Python 3.7.1rc2 - Oct. 13, 2018
  - Download Windows help file
  - Download Windows x86-64 embeddable zip file
  - Download Windows x86-64 executable installer
  - Download Windows x86-64 web-based installer
  - Download Windows x86 embeddable zip file

图 2-2 选择下载版本

(2) 双击下载的程序安装包 python-3.6.3.exe。注意要勾选 Add Python 3.6 to PATH,单击 Customize installation 进入下一步,此选项方便我们自定义安装路径,如图 2-3 所示。如果不勾选 Add Python 3.6 to PATH,则需要手动设置环境变量。

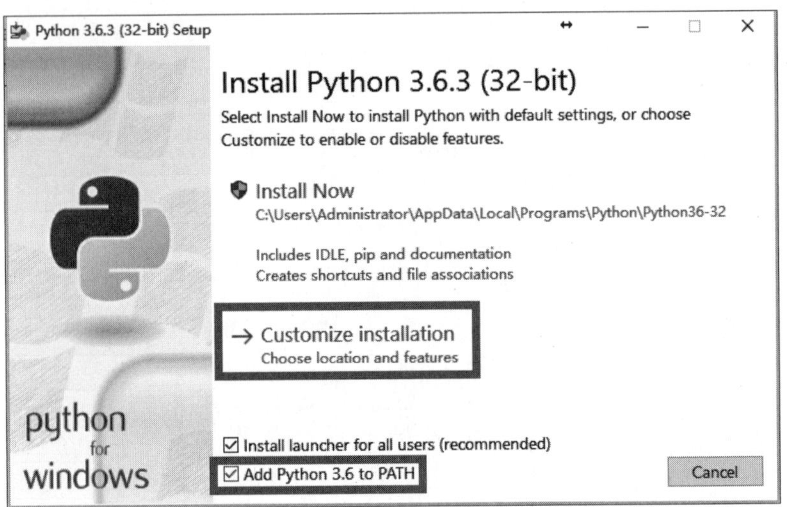

图 2-3 安装设置

(3) 在 Optional Features 选项中,可以直接选用默认设置,单击 Next 按钮,如图 2-4 所示。

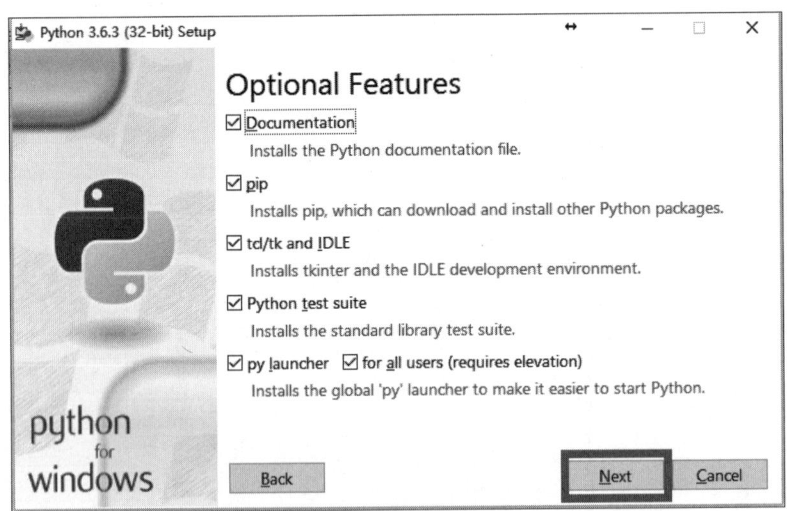

图 2-4 可选特性

(4) 在 Advanced Options 选项中,选择 Install for all users 选项,同时可以自定义安装路径,单击 Install 按钮,如图 2-5 所示。

(5) 当出现如图 2-6 所示的界面,表示 Python 已安装完成。

查看版本信息,检验环境变量是否配置成功:在 Windows"开始"搜索框中输入 cmd 命令,按回车键,启动命令提示符,然后输入 python,如图 2-7 所示。

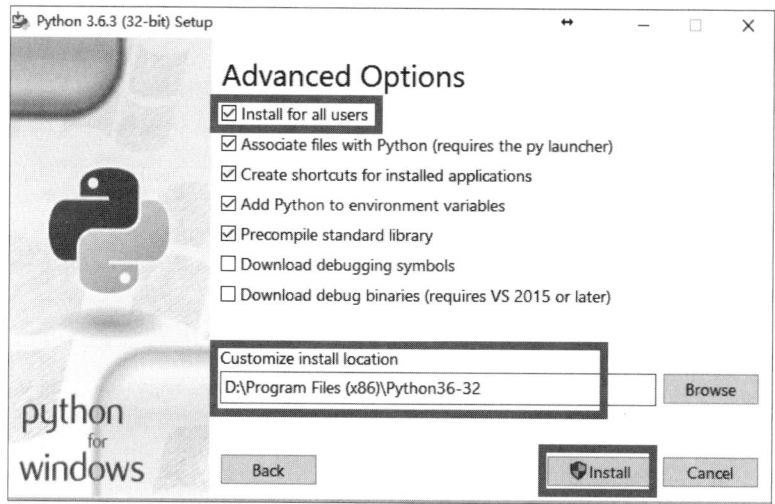

图 2-5 安装路径

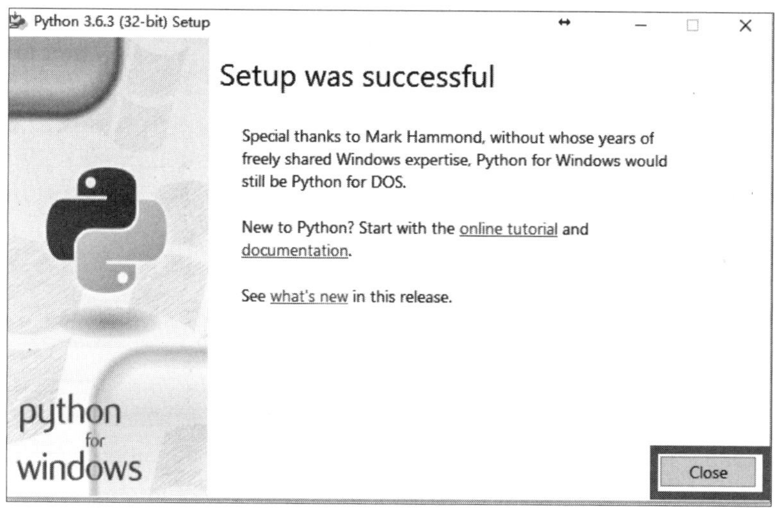

图 2-6 安装完成界面

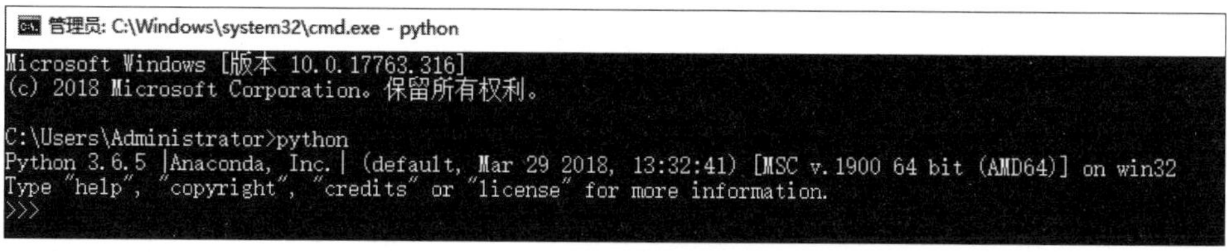

```
管理员: C:\Windows\system32\cmd.exe - python
Microsoft Windows [版本 10.0.17763.316]
(c) 2018 Microsoft Corporation。保留所有权利。

C:\Users\Administrator>python
Python 3.6.5 |Anaconda, Inc.| (default, Mar 29 2018, 13:32:41) [MSC v.1900 64 bit (AMD64)] on win32
Type "help", "copyright", "credits" or "license" for more information.
>>>
```

图 2-7 安装成功的控制台输出信息

2.1.3 Python 运行

运行 Python 程序有两种方式：交互式和文件式。交互式是指 Python 解释器即时响应用户输入的每一条代码，并输出结果，一般用于调试少量代码。文件式，也称为批量式，用户将 Python 程序写在一个或多个文件中，然后启动 Python 解释器批量执行文件中的代码，这种方式是最常用的编程方式。

在 Windows 平台启动交互式的常用方式：在 Windows"开始"搜索框中输入 cmd 命令，按回车键，启动命令提示符，再输入 python。在命令提示符>>>后面输入程序代码：print("hello world!")。Python 将运行并输出 hello world!，代码如下：

```
>>> print("hello world")
```

按回车键，即可输出结果 hello world!，如图 2-8 所示。

文件式运行方式是先打开 Python 自带的 IDLE，单击 File 后选择 New File。然后输入如图 2-9 所示的源代码。最后从 File 选择 save 将文件保存到硬盘中，如：d:/python/mypy01.py。

执行代码：在 IDLE 中单击 F5 或者 Run→Run Module 执行这个源程序。

图 2-8　交互式运行程序

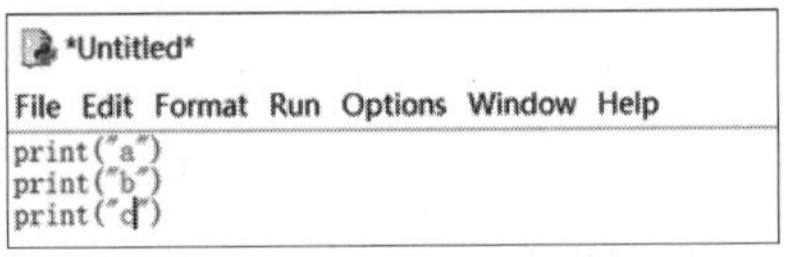

图 2-9　文件式运行程序

2.2 Python 基本语法与数据类型

2.2.1 用程序实现问题求解

编写程序的目的是"使用计算机解决问题"，可以分为 6 个步骤。

(1) 分析问题：分析问题的计算部分。首先必须明确，计算机可解决计算问题，即解决一个问题的计算部分。对于一个问题中的计算部分，不同理解将产生不同的计算问题，也将产生不同功能和复杂程度的程序。如何更好地理解一个问题的计算部分，以及如何有效地利用计算机解决问题，这不仅仅是编写程序的问题，更重要的是思维问题，即计算思维。

(2) 划分边界：划分问题的功能边界。计算机可完成确定性的计算功能，因而在分析问题计算部分的基础上，需要精确定义或描述问题的功能边界，即明确问题的输入、输出和对处理的要求。可以利用 IPO(Input，Process，Output)方法辅助分析问题的计算部分，给出问题的 IPO 描述。在这一步只关心问题的功能需求，即明确程序的输入、输出及输入输出之间的总体功能关系。

(3) 设计算法：设计问题的求解算法。在明确处理功能的基础上，通过设计算法实现程序功能。如在简单的程序功能中输入与输出间关系比较直观，结构比较简单，则直接选择或设计算法即可。若程序功能复杂，需要利用程序设计方法将"大功能"划分成许多"小功能"，或将功能中相对独立的部分封装成具有属性和操作的类，并在各功能或类之间设计处理流程。对于"小功能"或类的操作，可将它们看成一个新的计算问题。

(4) 编写程序：编写待解决问题的计算程序。选择一门编程语言，将程序结构和算法设计用编程语言实现。原则上，任何编程语言都可以用来解决计算问题。只是不同的编程语言在程序的运行性能、可读性、可维护性、开发周期和调试等方面有很大不同。Python 的运行性能逊于 C 语言，但在可读性、可维护性和开发周期方面具有更大的优势。

(5) 调试和测试：调试和测试程序。运行程序，通过单元测试和集成测试评估程序运行结果的正确性。一般来说，程序错误(通常称为 Bug)与程序规模成正比。即使经验丰富的优秀程序员所写的程序也会存在 Bug，找到并排除程序错误十分必要。而当程序正确运行之后，可采用更多的测试来发现程序在各种情况下的特点，如压力测试可获得程序运行速度的最大值和稳定运行的性能边界。安全性测试能够发现程序漏洞，以及办公室程序安全边界。

(6) 升级维护：适应问题的升级维护。任何一个程序都有它的历史使命，在这个使命结束前，随着功能需求、计算需求和应用需求的不断变化，程序需要不断地升级维护，以适应这些变化。

2.2.2 Python 程序语法元素

程序设计 6 个步骤是利用计算机解决问题的方法步骤，程序设计语言则是解决问题的实现载体。在编写 Python 程序时，需要遵守哪些规则，使用哪些元素呢？下面我们通过一个程序案例来了解。

【例 2-1】 温度转换

```
#温度转换.py
t = input('请输入带符号的温度值:') #用键盘输入温度值
if t[ - 1] in ['F','f']:
    c = ((eval(t[: - 1]) - 32)/1.8)
    print('转换后的温度是{:.2f}C'.format(c))
elif t[ - 1] in ['C','c']:
    f = eval(t[: - 1]) * 1.8 + 32
    print('转换后的温度是{:.2f}F'.format(f))
else:
    print('输入格式错误')
```

1. 程序的格式框架

Python 语言采用严格的“缩进”来表明程序的格式框架。缩进指每一行代码开始前的空白区域，用来表示代码之间的包含与层次关系。不需要缩进的代码顶行编写，不留空白。编写时可用 Tab 键实现，也可以用 4 个空格实现，但两者不可混用，如图 2-10 所示。

```
t=input('请输入带符号的温度值:')
if t[-1] in ['F','f']:
    c =((eval(t[0:-1])-32)/1.8)
    print('转换后的温度是C{:.2f}'.
elif t[-1] in ['C','c']:
    f=eval(t[0:-1])*1.8+32
    print('转换后的温度是F{:.2f}'.
else:
    print('输入格式错误')
```

图 2-10 程序缩进

缩进是 Python 语言中表明程序框架的唯一手段，缩进不正确会导致程序运行错误。缩进也是表达代码间包含和层次关系的唯一手段。

2. 注释

在实际开发中，不管是个人开发还是团队合作开发，为了让别人更容易理解代码的功能，使用注释是非常有效的方法。

注释就是程序员在代码中加入一行或多行信息，用来对语句、函数、数据结构等进行说明，提升代码的可读性。注释是辅助说明的文字，会被解释器略去，不被计算机执行。如例 2-1 中的第 1 行代码就是注释。

在 Python 中有以下两种注释方法。

(1) 单行注释：以＃开头。

```
#这是单行注释,独占一行
```

(2) 多行注释：以 3 个单引号开头和结尾。

```
'''
这是多行注释
不会被执行
print('hello world!')
'''
```

3. 变量命名与保留字

现实生活中，人们使用一些名称来标记事物，如每种水果都有名字：苹果、梨等。在 Python 程序设计中也使用特定的名称(即变量)，来保存和表示具体的数据值。为了更好地使用变量等其他程序元素，需要给它们关联一个标识符，关联标识符的过程称为命名。命名用于保证程序元素的唯一性。Python 的标识符由字母、数字、汉字和下划画线“_”组成，其命名方式需要遵守一定的规则：

(1) 对大小写敏感，如 Str 和 str 是两个不同的变量名。

(2) 变量的首字符不能是数字，变量中间不能出现空格。

(3) 不能使用保留字。如例 2-1 中的 if、else 就是保留字，不能作为变量名。

保留字，也称为关键字，指被编程语言内部定义并保留的标识符。保留字是编程语言的基本单词，大小写敏感，Python 3. X 中共有 33 个保留字，如表 2-1 所示。

表 2-1 Python 3 中的 33 个保留字

and	continue	except	if	nonlocal	return	True
as	def	finally	import	not	try	False
assert	del	for	in	or	while	None
break	elif	from	is	pass	with	
class	else	global	lambda	raise	yield	

4. 赋值语句

程序中产生或计算新数据值的代码称为表达式，类似数学中的计算公式。表达式以表达单一功能为目的。运算后产生运算结果，运算结果的类型由操作符或运算符决定。

Python 语言中，“＝”表示赋值，可以同时给多个变量赋值，基本格式如下。

（1）单个变量赋值：先运算右边的表达式，再将表达式的值赋给左侧变量。

```
>>> a = 5
```

（2）多个变量同时赋值：按照顺序将右侧表达式的值赋给左侧变量。

```
>>> a, b = 5, 6
```

（3）交换赋值：将两个表达式的值进行交换。

```
>>> a, b = b, a
```

2.2.3 常用函数

1. input()函数

在例2-1中第2行代码就使用了一个input()函数从控制台获得用户输入，无论用户在控制台输入什么内容，input()函数都以字符串类型返回结果，一般将input()函数的返回结果赋给一个变量，代码如下

```
t = input('请输入带符号的温度值：')
```

input()函数中括号里的引号中的文字是一些提示性文字，如果无须提示，则可省略。使用方法：

```
变量名 = input(<'提示字符'>)
```

注意：无论用户在控制台输入的是数字还是字符，input()函数统一按照字符串类型返回。如输入：12.34，得到的是字符串"12.34"。如果想得到数值型，可用eval()函数转换。

2. eval()函数

eval(<字符串>)函数是Python语言中一个十分重要的函数，它能够以Python表达式的方式解释并执行字符串，得到的结果将去掉字符串前后的引号。

例2-1中的c=((eval(t[:－1])－32)/1.8)就用到了eval()函数，就是将字符串的数值前后的双引号去掉，使得数据类型变成数值型。

使用eval()函数处理字符串时需要注意使用场合，如果函数中的字符串是字母组合，如eval('hello')，去掉两个单引号，得到的hello将作为一个变量，由于之前并未定义这个变量，将会导致程序报错。故eval()函数中的字符串只能是纯数字型的。如eval('12.3')的结果就是得到数字：12.3。

如果用户想要同时输入数值(小数或负数)，并将数值用于计算，则需要使用eval()函数与input()函数结合。如果同时输入两个数值并赋值给两个变量，注意输入时要将数字以英文状态的逗号隔开。代码如下：

```
>>> a,b = eval(input('请用逗号隔开两个数值：'))
请用逗号隔开两个数值：12.34,56.78
>>> print(a,b,a + b)
12.34 56.78 69.12
```

3. print()函数

print()函数是 Python 程序中最常用、最基本的函数，它用于将信息输出到控制台，即在控制台窗口打印信息。下面介绍一下它的几种基本用法。

直接输出字符串：将要输出的字符串或变量直接放在 print()函数中，代码如下：

```
print('hello world!')                       #直接输出字符串
a = 'Life is too short to learn Python!'    #定义变量
print(a)                                    #输出变量对应的值
```

格式化输出：print()函数可以将变量与字符串组合起来，按照一定的格式输出组合后的字符串。常用的组合方式有两种，一种是参照 C 语言的%，另一种是与字符串函数 format()结合。如例 2-1 中的 print('转换后的温度是{:.2f}F'.format(f))，代码如下：

```
temp = 23.6                              #定义变量
print('当前温度为%.1f度'% temp)          #用%号将变量与字符串组合输出
print('当前温度为{:.1f}度'.format(temp)) #用 format()函数将变量与字符串组合输出
```

不换行输出：print()函数在输出内容到控制台后会自动换行，因为 print()函数在打印字符串时还会打印结束标志：换行符"\n"，光标会自动出现在输出信息的下一行。如果要控制输出时不换行，则可以使用参数 end=' '来修改结束标志，代码如下：

```
a = 'Life is too short to learn Python!'    #定义变量
b = 'Hello Python!'
print(a,end = '   ')
print(b)
```

两次输出信息在同一行中，运行结果如下：

```
Life is too short to learn Python!   Hello Python!
```

2.2.4 Python 基本数据类型

Python 语言提供了 3 种数字类型：整数、浮点数、复数，以及一种字符串类型。

1. 整数

Python 3 中整型数据的长度不受机器字长的影响，它的取值范围只与计算机的内存有关。也就是说，只要计算机的内存足够大，无论整型的长度为多少，都不用担心溢出问题。在计算机中，经常用 4 种进制来表示整型：二进制、八进制、十进制、十六进制。默认的是十进制，如果想要用其他进制表示，需要加上引导符号。二进制：以 0B 或 0b 开头；八进制：

以 0O 或 0o 开头；十六进制：以 0X 或 0x 开头，代码如下：

```
a = 0b101
print('a 的十进制表示： %d' % a)
b = 0o101
print('a 的十进制表示： %d' % b)
c = 0x101
print('a 的十进制表示： %d' % c)
d = 101
print('d 的十进制表示： %d' % d)
```

输出结果如下：

```
a 的十进制表示：5
b 的十进制表示：65
c 的十进制表示：257
d 的十进制表示：101
```

不同的进制之间还可以通过不同的函数实现相互转换：

bin(x)：将数值 x 转换为二进制。

oct(x)：将数值 x 转换为八进制。

hex(x)：将数值 x 转换为十六进制。

int(x)：将字符串 x 转换为整数。

```
a = 10
print('a 的二进制为',  bin(a))
print('a 的八进制为',  oct(a))
print('a 的十六进制为',  hex(a))
print('二进制 101 的整数值为',  int('101',2))
```

运行结果如下：

```
a 的二进制为 0b1010
a 的八进制为 0o12
a 的十六进制为 0xa
二进制 101 的整数值为 5
```

2. 浮点数

Python 的浮点数一般以十进制表示，由整数和小数部分组成，如 0.0，2.34，0.00000051，3.14159 都是浮点数。

对于非常大或者非常小的浮点数可以用科学记数法表示。如：0.00000051 可以表示成 5.1E−7，314000 可以表示成 3.14E5。

Python 中的浮点数是双精度的，每个浮点数占 8 个字节（64 位），52 位存储尾数，11 位存储阶码，1 位存储符号，故浮点数的取值范围为 −1.8E308～1.8E308。超出这个范围将视为无穷大（inf）或者无穷小（−inf）。

Python 中最长可以输出浮点数的 17 位数字,但是计算机只能保证 15 位数字的精度,对于超出 17 位的浮点数会产生截断。一旦产生截断,结果就会产生误差。如平时我们都会认为 0.1+0.2 的结果是 0.3,但是实际执行的结果却是 0.30000000000000004,代码如下:

```
>>> 0.1 + 0.2
0.30000000000000004
>>> 3 * 0.1
0.30000000000000004
```

3. 复数

格式为 2+3j 和 5.6+7.8j 这样的数据称为复数。一个复数由"实部"和"虚部"两部分组成,实部是一个实数,虚部是一个实数后加 j 或 J 组成,虚部不能单独存在。

获取一个复数实部的方法是调用属性 real,获取虚部的方法是调用属性 imag。

将一个数据转换为复数的函数是 complex(),代码如下:

```
a = complex(2,4)
b = 6
print(a)
print('a 的实部是: ',a.real,  'a 的虚部是: ',a.imag)
print(complex(b))
```

运行结果如下:

```
(2 + 4j)
a 的实部是: 2.0 a 的虚部是: 4.0
(6 + 0j)
```

4. 布尔型

布尔型只有 True 和 False 两个值,本质上来说,布尔型其实是一种特殊的整数,True 对应 1,False 对应 0。

任何对象都具有布尔属性,在 Python 中,以下数据的值均为 False:

(1) None。

(2) False。

(3) 任何为 0 的数字类型:0、0.0、0j。

(4) 任何空字符、空列表、空字典:""、( )、[ ]、{}。

(5) 用户定义的类实例,如果类中定义了__bool__() 或者__len__() 方法,并且方法返回 0,或者布尔值 False。

以下代码结果均为 False:

```
bool()
bool('')
bool(0)
bool([])
```

5. 运算符

在数据计算中,我们经常会到+ 、—、*、**、>等运算符。通过这些运算符可以将两个不同的数据组合起来得到一个运算结果。由此可见,运算符是告诉编译程序执行指定运算操作的符号,是针对操作数进行运算。如表达式 1+0.01 中,1 和 0.01 均为操作数,+是运算符。Python 中运算符非常丰富,功能也很强大。

数值运算符是一类对数值型操作数有效的运算符。按照不同的功能,又可以分成算术运算符、赋值运算符、比较运算符、逻辑运算符等。

1) 算术运算符

(1) 一元操作符。以 x=2,y=9 为例,对以下算术运算符进行说明,一元运算符描述如表 2-2 所示。

表 2-2 一元运算符

操作符	描 述	示 例
+	加,x+y 为 x 与 y 之和	x+y 结果为 11
—	减,x—y 为 x 与 y 之差	x—y 结果为—7
*	乘,x*y 为 x 与 y 之积	x*y 结果为 18
/	除,x/y 为 x 除以 y 之商,结果为浮点数	x/y 结果为 0.2222222222222222
//	整数除,x//y 为 x 除以 y 之商的整数部分	x//y 结果为 0
%	取余运算,x%y 为 x 除以 y 的余数部分	x%y 结果为 2
**	幂,x**y 为 x 的 y 次方	x **y 结果为 512
	开方运算,当 y 是小数时,如 10**0.5 结果是 $\sqrt{10}$	

(2) 二元运算符描述如表 2-3 所示。

表 2-3 二元操作符

操作符	描 述	操作符	描 述
x+=y	相当于 x=x+y,x 的结果为 11	x*=y	相当于 x=x*y,x 的结果为 18
x —=y	相当于 x=x—y,x 的结果为—7	x/=y	相当于 x=x/y,x 的结果为 0.22
x//=y	相当于 x=x//y,x 的结果为 0	x%=y	相当于 x=x%y,x 的结果为 2
x **=y	相当于 x=x**y,x 的结果为 512		

Python 中的算术运算符既支持对相同类型的数值进行运算,也支持对不同类型的数值进行混合运算。在混合运算时,Python 会强制将数值进行临时类型转换。遵循原则是将简单的数据类型转换为相对复杂的那一种数据类型。

布尔类型进行算术运算时,会将值视为 0 或 1。

整型与浮点型进行混合运算时,会将整型转换为浮点型。

其他类型与复数运算时,会将其他类型转换为复数。代码如下:

```
1 + True          #结果为 2
1 * 2.0           #结果为 2.0
1 + (2 + 3j)      #结果为(3 + 3j)
```

【例 2-2】 时间转换

给定一个以秒为单位的时间 t,要求用“<H>:<M>:<S>”的格式来表示这个时间。

<H>表示小时，<M>表示分钟，<S>表示秒，它们都是整数且没有前导的“0”。例如，若t=0，则应输出“0:0:0”；若t=3661，则输出“1:1:1”。

案例分析：输入的数字为一个总秒数，需要将总秒数拆成几小时几分钟几秒，可通过1小时=60分钟，1分钟=60秒的规则进行拆分。

输入：

输入只有一行，是一个整数t(0<=t<=86399)，如5436。

输出：

输出只有一行，是以“<H>:<M>:<S>”的格式表示时间，不包括引号，如1:30:36。

解题思路：

给定的数字t是一个总秒数，所以应该是

$$t=s+m*60+h*60*60$$

反推过来则是：小时h=t//3600，余数是剩下的s+m*60，用余数继续可整除60得到分钟m=余数//60，余数则为秒s。

可以按照这个顺序，整除→取余→整除→取余。

代码如下：

```
t = eval(input())
H = t//3600
t = t % 3600
M = t//60
S = t % 60
print("{}:{}:{}".format(H,M,S))
```

2）比较运算符

比较运算符是比较符号左右两边的操作数，运算结果是一个布尔值。常用的比较运算符如表2-4所示。以x=2，y=9为例，对以下比较运算符进行说明。

表2-4 比较运算符

操作符	描 述	示 例
x==y	判断x与y是否相等	x==y的值为False
x!=y	判断x是否不等于y	x!=y的值为True
x>y	判断x是否大于y	x>y的值为False
x<y	判断x是否小于y	x<y结果为True
x>=y	判断x是否大于或等于y	x>=y结果为False
x<=y	判断x是否小于或等于y	x<=y结果为True

【例2-3】 猜数游戏

程序中给出一个固定的数字，用户通过键盘输入一个数，如果这个数与程序给出的数字相同，则输出“恭喜你猜对了！”，如果这个数比程序给出的数字大则输出“太大了！”，如果这个数比程序给出的数字小，则输出“太小了！”。

案例分析：

输入：用户猜的数字。

处理：将用户猜的数字与程序给出的数字进行比较，可使用多分支结构进行判断。

输出：根据比较结果输出不同的结果。

```
y = 50
x = eval(input('请输入你猜的数字：'))
if x == y:
    print('恭喜你猜对了！')
elif x > y:
    print('太大了！')
else:
    print('太小了！')
```

运行结果：

```
请输入你猜的数字：40
太小了！
```

3）逻辑运算符

逻辑运算符可以把多个条件表达式连接起来，形成更为复杂的条件，描述如表 2-5 所示。

表 2-5 逻辑运算符

操作符	描 述
and	与，左操作数为 False 时返回左操作数，否则返回右操作数或计算结果
or	或，左操作数为 True 时返回左操作数，否则返回右操作数或计算结果
not	非，若操作数为 False 返回 True，否则返回 False

【例 2-4】 剪刀石头布游戏

小明和小红想玩“剪刀，石头，布”游戏。在这个游戏中，两个人同时说“剪刀”“石头”或“布”，压过另一方的为胜者。规则是：“布”胜过“石头”，“石头”胜过“剪刀”，“剪刀”胜过“布”。

案例分析：通过输入两人的选择，程序自己判断输赢，并输出相应的结果。

输入：

两个数分别代表小明和小红的选择，范围为{0，1，2}，用逗号隔开。0 表示石头，1 表示布，2 表示剪刀。这两个数分别表示两个人所选的物品。如：0 和 2，则表小明出石头，小红出剪刀。

输出：

如果前者赢，输出“小明胜”。如果后者赢，输出“小红胜”。如果是平局，输出“平局”。

代码如下：

```
a, b = eval(input())
if (a == 0 and b == 1 )or (a == 1 and b == 2 ) or (a == 2 and b == 0 ) :
    print('小红胜')
if (a == 1 and b == 0 )or (a == 2 and b == 1 ) or (a == 0 and b == 2 ) :
    print('小明胜')
if a == b:
    print('平局')
```

4）运算符优先级

对于表达式 (2+3)*4-5*2，运算的顺序是什么样的呢？小学数学告诉我们应该先算括号内的，再算括号外的，先算乘除，再算加减。这种先后顺序就是运算符的优先级，乘、除的优先级高于加、减，括号的优先级高于乘、除。

常见运算符优先级由高到低的顺序如下：乘方：**，按位取反：~；正负号：+x；-x，乘、除、求余：*、/、%；加、减：+、-；比较：<、<=、>、>=、!=、==；成员判断：not in、in；逻辑运算：not、and、or。

一般来说，同一优先级的运算符在运算时是按照从左往右的顺序执行，如 2+3-4 的运算顺序是：解释器先运算 2+3，得到结果 5 再与运算符结合执行 5-4。

而赋值运算符的结合则相反，按照从右往左的顺序，如 x=y=z，会先将 z 的值赋给 y，再将 y 的值赋给 x。

6．字符串

1）字符串表示

Python 中的字符串是由一对单引号(' ')、一对双引号(" ")或一对三引号(''' ''')括起来的字符序列。

单引号：单引号括起来的单行，可以使用双引号作为字符串的一部分。

双号号：双引号括起来的单行，可以用单引号作为字符串的一部分。

三引号：三引号括起来的多行，可以用单引号、双引号作为字符串的一部分，也可以换行。

如果非要在单引号(或双引号)括起来的字符串中包含单引号(或双引号)，可使用转义字符反斜杠(\)对字符串中的单引号(或双引号)进行转义处理，使得转义字符与特殊字符组成新的含义。

在字符串定义时需要遵守以下几条规则：

(1) 字符串可以使用单引号或双引号来定义，但是最好在一个文件中统一使用同一种，避免混合使用的情况。

(2) 如果在字符串中可能包含某种引号时，那么优先使用另一种形式的引号来定义字符串，尽量不使用转义字符。

Python 提供了很多字符串的基本操作符，常见操作符如表 2-6 所示。

表 2-6 字符串操作符

操作符	描　述
x+y	将两个字符串 x 和 y 拼接成一个字符串
x*n 或 n*x	将字符串 x 复制 n 次
x in y	如果 x 是 y 的子串，返回 True，否则返回 False
>,>=,<,<=,!=,==	两个字符串按 ASCII 码值比较大小

2）字符索引

字符串中的多个字符都会按顺序给出一个编号，这个编号就是索引。如 s='Python'，字母'P'的编号为 0，具体索引如表 2-7 所示。

表 2-7 字符串索引编号

字符	P	y	t	h	o	n
编号	0	1	2	3	4	5
反向编号	−6	−5	−4	−3	−2	−1

Python 中的字符串,我们可以通过索引取出其中的一个字符或一段字符子串,但是不支持动态修改。如 s[1] 可取出字符 'y'。但是如果通过 s[1]='a' 将'y'修改成'a',则是非法操作。

在字符串中通过索引取出一个或一段字符子串的操作非常灵活,我们把取其中一段的操作称为切片。切片的操作非常多样,具体如下:

s[n: m]:表示从字符串 s 中取索引号从 n 到 m−1 的字符子串,其中不包含索引号 m 的字符。

s[n:]:省略结束索引号,表示切取索引号从 n 到最后一个字符的子串。

s[:m]:省略开始索引号,表示切取索引号从 0 到索引号为 m−1 的子串。

s[−n: −m]:表示从字符串 s 中切取索引号从倒数 n 到倒数 m−1 的字符子串。

s[: :]:省略开始和结束索引号,表示切取整个字符串。

s[: : −1]:获得整个字符串的逆序。

代码如下:

```
>>> s = 'HelloWorld'
>>> s[0]
'H'
>>> s[2:6]
'lloW'
>>> s[ - 5: - 2]
'Wor'
>>> s[ : : - 1]
'dlroWolleH'
```

3) 字符串的处理函数

Python 提供了许多内置函数,其中有 6 个与字符串处理相关的函数,如表 2-8 所示。

表 2-8 字符串函数

函数名	描　　述
len(x)	返回字符串 x 的长度,其值为整数
str(x)	返回任意数据类型 x 所对应的字符串形式
chr(x)	返回 Unicode 编码 x 对应的单字符
ord(x)	返回单字符 x 对应的 Unicode 编码
hex(x)	返回整数 x 对应的十六进制数的小写形式的字符串
oct(x)	返回整数 x 对应的八进制数的小写形式的字符串

4) 字符串的处理方法

在 Python 的解释器内部,所有数据类型都采用面向对象的方式实现,封装成一个类。

字符串就是其中的一个类。每一个类里面都有许多自己的方法和属性,想要使用类的方法和属性,需要用<a>.<b>()的方式进行调用,其中 a 指明相应类创建的对象,例如我们创建一个字符串变量 s='Python',变量 s 就是一个字符串类的实例化对象。b()指的是这个类中相应的方法。类里的方法其实就是根据特定功能创建的函数,对外调用时我们一般称为“方法”,常用字符串处理方法如表 2-9 所示。

表 2-9 字符串方法

函数名	描 述
str. lower()	返回字符串 str 的副本,全部小写。原字符串不变
str. upper()	返回字符串 str 的副本,全部大写。原字符串不变
str. islower()	当 str 全是小写时,返回 True,否则返回 False
str. isprintable()	当 str 所有字符都是可打印时,返回 True,否则返回 False
str. isnumeric()	当 str 所有字符都是数字时,返回 True,否则返回 False
str. isspace()	当 str 所有字符都是空格时,返回 True,否则返回 False
str. endswith(suf[,start[,end]])	str[start:end]是以 suf 结尾返回 True,否则返回 False
str. startswith(suf[,start[,end]])	str[start:end]是以 suf 开始返回 True,否则返回 False
str. split(sep,maxsplit=-1)	返回一个列表,由 str 根据 sep 进行分隔得到的元素组成
str. count(sub[,start[,end]])	返回 str[statr:end]中子串 sub 出现的次数
str. replace(old,new[,count])	返回 str 的副本,所有 old 子串被 new 替换,前 count 个被替换
srt. center(width[,fillchar])	字符串 str 居中,有 fill 则在 str 左右填充
str. strip([chars])	返回 str 的副本,去掉左右两侧的 chars 列出的字符
str. zfill(width)	返回 str 的副本,长度为 width,不足部分填 0
str. format()	返回字符串的格式化排版,常用于 print()格式输出
str. join(iterable)	返回新串,将 str 加到 iterable 的每个字符中间

【例 2-5】 凯撒密码

凯撒密码是古罗马凯撒大帝用来对军事情报进行加密的算法,它采用替换方法对每一个英文字符循环替换为字母表序中该字符后面第 3 个字符,对应关系如下:

原文:a b c d e f g h i j k l m n o p q r s t u v w x y z

密文:d e f g h i j k l m n o p q r s t u v w x y z a b c

假设原文字符为 P,对应密文为 S,则两者的关系为

$$S=(P+3)\%\ 26$$

$$P=(S-3)\%\ 26$$

加密的程序设计过程:

(1) 输入一串原文字符串(假设信息全是小写字母 a~z)。

(2) 将字符串中的每一个字符进行转换,规则为 S=(P+3)% 26。由于字符没有办法直接与数字进行加法运算,所以需要先将字符转换为相应的 Unicode 编码,再进行加法运算,算完之后得到的 Unicode 编码又需要转为相应的字符。模 26 是因为字母表总共有 26 个字母,起始字母为'a',所以将当前字母与字母'a' 的差取模运算,结果再加上'a'的编码值即可得到加密后的字母编码值。

(3) 将加密码后得到的新字符串进行输出。

实现代码如下:

```
F = input('请输入需要加密的信息：')
for P in F :
    if 'a'<= P <= 'z':
        S = chr((ord(P) - ord('a') + 3) % 26 + ord('a'))
    else:
        S = P
    print(S, end = '')
```

运行结果如下：

```
请输入需要加密的信息：Life is short, I use Python!
Llih lv vkruw, I xvh Pbwkrq!
```

5）字符串的格式化方法

字符串可以通过 format()方法进行格式化处理。

例如小明同学想用一个程序输出他每天的运动量：2019-12-12：跑步 1 小时，行程 9.85 千米。下画线中的内容每天都会发生改变，我们可以用特定的函数运算得到结果，填充到指定的位置，最终形成格式化的字符串。

Python 提供了两种字符串格式化方法，一种是类 C 语言中 printf()函数的格式化方法，另一种采用专门的 format()格式化方法。

（1）使用%符号进行格式化

使用%符号对字符串格式化的形式：'%[对齐][正号][0][宽度][.精度]指定类型'%变量。

基本思想是：第一个%号表示格式开始标志，单引号外面的%后面跟待格式化的变量。

[对齐]：－：左对齐，＋：右对齐

（2）使用 format()方法进行格式化

```
format()方法的基本使用：<模板字符串>.format(逗号分隔的参数)
```

模板字符串由一系列槽组成，用来控制修改字符串中嵌入值出现的位置，其基本思想是将 format()方法中逗号分隔的参数按照逗号关系替换到模板字符串的槽中。槽用大括号{}表示，如果大括号中没有序号，则按照出现的顺序替换，格式控制如表 2-10 所示。

format()方法中的槽除了包含参数序号，还可以包含格式控制的信息，具体格式信息如下：

```
{<序号>：<格式控制标记>}
```

参数的序号是从 0 开始编号的，调用 format()方法后会得到一个新的字符串。想输出小明同学的运动量，可用变量来存储具体数值，代码如下：

```
day = '2019 - 12 - 12'
hours = 1
dis = 9.85
print('{}：跑步{}小时，行程{}千米'.format(day, hours, dis))
print('{0}：跑步{1}小时，行程{2}千米'.format(day, hours, dis))
```

表 2-10 格式控制标记

:	<填充>	<对齐>	<宽度>	<,>	.<精度>	<类型>
序号	用于填充的单个字符个数	<左对齐>右对齐^居中对齐	槽所设定的输出宽度	数字的千分位分隔符，适用于整数和浮点数	浮点数小数部分的精度或字符串的最大输出长度	整数类型：b，c，d，o，x，X 浮点型：e，E，f，%

【例 2-6】 文本进度条

进度条是计算机处理任务或执行软件中常用的增强用户体验的重要手段，能实时显示任务或软件的执行进度。我们用 print()函数结合字符串的格式化实现非刷新文本进度条和单行刷新文本进度条。

先按任务执行百分比将整个任务分成 100 个单位，每执行 n%就输出一次进度条，每一次输出包含进度百分数，完成的部分用(**)表示，未完成的部分用(…)表示。中间用一个小箭头(→)分隔。如

```
10 %[ ***** ->……… ……… ……… ……… ……… ……… ……… ………]
```

由于程序执行速度非常快，远超人眼的视觉感知，如果直接输出，我们看不出来效果，因而每一次输出时让计算机等待 t 秒，增强显示效果。而等待需要使用时间库 time 中的 sleep()方法。

非刷新文本进度程序，代码如下：

```
import time
scale = 10
for i in range(scale + 1):
    a = '**' * i
    b = '..' * (scale - i)
    c = (i / scale) * 100
    print('{:<3.0f} %[{}->{}]'.format(c,a,b))
    time.sleep(0.1)
```

逐行实现 0～100%的变化输出，输出结果如下：

```
0   %[->....................]
10 %[** ->..................]
20 %[**** ->................]
30 %[****** ->..............]
40 %[******** ->............]
50 %[********** ->..........]
60 %[************ ->........]
70 %[************** ->......]
80 %[**************** ->....]
90 %[****************** ->..]
100 %[******************** ->]
```

2.2.5 Python 组合数据类型

计算机中不仅可对单个变量表示的数据进行处理，更多的情况是对一组数据进行批量

处理。如对一个班级的学生信息进行处理，以便统计成绩；对一组单词进行管理，{[python，蟒蛇]，[data，数据]，[function，函数]，[list，列表]}，输出相应的中英文，统计单词长度。

Python 中有 3 种数字类型：整数、浮点数、复数，一种字符串类型。这些类型仅能表示一个数据，这种表示单一数据的类型称为基本数据类型。然而实际计算中存在大量同时处理多个数据的情况，这就需要将多个数据组织起来，通过单一的表示使数据操作更有序、更容易。这种被组合成一个整体的数据集合称为组合数据类型。

组合数据类型能够将多个同类型或不同类型的数据组织起来，通过单一的表示并根据数据之间的关系，可将它们分为 3 类：序列类型、集合类型、映射类型。

序列类型是一个元素向量，元素之间存在先后关系，通过序号访问，元素之间不排他，即可出现相同值的元素。如前面介绍过的字符串其实就是一个序列类型。序列类型就像一个编号的"数据收纳盒"，能以一种规则的下标索引方式(收纳盒名字＋数字序号)访问每个数据。

集合类型是一个元素的集合，元素之间无序，集合中每个元素值都具有唯一性。集合类型就像一个带有标签的容器。

映射类型是"键-值"数据项的集合，每个元素都是一个键-值对，表示为(key，value)，其中 key 具有唯一性。映射类型就像一个"标签收纳盒"，给每个数据贴上唯一的标签，可以通过具有特定意义的名字或记号来获得数据。如现实生活中的字典，可以通过标签(即关键字)来索引数据。

序列类型是一维元素向量，元素之间存在先后关系，通过序号访问。序列的基本思想与表示方法均来源于数学概念。在数学中，会给每个序列一个名字，用下标来表示对应的元素。如：$S=s_0, s_1, s_2, \cdots, s_{n-1}$。

Python 中很多数据类型都是序列类型，其中比较重要的是字符串(str)、元组(tuple)、列表(list)。字符串可以看成一个单字符的有序组合，属于序列类型，同时也是一种基本数据类型。元组是包含 0 个或多个数据项的不可变序列类型，即元组一旦生成，任何数据项都不可替换或删除。列表则是一个可以修改数据项的序列类型，使用非常灵活。

只要是序列类型，都可以使用相同的索引体系，Python 中的序列支持双向索引，即正向递增序号和反向递减序号，如图 2-11 所示。

图 2-11 序列类型的索引体系

正向递增索引从左到右依次递增，第 1 个元素的索引号为 0，第 2 个元素的索引号为 1，以此类推。反向递减索引从右到左依次递减，最后一个元素的索引号为－1，倒数第二个为－2，以此类推。

序列类型有 12 个通用的操作符和函数，如表 2-11 所示。

表 2-11 序列类型的通用操作符与函数

操作符	描 述
x in s	如果 x 是 s 的元素,返回 True,否则返回 False
x not in s	如果 x 不是 s 的元素,返回 True,否则返回 False
s+t	拼接序列 s 和 t
s * n 或 n * s	将序列 s 复制 n 次
s[i]	返回索引号为 i 的元素
s[i:j]	切片,返回序列中从第 i 个到第 j 个元素之前的子序列(不含第 j 个元素)
s[i:j:k]	步骤切片,返回 s 中第 i 个到第 j 个元素以 k 为步长的子序列
len(s)	序列 s 中元素的个数(长度)
min(s)	返回序列 s 中的最小值
max(s)	返回序列 s 中的最大值
s. index(x[,i[,j]])	序列 s 中从 i 位置开始到 j 位置间第一次出现 x 的位置
s. count(x)	序列 s 中 x 出现的总次数

1. 元组类型

元组一旦创建就不能被修改。一般用于表达固定数据项、函数返回值、多变量同时赋值、循环遍历等情况。

Python 构建元组的方式非常简单,可以用 tuple()函数构建,tuple()函数中的参数是一个可迭代的数据,若没有传入参数,则创建空元组。也可以直接用圆括号包含多个使用逗号隔开的元素来创建元组。非空元组的括号可以省略。

利用 tuple()创建非空元组,代码如下:

```
>>> tuple([1,2,3])
1,2,3
>>> tuple('Python')
('P', 'y', 't', 'h', 'o', 'n')
>>> st = '学号', '姓名', '专业'
>>> st
('学号', '姓名', '专业')
>>> course = ('高等数学','英语','Python 程序设计')
>>> info = ( '学号','姓名','专业',course)
('学号', '姓名', '专业', ('高等数学', '英语', 'Python 程序设计'))
>>> info[2]
'专业'
```

2. 列表类型

列表(list)是包含 0 个或多个对象引用的有序序列,与元组不同,列表的长度和内容都是可变的,可自由对列表中的数据项进行增加、删除或替换。列表没有长度限制,元素的类型可以各不相同,使用非常灵活。

1) 列表创建

可以通过 list()函数将已有的元组字符串转换为列表。也可以直接用[ ]号创建,代码如下:

```
>>> list('Python')
['P', 'y', 't', 'h', 'o', 'n']
>>> tp = (10,20,30)
>>> list(tp)
[10, 20, 30]

ls = [12,'abc',['red','green','blue']]
ls[2][2]
'blue'
```

2）列表操作

与整数及字符串不同，列表要处理一组数据，因此，列表必须通过显式的数据赋值才能生成，简单将一个列表赋值给另一个列表是不会生成新的列表对象的，而是将两个变量指向了同一个列表。只有通过 list()或[ ]创建才会生成新列表，代码如下：

```
>>> ls = [12,'abc',['red','green','blue']]
>>> lt = ls
>>> ls[1] = 'python'
>>> lt
[12, 'python', ['red', 'green', 'blue']]
```

如果非要将一个列表的值赋给另一个变量，可通过复制的方式实现，代码如下：

```
>>> ls = [12,'abc',['red','green','blue']]
>>> lt = ls.copy()
>>> ls[1] = 'python'
>>> lt
[12, 'abc', ['red', 'green', 'blue']]
```

列表除了拥有序列类型，如表 2-11 中 12 种操作符和函数之外，还包含一些自身特有的操作。具体如表 2-12 所示。

表 2-12 常用的函数或方法列表

函数或方法	描　述
ls[i]=x	替换列表 ls 第 i 个元素为 x
ls[i:j]=lt	用列表 lt 替换列表 ls 中从第 i 个到第 j 个元素（不含第 j 个元素，下同）
ls[i:j:k]=lt	用列表 lt 替换列表 ls 中从第 i 个到第 j 个并以 k 为步长的元素
del ls[i:j]	删除列表 ls 中第 i 到第 j 个元素，等价于 ls[i:j]=[]
del ls[i:j:k]	删除列表 ls 中第 i 到第 j 个并以 k 为步长的元素
ls+=lt 或 ls.extend(lt)	将列表 lt 中的元素增加到列表 ls 中
ls *=n	更新列表 ls，其元素重复 n 次
ls.append(x)	在列表 ls，最后增加一个元素 x
ls.clear()	删除 ls 中的所有元素
ls.copy()	生成一个新列表，复制 ls 中的所有元素

续表

函数或方法	描　　述
ls. insert(i,x)	在列表 ls 的第 i 个位置插入元素 x
ls. pop(i)	在列表 ls 中将第 i 个元素取出并删除该元素
ls. remove(x)	将列表中出现的第一个元素 x 删除
ls. reverse(x)	列表 ls 中的元素 x 反转
ls. sort()	对列表 ls 进行排序，若 reverse=True，则降序排序

以上操作主要处理列表的增加、删除、修改等。

列表中元素访问与操作，代码如下：

```
>>> ls = ["cat", "dog", "tiger", 1024]
>>> ls[1:2] = [1, 2, 3, 4]
['cat', 1, 2, 3, 4, 'tiger', 1024]
>>> del ls[::3]
[1, 2, 4, 'tiger']
>>> ls * 2
[1, 2, 4, 'tiger', 1, 2, 4, 'tiger']
>>> ls += ['A','B','C']
[1, 2, 4, 'tiger', 'A', 'B', 'C']
```

列表常用方法对元素操作，代码如下：

```
>>> ls = [1,2,3,4,5,6,7]
>>> ls.append(10)
[1, 2, 3, 4, 5, 6, 7, 10]
>>> ls.insert(3, 20)
[1, 2, 3, 20, 4, 5, 6, 7, 10]
>>> ls.reverse()
[10, 7, 6, 5, 4, 20, 3, 2, 1]
>>> ls.sort()
[1, 2, 3, 4, 5, 6, 7, 10, 20]
>>> ls.sort(reverse = True)
[20, 10, 7, 6, 5, 4, 3, 2, 1]
>>> sum(ls)
58
```

3）列表元素遍历

对列表进行遍历使用 for-in 结构，可对列表中的元素按序访问。基本语法格式：

```
for <变量名> in <列表变量>:
    <语句块>
```

如果对元素访问时不需要删除操作，则可直接遍历列表。如果对元素访问时涉及删除或改变元素位置等操作，则应先对原列表进行复制，在复制的列表中遍历，而在原列表中操作，这样可以保证每个元素都能被遍历并进行操作。下面通过几个案例来实践。

【例 2-7】 对列表元素求平均值

已知一组数据[20,10,7,6,31],请求出这一组数据的平均值。

案例分析：对列表中的每个元素进行访问,对它们的值进行累加,再将累加结果除以列表长度即可得到列表的平均值。在这个过程中,不需要改变元素的位置,可以直接对列表进行遍历。

```
ls = [20, 10, 7, 6,31]
Sum = 0
for i in ls:
    Sum += i
print('列表元素的平均值为',Sum/len(ls))
```

运行结果如下：

```
列表元素的平均值为 14.8
```

【例 2-8】 删除 3 的倍数

指定列表[23,45,78,87,11,67,89,13,243,56,67,311,431,111,141]中,请将其中所有为 3 的倍数的元素删除,并输出剩余的元素及删除元素的个数。

案例分析：在这个案例中需要对列表中每个元素访问,并判断该元素是否能被 3 整除,如果能被 3 整除,则删除该元素。一旦涉及元素的删除,就会导致列表的元素索引号发生改变,为保证每个元素都能被遍历,故需要先复制列表,在复制的列表中遍历,在原列表中删除。代码如下：

```
ls = [23,45,78,87,11,67,89,13,243,56,67,311,431,111,141]
lt = ls.copy()
count = 0
print('删除后的列表元素为',end = '')
for i in lt:
    if i % 3 == 0:
        ls.remove(i)
        count += 1
    else:
        print(i,end = ' ')
print('\n 一共删除了{}个元素'.format(count))
```

运行结果如下：

```
删除后的列表元素为 23 11 67 89 13 56 67 311 431
一共删除了 6 个元素
```

3. 集合类型

集合类型与数学中的集合概念一致,即包含 0 个或多个数据项的无序组合。集合中的元素不可重复,元素类型只能是固定数据类型,不能是可变数据类型。如整数、浮点数、字符串、元组等可以作为集合的数据项，而列表、字典和集合类型则不能作为集合的元素出现。

集合是无序的组合，没有索引和位置的概念，不能分片，集合中的元素可以动态增加或删除。集合用大括号{}表示，各元素之间用逗号隔开，可以用赋值语句生成一个大集合。也可以用 set()函数进行集合的创建，输入的参数可以是任何组合数据类型，返回结果是一个无重复且排序任意的集合。由于集合中的元素都是唯一的，可以使用集合类型过滤重复元素，代码如下：

```
>>> s1 = {100,'python',20.6}        #用{}赋值方式创建集合
>>> s1
{100, 20.6, 'python'}
>>> s2 = set('python')              #用函数 set()创建集合,参数为字符串
>>> s2
{'h', 'n', 'o', 'p', 't', 'y'}
>>> s3 = set(('python',123))        #用函数 set()创建集合,参数为元组
>>> s3
{123, 'python'}
```

注意：空集合只能由 set()函数创建。空{}创建的集合默认为字典类型。

集合的操作符有 10 个，描述如下表 2-13 所示。

表 2-13 集合类型的操作符

操作符	描　　述
S-T 或 S. difference(T)	返回一个新集合，包含在集合 S 中但不在集合 T 中的元素
S-=T 或 S. difference_update(T)	更新集合 S，包含在集合 S 中但不在集合 T 中的元素
S&T 或 S. intersection(T)	返回一个新集合，同时包含在集合 S 和 T 中的元素
S&=T 或 S. intersection_update(T)	更新集合 S，同时包含在集合 S 和 T 中的元素
S^T 或 S. symmetric_difference(T)	返回一个新集合，包含在集合 S 和 T 中的元素但非共同包含在其中的元素
S^=T 或 S. symmetric_difference_update(T)	更新集合 S，包含在集合 S 和 T 中的元素但非共同包含在其中的元素。
S|T 或 S. union(T)	返回一个新集合，包含集合 S 和 T 中的所有元素
S|=T 或 S. update(T)	新集合 S，包含集合 S 和 T 中的所有元素
S<=T 或 S. issubset(T)	如果集合 S 与 T 相同或 S 是 T 的子集，则返回 True，否则返回 False，用 S<T 判断 S 是 T 的真子集
S>=T 或 S. issuperset(T)	如果集合 S 与 T 相同或 S 是 T 的超集，则返回 True，否则返回 False，用 S>T 判断 S 是 T 的真超集

4. 映射类型

映射类型是键-值数据项的组合，每一个元素都是一个键-值对，即元素是(key，value)，元素之间是无序的。键-值对(key，value)是一种二元关系，源于属性和值的映射关系。

键(key)表示一个属性，也可理解为一个类别或项目，值(value)是属性的内容，键-值对刻画了一个属性和它的值。键-值对将映射关系结构化，用于存储和表达。

在列表中，存储和检索数据可以通过整数的索引实现，但是在很多应用中需要更灵活的

信息查找方式，例如在检索学生或员工信息时，经常基于学号或身份证号码进行查找，而不是基于信息存储的序号进行查找。在编程术语中，根据一个信息查找另一个信息的方式构成了键-值对，它表示索引用的键和对应的值构成的成对关系，即通过一个特定的键（学号或身份证号）访问值（学生信息）。

在实际应用中有很多键-值对的案例，如通信录中姓名和电话号码、用户信息中用户名与密码、邮政编码与运输成本、国家名称与首都等。

这种通过任意键信息查找一组数据中值信息的过程称为映射，在 Python 中，映射类型主要以字典（dict）进行体现。

1）字典创建

字典是包含 0 个或多个键-值对的无序集合，没有长度限制，可以根据键索引值的内容，且键具有唯一性。

Python 中可以通过函数 dict()来创建空字典，也可以通过大括号{}来创建。代码格式如下：

```
{<键 1>:<值 1>, <键 2>:<值 2>, … , <键 n>:<值 n>}
```

```
>>> student = { }
>>> student = dict( )
>>> d = {"中国":"北京", "美国":"华盛顿", "法国":"巴黎"}
>>> d
{'中国': '北京', '美国': '华盛顿', '法国': '巴黎'}
```

注意：字典输出数据的顺序可能与创建之初的顺序不一致。其原因是字典是集合类型的延续，所以各元素之间没有顺序之分，如果想保持一个集合中各元素的顺序，需要使用列表。

如果要访问元素的值，则可使用“字典变量[key]”的形式，代码如下：

```
>>> d["中国"]
'北京'
```

字典中的元素是可以动态修改的，添加元素和修改元素都是通过对“字典变量[key]”赋值方式实现：字典变量[key]=值。如添加一个元素，代码如下：

```
>>> d["英国"] = "伦敦"
>>> d
{'中国': '北京', '美国': '华盛顿', '法国': '巴黎', '英国': '伦敦'}
```

总体来说，字典是存储可变数量键-值对的数据结构，键和值可以是任意数据类型，包括程序自定义的类型。Python 字典效率非常高，甚至可以存储几十万项内容。

2）字典操作

字典在 Python 内容中已采用面向对象方式实现，因此使用对应的方法时，采用 a. b()格式。Python 中字典常用函数和方法见表 2-14。

表 2-14 字典类型的操作函数或方法

函数或方法	描 述
d. keys()	返回字典 d 所有的键信息
d. values()	返回字典 d 所有的值信息
d. items()	返回字典 d 所有的键-值对
d. get(key,default)	如果键存在则返回相应的值,如果不存在则返回默认值 default
d. pop(key,default)	如果键存在则返回相应的值,同时删除键-值对,否则返回默认值
d. popitem()	随机从字典 d 中取出一个键-值对,以元组形式返回
d. clear()	删除字典 d 中所有的键-值对
del d[key]	删除字典 d 中某一个键-值对
key in d	如果 key 在字典 d 中存在,则返回 True,否则返回 False

如果希望以 keys()、values()、items()方法返回列表类型,可用 list()函数进行转换。

```
>>> d = {"中国":"北京", "美国":"华盛顿",'英国':'伦敦', "法国":"巴黎"}
>>> d.keys()
dict_keys(['中国', '美国', '英国', '法国'])
>>> list(d.values())
['北京', '华盛顿', '伦敦', '巴黎']
>>> list(d.items())
[('中国', '北京'), ('美国', '华盛顿'), ('英国', '伦敦'), ('法国', '巴黎')]
>>> d.get('中国','Beijing')
'北京'
>>> d.get('日本','东京')
'东京'
>>> d.pop('法国','巴黎')
'巴黎'
>>> d
{'中国': '北京', '美国': '华盛顿', '英国': '伦敦'}
>>> d.popitem()
('英国', '伦敦')
>>> del d['美国']
>>> d
{'中国': '北京', '英国': '伦敦'}
```

3) 字典遍历

与其他组合类型一样,字典的遍历可以使用 for-in 语句,基本语法格式如下:

```
for <变量名> in <字典变量>:
    <语句块>
```

【例 2-9】 计算消费额

小明在咖啡店里点了双人下午套餐,包含两杯咖啡和两份点心:一杯卡布奇诺 32 元,一杯摩卡 30 元,一份抹茶蛋糕 28 元,一份布朗尼蛋糕 36 元,请帮忙用 Python 计算并输出消费总额。

案例分析:

可将每样物品与其价格组成一对键-值对,将套餐内容变成一个字典。对字典进行遍历，获取每个键对应的值，将值进行累加即可得到总消费额，求解代码如下：

```
menu = {'卡布奇诺':38,'摩卡':30,'抹茶蛋糕':28,'布朗尼蛋糕':26}
total = 0
for key in menu:
    total += menu[key]
print('一共消费了{}元'.format(total))
```

运行结果如下：

```
一共消费了 122 元
```

【例 2-10】 词频统计，以 Hamlet 为例

在现实工作中常常会遇到这样的问题，一篇文章需要统计多次出现的词语，从而分析文章内容。在对网络信息进行自动检索和归档时，也常常会遇到这样的问题。

词频统计本质就是词语数量的累加问题，对每个词语设计一个计数器，每出现一次，相应地计数器就加 1。因为一篇文章中的词语量比较大，为避免词语计数器发生混乱，可以将词语与相应的计数器组成一对键-值对。

《哈姆雷特》代表着整个西方文艺复兴时期文学的最高成就，很多国内外的电影都是以此为原型。

先获取《哈姆雷特》的文章内容，以 hamlet. txt 文本文件保存，该书可以从网络上找到并下载。

第 1 步，获取英文文本。内容存储在文本文件中，此处需要用到将第 7 章的文件打开与读取方法。打开文件：open(文件名，打开方式)，读取全文：read()。

第 2 步，统一大小写。由于同一个单词会存在大小写不同的形式，但计数时应该不区分大小写，将它们归为一个单词。统一转换为小写：lower()。

第 3 步，去掉标点符号。标点符号不参与计数，为避免标点符号对分词造成影响，需要将原文中的各类标点符号用 replace()方法替换成空格。

第 4 步，提取单词。利用相应的方法将单词进行分解并提取，英文文本以空格或标点符号来分隔词语，获得单词并统计数量相对容易。统一用空格来分离单词：split()。

第 5 步，创建字典，用于存储词语及对应的计数器。

第 6 步，遍历文本，对计数器值进行修改。计数器值的变化就是对值进行修改，而修改是在原有的基础上进行加 1，则可以使用字典的“d. get(key，default)＋1”方式实现，如果词语在字典中已存在，则获得原有值，在这个值的基础上加 1，如果这个词语不存在，则将它的默认值设为 0，表示第 1 次出现。

第 7 步，字典转换为列表，按词频排序。由于字典是无序的，如果要显示词频最高的词语，需要先转换为序类型，才能实现排序。转换函数：list()，排序函数：sort()，字典转换为列表后是一个二元关系，即二维列表，排序需要使用 key 属性，使用 lambda 函数指定排序的依据。

第 8 步，遍历列表，输出词语及词频。按需要将前 10 个高频词及次数输出。

具体代码如下：

```
#统计字频
def get_text():
    file= open('hamlet.txt','r')
    text=file.read()
    text=text.lower()
    for char in '!"#$%&()*+,-./:;<=>?@[\\\\]^_'{|}~':
        text=text.replace(char,' ')
    return text
txt = get_text()
words=txt.split()
counts = {}
for w in words:
    counts[w] = counts.get(w,0) + 1
items=list(counts.items())
items.sort(key=lambda x:x[1],reverse=True)
for i in range(10):
    word,count = items[i]
    print("{:<12}{:>5}".format(word,count))
```

运行结果如下：

```
the          1138
and           965
to            754
of            669
you           550
i             542
a             542
my           514
hamlet       462
in            436
```

2.3 Python 程序结构

程序有 3 种基本结构：顺序结构、分支结构和循环结构。这些结构都只有一个入口和一个出口。顺序结构是程序按照线性顺序依次执行的一种方式。分支结构是程序根据条件判断结果而选择不同向前执行路径的一种运行方式。循环结构是程序根据条件判断向后反复执行的一种运行方式。

2.3.1 分支结构

1. 单分支结构：if 语句

Python 中用 if 语句来表示分支结构，单分支的格式如下：

```
if <条件>:
    <语句块>
```

以上格式中的< if >、<:>和<语句块>前面的缩进都是语法的一部分。< if > 关键字与判断条件构成 if 语句，if 语句后使用<:>结尾，<语句块>与 if 语句之间通过缩进形成逻辑关联。

若 if 语句中的判断条件成立，则执行 if 语句后的<语句块>；若条件不成立，则跳过 if 语句后的<语句块>。单分支结构中的<语句块>只有“执行”和“跳过”两种情况。

【例 2-11】 空气质量 PM2.5 提醒。

PM2.5 是衡量空气污染的重要指标。一个简化版的空气质量标准采用三级模式，PM2.5 值 1～35 为优，35～75 为良，75 以上为污染，要求根据输入的 PM2.5 值判断空气质量，决定是否可外出运动。代码如下：

```
PM = eval(input('请输入 PM2.5 值: '))
if 0 <= PM < 35:
    print('空气质量优,尽情享受户外运动吧!')
if 35 <= PM < 75:
    print('空气质量良好,适合户外运动.')
if PM >= 75:
    print('空气污染,减少户外运动!')
```

例 2-11 的代码中使用了 3 个 if 语句。只有当输入的 PM 值为 1～35 时，才会执行 print('空气质量优，尽情享受户外运动吧！')，否则就会跳过这一个语句。

例如输入数值 67 时，只有“print('空气质量良好，适合户外运动。')”会被执行，运行结果会得到“空气质量良好，适合户外运动”。“print('空气质量优，尽情享受户外运动吧！')”“print('空气污染，减少户外运动！')”均在执行各自对应的 if 语句判断时发现条件不成立，从而被跳过。

2. 二分支结构：if-else 语句

Python 中用 if-else 语句来表示二分支结构，格式如下：

```
if <条件>:
    <语句块 1 >
else:
    <语句块 2 >
```

若 if 语句中的判断条件成立，则执行 if 语句后的<语句块 1 >；若条件不成立，则跳过 if 语句后的<语句块 1 >，执行 else 后的<语句块 2 >。

对于前面的案例空气质量 PM2.5 的判断中，无论输入哪个数值，3 个 if 均会被执行，这样其实是一种冗余。如果我们将例 2-11 中的空气质量判断只按两级：无污染、有污染，临界值为 75，则例 2-11 代码可改成如下代码：

```
PM = eval(input('请输入 PM2.5 值: '))
if  PM < 75:
    print('空气无污染,适合户外运动.')
else:
    print('空气被污染,减少户外运动!')
```

运行程序时,同样当输入数值 67 时,"print('空气无污染,适合户外运动。')"会被执行,运行结果会得到"空气无污染,适合户外运动。"。else 及"print('空气被污染,减少户外运动!')"被跳过。

二分支结构还有一种更为简洁的表达方式,适合通过判断返回特定值。

```
<表达式 1>  if <条件>  else   <表达式 2>
```

例如判断数值 n 是否为偶数,是则返回 True,否则返回 False。用简洁版紧凑格式可写成如下代码:

```
n = eval(input('请输入整数 n 的值: '))
True  if  n % 2 == 0  else  False
```

3. 多分支结构:if-elif-else 语句

Python 中用 if-elif-else 语句来表示多分支结构,格式如下:

```
if <条件 1>:
    <语句块 1>
elif <条件 2>:
    <语句块 2>
…
else:
    <语句块 n>
```

用多分支结构对例 2-11 空气质量判断代码进行修改,可写成如下代码:

```
PM = eval(input('请输入 PM2.5 值: '))
if  PM < 35:
    print('空气质量优,尽情享受户外运动吧!')
elif  PM < 75:
    print('空气质量良好,适合户外运动.')
else:
    print('空气污染,减少户外运动!'
```

与前面的代码相比较,将第 2 个及后面的 if 改成了 elif 和 else,在写条件时,也可将 35<=PM<75 简写成 PM<75,原因是 elif 指的是去除 if 中限定的 PM<35:范围了,剩下的范围则只能是 PM>=35,所以 elif 中的条件 PM<75 其实还有一个隐含的条件 PM>=35,实际条件范围是指 35<=PM<75。

2.3.2 循环结构

Python 的循环结构分为 for 循环和 while 循环两种。其中 for 循环确定循环次数,称为"遍历循环",循环次数采用遍历结构中的元素个数来体现。while 循环不确定循环次数,称为"无限循环",不能明确循环体可能的执行次数,而是通过条件判断是否继续执行循环体。

1. 遍历循环:for 循环

遍历循环是逐一访问目标中的数据,例如逐个访问字符串的字符、逐个访问列表中的元素等。Python 一般使用保留字 for 遍历循环,语法格式如下:

```
for <循环变量>  in  <遍历结构>:
    <语句块>
```

for 语句中的循环执行次数是根据遍历结构中元素个数来确定的,遍历循环可以理解成从遍历结构中逐一提取元素,放在循环变量中,对于所提取的每个元素执行一次<语句块>。

<遍历结构>可以是字符串、文件、组合数据类型或 range()函数等。

<循环变量>用于保存本次循环访问的遍历结构中的元素。

1) 遍历元素

使用 for 循环遍历字符串、列表等组合类型。代码如下:

```
#遍历字符串
s = 'ABCD'
for c in s:
    print(c)
```

运行结果如下:

```
A
B
C
D
```

2) range()函数

range()函数可以创建一个整数列表,range()函数的语法格式如下:

```
range([start,]  stop  [,step])
```

函数说明如下。

start:表示列表的起始位置,该参数可以缺省,缺省则表示列表默认从 0 开始。

stop:表示列表的结束位置,开区间,即不包含 stop 的值,如 range(6),range(0,6)表示结束的值为 5,即产生的列表为[0,1,2,3,4,5]。

step:表示列表中元素的增幅,该参数可以缺省,缺省则表示元素默认步长为 1,如 range(0,6) 相当于 range(0,6,1)。

range()函数一般与 for 循环搭配使用,以控制 for 循环中代码段的执行次数。例如对上面的字符串、列表的遍历也可以由 range()函数来控制,range()函数的结束值为字符串、列表的长度。相应的代码修改如下:

```
s = 'ABCD'
for i in range(len(s)):
    print(s[i])
```

for 与 range()函数搭配使用在 Python 中非常频繁,一般非元素遍历而又明确循环次数的应用均可使用这种搭配。

【例 2-12】 计算 1～100 的累加之和。

案例分析:要计算 1～100 的累加之和,可以使用循环语句,将 1～100 这之间的数字逐一取出并进行累加。可以使用 for-range()搭配，循环次数为 100 次，起始值为 1，结束值为 100。

程序代码如下：

```
sum = 0
for i in range(1,101):
    sum += i
print('1 + 2 + 3 + ... + 100 = ',sum)
```

运行结果如下：

```
1 + 2 + 3 + ... + 100 = 5050
```

3）for-else

for 循环还能与保留字 else 搭配使用，for-else 的语法结构如下：

```
for <循环变量>  in  <遍历结构>:
    <语句块 1 >
else:
    <语句块 2 >
```

else 后的<语句块 2 >只有在循环正常执行完成之后才执行。因此可以在<语句块 2 >中放置判断循环执行情况的语句。如下列代码所示：

```
for c in  'ABC':
    print('循环进行中: '+ c)
else:
    print('循环正常结束: ')
```

运行结果如下：

```
循环进行中: A
循环进行中: B
循环进行中: C
循环正常结束
```

2. 无限循环：while 循环

很多应用无法在执行之初确定遍历次数，这就需要编程语言提供根据条件进行循环的语法，这种循环称为无限循环，也称为条件循环。无限循环一直保持循环操作直到循环条件不满足才结束，不需要提前知道循环次数。

Python 通过保留字 while 实现无限循环，语法格式如下：

```
while <条件> :
    <语句块>
```

<条件>与 if 语句中的判断条件一样，结果为 True 或 False。

当程序执行到 while 语句时，若<条件>的结果为 True，则执行<语句块>中的内容，<语

句块>执行完之后再回到 while 语句进行判断，如此往复，直到循环<条件>的结果为 False，则终止循环，执行 while 循环结构之后的语句。

如例 2-12 计算 1～100 的累加之和，用 while 循环实现，代码如下：

```
sum = 0
i = 0
while i <= 100:
    sum += i
    i += 1
print('1 + 2 + 3 + ... + 100 = ',sum)
```

注意：<语句块>中一定要有控制<条件>变化的语句，否则会变成死循环。如上面代码的条件是"i<=100"，循环控制变量为 i，在循环体中必然有变量 i 的值发生变化的语句，如"i+=1"。这个变量也称为程序维护计数器。在 for 循环结构中循环变量是逐一取自遍历结构，所以不需要程序维护计数器。

无限循环也一样，可以与保留字 else 进行搭配，其扩展模式语法如下：

```
while <条件> :
    <语句块 1 >
else:
    <语句块 2 >
```

在这种模式中，当 while 循环正常执行完成后，程序会继续执行 else 语句中的内容。else 语句只在循环正常执行完成后才执行。因此，在<语句块 2 >可以放置判断循环情况的语句，代码如下：

```
s = 'ABC'
i = 0
while i < len(s)   :
    print('循环进行中：' + s[i])
    i += 1
else:
    print('循环正常结束：')
```

运行结果如下：

```
循环进行中：A
循环进行中：B
循环进行中：C
循环正常结束
```

2.3.3 循环保留字

循环结构在条件满足时可一直执行，但是在一些特殊情况下，程序需要终止循环，跳出循环结构。例如玩游戏时，在游戏正在运行时，按下 Esc 键，将终止程序主循环，结束游戏。

Python 中提供了两个保留字：break 和 continue，用它们来辅助控制循环执行。

1. break

break 跳出它所属的循环结构，脱离循环后程序从循环代码后继续执行。该语句通常与 if 结构结合使用，两种循环的语法格式如下：

```
for <循环变量>  in  <遍历结构>:
    <语句块 1 >
    if  <判断条件> :
        break
    <语句块 2 >
```

```
while <循环条件> :
    <语句块 1 >
    if  <判断条件> :
        break
    <语句块 2 >
```

在这种结构中，当满足循环条件时，执行<语句块 1 >的内容，若不满足<判断条件>，则继续执行<语句块 2 >的内容，如此往复。满足循环条件，同时也满足<判断条件>时，则执行完<判断条件>后就从循环中退出，即终止循环。例如下列代码：

```
for c in 'Python':
    if c == 't':
        break
    print(c,end = ' ')
```

这段代码在字符串中遍历，从字符串'Python'中逐一取出字符并进行输出，当取出的字符为't'时，满足了判断条件，则会从循环中跳出，故输出结果如下：

```
P y
```

2. continue

continue 与 break 的区别在于，continue 是结束本次循环，继续下一轮循环判断，而不是终止整个循环的执行；break 语句则会结束整个循环过程，不再判断循环的条件是否成立。

continue 同样可与 if 语句结合使用，语法格式如下：

```
for <循环变量>  in  <遍历结构>:
    <语句块 1 >
    if  <判断条件> :
        continue
    <语句块 2 >
```

```
while <循环条件> :
    <语句块 1 >
    if  <判断条件> :
        continue
    <语句块 2 >
```

在这种结构中，当满足循环条件时，执行<语句块 1 >的内容，若不满足<判断条件>，则继续执行<语句块 2 >的内容，如此往复。满足循环条件，同时也满足<判断条件>时，则执行完<判断条件>后回到循环<判断条件>，本次循环跳过<语句块 2 >。

使用 continue 修改上面的代码，修改后的代码如下：

```
for c in 'Python':
    if c == 't':
```

```
        continue
    print(c,end = '')
```

这段代码在字符串中遍历,从字符串'Python'中逐一取出字符并进行输出,当取出的字符为't'时,满足了判断条件,则会跳过判断条件后面的语句“print(c,end='')”,继续下轮循环的判断,故字符't'不会被输出。运行结果如下:

```
Pyhon
```

2.3.4 异常处理

异常处理采用 try-except 语句。Python 异常信息中最重要的部分是异常类型,它表明异常产生的原因,也是程序处理异常的依据。

Python 中使用 try-except 语句实现异常处理,基本语法格式如下:

```
try:
    <语句块 1>
except <异常类型>:
    <语句块 2>
```

例如,在程序数据输入时,经常将输入的数字用于计算,但如果用户输入的不是数字,则会报错,为避免这种输入类型的错误,可以采用异常处理,代码如下:

```
try:
    num = eval(input('请输入一个整数: '))
    print(num * num)
except:
    print('输入错误,请输入整数')
```

运行结果如下:

```
请输入一个整数: s123
输入错误,请输入整数
```

2.4 Python 函数与模块化编程

如果一个软件功能比较强大,相对应的代码也会比较庞大,以目前全球最大的计算机软件提供商微软为例,在 Windows 2000 的研发过程中,微软投入了 300 多名软件工程师和系统测试人员,合计写出约 5000 万行代码。可以想象一下,如果把所有的代码都放在一个主函数中,代码编写就无法分工,编写任务基本也不可能完成,同时也会产生代码过长、容易出错和可读性差等问题。

因此,必须有一种机制,能将代码划分为若干模块,每一模块可相对独立地实现某一功能,这就是函数。另外,有部分功能经常被使用,但是不可能每次使用的时候都把相应功能的代码全部写一遍，这样会造成代码大量冗余。解决方法就是将这样的功能封装起来，每次需要使用这个功能时，通过调用函数就可实现。

总体来说，函数的两个主要目的是：降低编程难度和实现代码复用。函数是一种功能抽象，复用它可以将一个复杂的大问题分解成一系列简单的小问题，同时，小问题还可以继续划分成更小的问题，是一种分而治之的思想应用。当每个小问题都细化到足够简单时，为每个小问题编写程序，并通过函数封装，由小问题的解决到整个大问题的解决。这就是一种自顶向下的程序设计思想。

2.4.1 函数的基本使用

【例 2-13】 数学计算，编写程序完成公式计算：$C_n^m=\dfrac{n!}{m!(n-m)!}$，其中 m 和 n 的值由键盘输入。

案例分析：从这个公式中，我们可以看到要反复求各数的阶乘，如果直接用代码编写，需要将求阶乘的代码写 3 次，这必然会造成大量代码冗余，因此我们可以将求阶乘的功能代码封装起来从而得到一个函数，每次求阶乘时，只需通过修改参数即可调用函数。代码如下：

```
#自定义阶乘函数 fact()用于求参数 a 的阶乘,返回值为 a 的阶乘
def fact(a):
    f = 1
    for i in range(1,a + 1):
        f *= i
    return f
n   = eval(input())
m = eval(input())
c = fact(n)/(fact(m) * fact(n - m))
print(c)
```

1. 函数的定义

函数的定义即函数功能的实现过程，包含函数头与函数体两部分。为提高程序的可读性，函数定义之前，一般以注释形式标明函数接口信息。从上面的案例中，我们可以看出函数的定义格式：

```
def 函数名(参数 1,参数 2,…):
    函数体
    return 返回值列表
```

def：关键字，标志着函数的开始。

函数名：函数唯一的标识，可以是任何有效的 Python 标识符，命名方式遵循变量的命名规则。

参数：参数列表中的参数是形式参数，简称为“形参”，是调用该函数时传递给它的值，可以是 0 个，也可以是一个或多个。当传递多个参数时，各参数由逗号分隔。没有参数也需要保留括号。形参只在函数体中有效。

冒号：用于标记函数体的开始。

函数体：函数每次被调用时执行的代码，由一行或多行代码组成。

return：标志函数的结束，将返回值赋给函数的调用者。若是没有返回值，则无须保留return语句，在函数体结束位置将控制权返回给调用者。

2．函数的调用

函数被定义好之后不会立即执行，只有被程序调用时才会执行。从案例中我们可以看到函数调用的语句是：c＝fact(n)/(fact(m)×fact(n－m))。由此可看出调用函数的基本格式：

```
函数名(参数列表)
```

调用时，参数列表中给出实际要传入函数内部的参数，这类参数称为实际参数，即“实参”。实参可以是变量、常量、表达式、函数等。

在程序执行过程中，调用函数其实分成了4个步骤：

(1) 调用程序在调用处暂停执行。

(2) 在调用时将实参复制给函数的形参。

(3) 执行函数体语句。

(4) 函数结束时给出返回值，程序回到调用前暂停处继续执行。

具体实现过程如图2-12所示。

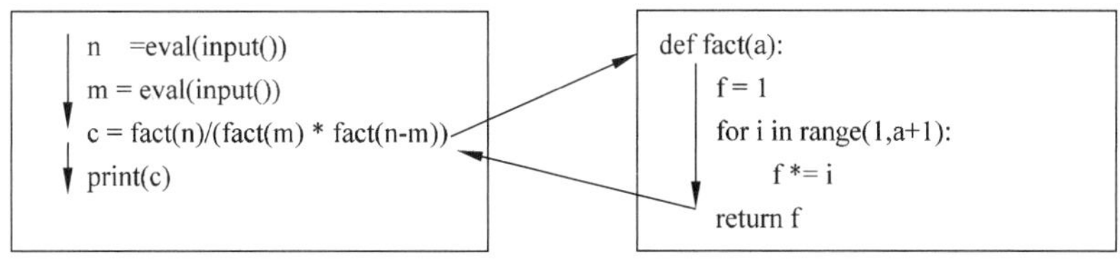

图2-12　函数调用与返回过程

主程序先按顺序执行到c＝fact(n)/(fact(m) * fact(n－m))时，暂停，转到函数fact()。

将实参n复制后传递给形参a。

执行函数fact()中的语句。

函数执行结束时，得到返回值f，回到主程序c＝fact(n)/(fact(m) * fact(n－m))，得到了fact(n)的值。

以同样的方式再次暂停，调用函数求得fact(m)、fact(n－m)的值。

回到主程序c＝fact(n)/(fact(m) * fact(n－m))，继续往下执行print(c)。

2.4.2　参数的传递

函数的参数传递是指将实参传递给形参的过程，例如例2-12中定义时形参为a：fact(a)，调用时实参为n：fact(n)，这个过程就是将实参n的值传递给形参a。Python中函数支持以多种方式传递参数，包括位置传递、关键字传递、默认值传递、包裹传递、解包裹传递及混合传递。参数传递示意图如图2-13所示。

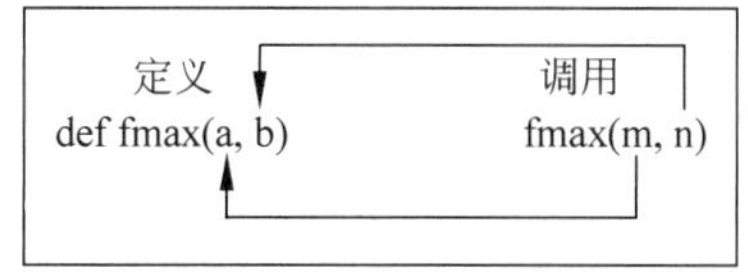

图2-13　参数的传递

2.4.3 函数的返回值

函数的返回值语句 return 是可选项，可以出现在函数体中的任何位置，它的作用是结束并退出当前函数，将程序返回到函数被调用时的位置继续执行，同时将函数中的数据返回给主程序。

return 语句可以同时将 0 个、1 个或多个函数运算后得到的结果返回给函数调用处的变量。当存在多个返回值时，会形成一个元组，代码如下：

```
def Mult(n):
    s = 0
    m =1
    for i in range(1,n+1):
        s += i
        m * = i
    return s,m
Sum, Mul = Mult(5)
print("累加之和: {},阶乘之积: {}".format(Sum,Mul))
T = Mult(6)
print(type(T))
```

运行结果如下：

```
累加之和: 15,阶乘之积: 120
<class 'tuple'>
```

上例函数 Mult()有两个返回值 s 和 m；调用函数时会得到两个数值。可以用两个变量来接收返回值，也可以用一个变量来接收返回值，此时的变量将会是一个元组类型。

函数可以没有返回值，即没有 return 语句。如果没有 return 体语句，则会在函数体语句运行完成后退出函数。

2.4.4 变量的作用域

Python 中的变量不是在哪个位置都可以访问的，具体的访问权限取决于定义变量的位置。变量所处的有效范围称为变量的作用域。

根据变量作用域的不同，可以将变量分为两类：全局变量和局部变量。

全局变量是指在函数之外定义的变量，一般没有缩进，在程序执行的全过程有效。

局部变量是指在函数内部定义的变量，仅在函数内部有效，一旦退出函数，变量就不再有效。

想要在函数中使用全局变量，一般会使用 global 声明。

下面通过几个案例的运行结果来理解全局变量和局部变量的使用，代码如下：

```
n = 1
def fun(a,b):
    n = a * b     #此处 n 是与全局变量同名的局部变量
    return a + b
```

```
s= fun(10,12)
print(s, n)
```

运行结果如下：

```
22,1
```

从运行结果中可以看出，尽管调用了函数，但变量 n 的值并未发生改变。原因是：虽然在主程序中声明了全局变量 n，但是在函数中并没有使用 global 关键字声明，而函数 fun()有自己的内存空间，它会将 n＝a * b 理解为生成一个局部变量 n，并将两个参数之积赋给它。所以在函数中出现的变量 n 其实是一个局部变量，与全局变量 n 是两个完全不同的独立变量，代码如下：

```
n = 1
def fun(a,b):
    global n     #此处 n 是全局变量
    n = a * b
    return a + b
s= fun(10,12)
print(s, n)
```

运行结果如下：

```
22,120
```

从运行结果可以发现，变量 n 的值经过函数调用后发生了变化。这是由于在函数体中使用 global 关键字声明的变量 n 是全局变量，变量 n 在主程序和函数体中使用的是同一个内存空间。故而在调用函数时会改变内存空间中的值，代码如下：

```
ls = []                       #创建一个全局列表变量
def fun(a,b):
    ls.append( a * b )        #此处 ls 是全局变量
    return a + b
s= fun(10,12)
print(s, ls)
```

运行结果如下：

```
22 [120]
```

从这个运行结果可以发现出现了神奇的事件，没有使用 global 声明的列表变量 ls，它的值在函数调用后居然发生了改变。原因是列表是组合数据类型，会对多个数据进行操作，它的使用有创建和引用的区别。当列表被方括号([ ])赋值时，列表就会被真实地创建，否则就是对之前创建出来的列表进行引用，而普通的数据类型变量的赋值却没有创建和引用的区分。

在函数体中,虽然没有使用 global 声明的列表变量 ls,但是出现 ls. append(a * b)语句时,仅仅是对列表 ls 进行引用。而函数体中没有创建过这个名称的列表,fun()函数就会进一步寻找全局内存空间,当在全局内存空间找到变量 ls 后,则会自动关联全局 ls 列表,并对其内容进行修改。

简而言之,对于列表类型,函数可以直接使用全局列表,而不需要采用 global 进行声明,代码如下:

```
ls = []                #创建一个全局列表变量
def fun(a,b):
    ls = []            #此处 ls 是局部变量
    ls.append( a * b )
    return a + b
s = fun(10,12)
print(s, ls)
```

运行结果如下:

```
22 [ ]
```

由于在函数体中创建了一个局部变量 ls,虽然名称与全局变量相同,但是出现了方括号([ ])赋值,列表就会在真实的 fun()函数的内存空间中创建,语句 ls. append(a * b)所修改的就是 fun()函数内存空间的 ls 变量值,而不是全局变量 ls 的值。故全局变量 ls 的值仍然是空的。

由此,可以总结一下 Python 函数对变量的作用要遵守的原则:

(1) 简单数据类型变量无论是否与全局变量重名,仅在函数内部创建和使用。函数退出后,变量就会被释放,而同名的全局变量不受函数调用影响。

(2) 简单数据类型变量在使用 global 保留字声明后,作为全局变量使用,函数退出后,该变量仍被保留,且数值被函数改变。

(3) 对于组合数据类型的全局变量,如果在函数内部没有被真实地创建同名变量,则函数内部可以直接使用并修改全局变量的值。

(4) 如果函数内部真实地创建了组合数据类型变量,无论是否与全局变量同名,函数仅对内部的局部变量进行操作,函数退出后局部变量被释放,而全局变量的值不受函数影响。

2.4.5 匿名函数

匿名函数是一类无须定义标识符的函数,它与普通函数一样可以在程序的任何位置使用,但是在定义时被严格限定为单一表达式。Python 中使用关键字 lambda 来定义匿名函数。语法格式如下:

```
<函数名> = lambda <参数列表>: 表达式
```

这个语句等价于如下正常函数的定义:

```
def 函数名(参数列表):
    return 表达式
```

与普通的函数相比,lambda 函数的体积更小、功能单一,用于定义简单的、能在一行内表示的函数,返回一个函数类型。

与普通函数的区别:

(1) 普通函数在定义时有名称,而 lambda 函数没有。

(2) 普通函数的函数体中可以包含多条语句,而 lambda 函数只能是一个表达式。

(3) 普通函数可以实现比较复杂的功能,而 lambda 函数功能简单。

(4) 普通函数能被其他程序调用,而 lambda 函数不能被其他程序调用,经常用一个变量来保存它,以便后期可以随时使用这个函数。

当匿名函数用变量来保存时,这个变量可以作为匿名函数的临时名称来调用。示例代码如下:

```
>>> f = lambda x, y: x + y
>>> f(10,20)
30
>>> temp = lambda x : pow(x,2)
>>> temp(10)
100
```

lambda 函数经常会用在多维列表的排序中。如对二维列表按第二列排序分别升序、降序排序,示例代码如下:

```
>>> ls = [['a',100],['b',10],['c',30],['d',90],['e',50]]
>>> ls.sort(key = lambda x :x[1])
[['b', 10], ['c', 30], ['e', 50], ['d', 90], ['a', 100]]
```

2.4.6 函数应用

【例 2-14】 日历的输出。通过输出年份和月份,显示出指定月份的日历。

运行效果如图 2-14 所示。

案例分析:

(1) 想要显示日历,首先要知道是哪一年的,而年份又分闰年和平年。通过一个函数实现闰年的判断。当年份能被 4 整除且不能被 100 整除时、年份能被 400 整除时为闰年,其余为平年。定义函数的返回值:为闰年则返回 True,为平年则返回 False。

2020年1月份日历

Sun	Mon	Tues	Wed	Thur	Fri	Sat
			1	2	3	4
5	6	7	8	9	10	11
12	13	14	15	16	17	18
19	20	21	22	23	24	25
26	27	28	29	30	31	

图 2-14 日历效果图

(2) 需要知道当前月有几天。通过定义函数获取每个月的天数。当为闰年时,2 月为 29 天,而当为平年时,2 月为 28 天。其他月份中:1、3、5、7、8、10、12 为 31 天,4、6、9、11 为 30 天。

(3) 确定一个起始的参考年份,如 1990 年,当前年的 1 月 1 日为星期一。定义一个函数,获取指定年、月到参考年、月的总天数,以确定每个月的 1 号是星期几。设定天数初始值为 0,先判断当年是否为闰年,如果为闰年,则天数加 366 天,如果为平年,则天数加 365 天。

再加上当前年从1月到指定月份的天数。

(4) 在主函数中先输入年份和月份,再调用函数。由于要将日期按星期进行排列,一周为七天,需定义一个计数器,初始值为0,用来控制输出换行,当数值能被7整除时则换行。

再确定日历的输出顺序,必须先确定1号的星期位置。如果按星期排在第一个,则直接用总天数对7整除取余数(total_days(year,month)%7)。如果星期日排在第一个,则将总天数加1再对7整除取余数((total_days(year,month)+1)%7)。1号之前的星期位置需要空出来,所以直接输出间隔符,每输出一个间隔符,都需要对计数器加1。

最后从1号按顺序输出日期,每输出一个日期,计数器就加1,当计数器的值能被7整除时,则换行,代码如下:

```
#判断是否为闰年
def leap_year(year):
    if  (year % 4 == 0 and year % 100 != 0) or year % 400 == 0:
        return True
    else:
        return False

#获取每个月的天数
def month_days(year,month):
    if month ==  2:
        if leap_year(year):
            return 29
        else:
            return 28
    elif month in [1,3,5,7,8,10,12]:
        return 31
    else:
        return 30

#获取从当前年到1990年的总天数
def total_days(year,month):
    days  =  0
    for i in  range(1990,year):
        if leap_year(i):
            days  +=  366
        else:
            days  += 365
    for i in range(1,month):
        days  +=  month_days(year,i)
    return days

#主程序
if __name__ == '__main__':
    year  =  2018
    month  =  10
    #print(total_days(year,month))
    print( '\t\t{}年{}月份日历'.format(year,month))
```

```
    print ('Sun\t Mon\t Tues\t Wed\t Thur\t Fri\t Sat')
    print ('-------------------------------------------------------------')
    count = 0
#当前月份的 1 号是星期几,将前面的星期位置空出来
    for i in range((total_days(year,month) + 1) % 7):
        print(end = '\\t')
        count += 1
    #按星期位置输出每个月的天数
    for i in range(1,month_days(year,month) + 1):
        print(i,end = '\\t')

        count += 1
        if count % 7 == 0:
            print()
```

2.4.7　代码复用与模块化编程

从前面的案例中我们发现函数可以通过封装实现代码复用。函数是程序的一种抽象，可以利用函数对程序进行模块化设计。

程序是由一系列代码组成的，如果代码只有顺序而没有组织，不仅不利于阅读和理解，也很难进行升级和维护。因此，需要对代码进行抽象，形成易于理解的结构。

当代编程语言从代码层面采用函数和对象两种抽象方式，分别对应面向过程和面向对象编程思想。

函数是程序的一种基本抽象方式，它将一系列的代码组织起来，通过命名供其他程序使用。函数封装的直接好处是代码可复用。具体表现在任何其他的代码只要使用函数名，输入参数即可调用函数，从而避免了相同功能代码在调用处的重复编写。

代码复用又产生另一优势，当更新函数功能时，所有被调用处的功能都被更新。

面向过程是一种以过程描述为主要方法的编程方式，它要求程序员列出解决问题所需要的步骤，然后用函数将这些步骤一步一步地实现，使用时依次建立并调用函数或编写语句即可。面向过程编程是一种基本且自然的程序设计方法，函数通过封装步骤或子功能实现代码复用，并简化程序设计难度。

面向过程和面向对象只是编程方式不同，抽象级别不同，所有面向对象编程能实现的功能采用面向过程同样能实现。

当程序的长度较长，如超过百行以上，如果不划分模块，程序的可读性就会非常差。解决这一问题的最好方法就是将一个程序分隔成短小的程序段，每一段程序完成一个小的功能。无论面向过程还是面向对象编程，对程序合理划分功能模块并基于模块设计程序是一种常用的方法，称为“模块化程序设计”。

模块化程序设计是指通过函数或对象的封装功能将程序划分成主程序、子程序和子程序间关系的表达。模块化设计是使用函数和对象设计程序的思考方法，以功能块为基本单位，一般有两个基本要求：

(1) 高内聚。尽可能地合理划分功能块，功能块内部耦合紧密。

(2) 低耦合。模块间尽可能简单，功能块之间耦合度低。

耦合是指两个实体相互依赖于对方的一个量度，在程序设计结构中是指各模块之间相互关联的程序。也就是在设计系统的各个功能模块时，尽可能使模块具有较大的独立性，使得每个模块完成一个相对独立的特定子功能，并且和其他模块之间的关系很简单，以便能方便地把不同场合下写成的程序模块组合成软件系统。

衡量模块独立性的定性标准是内聚（一个模块内各个元素彼此结合的紧密程度）和耦合（一个软件结构内不同模块之间互连程度的度量）。高内聚、低耦合的模块是设计时追求的目标。尽量降低系统各个部分之间的耦合度，是应用服务层设计中需要重点考虑的问题。

模块化编程可采用以下步骤进行：

（1）分析问题，明确需要解决的任务。

（2）对任务进行逐步分解和细化，分成若干个子任务，每个子任务只完成部分完整功能，并且可以通过函数实现。

（3）确定模块（函数）之间的调用关系。

（4）优化模块之间的调用关系。

（5）在主函数中进行调用实现。

模块与模块之间可以相互调用。假设模块 1、模块 2 的程序文件分别在同一个目录下保存为文件名< module1. py >、< module2. py >，则在模块 2 中调用模块 1 的形式有

（1）import module1。

（2）from module1 import * 。

例如创建 Python 文件 a. py，并在文件中定义函数 sum，代码如下：

```
def sum(a, b):
    return a + b
```

创建 Python 文件 b. py，并调用 sum 函数，代码如下：

```
from a import sum
print(sum(1, 2))
```

2.5 Python 面向对象编程

在现实世界中存在各种不同形态的事物，这些事物之间存在着各种各样的联系。在程序中使用对象来映射现实中的事物，使用对象之间的关系来描述事物之间的联系，这种思想就是面向对象。

“万物皆对象”，对象是一个抽象概念，表示任意存在的事物，通常将对象划分为两个部分，即静态部分与动态部分。静态部分被称为“属性”，任何对象都具备自身属性，这些属性不仅是客观存在的，而且是不能被忽视的，如人的性别。动态部分是对象的行为，即对象执行的动作，如人的行走。

类是封装对象的属性和行为的载体，反过来说，具有相同属性和行为的一类实体被称为类，在 Python 中，类是一种抽象概念，如定义一个大雁类（Geese），在该类中，可以定义每个对象共有的属性和方法，而一只要从北方飞往南方的大雁则是大雁类的一个对象，对象是类

的实例。

面向对象程序设计具有三大基本特征：封装、继承、多态。封装是面向对象编程的核心思想，将对象的属性和行为封装起来，而将对象的属性和行为封装起来的载体就是类，类通常对客户隐藏其实现细节，这就是封装思想。在 Python 中，继承是实现重复利用的重要手段，子类通过继承复用了父类的属性和行为的同时，又添加了子类特有的属性和行为。多态是将父类对象应用于子类的特征。

面向过程思想在早期开发语言中被大量使用，它是分析出解决问题的步骤，然后用函数将这些步骤一一实现，使用的时候另行调用。面向过程只考虑在函数中封装代码逻辑，而不考虑函数的归属关系。

面向对象是把解决问题的事物提取为多个对象，而建立对象的目的也不是为了完成一个个步骤，而是为了描述某个事物在解决问题的过程中所发生的行为。面向对象是一个更大的封装，根据对象职责明确函数的归属关系。

例如如何把一头大象放进冰箱：

在面向过程程序设计中，程序员操作并完成一个个任务：一、打开冰箱门；二、把大象装进去；三、关上冰箱门。

在面向对象程序设计中，先把冰箱看成一个对象，对象自己完成三个动作：一、冰箱门打开；二、大象装进去；三、冰箱门关上。

2.5.1　类的定义与使用

1. 类的定义

在 Python 中，类表示具有相同属性和方法的对象的集合，在使用类时，需要先定义类，然后再创建类的实例，类的定义使用 class 关键字实现，语法如下：

```
class 类名(父类 ):
    属性名 = 属性值
    def 方法名():
        方法体
```

定义一个冰箱类代码如下：

```
class Fridge():
    def open(self):
        print('打开冰箱门')
    def pack(self,goods):
        self.goods = goods
        print('将 % s 装进冰箱' % self.goods)
    def close(self):
        print('关上冰箱门')
```

2. 类的使用

对象是类的实例化，类是对象的抽象，即创建对象的模板。创建类之后，需要通过创建对象来使用类，格式如下：

```
对象名 = 类名()
```

按上面的冰箱类来创建一个实际的冰箱对象，代码如下：

```
fridge1 = Fridge()
```

2.5.2 属性和方法

1. 属性

属性用于描述事物的特征，如颜色、大小、数量等。可以分为类属性和对象属性。

类的属性存储了类的各种数据，定义位置有类的内部和方法的外部，由该类所有的对象共同拥有。类属性可以通过类名访问，也可以通过对象名访问，但只能通过类名修改。

对象属性是对象特征的描述，定义非常灵活，可在方法内部定义，也可在调用实例时添加。如给上面的冰箱类定义两个属性：冰箱编号、物品编号，再定义一个对象属性：物品名称，代码如下：

```
class Fridge():
    No = 0                          #类属性 -- 冰箱编号
    Num = 0                         #类属性 -- 物品编号
    def pack(self,goods):
        self.Num += 1
        self.goods = goods          #对象属性 -- 物品名称
```

在开发过程中经常会遇到不想让对象的某些属性不被外界访问和随意修改的情况，这时可将这些属性定义为私有属性，再添加一个公有方法，用于私有属性的操作。私有属性定义以“__”开头，如__age。

2. 构造方法

在类的方法中，有两种特殊方法，分别在类创建时和销毁时自动调用，分别是构造方法__init__()和析构方法__del__()。

使用类名()可以创建对象，但实际上，每次创建对象后，系统会自动调用__init__()方法。每个类都有一个默认的构造方法，如果在自定义类时显示已经定义了，则创建对象时调用定义的__init__()方法。

__init__()方法的第一个参数是self，即代表对象本身，不需要显式传递实参。但是在创建类时传入的参数实际上都传递给了__init__()方法。代码如下：

```
class Fridge():
    No = 0
    Num = 0
    def __init__(self):         #自定义构造方法
        Fridge.No += 1
```

3. 对象方法

对象方法是在类中定义的，以关键字self作为第一个参数。在对象方法中可以使用self关键字定义和访问对象属性，同时对象属性会覆盖类属性。

冰箱类中的开门、装物品、关门都是对象方法，代码如下：

```
class Fridge():
    No = 0                          #类属性 -- 冰箱编号
    Num = 0                         #类属性 -- 物品编号
    def __init__(self):
        Fridge.No += 1
    def open(self):                 #冰箱方法—开门
        print('打开 %d 号冰箱门' % self.No)
    def pack(self,goods):           #方法—装货
        self.Num += 1
        self.goods = goods          #对象属性 -- 物品名称
        print('在 %d 号冰箱装第 %d 个物品 %s ' % (self.No,self.Num,goods,))
    def close(self):                #方法—关门
        print('关上 %d 号冰箱门' % self.No)
fridge1 = Fridge()                  #对象 1 创建
fridge1.open()
fridge1.pack('大象')                #冰箱 1 装大象
fridge1.pack('小象')
fridge1.close()
```

运行结果如下：

```
打开 1 号冰箱门
在 1 号冰箱装第 1 个物品大象
在 1 号冰箱装第 2 个物品小象
关上 1 号冰箱门
```

2.5.3 继承

继承描述类与类之间的关系，可以不重写类，而对原有类的功能进行扩展。如冰箱类，有容量、颜色、功耗等属性，有开门、装东西、关门、制冷等行为。各品牌的冰箱除拥有这些功能外，又有各自的型号、特点等。再例如学生类，有学号、姓名、性别、年龄等属性，有上课、学习、活动等方法。大学生则又可以增加如学院、专业、选修、社团、实习等新属性和方法。

同一类的事物之间存在着各种关系，其中这种从属关系，我们称为继承。所有小学生都是学生，但不是所有的学生都是小学生。从高层级到低层级是由一个抽象到具体的过程，从低层级到高层级是一个由具体到抽象的过程。

一个类可以继承自另一个类，并自动拥有另一个类的属性和方法，还可以添加自己新的特性和方法。继承类称为子类，被继承的类称为父类或超类。子类定义格式如下：

```
class 子类名(父类名):
```

子类不能继承父类的私有属性和方法，但能自动拥有父类其他的属性和方法。如果子类对父类提供的属性和方法进行修改，叫重写。如果子类重新定义了父类方法后，还需要访问父类的同名方法，可以使用 super 关键字，代码如下：

```
class Fridge():
    def __init__(self):
        print('这是一类冰箱')
    def pack(self,goods):
        self.goods = goods
        print('在冰箱中装 %s' % self.goods)
class Double_Door(Fridge):
    def __init__(self):               #重写父类方法
        super().__init__()            #用 super 调用父类方法
        print('这是一类双开门冰箱')
fridge = Double_Door()
fridge.pack('大象')                   #继承父类方法
```

运行结果如下：

```
这是一类冰箱
这是一类双开门冰箱
在冰箱中装大象
```

2.6 Python 文件操作与图形化编程

2.6.1 文件的基本操作

文件是一个存储在辅助存储器上的数据序列，可以包含任何数据内容。从概念上讲，前面学到的函数是程序的集合和抽象，而文件则是数据的集合和抽象。

一个文件需要有唯一确定的文件标识，以便用户找到确定的文件。文件的标识包括3个部分：文件路径、文件名、文件扩展名。如：D:\Python\example.txt。

```
文件路径: D:\Python\
文件名: example
文件扩展名: .txt
```

文件的组织形式和表达数据的方式更有效、更灵活。按编码方式一般分为两大类型：文本文件和二进制文件。

Python 对文件采用统一的操作步骤：打开—操作—关闭。

1. 打开文件的方法：open()

Python 采用解释器内置的 open()函数打开一个文件，并实现该文件与一个程序变量的关联。open()函数格式如下：

```
变量名 = open ( 文件名,打开模式,文件编码)
```

如：

```
f = open('example.txt','r',encoding = 'utf-8')
```

open()函数中的参数文件名指是的文件的实际名字,可以是包含完整路径的名字。打开模式用于控制使用何种方式打开文件。open()函数提供了 7 种基本的打开模式,如表 2-15 所示。

表 2-15　文件的打开模式

打开模式	含　义
'r'	只读方式打开,如果文件不存在,则返回异常 FileNotFoundError。默认值
'w'	覆盖写模式,如果文件不存在,则创建,如果存在则完全覆盖
'x'	创建写模式,如果文件不存在,则创建,如果存在则返回异常 FileExistError
'a'	追加写模式,如果文件不存在,则创建,如果存在则在文件末尾追加内容
'b'	以二进制模式打开,如以 rb 只读方式打开二进制模式文件
't'	以文本文件模式打开,默认值
'+'	与 r、w、x、a 一同使用,在原功能基础上增加同时读、写功能。如 r+同具读写功能

2. 关闭文件的方法:close()

文件使用结束后采用 close()方法关闭,释放文件的使用授权,格式如下:

```
变量名.close()
```

如:

```
f.close()
```

3. 文件的读取

当文件被打开后,根据打开方式的不同可以对文件进行相应的读写操作。当文件以文本文件方式打开时,读写按照字符串方式进行操作,并采用当前计算机使用的编码或指定的编码。当文件以二进制文件方式打开时,读写按照字节流方式进行操作。Python 提供了 3 个常用的文件内容读取方法,如表 2-16 所示。

表 2-16　文件内容读取方法

操作方法	含　义
file. read(size=-1)	读入整个文件内容,若给出参数,则读前 size 长度的字符串或字节流
file. readline(size=-1)	读入一行内容,若给出参数,则读入前 size 长度的字符串或字节流
file. readlines(hint=1)	读入所有行,每行为列表中的一个元素,若给出参数,则读 hint 行

4. 文件的写入

Python 提供了两个与文件内容写入有关的方法,如表 2-17 所示。

表 2-17　文件内容写入方法

方　法	含　义
file. write(s)	向文件写入一个字符串或字节流
file. writelines(lines)	将一个元素全为字符串的列表写入文件
file. seek(offset)	改变当前文件操作指针的位置,offset 的值:0 表示到文件开头,1 表示当前位置,2 表示文件结尾

write()方法中的参数 s 表示要写入文件中的字符串，在一次打开和关闭操作之间，每调用一次 write()方法，程序向文件中追加一行数据，并返回本次写入文件中的字节数。writelines(lines)方法中的参数 lines 是元素为字符串的列表。

2.6.2 图形化界面 tkinter

tkinter 是使用 Python 进行窗口视窗设计的模块。tkinter 模块("Tk 接口")是 Python 的标准 Tk GUI 工具包的接口。作为 Python 特定的 GUI 界面，它是一个图像的窗口，并且 tkinter 是 Python 自带的模块，可以编辑 GUI 界面，并且可以用 GUI 实现很多直观的功能，例如开发一个计算器或者开发一个有交互功能的小系统。

由于 tkinter 是 Python 内置的库，不用安装，所以只需在使用时导入 tkinter 模块：import tkinter，或者 from tkinter import * 。

需要说明的是，虽然 tkinter 很好用，但是如果要开发一些大型的应用，tkinter 提供的功能还是太少了，需要使用 wxPython、PyQt 这些第三方库。

1. 主窗体创建与运行

图形用户界面程序都需要一个根窗口，也叫主窗口，它就好像绘画时需要的画纸一样，tkinter 提供创建主窗口的构造函数 Tk()，创建语句代码如下：

```
root = Tk()
```

窗口和组件都创建好后，需要运行，程序要不停地告诉窗口管理对象 GM(Geometry Manager)有一个组件产生，其方法代码如下：

```
root.mainloop()
```

2. tkinter 的组件

tkinter 提供了许多组件，其中较常用的组件如表 2-18 所示。

表 2-18 tkinter 常用组件

组件	元素	描 述
Frame	框架	用来承载放置其他 GUI 元素，也就是一个容器
Label	标签	用于显示不可编辑的文本或图标
Button	按钮	单击时执行一个动作
Entry	单行文本框	显示一行文本
Text	多行文本框	显示多行文本
Checkbutton	复选框	允许用户选择或反选一个选项
Radiobutton	单选框	允许用户从多个选项中选取一个
Canvas	画布	提供绘图功能，可以包含图形或位图
Listbox	列表框	一个选项列表，用户可以从中选择
Menu	菜单	点下菜单按钮后弹出一个选项列表，用户可以从中选择
Menubutton	菜单按钮	用来包含菜单的组件(有下拉式、层叠式等)
Message	消息框	类似于标签，但可以显示多行文本
Scale	进度条	线性"滑块"组件，会显示当前位置的数值刻度

续表

组件	元素	描　　述
Scrollbar	滚动条	对其支持的组件(画布、列表框、文本框)提供滚动功能
Toplevel	顶层	类似框架,为其他的控件提供单独的容器
messageBox	消息框	用于显示应用程序的消息框

3. 组件属性

标准属性也是所有组件的共同属性,如大小、字体、颜色等,除此之外,还有各组件自己特有的属性,常用的组件属性如表 2-19 所示。

表 2-19　tkinter 组件常用属性

选项(别名)	说　　明
background(bg)	当控件显示时,给出的正常颜色
borderwidth(bd)	设置一个非负值,该值显示画控件外围 3D 边界的宽度;控件内部的 3D 效果也可以使用该值
cursor	指定控件使用的鼠标光标,该值可以是 tkinter 接受的任何格式
font	指定控件内部文本的字体
foreground(fg)	指定控件的前景色
width	指定一个整数,设置控件宽度,控件字体的平均字符数
height	指定窗口的高度,采用字体选项中给定字体的字符高度为单位,至少为 1
anchor	指出控件信息(如文本、位图)如何在控件中显示。必须为下面值之一:N,NE,E,SE,S,SW,W,NW 或者 CENTER。例如 NW(NorthWest)指显示信息时使左上角在控件的左上端
command	指定一个与控件关联的命令。该命令通常在鼠标离开控件时被调用,对于单选按钮和多选按钮,tkinter 变量将在命令调用时更新
image	指定所在控件中显示的图像,必须是用图像 create 方法产生的。如果图像选项设定,它覆盖已经设置的位图或文本显示;更新恢复位图或文本的显示需要设置图像选项为空串
pady	指定一个非负值设置控件 Y 方向需要的边距。该值为 tkinter 接受的格式。当计算需要多大的窗口时,控件会把此值加到正常大小之上(由控件中显示内容决定)。大部分控件只将此项用于文本,如果它们显示位图或图像,通常忽略空边选项
padx	指定一个非负值设置控件 X 方向需要的边距。该值为 tkinter 接受的格式。当计算需要多大的窗口时,控件会把此值加到正常大小之上(由控件中显示内容决定)。大部分控件只将此项用于文本,如果它们显示位图或图像,通常忽略空边选项

2.6.3 单词练习系统

设计单词练习系统,建立一个单词库,可以从单词库中随机抽取单词进行练习。练习方式有英译中、中译英、拼写填空,对于回答正确的问题会给出提示,并增加积分,错误的问题只有提示,不增加积分。练习完成后可以查看出错的单词,并对错误的单词进行次数统计。模块示意图如图 2-15 所示。

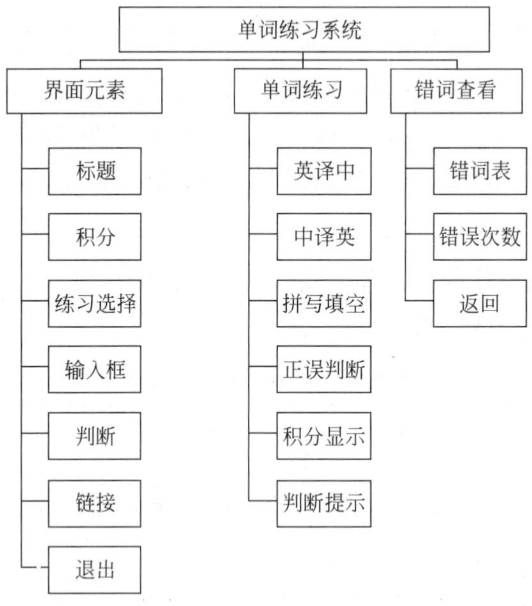

图 2-15　单词练习系统模块

1. 界面设计

使用 tkinter 进行 GUI 图形界面设计，界面可参考图 2-16。

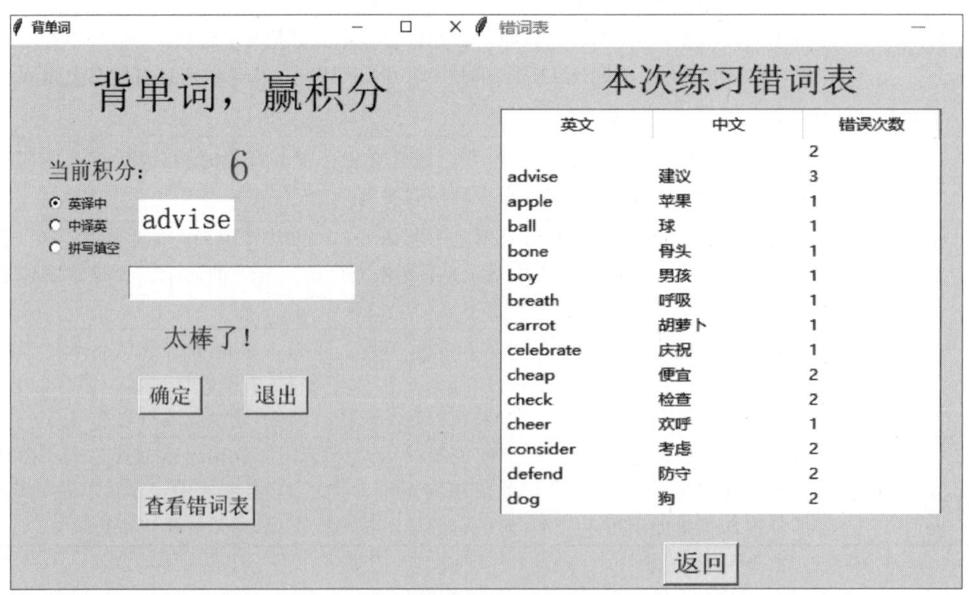

图 2-16　单词练习系统界面

初始化设置：

创建系统类，在类中创建构造方法，设置各种初始化变量。

(1) 创建 tkinter 窗口对象，设置窗口属性。

(2) 设置窗口中需要使用的变量，如：当前积分、显示的随机单词，以及回答提示信息。

(3) 创建单选按钮组名。

创建各类变量，相当于是全局变量。

(1) 创建单词列表变量。

(2) 创建错词列表变量。

(3) 创建显示单词变量。

(4) 创建拼写填空的变量。

(5) 创建随机数变量(用于从单词表中随机抽取单词)。

(6) 引用各种方法：如界面设置布局、窗体运行方法。

初始化设置代码如下：

```
import tkinter
import math
import tkinter.messagebox
import random
import time
from tkinter import ttk
class Recite():
    def __init__(self):
        self.root = tkinter.Tk()
        self.root.geometry('450x500')
        self.root.title('背单词')
        self.root['bg'] = 'yellow'
        self.word = tkinter.StringVar()
        self.score = tkinter.StringVar()
        self.fen = 0
        self.score.set(0)
        self.prompt = tkinter.StringVar()        #提示信息
        self.prompt.set('你最棒')
        self.wrong = []                          #错词本
        self.dic = []
        self.word_list()
        #print(len(self.dic))
        self.radiolist = tkinter.IntVar()
        self.fill = ''
        self.space = ''

        self.r = random.randint(0,len(self.dic) - 1)
        self.word.set(self.dic[self.r][0])
        self.layout()
        self.root.mainloop()
```

2. 单词读取设计

从单词库文件中将单词读取出来。可以用数据库，也可以使用文件，此处用的是文件。文件中的每一行由一个单词的中英文构成。

打开文件读取数据，先对数据进行清洗，按换行符将它们分离成列表，一个单词为一个元素。再对列表进行遍历，对于遍历到的每一个元素即单词再次进行分离，即每个单词分成中文和英文两个元素，将分离得到的列表追加到初始化设置中创建的单词列表变量中。代码如下：

```
def word_list(self):
    f = open('words.txt','r',encoding = 'utf - 8')
    t= f.read().split('\n')
    for d in t:
        self.dic.append(d.split())
    f.close()
```

参照界面图进行界面元素的创建与布局并进行主界面设计。

(1) 标题：为标签，放置到顶部。

(2) 积分：标签+标签，提示标签中的文本属性为"当前积分"，积分标签中的内容为文本变量，显示初始设置中的积分变量。

(3) 单词显示：标签，文本为初始设置中的显示单词变量。

(4) 答案输入：输入文本框。

(5) 练习方式：单选按钮组，根据选择通过 command 属性调用不同的方法。

(6) 回答提示：标签，文本为初始设置中的提示变量。

(7) 判断(确定)：按钮，通过 command 属性调用判断方法。

(8) 退出：按钮，通过 command 属性调用退出方法。

(9) 查看错词表：按钮，通过 command 属性调用错词显示方法。

(10) 查看单词表：按钮，通过 command 属性调用单词显示方法。

主界面布局代码如下：

```
    def layout(self):
        lab1 = tkinter.Label(self.root,text = '背单词,赢积分',font = ('宋体', 30),bg = 
'yellow')
        lab1.pack(pady = 20)
        lab_score = tkinter.Label(self.root,textvariable = self.score,font = ('宋体', 30),
fg = 'red', bg = 'yellow')
        lab_score.pack()
        lab_2 = tkinter.Label(self.root,text = '当前积分: ',font = ('宋体', 16),bg = 'yellow')
        lab_2.place(x = 40,y = 100)
        lab_word = tkinter.Label(self.root,textvariable = self.word,font = ('宋体', 20),bg = 
'white')
        lab_word.place(x = 130,y = 140)
lab_prompt = tkinter.Label(self.root,textvariable = self.prompt,font = ('宋体', 18),fg = 'blue',bg = 
'yellow')
        lab_prompt.place(x = 150,y = 250)

        self.entry = tkinter.Entry(self.root,width = 15,font = ('宋体', 20))
        self.entry.place(x = 120,y = 200)

        r1 = tkinter.Radiobutton(self.root, variable = self.radiolist, value = 0, text = "英
译中",command = self.select1,bg = 'yellow')
```

```
        r2 = tkinter.Radiobutton(self.root, variable = self.radiolist, value = 1, text = "中
译英",command = self.select2,bg = 'yellow')
        r3 = tkinter.Radiobutton(self.root, variable = self.radiolist, value = 2, text = "拼
写填空",command = self.select3,bg = 'yellow')
        self.radiolist.set(0)
        r1.place(x = 40,y = 130)
        r2.place(x = 40,y = 150)
        r3.place(x = 40,y = 170)
        but1 = tkinter.Button(self.root,text = '确定',width = 5,font = ('宋体', 15),command =
self.judge)
        but1.place(x = 130,y = 300)
        but2 = tkinter.Button(self.root,text = '退出',width = 5,font = ('宋体', 15),command =
self.exit)
        but2.place(x = 230,y = 300)
but3 = tkinter.Button(self.root,text = '查看错词表',width = 10,font = ('宋体', 15),command =
self.wrong_word)
        but3.place(x = 130,y = 400)
```

3. 单词练习方式模块设计

(1) 根据练习的单选按钮,标签显示不同的内容。在文本输入框中输入相应的内容,单击“确定”按钮进行判断。

(2) 由单选按钮的 command 事件链接到相应的方法中。

单选“英译中”:标签显示英文,随机显示单词表中的一个单词。

单选“中译英”:随机显示单词表中一个词语,标签显示中文。

单选“拼写填空”:单词字母随机缺少一个。利用随机数生成一个数字,遍历英文单词的字母,数字应对的位置替换为下画线,其他的字母正常显示。实现代码如下:

```
    def select1(self):
        self.r = random.randint(0,len(self.dic) - 1)
        self.word.set(self.dic[self.r][0])
    def select2(self):
        self.r = random.randint(0,len(self.dic) - 1)
        self.word.set(self.dic[self.r][1])
    def select3(self):
        self.r = random.randint(0,len(self.dic) - 1)
        word = self.dic[self.r][0]
        k = random.randint(0,len(word) - 1)
        self.space = ''
        for i in range(len(word)):
            if i!= k:
                self.space += word[i]
            else:
                self.space += '_'
                self.fill = word[i]
        self.space = self.space + ' ' + self.dic[self.r][1]
        self.word.set(self.space)
```

4. 正误判断设计

先判断练习方式是哪一种，再获取文本框输入的内容，将获取的内容与对应的单词表内容进行比对，如果相同，则增加积分，给出赞扬提示；如果不同，则给出鼓励提示，并将对应单词加到错词表。

1）若为拼写填空模式

获取文本框输入内容(如果不区分大小写，则统一变成小写)。如果输入内容与空缺内容相同，则给出赞扬提示，增加积分，将积分变量进行更新并显示在标签中。如果输入内容与空缺内容不同，则给出鼓励提示，将单词追加到错词列表，再次生成随机数，用于下一轮的单词抽取，调用拼写填空方法，并将文本输入框的内容清空。

2）若为中译英或英译中

如果为中译英模式，设 c=1，即与文本框内容匹配的是列表中的索引号为 1，提取词语中的中文。如果为英译中模式，设 c=0，即与文本框内容匹配的是列表中的索引号为 0，提取单词中的英文。将文本框内容与提取到的内容进行比对，如果相同，则给出赞扬提示，增加积分，更新积分并显示。如果不同，则给出鼓励提示，将单词追加到错词表。再次生成随机数，用于下一轮单词抽取，将抽取到的单词更新并显示出来，清空文本框中的内容。

实现代码如下：

```
    def judge(self):
        if self.radiolist.get() == 2:

            s = self.entry.get().lower()
            if s == self.fill:
                self.prompt.set('太棒了!')
                self.fen += 1
                self.score.set(self.fen)
            else:
                self.prompt.set('很遗憾,继续加油')
                self.wrong.append(self.dic[self.r])
            self.r = random.randint(0,len(self.dic) - 1)
            self.select3()
            self.entry.delete(0,'end')

        else:
            if self.radiolist.get() == 0:
                e = 0
                c = 1
            elif self.radiolist.get() == 1:
                e = 1
                c = 0
            word = self.dic[self.r][c]

            s = self.entry.get()
            if word == s:
                self.prompt.set('太棒了!')
```

```
                self.fen += 1
                self.score.set(self.fen)
            else:
                self.prompt.set('很遗憾,继续加油')
                self.wrong.append(self.dic[self.r])
            self.r = random.randint(0,len(self.dic) - 1)
            self.word.set(self.dic[self.r][e])
            self.entry.delete(0,'end')
```

5. 退出设计

单击“退出”按钮,退出程序,代码如下:

```
    def exit(self):
        self.root.destroy()
```

6. 错词表设计

单击“查看错词表”按钮调用错词方法,打开新的窗口,原窗口隐藏。在新窗口将错词表中的内容以表格的形式列出来,并显示错误次数。

(1) 隐藏原窗口,创建新窗口,显示标题:标签。

(2) 创建表格:表格位置、列数目3,列标题。

(3) 遍历错词表,统计错词出现的次数:

① 对错词表进行排序,让相同的单词相邻。

② 在错词表末尾追加一个符号,用于遍历结束,便于统计次数。

③ 获取错词中的第一个单词,并设出现次数为1,从第二个单词开始对单词表进行遍历。

④ 如果单词与第一个单词相同,则将次数加1。如果不同,则将单词的英文、中文、次数写入表格中并显示,同时将次数修改为1,第一个单词的变量值改为当前单词。将添加的符号删除,以防止下次对它进行统计。

实现代码如下:

```
    def wrong_word(self):
        self.root.withdraw()
        self.wt = tkinter.Tk()
        self.wt.title('错词表')
        self.wt.geometry('450x500')
        self.wt['bg'] = 'yellow'
        lab_wr = tkinter.Label(self.wt,text = '本次练习错词表',font = ('宋体',20),bg = 'yellow')
        lab_wr.place(x = 100,y = 10)
        tree = ttk.Treeview(self.wt,show = 'headings',height = 15)
        tree.place(x = 30,y = 50)
        tree['columns'] = ('1','2','3')
        tree.column('1',width = 110)
        tree.column('2',width = 110)
```

```
        tree.column('3',width = 100)
        tree.heading('1',text = '英文',anchor = 'center')
        tree.heading('2',text = '中文',anchor = 'center')
        tree.heading('3',text = '错误次数',anchor = 'center')

        but_re = tkinter.Button(self.wt,text = '返回',font = ('宋体',15),command = self.back)
        but_re.place(x = 150,y = 400)
        self.wrong.sort(key = lambda x:x[0])
        self.wrong.append(['',''])
        p = self.wrong[0][0]
        c = 1
        for w in range(1,len(self.wrong)):
            if self.wrong[w][0] == p:
                c += 1
            else:
                tree.insert("",'end',values = (self.wrong[w - 1][0],self.wrong[w - 1][1],c))
                #print('{}\t{}\t{}'.format(self.wrong[w][0],self.wrong[w][1],c))
                c = 1
                p = self.wrong[w][0]
        self.wt.protocol("WM_DELETE_WINDOW", self.back)
```

7. 返回设计

关闭(销毁前一个)destroy(),更新、显示原隐藏主界面 update()、deiconify()。代码如下：

```
def back(self):
    self.wt.destroy()
    self.root.update()
    self.root.deiconify()
```

本章小结

Python 是一种面向对象的解释型程序设计语言,它作为人工智能的最佳语言,具有许多优势。本章介绍了 Python 的安装、基本语法、数据类型、程序设计结构、函数应用,以及面向对象编程的基本概念。并在最后将各知识点进行了综合应用,形成一个小项目案例,以实战加深读者对项目开发的理解。

课后思考题

1. 编写 isprime() 函数,参数为整数,并且需要有异常处理功能。此函数的功能是检测接收的整数是否为质数,如果整数是质数,则返回 True,否则返回 False。

2. 编写程序实现最大公约数和最小公倍数计算。

3. 汉诺塔是一个数学难题,其问题描述为如何将所有圆盘从 A 盘借助 B 盘移动到 C

盘。请用 Python 编写程序实现汉诺塔的移动。要求输入汉诺塔的层数,输出整个移动的流程。

4. 编写程序实现随机密码生成。要求在 26 个大小写字母和 10 个数字组成的列表中随机生成 10 个 8 位密码。

5. 参考单词练习系统,设计一个学生成绩管理系统。

第 3 章 概率统计基础

概率统计知识在人工智能领域发挥着非常重要的作用,如深度学习理论、概率图模型等都依赖于概率分布作为框架的基本建模语言,与此同时,复杂的深度学习等算法又超越了传统统计分析方法,在人工智能与大数据领域发挥了不可替代的作用。本章将从概率论与数理统计的基本概念和原理出发,重点介绍与人工智能有关的数理统计方法,并以 Python 语言为例设计对应的实验。

3.1 概率论

3.1.1 概率与条件概率

在我们的日常生活和工作中,经常会遇到许多包含不确定结果的现象,如股票价格是涨还是跌呢?已经布满乌云的天空是否会下雨呢?某项工程是否能够按期完成呢?投资项目盈利可能性有多大呢?上述现象都有两个特点:①事先不能确定哪一个结果会出现;②各种结果在多次重复过程中可能会体现某种规律。

人们把这类现象称为随机现象或者不确定现象,同时使用一个数值来度量随机现象中某一结果出现可能性的大小,这个数值就被称为概率(Probability)。概率的取值在 0 到 1 之间,概率值等于 0 表明该现象不可能发生,概率值等于 1 表明该现象必然发生,介于 0 和 1 之间的概率则说明该现象出现可能性的不同程度。

随机试验是对随机现象的观察、记录、实验的统称,是在相同条件下对某随机现象进行的大量重复观测,具有以下特点:①在试验前不能断定其将发生什么结果,但可明确指出或说明试验的全部可能结果是什么;②在相同的条件下试验可大量地重复;③重复试验的结果是以随机方式或偶然方式出现。

人们把随机试验 E 的所有可能结果组成的集合称为 E 的样本空间,记为 S。样本空间的元素即 E 的每个结果称为样本点。

假设在相同条件下,进行了 n 次试验,在这 n 次试验中,人们把事件 A 发生的次数称为事件 A 发生的频数,A 发生的次数与试验次数的比值称为事件 A 发生的频率。

当试验次数增加时,随机事件 A 发生的频率趋于一个稳定值,记为 p,p 就称为该事件发生的概率,记为 $P(\mathrm{A})=p$。

条件概率(Conditional Probability)是一种带有附加条件的概率,例如,如果事件 A 与事件 B 是相依事件,即事件 A 的概率随事件 B 是否发生而变化,记为 $P(\mathrm{A}|\mathrm{B})$,表示在事件

B发生的条件下，事件A发生的概率，相当于A在B中所占的比例。

【例3-1】 一个家庭中有两个小孩，已知至少一个是女孩，问两个都是女孩的概率是多少(假定生男生女的可能性是相等的)？

解：由题意，样本空间为

S＝{(兄，弟)，(兄，妹)，(姐，弟)，(姐，妹)}

B＝{(兄，妹)，(姐，弟)，(姐，妹)}

A＝{(姐，妹)}

由于事件B已经发生，所以这时试验的所有可能只有3种，而事件A包含的基本事件只占其中的一种，所以有$P(A|B)=1/3$，即在已知至少一个是女孩的情况下，两个都是女孩的概率为1/3。

在这个例子中，如果不知道事件B发生，则事件A发生的概率为$P(A)=1/4$。这里$P(A)\neq P(A|B)$，其原因在于事件B的发生改变了样本空间，使它由原来的S缩减为新的样本空间$S_B=B$。

3.1.2 随机变量

随机变量(Random Variable)表示随机试验各种结果的实值单值函数，即能用数学分析方法来研究随机现象。例如某一时间内公共汽车站等车的乘客人数、淘宝在一定时间内的交易次数、百度在一段时间内某个关键词搜索次数等，都是随机变量的实例。这些例子中所提到的量，尽管它们的具体内容各式各样，但从数学观点来看，它们表现了同一种情况，就是每个变量都可以随机地取得不同的数值，而在进行试验或测量之前，我们要预言这个变量将取得某个确定的数值是不可能的。

按照随机变量可能取得的值，可以把它们分为两种基本类型：离散型和连续型。

离散型随机变量即在一定区间内变量取值为有限个或可数个。例如某地区某年人口的出生数、死亡数，某药治疗某病病人的有效数、无效数等。离散型随机变量根据不同的概率分布有伯努利分布、二项分布、几何分布、泊松分布、超几何分布等。

连续型随机变量即在一定区间内变量取值有无限个，或数值无法一一列举出来。例如某地区男性健康成人的身高值、体重值，一批传染性肝炎患者的血清转氨酶测定值等。连续型随机变量根据不同的概率分布有均匀分布、指数分布、正态分布、伽马分布等。

随机变量的性质主要有两类：一类是大而全的性质，这类性质可以详细描述所有可能取值的概率，例如描述连续型随机变量的累积分布函数(Cumulative Distribution Function，CDF)、概率密度函数(Probability Density Function，PDF)，描述离散型随机变量的概率质量分布函数(Probability Mass Function，PMF)等；另一类是找到该随机变量的一些特征或代表值，例如随机变量的方差(Variance)、期望(Expectation)、置信区间等数字特征。

SciPy、NumPy、Matplotlib是Python中使用最为广泛的科学计算工具包，基本上可以处理大部分的统计与可视化作图等任务。SciPy有个stats模块，这个模块中包含了概率论及统计相关的函数。下面我们用Python来模拟实现各种随机变量的分布及其图形化显示。

3.1.3 离散随机变量分布 Python 实验

1. 伯努利分布

伯努利分布(Bernoulli Distribution)又称两点分布或 0-1 分布,其样本空间中只有两个点,一般取为{0,1},不同的伯努利分布只是取到这两个值的概率不同。伯努利分布只有一个参数 p,记作 $X\sim\text{Bernoulli}(p)$,或 $X\sim B(1,p)$,读作 X 服从参数为 p 的伯努利分布。

下面以抛硬币为例模拟伯努利分布。如果将抛一次硬币看作一次伯努利实验,且将正面朝上记为 1,反面朝上记为 0。那么伯努利分布中的参数 p 就表示硬币正面朝上的概率。

伯努利分布的概率分布用 Python 代码绘制如下:

```
#第 3 章/bernoulli_pmf.py
import numpy as np
from scipy import stats
import matplotlib.pyplot as plt

def bernoulli_pmf(p = 0.0):
    ber_dist = stats.bernoulli(p)
    x = [0, 1]
    x_name = ['0', '1']
    pmf = [ber_dist.pmf(x[0]), ber_dist.pmf(x[1])]
    plt.bar(x, pmf, width = 0.15)
    plt.xticks(x, x_name)
    plt.ylabel('Probability')
    plt.title('PMF of bernoulli distribution')
    plt.show()

bernoulli_pmf(p = 0.3)
```

图 3-1 是该程序的运行结果图。Probability 为概率,横坐标表示随机变量 X,1 表示正面朝上。

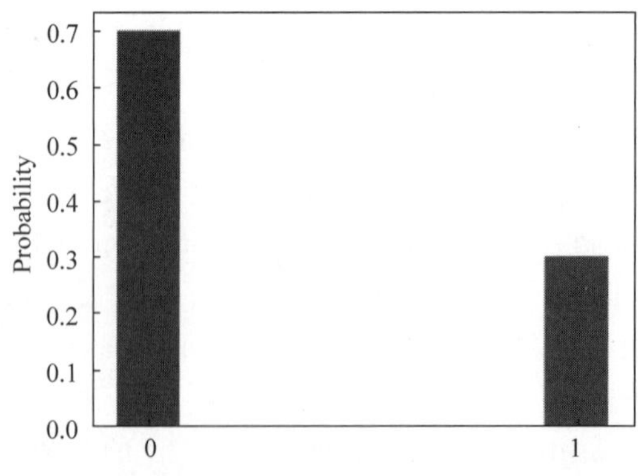

图 3-1 伯努利分布 B(1,0.3)的 PMF 柱状图

通常为了得到比较准确的某个服从伯努利分布的随机变量的期望,需要大量重复伯努利试验,例如重复 n 次,然后利用"正面朝上的次数/n"来估计 p。

2. 二项分布

如果把一个伯努利分布独立地重复 n 次，就得到了一个二项分布。二项分布是最重要的离散型概率分布之一。随机变量 X 要满足这个分布有两个重要条件：①各次试验的条件是稳定的；②各次试验之间是相互独立的。

还是以利用抛硬币的例子来比较伯努利分布和二项分布的区别。如果将抛一次硬币看作一次伯努利实验，且将正面朝上记为 1，反面朝上记为 0。那么抛 n 次硬币，记录正面朝上的次数 Y，Y 就服从二项分布。假如硬币是均匀的，Y 的取值应该大部分集中在 $n/2$ 附近，而非常大或非常小的值都很少。由此可见，二项分布关注的是计数，而伯努利分布关注的是比值(正面朝上的计数/n)。一个随机变量 X 服从参数为 n 和 p 的二项分布，记作 $X\sim \text{Binomial}(n,p)$或 $X\sim \text{B}(n,p)$。

下面利用 Python 代码模拟抛一枚不均匀的硬币 20 次，设正面朝上的概率为 0.6。

```
#第 3 章/binom_dis.py
import numpy as np
from scipy import stats
import matplotlib.pyplot as plt

def binom_dis(n = 1, p = 0.1):
    binom_dis = stats.binom(n, p)
    x = np.arange(binom_dis.ppf(0.0001), binom_dis.ppf(0.9999))
    print(x) #[ 0.   1.   2.   3.   4.]
    fig, ax = plt.subplots(1, 1)
    ax.plot(x, binom_dis.pmf(x), 'bo', label = 'binom pmf')
    ax.vlines(x, 0, binom_dis.pmf(x), colors = 'b', lw = 5, alpha = 0.5)
    ax.legend(loc = 'best', frameon = False)
    plt.ylabel('Probability')
    plt.title('PMF of binomial distribution(n = {}, p = {})'.format(n, p))
    plt.show()

binom_dis(n = 20, p = 0.6)
```

以上定义了一个 $n=20$，$p=0.6$ 的二项分布，表示每次试验抛硬币，该硬币正面朝上的概率大于背面朝上的概率，共抛 20 次并记录正面朝上的次数。该分布的概率质量分布函数如图 3-2 所示，Probability 为概率，X 表示随机变量：正面朝上的次数。

从图 3-2 中可以看出，该分布的概率质量分布函数 PMF 图明显向右边偏移，在 $x=12$ 处取到最大概率，这是因为这个硬币正面朝上的概率大于反面朝上的概率。

为了比较准确地得到某个服从二项分布的随机变量的期望，需要大量重复二项分布试验，例如有 m 个人进行试验，每人抛 n 次，然后利用"所有人得到的正面次数之和/m"来估计 n 和 p，总共相当于做了 $n\times m$ 次伯努利实验。

3. 泊松分布

日常生活中很多事件的发生是有固定频率的，例如某医院平均每小时出生的婴儿数，某网站平均每分钟的访问数、某一服务设施在一定时间内收到的服务请求的次数、汽车站台的候客人数等。它们的特点是可以预估这些事件在某个时间段内发生的总次数，但是没法知

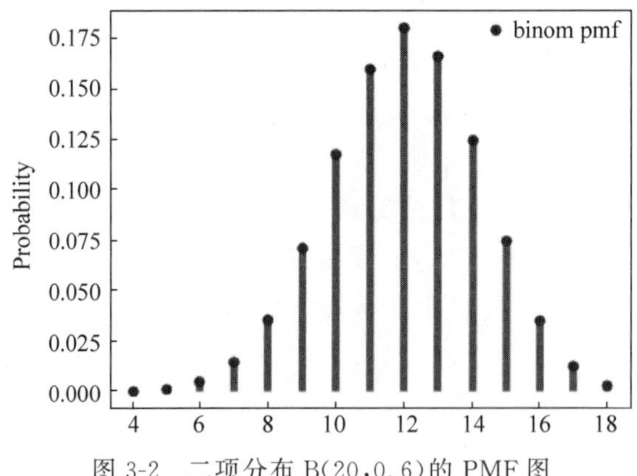

图 3-2　二项分布 B(20,0.6)的 PMF 图

道具体的发生时间。如果某事件以固定强度 λ 随机且独立地出现，该事件在单位时间内出现的次数(个数)可以看成是服从泊松分布。我们把一个随机变量 X 服从参数为 λ 的泊松分布，记作 $X \sim \text{Poisson}(\lambda)$，或 $X \sim \text{P}(\lambda)$。泊松分布适合于描述单位时间内随机事件发生次数的概率分布。

下面是参数 $\mu=8$ 时的泊松分布 Python 实现，在 SciPy 中将泊松分布的参数表示为 μ。

```
#第 3 章/poisson_pmf.py
import numpy as np
from scipy import stats
import matplotlib.pyplot as plt

def poisson_pmf(mu = 3):
    poisson_dis = stats.poisson(mu)
    x = np.arange(poisson_dis.ppf(0.001), poisson_dis.ppf(0.999))
    print(x)
    fig, ax = plt.subplots(1, 1)
    ax.plot(x, poisson_dis.pmf(x), 'bo', ms = 8, label = 'poisson pmf')
    ax.vlines(x, 0, poisson_dis.pmf(x), colors = 'b', lw = 5, alpha = 0.5)
    ax.legend(loc = 'best', frameon = False)
    plt.ylabel('Probability')
    plt.title('PMF of poisson distribution(mu = {})'.format(mu))
    plt.show()

poisson_pmf(mu = 8)
```

代码运行后输出的概率质量分布 PMF 如图 3-3 所示。

如果仅仅看二项分布与泊松分布的概率质量分布图，也可以发现它们的相似度非常高。泊松分布可以作为二项分布的极限。一般来说，若 $X \sim \text{B}(n,p)$，其中 n 很大，p 很小，而 $np=\lambda$ 不太大时，则 X 的分布接近于泊松分布 $\text{P}(\lambda)$。

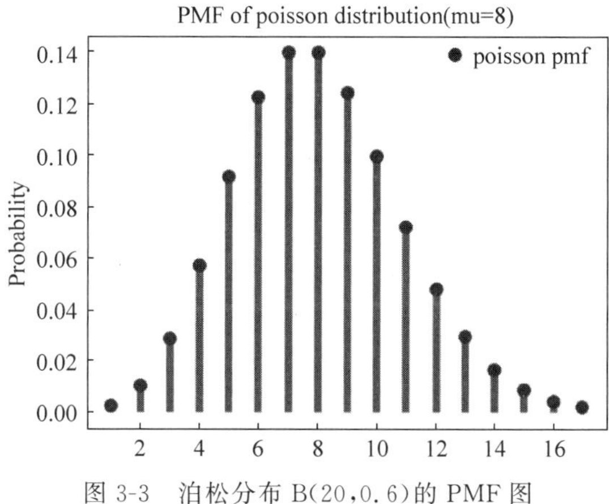

图 3-3 泊松分布 B(20,0.6)的 PMF 图

3.1.4 连续随机变量分布 Python 实验

1. 均匀分布

均匀分布(Uniform Distribution)是最简单的连续型概率分布,因为其概率密度是一个常数,不随随机变量 X 取值的变化而变化。如果连续型随机变量 X 具有如下的概率密度函数,则称 X 服从 $[a,b]$ 上的均匀分布,记作 $X\sim U(a,b)$或 $X\sim \mathrm{Unif}(a,b)$。

$$f_X(x)=\begin{cases}\dfrac{1}{b-a} & a<x<b \\ 0 & x<a \text{ 或 } x>b\end{cases} \tag{3-1}$$

从式(3-1)可以看出,定义一个均匀分布需要两个参数,定义域区间的起点 a 和终点 b,在 Python 中用 location 和 scale 分别表示起点和区间长度,代码如下:

```
#第 3 章/uniform_dis.py
import numpy as np
from scipy import stats
import matplotlib.pyplot as plt

def uniform_distribution(loc = 0, scale = 1):
    uniform_dis = stats.uniform(loc = loc, scale = scale)
    x = np.linspace(uniform_dis.ppf(0.01),
                    uniform_dis.ppf(0.99), 100)
    fig, ax = plt.subplots(1, 1)

    #直接传入参数
    ax.plot(x, stats.uniform.pdf(x, loc = 2, scale = 4), 'r-',
            lw = 5, alpha = 0.6, label = 'uniform pdf')

    #从冻结的均匀分布取值
    ax.plot(x, uniform_dis.pdf(x), 'k-',
            lw = 2, label = 'frozen pdf')
```

```
    #计算 ppf 分别等于 0.001、0.5 和 0.999 时的 x 值
    vals = uniform_dis.ppf([0.001, 0.5, 0.999])
    print(vals) #[ 2.004  4.      5.996]

    #检测 cdf 和 ppf 的精确度
    print(np.allclose([0.001, 0.5, 0.999], uniform_dis.cdf(vals)))    #结果为 True

    r = uniform_dis.rvs(size = 10000)
    ax.hist(r, normed = True, histtype = 'stepfilled', alpha = 0.2)
    plt.ylabel('Probability')
    plt.title(r'PDF of Unif({}, {})'.format(loc, loc + scale))
    ax.legend(loc = 'best', frameon = False)
    plt.show()

uniform_distribution(loc = 2, scale = 4)
```

上面的代码采用两种方式：直接传入参数和先冻结一个分布，画出来均匀分布的概率分布函数，此外还从该分布中取了 10000 个值作直方图，运行结果如图 3-4 所示。

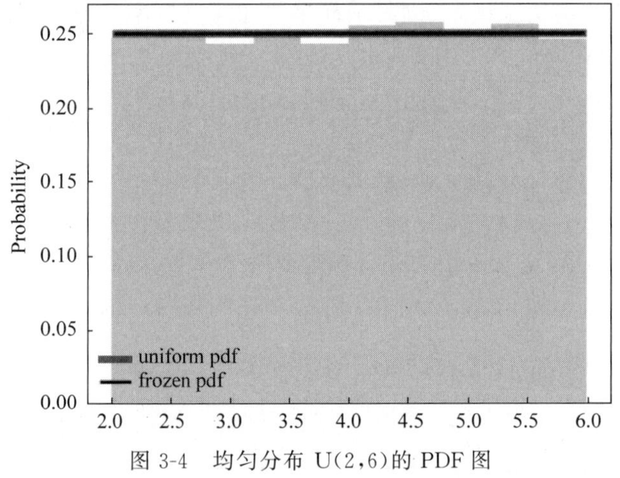

图 3-4　均匀分布 U(2,6)的 PDF 图

2. 指数分布

指数分布和离散型的泊松分布之间有很大的关系。泊松分布表示单位时间(或单位面积)内随机事件的平均发生次数，指数分布则可以用来表示独立随机事件发生的时间间隔。由于发生次数只能是自然数，所以泊松分布自然就是离散型的随机变量，而时间间隔则可以是任意的实数，因此其定义域是$(0,+\infty)$。

如果一个随机变量 X 的概率密度函数满足以下形式，就称 X 为服从参数 λ 的指数分布(Exponential Distribution)，记作 $X\sim \mathrm{E}(\lambda)$或 $X\sim \mathrm{Exp}(\lambda)$。指数分布只有一个参数 λ，且 $\lambda>0$。

$$f_X(x)=\begin{cases}\lambda \mathrm{e}^{-\lambda x} & x>0 \\ 0 & \text{其他}\end{cases} \tag{3-2}$$

指数分布的一个显著的特点是其具有无记忆性。例如，如果排队的顾客接受服务的时间长短服从指数分布，那么无论你已经排了多长时间的队，在排 t 分钟的概率始终是相同

的。用公式表示为 $P(X\geqslant s+t \mid X\geqslant s)=P(X\geqslant t)$,代码如下:

```
#第 3 章/exponential_dis.py
import numpy as np
from scipy import stats
import matplotlib.pyplot as plt

def exponential_dis(loc = 0, scale = 1.0):
    """
    指数分布,exponential continuous random variable
    按照定义,指数分布只有一个参数 lambda,这里的 scale = 1/lambda
    :param loc:定义域的左端点,相当于将整体分布沿 x 轴平移 loc
    :param scale: lambda 的倒数,loc + scale 表示该分布的均值,scale^2 表示该分布的方差
    :return:
    """
    exp_dis = stats.expon(loc = loc, scale = scale)
    x = np.linspace(exp_dis.ppf(0.000001),
                    exp_dis.ppf(0.999999), 100)
    fig, ax = plt.subplots(1, 1)

    #直接传入参数
    ax.plot(x, stats.expon.pdf(x, loc = loc, scale = scale), 'r-',
            lw = 5, alpha = 0.6, label = 'uniform pdf')

    #从冻结的均匀分布取值
    ax.plot(x, exp_dis.pdf(x), 'k-',
            lw = 2, label = 'frozen pdf')

    #计算 ppf 分别等于 0.001、0.5 和 0.999 时的x 值
    vals = exp_dis.ppf([0.001, 0.5, 0.999])
    print(vals) #[ 2.004   4.      5.996]

    #检测 cdf 和 ppf 的精确度
    print(np.allclose([0.001, 0.5, 0.999], exp_dis.cdf(vals)))

    r = exp_dis.rvs(size = 10000)
    ax.hist(r, normed = True, histtype = 'stepfilled', alpha = 0.2)
    plt.ylabel('Probability')
    plt.title(r'PDF of Exp(0.5)')
    ax.legend(loc = 'best', frameon = False)
    plt.show()

exponential_dis(loc = 0, scale = 2)
```

Exp(0.5)的 PDF 如图 3-5 所示。

3. 正态分布

正态分布(Normal Distribution),也称常态分布,又名高斯分布(Gaussian Distribution),最早由 A. 棣莫弗在求二项分布的渐近公式中得到。C. F. 高斯在研究测量误差时从另一个角度导出了它。P. S. 拉普拉斯和高斯研究了它的性质。正态分布是一个在数学、物理及工程等领

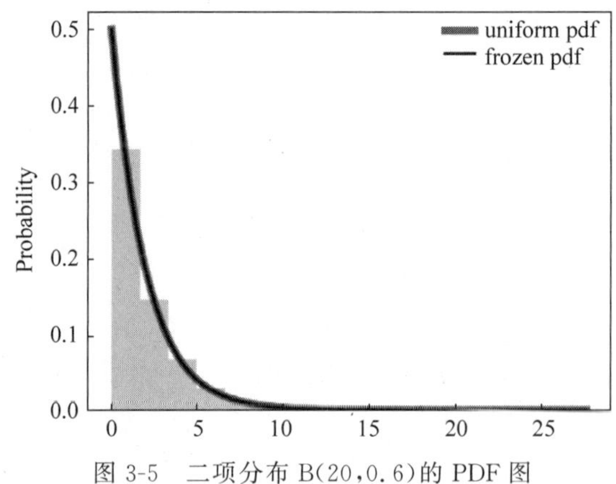

图 3-5 二项分布 B(20,0.6)的 PDF 图

域都非常重要的概率分布,在统计学的许多方面有着重大的影响力。正态曲线呈钟形,两头低,中间高,左右对称因其曲线呈钟形,因此人们又经常称其为钟形曲线。

若随机变量 X 服从一个数学期望为 μ、方差为 σ^2 的正态分布,记为 $N(\mu,\sigma^2)$。其概率密度函数为正态分布的期望值 μ 决定了其位置,其标准差 σ 决定了分布的幅度。当 $\mu=0$,$\sigma=1$ 时的正态分布是标准正态分布。其概率密度函数为

$$f(x)=\frac{1}{\sigma\sqrt{2\pi}}\mathrm{e}^{-\frac{(x-\mu)^2}{2\sigma^2}} \tag{3-3}$$

当 $\mu=0$,$\sigma=1$ 时,该正态分布称为标准正态分布。由于标准正态分布在统计学中的重要地位,它的累积分布函数 CDF 有一个专门的表示符号:Φ。正态分布,Python 代码如下:

```
#第 3 章/normal_dis.py
#绘制正态分布概率密度函数
import numpy as np
import matplotlib.pyplot as plt
import math

u = 0                    #均值μ
u01 = -2
sig = math.sqrt(0.2)  #标准差δ

x = np.linspace(u - 3 * sig, u + 3 * sig, 50)
y_sig = np.exp(-(x - u) ** 2 / (2 * sig ** 2)) / (math.sqrt(2 * math.pi) * sig)
print(x)
print("=" * 20)
print(y_sig)
plt.plot(x, y_sig, "r-", linewidth=2)
plt.grid(True)
plt.show()
```

该程序运行结果如图 3-6 所示。

正态分布中的两个参数含义如下:

当固定 σ,改变 μ 的大小时,$f(x)$图形的形状不变,只是沿着 x 轴作平移变换,因此 μ

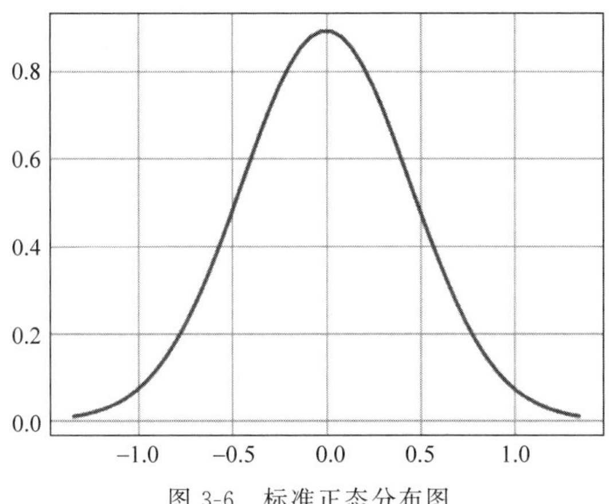

图 3-6　标准正态分布图

被称为位置参数(决定对称轴的位置)；

当固定 μ，改变 σ 的大小时，$f(x)$图形的对称轴不变，形状改变，σ 越小，图形尖峰越陡峭。σ 越大，图形越平坦，因此 σ 被称为尺度参数，决定曲线的分散程度。

3.2　数理统计基础

数理统计(Mathematics Statistics)是一门应用性很强的数学分支，它以概率论为基础，根据试验或者观察得到的数据来研究随机现象，对随机现象的概率 p 做出一些合理的估计和判断。数理统计包含许多内容，但其核心部分是统计推断，它包括两个基本问题，即参数估计和假设检验。

3.2.1　总体和样本

统计学中的概念很多，其中有几个概念是经常用到的，包括总体、样本、参数、统计量、变量等。在数理统计中，称研究对象的全体为总体，组成总体的每个基本单元叫个体。从总体 X 中随机抽取一部分个体 $X_1,X_2,\cdots,X_n$，称 $X_1,X_2,\cdots,X_n$ 为取自 X 的容量为 n 的样本。

例如，为了研究某厂生产的一批元件质量的好坏，规定使用寿命低于 1000 小时的为次品，则该批元件的全体就为总体，每个元件就是个体。实际上，数理统计学中的总体是指与总体相联系的某个(或某几个)数量指标 X 取值的全体。例如，该批元件的使用寿命 X 的取值全体就是研究对象的总体。显然 X 是随机变量，这时就称 X 为总体。

为了判断该批元件的次品率，最精确的办法是取出全部元件，对元件的寿命做试验。然而，寿命试验具有破坏性，即使某些试验是非破坏性的，因此只能从总体中抽取一部分，对 n 个个体进行试验。试验结果可得到一组数值集合$\{x_1,x_2,\cdots,x_n\}$，其中每个 x_i 是第 i 次抽样观察的结果。由于要根据这些观察结果来对总体进行推断，所以对每次抽样需要有一定的要求，要求每次抽取样本必须是随机的、独立的，这样才能较好地反映总体情况。所谓随机是指每个个体被抽到的机会是均等的，这样抽到的个体才具有代表性。若 $x_1,x_2,\cdots,x_n$ 相互独立，且每个 x_i 与 X 同分布，则称 $x_1,x_2,\cdots,x_n$ 为简单随机样本，简称样本。通常把

n 称为样本容量。

值得注意的是，样本具有两重性，即当在一次具体的抽样后它是一组确定的数值。但在一般叙述中样本也是一组随机变量，因为抽样是随机的。一般地，用 $X_1, X_2, \cdots, X_n$ 表示随机样本，它们取到的值记为 $x_1, x_2, \cdots, x_n$ 称为样本观测值。

样本作为随机变量有一定的概率分布，这个概率分布称为样本分布。显然，样本分布取决于总体的性质和样本的性质。

3.2.2 统计量与抽样分布

1. 统计量

数理统计的任务是采集和处理带有随机影响的数据，或者说收集样本并对之进行加工，以此对所研究的问题做出一定的结论，这一过程称为统计推断。在统计推断中，对样本进行加工整理，实际上就是根据样本计算出一些量，使得这些量能够将所研究问题的信息集中起来。这种根据样本计算出的量就是下面将要定义的统计量，因此，统计量是样本的某种函数。

设 $X_1, X_2, \cdots, X_n$ 是总体 X 的一个简单随机样本，$T(X_1, X_2, \cdots, X_n)$ 为一个 n 元连续函数，且 T 中不包含任何关于总体的未知参数，则称 $T(X_1, X_2, \cdots, X_n)$ 是一个统计量，称统计量的分布为抽样分布。下面列出几个常用的统计量。

设 $X_1, X_2, \cdots, X_n$ 是来自总体 X 的一个样本，$x_1, x_2, \cdots, x_n$ 是这一样本的观测值。统计量定义如下。

样本均值

$$\overline{X} = \frac{1}{n}\sum_{i=1}^{n} X_i \tag{3-4}$$

样本方差

$$S^2 = \frac{1}{n-1}\sum_{i=1}^{n}(X_i - \overline{X})^2 \tag{3-5}$$

样本标准差

$$S = \sqrt{S^2} = \sqrt{\frac{1}{n-1}\sum_{i=1}^{n}(X_i - \overline{X})^2} \tag{3-6}$$

样本 k 阶(原点)矩

$$A_k = \frac{1}{n}\sum_{i=1}^{n} X_i^k \quad k = 1, 2, \cdots \tag{3-7}$$

样本 k 阶中心矩

$$B_k = \frac{1}{n}\sum_{i=1}^{n}(X_i - \overline{X})^k \quad k = 2, 3, \cdots \tag{3-8}$$

2. 三大抽样分布

统计量是样本的函数，它是一个随机变量。统计量的分布称为抽样分布，在使用统计量进行统计推断时常需知道它的分布。当总体的分布函数已知时，抽样分布是确定的，然而要求出统计量的精确分布比较困难。下面介绍几个常用的统计量分布。

• 卡方(χ^2)分布

设 $X_1, X_2, \cdots, X_n$ 是来自总体 $N(0,1)$ 的样本，则统计量 $\chi^2 = X_1^2 + X_2^2 + \cdots + X_n^2$ 所服从的分布称为自由度为 n 的 χ^2 分布（χ^2-distribution），记为 $\chi^2 \sim \chi^2(n)$。$\chi^2(n)$ 分布的概率密度函数为

$$f(y)=\begin{cases}\dfrac{1}{2^{\frac{n}{2}}\Gamma\left(\dfrac{n}{2}\right)}y^{\frac{n}{2}-1}\mathrm{e}^{\frac{-y}{2}} & y>0\\ 0 & \text{其他}\end{cases} \tag{3-9}$$

不同参数的卡方分布，Python 实现代码如下：

```
#第 3 章/binom_dis.py
import numpy as np
from scipy import stats
import matplotlib.pyplot as plt

def diff_chi2_dis():
    """
    不同参数下的卡方分布
    :return:
    """
    #chi2_dis_0_5 = stats.chi2(df = 0.5)
    chi2_dis_1 = stats.chi2(df = 1)
    chi2_dis_4 = stats.chi2(df = 4)
    chi2_dis_10 = stats.chi2(df = 10)
    chi2_dis_20 = stats.chi2(df = 20)

    #x1 = np.linspace(chi2_dis_0_5.ppf(0.01), chi2_dis_0_5.ppf(0.99), 100)
    x2 = np.linspace(chi2_dis_1.ppf(0.65), chi2_dis_1.ppf(0.9999999), 100)
    x3 = np.linspace(chi2_dis_4.ppf(0.000001), chi2_dis_4.ppf(0.999999), 100)
    x4 = np.linspace(chi2_dis_10.ppf(0.000001), chi2_dis_10.ppf(0.99999), 100)
    x5 = np.linspace(chi2_dis_20.ppf(0.00000001), chi2_dis_20.ppf(0.9999), 100)
    fig, ax = plt.subplots(1, 1)
    #ax.plot(x1, chi2_dis_0_5.pdf(x1), 'b-', lw=2, label=r'df = 0.5')
    ax.plot(x2, chi2_dis_1.pdf(x2), 'g-', lw=2, label='df = 1')
    ax.plot(x3, chi2_dis_4.pdf(x3), 'r-', lw=2, label='df = 4')
    ax.plot(x4, chi2_dis_10.pdf(x4), 'b-', lw=2, label='df = 10')
    ax.plot(x5, chi2_dis_20.pdf(x5), 'y-', lw=2, label='df = 20')
    plt.ylabel('Probability')
    plt.title(r'PDF of $\chi^2$ Distribution')
    ax.legend(loc='best', frameon=False)
    plt.show()

diff_chi2_dis()
```

当自由度 df 等于 1 或 2 时，函数图像都呈单调递减的趋势；当 df 大于或等于 3 时，呈先增后减的趋势。从定义上来看，df 的值只能取正整数，如图 3-7 所示。

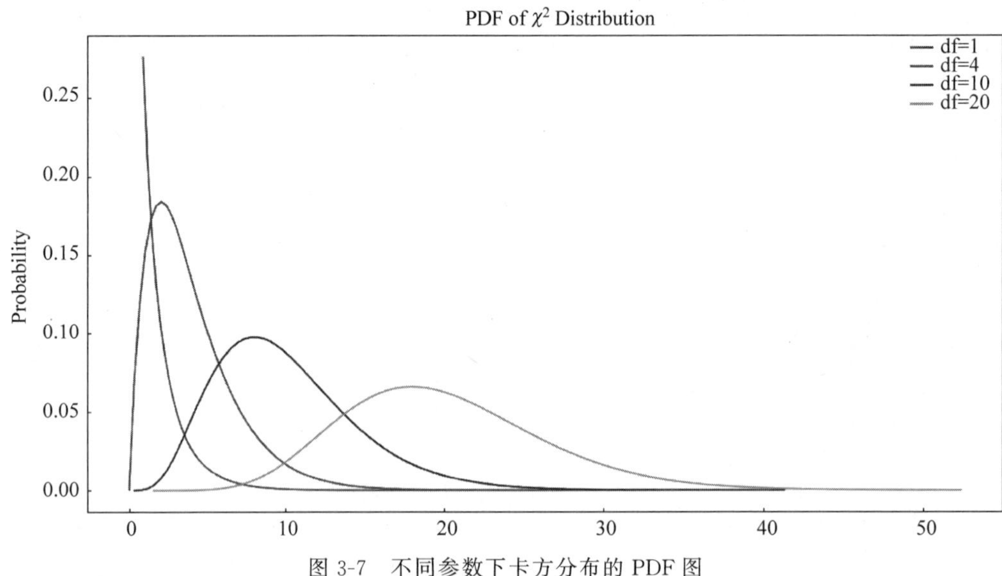

图 3-7 不同参数下卡方分布的 PDF 图

3. t 分布

设 $X \sim N(0,1)$，$Y \sim \chi^2(n)$，并且 X 和 Y 独立，则称随机变量 $t=\dfrac{X}{\sqrt{\dfrac{Y}{n}}}$ 服从自由度为 n 的 t 分布(t-distribution)，记为 $t \sim t(n)$。

$t(n)$分布的概率密度函数为

$$h(t)=\frac{\Gamma[(n+1)/2]}{\sqrt{n\pi}\,\Gamma(n/2)}\left(1+\frac{t^2}{n}\right)^{-(n+1)/2} \quad -\infty < t < \infty \tag{3-10}$$

不同参数下的 t 分布，Python 实现代码如下：

```
#第 3 章/binom_dis.py
import numpy as np
from scipy import stats
import matplotlib.pyplot as plt

def diff_t_dis():
    """
    不同参数下的 t 分布
    :return:
    """
    norm_dis = stats.norm()
    t_dis_1 = stats.t(df = 1)
    t_dis_4 = stats.t(df = 4)
    t_dis_10 = stats.t(df = 10)
    t_dis_20 = stats.t(df = 20)

    x1 = np.linspace(norm_dis.ppf(0.000001), norm_dis.ppf(0.999999), 1000)
    x2 = np.linspace(t_dis_1.ppf(0.04), t_dis_1.ppf(0.96), 1000)
```

```
    x3 = np.linspace(t_dis_4.ppf(0.001), t_dis_4.ppf(0.999), 1000)
    x4 = np.linspace(t_dis_10.ppf(0.001), t_dis_10.ppf(0.999), 1000)
    x5 = np.linspace(t_dis_20.ppf(0.001), t_dis_20.ppf(0.999), 1000)
    fig, ax = plt.subplots(1, 1)
    ax.plot(x1, norm_dis.pdf(x1), 'r-', lw=2, label=r'N(0, 1)')
    ax.plot(x2, t_dis_1.pdf(x2), 'b-', lw=2, label='t(1)')
    ax.plot(x3, t_dis_4.pdf(x3), 'g-', lw=2, label='t(4)')
    ax.plot(x4, t_dis_10.pdf(x4), 'm-', lw=2, label='t(10)')
    ax.plot(x5, t_dis_20.pdf(x5), 'y-', lw=2, label='t(20)')
    plt.ylabel('Probability')
    plt.title(r'PDF of t Distribution')
    ax.legend(loc='best', frameon=False)
    plt.show()

diff_t_dis()
```

从图 3-8 中可以看到，$t(1)$与标准正态分布之间的差别还是比较大的，但是当自由度 n 趋近于无穷大时，t 分布与标准正态分布没有差别(公式上的形式将变得完全相同，这里没有列出概率密度函数的公式)。较大的区别在于，当自由度 n 较小时，t 分布比标准正态分布的尾部(Fatter Tails)更宽，因此也比正态分布更慢地趋近于 0。关于这两类分布的异同将会在后面的假设检验部分详细阐述。

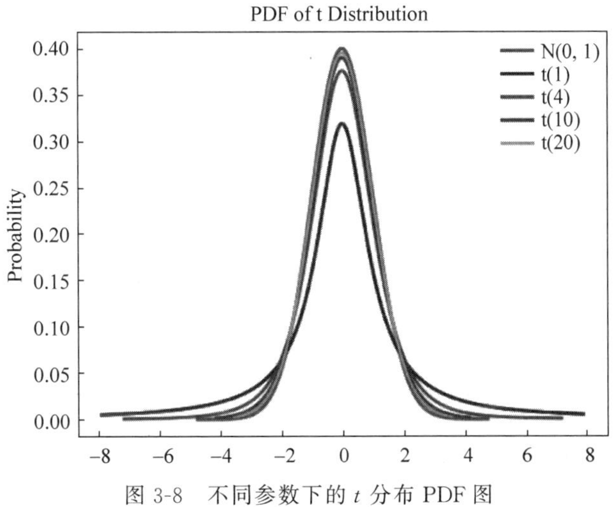

图 3-8 不同参数下的 t 分布 PDF 图

4. *F* 分布

设 $U\sim\chi^2(n_1)$，$V\sim\chi^2(n_2)$，且 U 和 V 独立，则称随机变量 $F=\dfrac{U/n_1}{V/n_2}$服从自由度为(n_1,n_2)的 F 分布(F-distribution)，记：$F\sim F(n_1,n_2)$。

$F(n_1,n_2)$分布的概率密度为

$$\psi(y)=\begin{cases}\dfrac{\Gamma[(n_1+n_2)/2]\,(n_1/n_2)^{n_1/2}\,y^{(n_1/2)-1}}{\Gamma(n_1/2)\Gamma(n_2/2)\,[1+(n_1y/n_2)]^{(n_1+n_2)/2}} & y>0\\ 0 & \text{其他}\end{cases} \tag{3-11}$$

F 分布经常被用来对两个样本方差进行比较。它是方差分析的一个基本分布,也被用于回归分析中的显著性检验。

F 分布有两个参数：dfn 和 dfd,分别代表分子上的第一自由度和分母上的第二自由度。下面是不同参数下 F 分布的 Python 实现,代码如下：

```
#第 3 章/binom_dis.py
import numpy as np
from scipy import stats
import matplotlib.pyplot as plt


def diff_f_dis():
    """
    不同参数下的 F 分布
    :return:
    """
#f_dis_0_5 = stats.f(dfn = 10, dfd = 1)
    f_dis_1_30 = stats.f(dfn = 1, dfd = 30)
    f_dis_30_5 = stats.f(dfn = 30, dfd = 5)
    f_dis_30_30 = stats.f(dfn = 30, dfd = 30)
    f_dis_30_100 = stats.f(dfn = 30, dfd = 100)
    f_dis_100_100 = stats.f(dfn = 100, dfd = 100)

#x1 = np.linspace(f_dis_0_5.ppf(0.01), f_dis_0_5.ppf(0.99), 100)
    x2 = np.linspace(f_dis_1_30.ppf(0.2), f_dis_1_30.ppf(0.99), 100)
    x3 = np.linspace(f_dis_30_5.ppf(0.00001), f_dis_30_5.ppf(0.99), 100)
    x4 = np.linspace(f_dis_30_30.ppf(0.00001), f_dis_30_30.ppf(0.999), 100)
    x6 = np.linspace(f_dis_30_100.ppf(0.0001), f_dis_30_100.ppf(0.999), 100)
    x5 = np.linspace(f_dis_100_100.ppf(0.0001), f_dis_100_100.ppf(0.9999), 100)
    fig, ax = plt.subplots(1, 1, figsize = (20, 10))
#ax.plot(x1, f_dis_0_5.pdf(x1), 'b-', lw = 2, label = r'F(0.5, 0.5)')
    ax.plot(x2, f_dis_1_30.pdf(x2), 'g-', lw = 2, label = 'F(1, 30)')
    ax.plot(x3, f_dis_30_5.pdf(x3), 'r-', lw = 2, label = 'F(30, 5)')
    ax.plot(x4, f_dis_30_30.pdf(x4), 'm-', lw = 2, label = 'F(30, 30)')
    ax.plot(x6, f_dis_30_100.pdf(x6), 'c-', lw = 2, label = 'F(30, 100)')
    ax.plot(x5, f_dis_100_100.pdf(x5), 'y-', lw = 2, label = 'F(100, 100)')

    plt.ylabel('Probability')
    plt.title(r'PDF of f Distribution')
    ax.legend(loc = 'best', frameon = False)
    plt.savefig('f_diff_pdf.png', dip = 500)
    plt.show()

diff_f_dis()
```

不同参数下 F 分布的 PDF 图如图 3-9 所示。

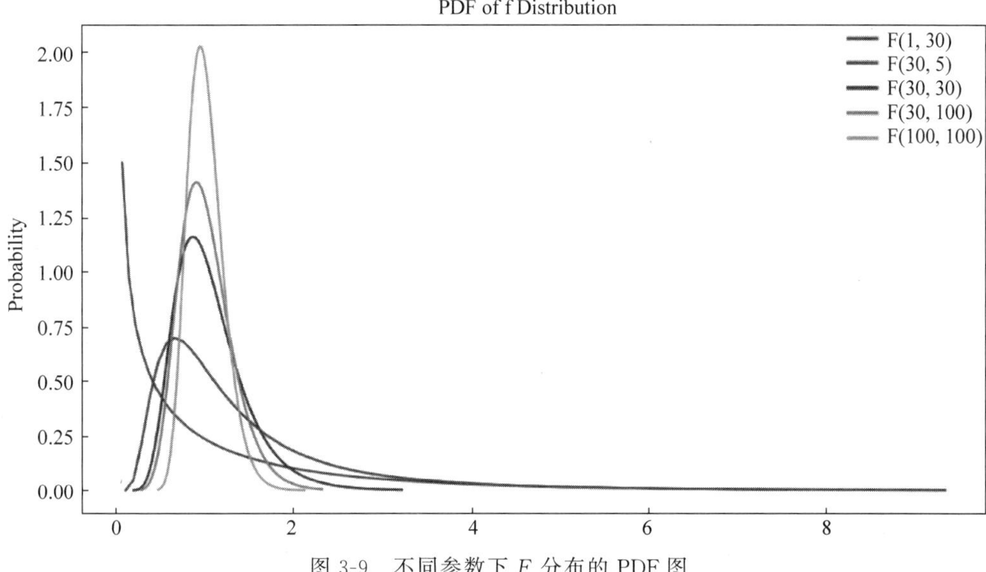

图 3-9　不同参数下 F 分布的 PDF 图

3.2.3　大数定律与中心极限定理

1. 大数定律

大数定律是一种描述当试验次数很大时所呈现的概率性质的定律，它由概率统计定义"频率收敛于概率"引申而来。简而言之，就是 n 个独立分布的随机变量其观察值的均值 $\overline{X}$ 依概率收敛于这些随机变量所属分布的理论均值，也就是总体均值。大数定律为这种后验认识世界的方式提供了坚实的理论基础。统计学中常采用大数定律用样本均值来估计总体的期望。例如，假设每次从 1、2、3 当中随机选取一个数字，随着抽样次数的增加，样本均值越来越趋近于总体期望((1+2+3)/3=2)。

下面用程序模拟抛硬币的过程来辅助说明大数定律：用 random 模块生成区间[0,1)之间的随机数，如果生成的数小于 0.5，就记为硬币正面朝上，否则记为硬币反面朝上。由于 random.random()生成的数可以看作服从区间[0,1)上的均匀分布，所以以 0.5 为界限，随机生成的数中大于 0.5 或小于 0.5 的概率应该是相同的，相当于硬币出现正反面的概率是均匀的。这样就用随机数模拟出了实际的抛硬币试验。理论上试验次数越多，即抛硬币的次数越多，正反面出现的次数之比越接近于 1，也就是说正反面各占一半。

```
#第 3 章/binom_dis.py
import random
import matplotlib.pyplot as plt

def flip_plot(minExp, maxExp):
    """
    Assumes minExp and maxExp positive integers; minExp < maxExp
    Plots results of 2 ** minExp to 2 ** maxExp coin flips
    """
```

```
    #两个参数的含义,抛硬币的次数为 2 的 minExp 次方到 2 的 maxExp 次方,也就是一共做了
#(2 ** maxExp - 2 ** minExp)批次实验,每批次重复抛硬币 2 ** n 次

    ratios = []
    xAxis = []
    for exp in range(minExp, maxExp + 1):
        xAxis.append(2 ** exp)
    for numFlips in xAxis:
        numHeads = 0                        #初始化,硬币正面朝上的计数为 0
        for n in range(numFlips):
            if random.random() < 0.5:       #random.random()从[0, 1)随机地取出一个数
                numHeads += 1               #当随机取出的数小于 0.5 时,正面朝上的计数加 1
        numTails = numFlips - numHeads      #得到本次试验中反面朝上的次数
        ratios.append(numHeads/float(numTails))   #正反面计数的比值
    plt.title('Heads/Tails Ratios')
    plt.xlabel('Number of Flips')
    plt.ylabel('Heads/Tails')
    plt.plot(xAxis, ratios)
    plt.hlines(1, 0, xAxis[-1], linestyles = 'dashed', colors = 'r')
    plt.show()

flip_plot(4, 16)
```

该程序顺利执行后将会出现如图 3-10 所示界面。

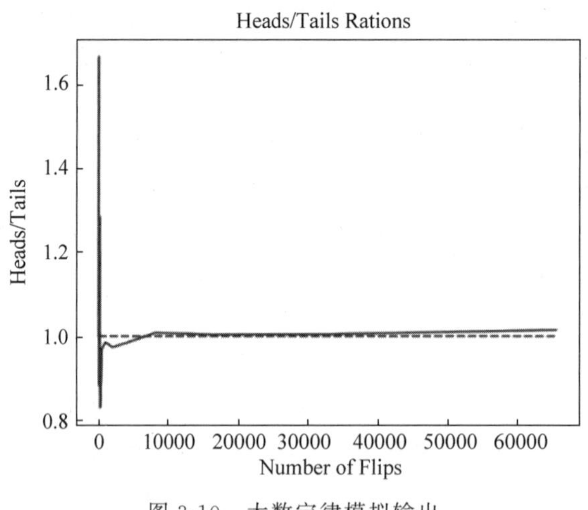

图 3-10 大数定律模拟输出

从图 3-10 可以看出,随着实验次数的增加,硬币正反面出现次数之比越来越接近于 1。

2. 中心极限定理

大数定律揭示了大量随机变量的平均结果,但没有涉及随机变量的分布问题。而中心极限定理说明的是在一定条件下,大量独立随机变量的平均数是以正态分布为极限的。中心极限定理指出大量的独立随机变量之和具有近似于正态的分布。因此,它不仅提供了计算独立随机变量之和的近似概率的简单方法,而且有助于解释为什么有很多自然群体的经验频率呈现出钟形(即正态)曲线这一事实,因此中心极限定理这个结论使正态分布在数理

统计中具有很重要的地位，也使正态分布有了广泛的应用。中心极限定理有辛钦中心极限定理、德莫佛-拉普拉斯中心极限定理、李亚普洛夫中心极限定理、林德贝尔格定理等表现形式。

下面使用 Python 来模拟并验证中心极限定理。假设我们现在观测一个人掷骰子。这个骰子是公平的，也就是说掷出 1～6 的概率都是相同的：1/6。他掷了一万次，用 Python 来模拟投掷过程，代码如下：

```
#第 3 章/central_limit.py
import numpy as np
random_data = np.random.randint(1, 7, 10000)
print random_data.mean()      #打印平均值
print random_data.std()       #打印标准差
```

生成的平均值：3.4927(注意：每次执行输出结果会略有不同)，生成的标准差：1.7079。

平均值接近 3.5 很好理解，因为每次掷出来的结果是 1、2、3、4、5、6。每个结果的概率是 1/6，所以加权平均值就是 3.5。接下来随机抽取一组抽样，例如从生成的数据中随机抽取 10 个数字：

```
sample1 = []
for i in range(0, 10):
    sample1.append(random_data[int(np.random.random() * len(random_data))])

print sample1     #打印出来
```

这 10 个数字的结果是：[3,4,3,6,1,6,6,3,4,4]。

平均值：4.0。

标准差：1.54。

可以看到，只抽 10 个样本的时候，样本的平均值(4.0)距离总体的平均值(3.5)有所偏差。

下面抽取 1000 组，每组 50 个样本，并且把每组的平均值都算出来。

```
samples = []
samples_mean = []
samples_std = []

for i in range(0, 1000):
    sample = []
    for j in range(0, 50):
        sample.append(random_data[int(np.random.random() * len(random_data))])
    sample_np = np.array(sample)
    samples_mean.append(sample_np.mean())
    samples_std.append(sample_np.std())
    samples.append(sample_np)
```

```
samples_mean_np = np.array(samples_mean)
samples_std_np = np.array(samples_std)

print samples_mean_np
```

共1000组平均值大概是这样的：[3.44,3.42,3.22,3.2,2.94 … 4.08,3.74]，结果输出如下：

平均值：3.48494。

标准差：0.23506。

然后把这1000组数字用直方图画出来，如图3-11所示。

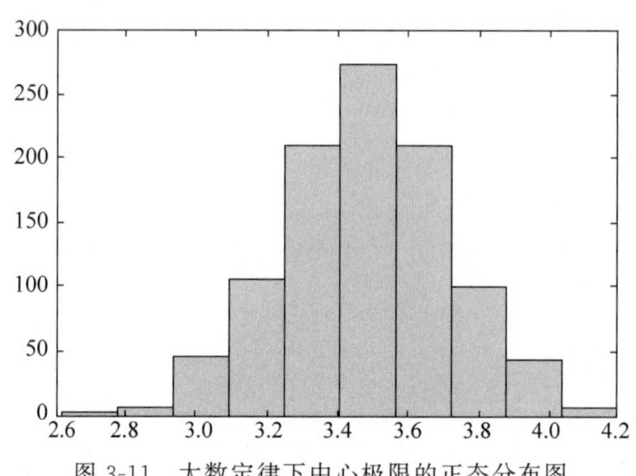

图3-11 大数定律下中心极限的正态分布图

从图3-11中可以看出，其结果已经非常接近正态分布了。

3.3 参数估计

参数估计是数理统计研究的主要问题之一。假设总体 $X \sim N(\mu,\sigma^2)$，μ 和 σ^2 是未知参数，$X_1,X_2,\cdots,X_n$ 是来自 X 的样本，样本值是 $x_1,x_2,\cdots,x_n$，要由样本值来确定 μ 和 σ^2 的估计值，这就是参数估计问题，参数估计分为点估计(Point Estimation)和区间估计(Interval Estimation)。

3.3.1 点估计

所谓点估计是指把总体的未知参数估计为某个确定的值或在某个确定的点上，所以点估计又称为定值估计。

设总体 X 的分布函数为 $F(x,\theta)$，θ 是未知参数，$X_1,X_2,\cdots,X_n$ 是 X 的一样本，样本值为 $x_1,x_2,\cdots,x_n$，构造一个统计量 $(X_1,X_2,\cdots,X_n)$，用它的观察值 $(x_1,x_2,\cdots,x_n)$ 作为 θ 的估计值，这种问题称为点估计问题。习惯上称随机变量 $(X_1,X_2,\cdots,X_n)$ 为 θ 的估计量，称 $(x_1,x_2,\cdots,x_n)$ 为估计值。

构造估计量 $(X_1,X_2,\cdots,X_n)$ 的方法很多，下面介绍常用的矩估计法和极大似然估计法。

1. 矩估计法

矩估计法是一种古老的估计方法。矩是描述随机变量的最简单的数字特征，样本来自于总体，样本矩在一定程度上也反映了总体矩的特征，且在样本容量 n 增大的条件下，样本的 k 阶原点矩 $A_k=\frac{1}{n}\sum_{i=1}^{n}X_i^k$ 依概率收敛到总体 X 的 k 阶原点矩 $\mu_k=E(X^k)$，即 $A_k\xrightarrow{p}\mu_k(n\to\infty)$，$k=1,2,\cdots$，因而自然想到用样本矩作为相应总体矩的估计量，而以样本矩的连续函数作为相应总体矩的连续函数的估计量，这种估计方法就称为矩估计法。

矩估计法的一般做法：设总体 $X\sim F(X;\theta_1,\theta_2,\cdots,\theta_l)$其中 $\theta_1,\theta_2,\cdots,\theta_l$ 均未知。

(1) 如果总体 X 的 k 阶矩 $\mu_k=E(X^k)(1\leqslant k\leqslant l)$均存在，则

$$\mu_k=\mu_k(\theta_1,\theta_2,\cdots,\theta_l),\quad(1\leqslant k\leqslant l)$$

(2) 令$\begin{cases}\mu_1(\theta_1,\theta_2,\cdots,\theta_l)A_1\\\mu_2(\theta_1,\theta_2,\cdots,\theta_l)A_2\\\quad\vdots\\\mu_i(\theta_1,\theta_2,\cdots,\theta_l)A_l\end{cases}$

其中，$A_k(1\leqslant k\leqslant l)$为样本 k 阶矩。

求出方程组的解 $\hat\theta_1,\hat\theta_2,\cdots,\hat\theta_l$，称 $\hat\theta_k=\hat\theta_k(X_1,X_2,\cdots,X_n)$为参数 $\theta_k(1\leqslant k\leqslant l)$的矩估计量，$\hat\theta_k=\hat\theta_k(x_1,x_2,\cdots,x_n)$为参数 θ_k 的矩估计值。

【例 3-2】 设总体 X 的密度函数为

$$f(x;\theta)=\begin{cases}e^{-(x-\theta)} & x>\theta\\0 & x<\theta\end{cases}$$

其中 θ 未知，样本为$(X_1,X_2,\cdots,X_n)$，求参数 θ 的矩估计值。

解：$A_1=\overline{X}$。由 $\mu_1=A_1$ 及

$$\mu_1=E(X)=\int_{-\infty}^{+\infty}xf(x;\theta)\mathrm{d}x=\int_0^{\infty}xe^{-(x-\theta)}\mathrm{d}x=\theta+1$$

有 $\theta=\mu_1-1$，得 $A_1=\overline{X}$ 代替上式中的 μ_1，得到参数 θ 的矩估计量为

$$\hat\theta=\overline{X}-1$$

其中 $\overline{X}=\frac{1}{n}\sum_{i=1}^{n}X_i$。

2. 极大似然估计法

极大似然估计法(Maximum Likelihood Estimation)只能在已知总体分布的前提下进行，例如，假定一个盒子里装有许多大小相同的黑球和白球，并且假定它们的数目之比为 3∶1，但不知是白球多还是黑球多，现在有放回地从盒中抽了 3 个球，试根据所抽 3 个球中黑球的数目确定是白球多还是黑球多.

解：设所抽 3 个球中黑球数为 X，摸到黑球的概率为 p，则 X 服从二项分布

$$P\{X=k\}=C_3^k p^k(1-p)^{3-k}\quad k=0,1,2,3。$$

问题是 $p=1/4$ 还是 $p=3/4$ 呢？现根据样本中黑球数，对未知参数 p 进行估计。抽样后，共有 4 种可能结果，其概率如表 3-1 所示。

表 3-1 概论分布律

X	0	1	2	3
$p=1/4$ 时,$P\{X=k\}$	27/64	27/64	9/64	1/64
$p=3/4$ 时,$P\{X=k\}$	1/64	9/64	27/64	27/64

假如某次抽样中,只出现一个黑球,即 $X=1$,$p=1/4$ 时,$P\{X=1\}=27/64$; $p=3/4$ 时,$P\{X=1\}=9/64$,这时我们就会选择 $p=1/4$,即黑球数比白球数为 1∶3。因为在一次试验中,事件“1 个黑球”发生了。我们认为它应有较大的概率 27/64(27/64>9/64),而 27/64 对应着参数 $p=1/4$,同样可以考虑 $X=0,2,3$ 的情形,最后可得

$$p=\begin{cases}\dfrac{1}{4} & \text{当 } x=0,1 \text{ 时}\\[2ex] \dfrac{3}{4} & \text{当 } x=2,3 \text{ 时}\end{cases}$$

1) 似然函数

在极大似然估计法中,最关键的问题是如何求得似然函数,有了似然函数,问题就简单了,下面分两种情形来介绍似然函数。

(1) 离散型总体

设总体 X 为离散型,$P\{X=x\}=p(x,\theta)$,其中 θ 为待估计的未知参数,假定 $x_1,x_2,\cdots,x_n$ 为样本 $X_1,X_2,\cdots,X_n$ 的一组观测值。

$$\begin{aligned}P\{X_1=x_1,X_2=x_2,\cdots,X_n=x_n\}&=P\{X_1=x_1\}P\{X_2=x_2\}\cdots P\{X_n=x_n\}\\&=p(x_1,\theta)p(x_2,\theta)\cdots p(x_n,\theta)\\&=\prod_{i=1}^{n}p(x_i,\theta)\end{aligned}$$

将 $\prod_{i=1}^{n}p(x_i,\theta)$ 看作参数 θ 的函数,记为 $L(\theta)$,即

$$L(\theta)=\prod_{i=1}^{n}p(x_i,\theta) \tag{3-12}$$

(2) 连续型总体

设总体 X 为连续型,已知其分布密度函数为 $f(x,\theta)$,θ 为待估计的未知参数,则样本 $(X_1,X_2,\cdots,X_n)$的联合密度为

$$f(x_1,\theta)f(x_2,\theta)\cdots f(x_n,\theta)=\prod_{i=1}^{n}p(x_i,\theta)$$

将它也看作关于参数 θ 的函数,记为 $L(\theta)$,即

$$L(\theta)=\prod_{i=1}^{n}p(x_i,\theta) \tag{3-13}$$

由此可见,不管是离散型总体,还是连续型总体,只要知道它的概率分布或密度函数,我们总可以得到一个关于参数 θ 的函数 $L(\theta)$,称 $L(\theta)$为似然函数。

2) 极大似然估计

极大似然估计法的主要思想是:如果随机抽样得到的样本观测值为 $x_1,x_2,\cdots,x_n$,则我们应当这样来选取未知参数 θ 的值,使得出现该样本值的可能性最大,即使似然函数

$L(\theta)$取最大值，从而求参数 θ 的极大似然估计的问题就转化为求似然函数 $L(\theta)$的极值点的问题，一般来说，这个问题可以通过求解下面的方程来解决：

$$\frac{\mathrm{d}L(\theta)}{\mathrm{d}\theta}=0 \tag{3-14}$$

然而，$L(\theta)$是 n 个函数的连乘积，求导数比较复杂，由于 $\ln L(\theta)$是 $L(\theta)$的单调增函数，所以 $L(\theta)$与 $\ln L(\theta)$在 θ 的同一点处取得极大值。于是求解式(3-3)可转化为求解：

$$\frac{\mathrm{d}\ln L(\theta)}{\mathrm{d}\theta}=0 \tag{3-15}$$

称 $\ln L(\theta)$为对数似然函数，方程(3-15)为对数似然方程，求解此方程就可得到参数 θ 的估计值。

如果总体 X 的分布中含有 k 个未知参数：$\theta_1, \theta_2, \cdots, \theta_k$，则极大似然估计法也适用。此时，所得的似然函数是关于 $\theta_1, \theta_2, \cdots, \theta_k$ 的多元函数 $L(\theta_1, \theta_2, \cdots, \theta_k)$，解下列方程组，就可得到 $\theta_1, \theta_2, \cdots, \theta_k$ 的估计值

$$\begin{cases} \dfrac{\partial \ln L(\theta_1, \theta_2, \cdots, \theta_k)}{\partial \theta_1}=0 \\ \dfrac{\partial \ln L(\theta_1, \theta_2, \cdots, \theta_k)}{\partial \theta_2}=0 \\ \quad\vdots \\ \dfrac{\partial \ln L(\theta_1, \theta_2, \cdots, \theta_k)}{\partial \theta_k}=0 \end{cases} \tag{3-16}$$

3.3.2　评价估计量的标准

设总体 X 服从$[0,\theta]$上的均匀分布，$\hat{\theta}_{矩}=2\overline{X}$，$\hat{\theta}_L \max\limits_{1\leqslant i\leqslant n}\{X_i\}$都是 θ 的估计，这两个估计哪一个好呢？下面我们首先讨论衡量估计量好坏的标准问题。

1. 无偏性

若估计量$(X_1, X_2, \cdots, X_n)$的数学期望等于未知参数 θ，即

$$E(\hat{\theta})=\theta \tag{3-17}$$

则称 $\hat{\theta}$ 为 θ 的无偏估计量(Non-deviation Estimator)。

估计量 $\hat{\theta}$ 的值不一定就是 θ 的真值，因为它是一个随机变量，若 $\hat{\theta}$ 是 θ 的无偏估计，则尽管 $\hat{\theta}$ 的值随样本值的不同而变化，但平均来说它会等于 θ 的真值。

2. 有效性

对于未知参数 θ，如果有两个无偏估计量 $\hat{\theta}_1$ 与 $\hat{\theta}_2$，即 $E(\hat{\theta}_1)=E(\hat{\theta}_2)=\theta$，那么在 $\hat{\theta}_1$ 和 $\hat{\theta}_2$ 中谁更好呢？此时我们自然希望 θ 的平均偏差 $E(\hat{\theta}-\theta)^2$ 越小越好，即一个好的估计量应该有尽可能小的方差，这就是有效性。

设 $\hat{\theta}_1$ 和 $\hat{\theta}_2$ 都是未知参数 θ 的无偏估计，若对任意的参数 θ，有

$$D(\hat{\theta}_1)\leqslant D(\hat{\theta}_2) \tag{3-18}$$

则称 $\hat{\theta}_1$ 比 $\hat{\theta}_2$ 有效。

如果 $\hat{\theta}_1$ 比 $\hat{\theta}_2$ 有效，则虽然 $\hat{\theta}_1$ 还不是 θ 的真值，但 $\hat{\theta}_1$ 在 θ 附近取值的密集程度较 $\hat{\theta}_2$ 高，即用 $\hat{\theta}_1$ 估计 θ 精度要高些。

例如，对正态总体 $N(\mu,\sigma^2)$，$\overline{X}=\frac{1}{n}\sum_{i=1}^{n}X_i$，$X_i$ 和 $\overline{X}$ 都是 $E(X)=\mu$ 的无偏估计量，但 $D(X)=\frac{\sigma^2}{n}\leqslant D(X_i)=\sigma^2$，故 $\overline{X}$ 较个别观测值 X_i 有效。实际中也是如此，例如要估计某个班学生的平均成绩，可使用两种方法，一种方法是在该班任意抽取一个同学，以该同学的成绩作为全班的平均成绩；另一种方法是在该班抽取 n 位同学，以这 n 个同学的平均成绩作为全班的平均成绩，显然第二种方法比第一种方法好。

3. 一致性

无偏性、有效性都是在样本容量 n 一定的条件下进行讨论的，然而$(X_1,X_2,\cdots,X_n)$不仅与样本值有关，而且与样本容量 n 有关，记为 n，很自然，我们希望 n 越大时，n 对 θ 的估计应该越精确。如果 n 依概率收敛于 θ，即 $\forall\varepsilon>0$，有

$$\lim_{n\to\infty}P\{|\hat{\theta}_n-\theta|<\varepsilon\}=1 \tag{3-19}$$

则称 $\hat{\theta}_n$ 是 θ 的一致估计量(Uniform Estimator)。

3.3.3 区间估计

1. 区间估计的概念

3.3.1 节介绍了参数的点估计，假设总体 $X\sim N(\mu,\sigma^2)$，对于样本$(X_1,X_2,\cdots,X_n)$，$\hat{\mu}=\overline{X}$ 是参数 μ 的矩法估计和极大似然估计，并且满足无偏性和一致性。但实际上 $\overline{X}=\mu$ 的可能性有多大呢？由于 $\overline{X}$ 是一连续型随机变量，$P\{X=\mu\}=0$，即 $\hat{\mu}=\mu$ 的可能性为 0，因此，我们希望给出 μ 的一个大致范围，使得 μ 有较高的概率在这个范围内，这就是区间估计问题。

设 $\hat{\theta}_1(X_1,X_2,\cdots,X_n)$及 $\hat{\theta}_2(X_1,X_2,\cdots,X_n)$是两个统计量，如果对于给定的概率 $1-\alpha(0<\alpha<1)$，有

$$P\{\hat{\theta}_1<\theta<\hat{\theta}_2\}=1-\alpha \tag{3-20}$$

则称随机区间$(\hat{\theta}_1,\hat{\theta}_2)$为参数 θ 的置信区间(Confidence Interval)，$\hat{\theta}_1$ 称为置信下限，$\hat{\theta}_2$ 称为置信上限，$1-\alpha$ 称为置信概率或置信度(Confidence Level)。

定义中的随机区间$(\hat{\theta}_1,\hat{\theta}_2)$的大小依赖于随机抽取的样本观测值，它可能包含 θ，也可能不包含 θ，式(3-9)的意义是指$(\hat{\theta}_1,\hat{\theta}_2)$以 $1-\alpha$ 的概率包含 θ。例如，若取 $\alpha=0.05$，那么置信概率为 $1-\alpha=0.95$，这时，置信区间$(\hat{\theta}_1,\hat{\theta}_2)$的意义是指：在 100 次重复抽样所得到的 100 个置信区间中，大约有 95 个区间包含参数真值 θ，有 5 个区间不包含真值 θ，亦即随机区间$(\hat{\theta}_1,\hat{\theta}_2)$包含参数 θ 真值的频率近似为 0.95。

2. 正态总体参数的区间估计

由于在大多数情况下，所遇到的总体是服从正态分布的(有的是近似正态分布)，下面重点讨论正态总体参数的区间估计问题。在下面的讨论中，总假定 $X\sim N(\mu,\sigma^2)$，X_1，

$X_2,\cdots,X_n$ 为其样本。

分两种情况进行讨论。如果 σ^2 已知，则 μ 的置信区间为 $\left(\overline{X}-z_{\frac{\alpha}{2}}\frac{\sigma}{\sqrt{n}},\overline{X}+z_{\frac{\alpha}{2}}\frac{\sigma}{\sqrt{n}}\right)$，置信概率为 $1-\alpha$。

如果 σ^2 未知，不能使用式(3-7)作为置信区间，因为式(3-7)中区间的端点与 σ 有关，考虑到 $S^2=\frac{1}{n-1}\sum_{i=1}^{n}(X_i-\overline{X})^2$ 是 σ^2 的无偏估计，将 $\frac{\overline{X}-\mu}{\sigma/\sqrt{n}}$ 中的 σ 换成 S 得

$$T=\frac{\overline{X}-\mu}{S/\sqrt{n}}\sim t(n-1)$$

对于给定的 α，由 t 分布分位数表可得上分位点 $t_{\sigma/2}(n-1)$，使得

$$P\left\{\left|\frac{\overline{X}-\mu}{S/\sqrt{n}}\right|<t_{\frac{\alpha}{2}}(n-1)\right\}=1-\alpha$$

即

$$P\left\{\overline{X}-\frac{S}{\sqrt{n}}t_{\frac{\alpha}{2}}(n-1)<\mu<\overline{X}+\frac{S}{\sqrt{n}}t_{\frac{\alpha}{2}}(n-1)\right\}=1-\alpha$$

所以 μ 的置信概率为 $1-\alpha$ 的置信区间为

$$\left(\overline{X}-\frac{S}{\sqrt{n}}t_{\frac{\alpha}{2}}(n-1),\overline{X}+\frac{S}{\sqrt{n}}t_{\frac{\alpha}{2}}(n-1)\right)\tag{3-21}$$

由于 $\frac{S}{\sqrt{n}}=\frac{S_0}{\sqrt{n-1}}$，$S_0=\sqrt{\frac{1}{n}\sum_{i=1}^{n}(X_i-\overline{X})^2}$，所以 μ 的置信区间也可写成

$$\left(\overline{X}-\frac{S_0}{\sqrt{n-1}}t_{\frac{\alpha}{2}}(n-1),\overline{X}+\frac{S_0}{\sqrt{n-1}}t_{\frac{\alpha}{2}}(n-1)\right)\tag{3-22}$$

以上仅介绍了正态总体的均值和方差两个参数的区间估计方法。在有些问题中并不知道总体 X 服从什么分布，要对 $E(X)=\mu$ 作区间估计，在这种情况下只要 X 的方差 σ^2 已知，并且样本容量 n 很大，由中心极限定理可知，$\frac{\overline{X}-\mu}{\sigma/\sqrt{n}}$ 近似地服从标准正态分布 $N(0,1)$，因而 μ 的置信概率为 $1-\alpha$ 的近似置信区间为 $\left(\overline{X}-z_{\frac{\alpha}{2}}\frac{\sigma}{\sqrt{n}},\overline{X}+z_{\frac{\alpha}{2}}\frac{\sigma}{\sqrt{n}}\right)$。

本章小结

本章从概率论基础知识开始，介绍了随机变量及随机变量的类型、性质等，并且详细介绍了离散型、连续型随机变量概率的 Python 实现。接着详细讲解了数理统计的基础知识，包括统计学的总体与样本、统计量的各种概念定义及三大抽样分布及其 Python 实现。同时对统计学两大基石——大数定律和中心极限定理进行了详细介绍，并给出对应的 Python 实现。最后对数理统计中参数的点估计与区间估计方法从理论层面进行详细讲解。

课后思考题

1. 什么是概率与条件概率?
2. 简述大数定律与中心极限定理。
3. 统计学中三大抽样分布与正态分布之间的关系是什么?
4. 简述评价估计量好坏的标准。
5. 简述样本量与置信水平、总体方差、估计误差之间的关系。
6. 什么是假设检验中的显著性水平? 统计显著是什么意思?

第 4 章

最优化方法

人工智能的本质其实就是最优化过程。最优化就是在有限或者无限种可能的方案中选择一个最好的方案以达到最优目标。在日常工作和生活中，总会遇到最优化问题。人们在做任何一件事情时，总是希望在现有可能的条件下，从众多可能方案中选择一个方案，使事情的结果与自己的期望值最符合，如交通运输中路径的选择、投资理财中收益的多少及调度生产中时间的长短等问题。总是期望以最小的代价取得最大的收益，如何达到此效果呢？而这个选择最优方案的行为或过程就是一个最优化的过程，从而形成了最优化与最优控制理论与方法产生的基础。本章首先介绍最优化方法的基础知识，接着重点介绍几种常用最优化方法。

4.1 最优化方法基础

4.1.1 最优化问题数学模型

最优化问题数学模型的一般形式为

$$\min f(\boldsymbol{x})\boldsymbol{x} \in \mathbf{R}^n$$
$$\text{s.t.} \begin{cases} c_i(\boldsymbol{x})=0, & i \in E=\{1,2,\cdots,l\} \\ c_i(\boldsymbol{x}) \leqslant 0, & i \in I=\{l+1,l+2,\cdots,l+m\} \end{cases} \tag{4-1}$$

式中，min 表示求极小值；s. t. 是 subject to 的意思，表示受限于，即限制条件的表示；$\boldsymbol{x}$ 是 n 维向量，其分量分别是 $x_1,x_2,\cdots,x_n$；$f(\boldsymbol{x})$为目标函数；$c_i(\boldsymbol{x})$ $i\in I\cup E$ 为约束条件。

最优化问题的数学模型包含 3 个要素：变量、目标函数、约束条件。

1. 变量

变量是最优化问题中待确定的某些量。一个优化问题的优化解是由一组参数的最优组合来表示的。这些设计参数可以概括地划分为两类：一类是可以根据客观规律、具体条件、已有的数据等预先给定的参数，统称为常量；另一类是在优化过程中经过逐步调整，最后达到最优值的独立参数，称为变量。优化问题的目的就是使各变量达到最优化组合。变量的个数称为优化问题的维数。例如有 n 个变量 $x_1,x_2,\cdots,x_n$ 的优化问题就是在 n 维空间 R^n 中寻找最优解。当变量是连续量时，称为连续变量；若变量只能离散取值，则称为离散变量。

2. 目标函数

目标函数值常用来评价优化方案。按照规范化的形式，一般把优化问题归结为求目标函数的极小化问题，即目标函数值越小，优化方案越好。对于某些目标函数值的最大化问题，可以转化成求其负值的最小化问题，即 $\max f(\boldsymbol{x}) \Leftrightarrow \min -f(\boldsymbol{x})$。

假如优化问题只有一个目标函数，称为单目标优化；若优化问题同时有多个目标，则该问题为多目标优化。

3. 约束条件

变量本身应该遵循的限制条件的数学表达式称为约束条件或约束函数。约束条件按其表达式分为等式约束和不等式约束两种，即

$$\text{s.t.}\begin{cases} c_i(\boldsymbol{x})=0, & i \in E=\{1,2,\cdots,l\} \\ c_i(\boldsymbol{x}) \leqslant 0, & i \in I=\{l+1,l+2,\cdots,l+m\} \end{cases} \tag{4-2}$$

不带约束条件的优化问题称为无约束最优化问题，带约束条件的优化问题称为约束最优化问题。

4.1.2 最优化问题的分类及应用案例

根据不同的标准，从不同角度对优化问题进行分类，常见的分类如下。

1. 函数优化和组合优化

根据决策变量是连续取值还是仅取一些离散值，可以将最优化问题分为函数优化问题和组合优化问题两大类。其中函数优化的对象是一定区间的连续变量，而组合优化的对象则是解空间中的离散状态。

1）函数优化问题

函数优化问题通常可以描述为令定义域 $S \subset \mathbf{R}^n$，$f: S \to \mathbf{R}$ 为 n 维实值函数，所谓函数 f 在 S 域上全局最小化就是寻求点 $\boldsymbol{x}$ 使得目标函数 $f(\boldsymbol{x})$ 最小。

算法性能比较通常基于一些 Benchmark 的典型问题展开，常用的 Benchmark 问题如下。

- Sphere Model

$$f_1(\boldsymbol{x})=\sum_{i=1}^{n} x_i^2, \quad |x_i| \leqslant 100 \tag{4-3}$$

其最优状态和最优值为 $\min(f_1(\boldsymbol{x}^*))=f_1(0,\cdots,0)=0$。

- Schwefel's Problem

$$f_2(\boldsymbol{x})=\sum_{i=1}^{n}|x_i|+\prod_{i=1}^{n}|x_i|, \quad |x_i| \leqslant 10 \tag{4-4}$$

其最优解状态和最优值为 $\min f_2(\boldsymbol{x}^*)=f_2(0,\cdots,0)=0$。

- Generalized Rosenbrock's Function

$$f_3(\boldsymbol{x})=\sum_{i=1}^{n}\left[100(x_{i+1}-x_i^2)^2+(1-x_i)^2\right], \quad |x_i| \leqslant 30 \tag{4-5}$$

其最优状态和最优值为 $\min f_3(\boldsymbol{x}^*)=f_3(1,\cdots,1)=0$。

鉴于许多科学工程问题存在约束条件，受约束函数的优化问题也一直是优化领域关注的主要对象。但是对于受约束问题，除了局部极小解的存在，影响最优化性能的因素很多，因此对函数优化的讨论通常以无约束问题为主。

2）组合优化问题

组合优化问题是通过对数学方法的研究去寻找离散事件的最优排序、分类或筛选等，所研究的问题涉及信息技术、经济管理、土木工程、交通运输、生产调度等诸多领域。该问题的数学模型可表示为

$$\min_{x\in\Omega} f(\boldsymbol{x})$$
$$\text{s.t}\begin{cases}G(\boldsymbol{x})\geqslant 0\\ H(\boldsymbol{x})=0\end{cases}\tag{4-6}$$

其中，$f(\boldsymbol{x})$为目标函数；$G(\boldsymbol{x})$和$H(\boldsymbol{x})$为约束函数；x为决策变量；Ω表示决策变量的定义域，为有限点组成的集合。

典型的组合优化问题有旅行商问题(Traveling Salesman Problem，TSP)、生产调度问题(Scheduling Problem，如 Flow Shop，Job Shop)、0-1背包问题(Knapsack Problem)、装箱问题(Bin Packing Problem)、图着色问题(Graph Coloring Problem)、聚类问题(Clustering Problem)等。

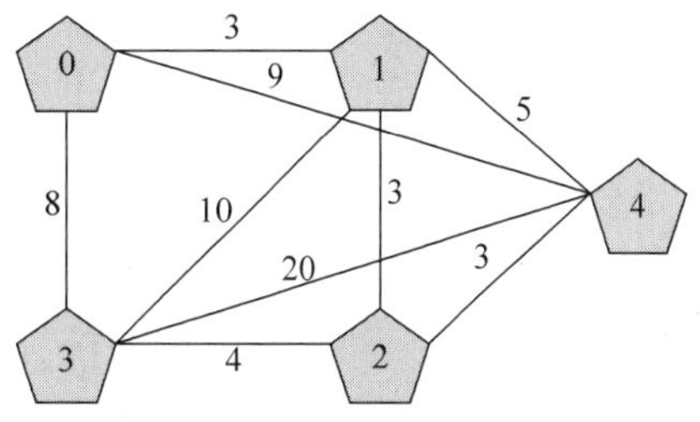

图 4-1 旅行商问题

- 旅行商问题

一个商人要到 n 个城市去推销商品，每两个城市 i 和 j 之间的距离是 d_{ij}，如何选择一条道路使得商人每个城市走一遍后回到起点，且所走路径最短，如图 4-1 所示。

数学模型描述如下：

$$\min\sum_{i\neq j} d_{ij}x_{ij}$$

$$\text{s.t.}\begin{cases}\sum_{j=1}^{n}x_{ij}=1, & i=1,2,\cdots,n\\ \sum_{i=1}^{n}x_{ij}=1, & j=1,2,\cdots,n\\ \sum_{i,j\in S}x_{ij}\leqslant |S|-1,2\leqslant |S|\leqslant n-2, & S\subset\{1,2,\cdots,n\}\\ x_{ij}\in\{0,1\}, & i,j=1,2,\cdots,n,i\neq j\end{cases}\tag{4-7}$$

其中，决策变量 $x_{ij}=1$ 表示商人行走的路线，包括从城市 i 到 j 的路径；$\sum_{j=1}^{n}x_{ij}=1$ 和 $\sum_{i=1}^{n}x_{ij}=1$ 表示每个城市经过一次，为了避免形成回路，因此用式 $\sum_{i,j\in S}x_{ij}\leqslant |S|-1$ 来约束。

- 背包问题

有一个容积为 b 的背包，n 个体积分别为 $a_i(i=1,2,\cdots,n)$，价值分别为 $c_i(i=1,2,\cdots,n)$ 的物品，如图 4-2 所示，如何选择物品，使得背包所装物品价值最大？

问题数学模型如下：

$$\max \sum_{i=1}^{n} c_i x_i$$

$$\text{s. t.} \begin{cases} \sum_{i=1}^{n} a_i x_i \leqslant b \\ x_i \in \{0,1\}, \quad i=1,2,\cdots,n \end{cases} \tag{4-8}$$

图 4-2 背包问题

其中，$\sum_{i=1}^{n} a_i x_i \leqslant b$ 表示所装物品不能超过包的限制；$x_i=1$ 表示装第 i 个物品。

2. 线性优化和非线性优化

如果目标函数或者约束函数中存在非线性函数，则此问题称为非线性优化，否则称为线性优化。

1）线性优化

在一组线性的等式或不等式约束下，求一个线性函数的最小值。此类问题的数学模型如下：

$$\min c\boldsymbol{x}$$

$$\text{s. t.} \begin{cases} A\boldsymbol{x} \leqslant b \\ \boldsymbol{x} \geqslant 0 \end{cases} \tag{4-9}$$

运输问题：产销平衡、运费最省。

某商品有 m 个产地，n 个销地，各地的产量分别为 $a_i(i=1,2,\cdots,m)$，各个销地的需求量分别为 $b_j(j=1,2,\cdots,n)$，商品由产地 i 到销地 j 的单位运价为 c_{ij}，应该如何调运才能使总运费最省？

问题数学模型如下：

$$\min \sum_{i=1}^{m} \sum_{j=1}^{n} c_{ij} x_{ij}$$

$$\text{s. t.} \begin{cases} \sum_{j=1}^{n} x_{ij} = a_i, \quad i=1,2,\cdots,m \\ \sum_{i=1}^{m} x_{ij} = b_j, \quad j=1,2,\cdots,n \\ x_{ij} > 0 \end{cases} \tag{4-10}$$

2）非线性优化

如果线性优化的最优解存在，其最优解只能在其可行域的边界上达到(特别是在可行域的顶点上达到)；而非线性优化的最优解(如果最优解存在)则可能在其可行域的任意一点达到。

某企业有 n 个项目可供选择投资，并且至少要对其中一个项目投资。已知该企业拥有总资金 A 元，投资于第 $i(i=1,2,\cdots,n)$个项目需花资金 a_i 元，并预计可收益 b_i 元。试选择最佳投资方案。设投资决策变量为

$$x_i=\begin{cases}1,\text{是}\\0,\text{否}\end{cases},\quad i=1,2,\cdots,n \tag{4-11}$$

则投资总额为$\sum_{i=1}^{n}a_ix_i$,投资总收益为$\sum_{i=1}^{n}b_ic_i$,限制条件为$0<\sum_{i=1}^{n}a_ix_i\leqslant A$和$x_i(1-x_i)=0,i=1,2,\cdots,n$。

总的来说,就是让投资总额最小,而投资总收益最大,即

$$\max Q=\frac{\sum_{i=1}^{n}b_ix_i}{\sum_{i=1}^{n}a_ix_i}$$
$$\text{s. t.}\begin{cases}0<\sum_{i=1}^{n}a_ix_i\leqslant A\\x_i(1-x_i)=0\end{cases} \tag{4-12}$$

3. 无约束最优化与有约束最优化

如果除了目标函数外,对参与优化的各变量没有其他函数或者变量的约束,则称为无约束最优化问题,反之则称为有约束最优化问题。实际的最优化问题一般除了目标函数外都有其他约束条件,因此此类问题多为约束优化问题。

1)无约束优化问题

无约束优化问题的一般形式为

$$\min_{\boldsymbol{x}\in R^n} f(\boldsymbol{x}) \tag{4-13}$$

$f(x)$为目标函数。

Sylvester 问题:

设平面上有m个点,找出覆盖这m个点的最小圆盘。

设这m个点为$p_i(i=1,2,\cdots,m)$,平面上任一点$\boldsymbol{x}$到各点的距离分别为$\|\boldsymbol{x}-p_i\|(i=1,2,\cdots,m)$,若$f(\boldsymbol{x})$表示点$\boldsymbol{x}$到$m$个点$p_i$的最大距离,即

$$f(x)=\max_{1\leqslant i\leqslant m}\|\boldsymbol{x}-p_i\| \tag{4-14}$$

则以$\boldsymbol{x}$为圆心,以$f(\boldsymbol{x})$为半径的圆盘即能覆盖这m个点,于是问题就转化为解$\min_{\boldsymbol{x}\in R^2} f(\boldsymbol{x})$。

2)有约束优化问题

约束优化问题的约束条件一般分为等式约束和不等式约束。约束优化问题通常写为

$$\min f(\boldsymbol{x})$$
$$\text{s. t.}\begin{cases}c_i\boldsymbol{x}=0, & i\in E\\c_i\boldsymbol{x}\geqslant 0, & i\in I\end{cases} \tag{4-15}$$

其中,E和I分别为等式约束的指标集和不等式约束的指标集;$c_i\boldsymbol{x}$为约束函数。

上面提到的运输问题和投资问题等都是约束优化问题。

4.1.3 数学基础

1. 导数

在许多实际问题中,不仅要研究变量之间的函数关系,还需要讨论变量与变量之间的相

对变化情况，这种变化情况可以通过导数描述。

设一元函数 $y=f(\boldsymbol{x})$ 在点 x_0 的某一邻域内有定义，当自变量 $\boldsymbol{x}$ 在 x_0 处取得的增量为 $\Delta\boldsymbol{x}$（点 $x_0+\Delta\boldsymbol{x}$ 仍在邻域内）时，相应的函数增量 $\Delta y=f(x_0+\Delta\boldsymbol{x})-f(x_0)$，如果极限 $\lim\limits_{\Delta x\to 0}\dfrac{\Delta y}{\Delta\boldsymbol{x}}=\lim\limits_{\Delta x\to 0}\dfrac{f(x_0+\Delta\boldsymbol{x})-f(x_0)}{\Delta\boldsymbol{x}}$ 存在，则称函数 $y=f(\boldsymbol{x})$ 在点 x_0 处可导。该极限为函数 $y=f(\boldsymbol{x})$ 在点 x_0 处的导数，即为 $f'(x_0)$，即

$$f'(x_0)=\lim_{\Delta x\to 0}\frac{f(x_0+\Delta\boldsymbol{x})-f(x_0)}{\Delta\boldsymbol{x}} \tag{4-16}$$

2. 偏导数、梯度

设 n 元函数 $f(\boldsymbol{x})$，自变量 $\boldsymbol{x}=(x_1,x_2,\cdots x_n)^{\mathrm{T}}$ 的各分量 x_i 的偏导数 $\dfrac{\partial f(\boldsymbol{x})}{\partial x_i}(i=1,2,\cdots,n)$ 都存在，则称函数 $f(\boldsymbol{x})$ 在 $\boldsymbol{x}$ 处一阶可导，并称为向量

$$\nabla f(x_1,x_2,\cdots,x_n)=\mathrm{grad}f(x_1,x_2,\cdots,x_n)=\left(\frac{\partial f}{\partial x_1},\frac{\partial f}{\partial x_2},\cdots,\frac{\partial f}{\partial x_n}\right)^{\mathrm{T}} \tag{4-17}$$

为函数 $f(\boldsymbol{x})$ 在 $\boldsymbol{x}$ 处的一阶导数或者梯度。其中符号“∇”称为梯度算子，它作用于一个多元函数，得到一个向量。例：

$$\nabla(\boldsymbol{x}^2+2\boldsymbol{x}y+y^2)=(2\boldsymbol{x}+2y,2\boldsymbol{x}+2y)^{\mathrm{T}}$$

梯度是一个向量，具有大小和方向，表示某一函数在变量空间的某一点处，沿着哪个方向变化率最大。在单变量的函数中，梯度其实就是函数的微分，代表着函数在某个给定点的切线斜率。在多变量函数中，梯度是一个有方向的向量，梯度的方向指出了函数在给定点上升最快的方向。

1. Hessian 矩阵

设 n 元函数 $f(\boldsymbol{x})$，自变量 $\boldsymbol{x}=(x_1,x_2,\cdots,x_n)^{\mathrm{T}}$ 的各分量 x_i 的二阶偏导数 $\dfrac{\partial^2 f(\boldsymbol{x})}{\partial x_i\partial x_j}(i=1,2,\cdots,n;\ j=1,2,\cdots,n)$ 都存在，则称函数 $f(\boldsymbol{x})$ 在 $\boldsymbol{x}$ 处二阶可导，并称矩阵

$$\nabla^2 f(\boldsymbol{x})=\begin{bmatrix}\dfrac{\partial^2 f(\boldsymbol{x})}{\partial x_1^2} & \dfrac{\partial^2 f(\boldsymbol{x})}{\partial x_1\partial x_2} & \cdots & \dfrac{\partial^2 f(\boldsymbol{x})}{\partial x_1\partial x_n}\\ \dfrac{\partial^2 f(\boldsymbol{x})}{\partial x_2\partial x_1} & \dfrac{\partial^2 f(\boldsymbol{x})}{\partial x_2^2} & \cdots & \dfrac{\partial^2 f(\boldsymbol{x})}{\partial x_2\partial x_n}\\ \vdots & \vdots & \vdots & \vdots\\ \dfrac{\partial^2 f(\boldsymbol{x})}{\partial x_n\partial x_1} & \dfrac{\partial^2 f(\boldsymbol{x})}{\partial x_n\partial x_2} & \cdots & \dfrac{\partial^2 f(\boldsymbol{x})}{\partial x_n^2}\end{bmatrix} \tag{4-18}$$

为函数 $f(\boldsymbol{x})$ 在 $\boldsymbol{x}$ 处的二阶导数或者 Hessian 矩阵。

当 $f(\boldsymbol{x})$ 在 $\boldsymbol{x}$ 处各变元的二阶偏导数都连续时，有

$$\frac{\partial^2 f(\boldsymbol{x})}{\partial x_i\partial x_j}=\frac{\partial^2 f(\boldsymbol{x})}{\partial x_j\partial x_i}\quad i=1,2,\cdots,n;\ j=1,2,\cdots,n \tag{4-19}$$

因此在这种情况下 Hessian 矩阵是对称的。

【例 4-1】 设 $\mathbf{A}\in\mathbf{R}^{n\times n}$ 是对称矩阵，$\boldsymbol{b}\in\mathbf{R}^n$，$c\in R$，求二次函数 $f(\boldsymbol{x})=\frac{1}{2}\boldsymbol{x}^{\mathrm{T}}\mathbf{A}\boldsymbol{x}+\boldsymbol{b}^{\mathrm{T}}\boldsymbol{x}+c$ 的梯度和 Hessian 矩阵。

解：设 $\mathbf{A}=(a_{ij})_{n\times n}$，$\boldsymbol{b}=(b_1,b_2,\cdots,b_n)^{\mathrm{T}}$，则

$$f(\boldsymbol{x})=\frac{1}{2}\sum_{i=1}^{n}\sum_{j=1}^{n}a_{ij}x_ix_j+\sum_{i=1}^{n}b_ix_i+c$$

对各变量求偏导数得

$$\begin{aligned}\nabla f(\boldsymbol{x})&=\left(\frac{\partial f(\boldsymbol{x})}{\partial x_1}\quad\frac{\partial f(\boldsymbol{x})}{\partial x_2}\quad\cdots\quad\frac{\partial f(\boldsymbol{x})}{\partial x_n}\right)^{\mathrm{T}}\\&=\left(\sum_{j=1}^{n}a_{1j}x_j+b_1\quad\sum_{j=1}^{n}a_{2j}x_j+b_2\quad\cdots\quad\sum_{j=1}^{n}a_{nj}x_j+b_n\right)^{\mathrm{T}}\\&=\left(\sum_{j=1}^{n}a_{1j}x_j\quad\sum_{j=1}^{n}a_{2j}x_j\quad\cdots\quad\sum_{j=1}^{n}a_{nj}x_j\right)^{\mathrm{T}}+(b_1\quad b_2\quad\cdots\quad b_n)^{\mathrm{T}}\end{aligned}$$

所以，$\nabla f(\boldsymbol{x})=\mathbf{A}\boldsymbol{x}+\boldsymbol{b}$。

在上式中，

$$\frac{\partial f(\boldsymbol{x})}{\partial x_i}=\sum_{j=1}^{n}a_{ij}x_j+b_i\quad i=1,2,\cdots,n$$

再对它们求偏导得

$$\frac{\partial f(\boldsymbol{x})}{\partial x_i\partial x_j}=a_{ij}\quad i=1,2,\cdots,n;\ j=1,2,\cdots,n$$

所以，

$$\nabla^2 f(\boldsymbol{x})=\begin{bmatrix}a_{11}&\cdots&a_{1n}\\\vdots&&\vdots\\a_{n1}&\cdots&a_{nn}\end{bmatrix}=\mathbf{A}$$

【例 4-2】 求目标函数 $f(x_1,x_2)=x_1^2+2x_1x_2-3x_2^2+2x_1-2x_2+6$ 的梯度和 Hessian 矩阵。

解：因为

$$\frac{\partial f(\boldsymbol{x})}{\partial x_1}=2x_1+2x_2+2$$

$$\frac{\partial f(\boldsymbol{x})}{\partial x_2}=2x_1-6x_2-2$$

所以，

$$\nabla f(\boldsymbol{x})=(2x_1+2x_2+2,2x_1-6x_2-2)^{\mathrm{T}}$$

又因为

$$\frac{\partial f(\boldsymbol{x})}{\partial x_1^2}=2,\quad\frac{\partial f(\boldsymbol{x})}{\partial x_1\partial x_2}=2,\quad\frac{\partial f(\boldsymbol{x})}{\partial x_2\partial x_1}=2,\quad\frac{\partial f(\boldsymbol{x})}{\partial x_2^2}=-6$$

所以，

$$\nabla^2 f(\boldsymbol{x})=\begin{bmatrix}2&2\\2&-6\end{bmatrix}$$

2. Taylor 展式

多元函数的 Taylor 展式在最优化方法中十分重要，许多方法及其收敛性的证明都是从它出发的，这里给出 Taylor 展式定理及其证明。

设函数 $f(\boldsymbol{x}):\mathbf{R}^n\to\mathbf{R}$ 具有二阶连续偏导数，则

$$f(\boldsymbol{x}+\boldsymbol{d})=f(\boldsymbol{x})+\nabla f(\boldsymbol{x})^{\mathrm{T}}\boldsymbol{d}+\frac{1}{2}\boldsymbol{d}^{\mathrm{T}}\nabla^2 f(\bar{\boldsymbol{x}})\boldsymbol{d} \tag{4-20}$$

其中 $\bar{\boldsymbol{x}}=\boldsymbol{x}+\lambda\boldsymbol{d}$，$0<\lambda<1$。

证：设 $\varphi(\alpha)=f(\boldsymbol{x}+\alpha\boldsymbol{d})$，于是，

$$\varphi(0)=f(\boldsymbol{x}),\quad \varphi(1)=f(\boldsymbol{x}+\boldsymbol{d})$$

对 $\varphi(\alpha)$ 按一元函数在 $\alpha=0$ 处展开，得到

$$\varphi(\alpha)=\varphi(0)+\varphi'(0)\alpha+\frac{1}{2}\varphi''(\lambda\alpha)\alpha^2$$

其中 $0<\lambda<1$，令 $\alpha=1$，于是

$$\varphi(1)=\varphi(0)+\varphi'(0)+\frac{1}{2}\varphi''(\lambda)$$

又因为 $\varphi'(0)=\nabla f(\boldsymbol{x})^{\mathrm{T}}\boldsymbol{d}$，$\varphi''(\lambda)=\boldsymbol{d}^{\mathrm{T}}\nabla^2 f(\boldsymbol{x}+\lambda\boldsymbol{d})\boldsymbol{d}$，于是得

$$f(\boldsymbol{x}+\boldsymbol{d})=f(\boldsymbol{x})+\nabla f(\boldsymbol{x})^{\mathrm{T}}\boldsymbol{d}+\frac{1}{2}\boldsymbol{d}^{\mathrm{T}}\nabla^2 f(\boldsymbol{x}+\lambda\boldsymbol{d})\boldsymbol{d}$$

还可以写成：

$$f(\boldsymbol{x}+\boldsymbol{d})=f(\boldsymbol{x})+\nabla f(\boldsymbol{x})^{\mathrm{T}}\boldsymbol{d}+\frac{1}{2}\boldsymbol{d}^{\mathrm{T}}\nabla^2 f(\boldsymbol{x}+\lambda\boldsymbol{d})\boldsymbol{d}+o(\|\boldsymbol{d}\|^2)$$

4.2 凸优化

4.2.1 凸集

设集合 $D\subset\mathbf{R}^n$，如果对任意的 $\boldsymbol{x},y\in D$ 与任意的 $\lambda\in[0,1]$，有

$$\lambda\boldsymbol{x}+(1-\lambda)y\in D$$

则称集合 D 为凸集。

凸集的几何意义：假如集合中有两个点，则这两个点的连线上的任意一点依然属于此集合，如图 4-3 所示。

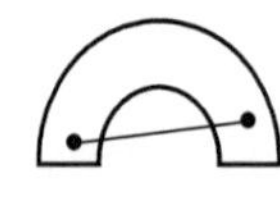

图 4-3 凸集与非凸集

保持凸集的运算的性质由以下定理给出：

设 $D_1,D_2\subset\mathbf{R}^n$ 是凸集，$\alpha\in\mathbf{R}$，则

(1) $D_1\cap D_2=\{\boldsymbol{x}\mid\boldsymbol{x}\in D_1,\boldsymbol{x}\in D_2\}$是凸集

(2) $D_1+D_2=\{\boldsymbol{x}+y\mid\boldsymbol{x}\in D_1,y\in D_2\}$是凸集。

(3) $D_1-D_2=\{\boldsymbol{x}-y\mid\boldsymbol{x}\in D_1,y\in D_2\}$是凸集。

(4) $\alpha D_1=\{\alpha\boldsymbol{x}\mid\boldsymbol{x}\in D_1\}$是凸集。

投影定理和凸集分离定理是研究约束规划最优性条件和对偶理论的重要工具。下面予以介绍。

4.2.2　凸函数

设集合 C 为非空的凸集，函数 $f(\boldsymbol{x})$ 定义在集合 C 上，如果 $\forall x_1, x_2 \in C, \lambda \in [0,1]$，有 $f(\lambda x_1 + (1-\lambda)x_2) \leqslant \lambda f(x_1) + (1-\lambda)f(x_2)$，则称 f 为 C 上的凸函数，如图 4-4 所示。

如果 $\forall x_1, x_2 \in C, \lambda \in (0,1)$，有 $f(\lambda x_1 + (1-\lambda)x_2) < \lambda f(x_1) + (1-\lambda)f(x_2)$，则称 f 为 C 上的严格凸函数。

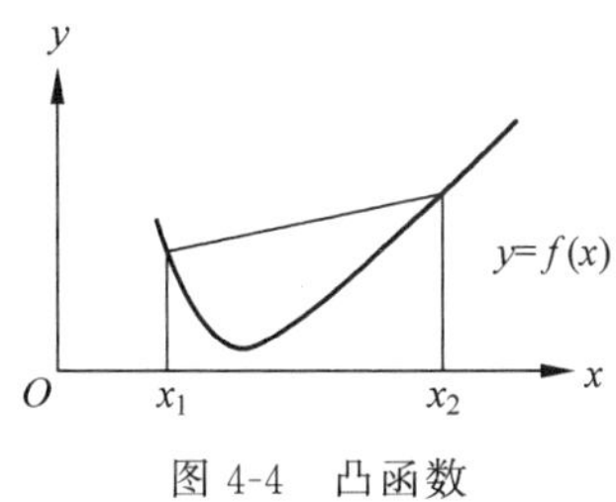

图 4-4　凸函数

凸函数的集合解释告诉我们，一个凸函数的图形总是位于相应弦的下方。由凸函数定义可知，线性函数 $f(\boldsymbol{x}) = \boldsymbol{\alpha}^{\mathrm{T}}\boldsymbol{x} + \beta(\boldsymbol{\alpha}, \boldsymbol{x} \in \mathbf{R}^n, \beta \in R)$ 在 $\mathbf{R}^n$ 上既是凸函数也是凹函数。

凸函数有以下性质：

(1) 设 f 是定义在凸集 C 上的凸函数，实数 $a \geqslant 0$，则 af 也是定义在 C 上的凸函数。

(2) 设 f_1, f_2 是定义在凸集 C 上的凸函数，则 $f_1 + f_2$ 也是定义在 C 上的凸函数。

(3) 设 $f_1, f_2, \cdots, f_m$ 是定义在凸集 C 上的凸函数，实数 $a_1, a_2, \cdots, a_m \geqslant 0$，则 $\sum_{i=1}^{m} a_i f_i$ 也是定义在 C 上的凸函数。

4.2.3　凸优化概念

f 是非凸集合 C 上的函数，则形式如

$$\min f(\boldsymbol{x})$$
$$\text{s.t.} \begin{cases} g_i(\boldsymbol{x}) \leqslant 0, & i = 1, 2, \cdots, l \\ h_j(\boldsymbol{x}) = 0, & j = 1, 2, \cdots, m \end{cases}$$

的问题称为凸优化。其中，$g_1, g_2, \cdots, g_l$ 都是 $\mathbf{R}^n$ 上的凸函数，$h_1, h_2, \cdots, h_m$ 都是 R^n 上的线性函数。

设 $\boldsymbol{x}^*$ 是凸优化问题的局部最优解，若 f 是凸函数，则 $\boldsymbol{x}^*$ 是凸优化问题的全局最优解，即 $f(\boldsymbol{x}^*) \leqslant f(\boldsymbol{x}), \forall x \in C$。

证：假设 $\boldsymbol{x}^*$ 是局部最优解，但不是全局最优解，那么 $\exists \bar{\boldsymbol{x}} \in C$，使得 $f(\bar{\boldsymbol{x}}) < f(\boldsymbol{x}^*)$。

对于 $\boldsymbol{x}^*$ 与 $\bar{\boldsymbol{x}}$ 的任意组合 $\boldsymbol{x} = \lambda\bar{\boldsymbol{x}} + (1-\lambda)\boldsymbol{x}^*$，其中 $\lambda \in (0,1)$，根据凸函数的性质有

$$\begin{aligned} f(\boldsymbol{x}) &= f(\lambda\bar{\boldsymbol{x}} + (1-\lambda)\boldsymbol{x}^*) \\ &\leqslant \lambda f(\bar{\boldsymbol{x}}) + (1-\lambda)f(\boldsymbol{x}^*) \\ &< \lambda f(\boldsymbol{x}^*) + (1-\lambda)f(\boldsymbol{x}^*) \\ &< f(\boldsymbol{x}^*) \end{aligned}$$

当 $\lambda > 0$ 充分时，$\boldsymbol{x}$ 充分接近 $\boldsymbol{x}^*$，有 $f(\boldsymbol{x}) < f(\boldsymbol{x}^*)$，这与 $\boldsymbol{x}^*$ 是局部最小解相矛盾。因此 $\boldsymbol{x}^*$ 必是全局最优解。

4.2.4　Python 举例

在金融学和经济学中，凸优化起着重要作用，这方面的例子包括市场数据校准和期权定价模型，或者效用函数的优化。下面以效用函数优化为例，利用 Python 实现，代码如下：

```
import numpy as np
from mpl_toolkits.mplot3d import Axes3D
import matplotlib.pyplot as plt
import matplotlib as mpl
import scipy.optimize as spo

def fm( * args):
    return (np.sin(args[0]) + 0.05 * args[0] ** 2 + np.sin(args[1]) + 0.05 * args[1] ** 2)

x = np.linspace( - 10,10,50)
y = np.linspace( - 10,10,50)
x,y = np.meshgrid(x,y)
z = fm(x,y)

fig = plt.figure(figsize = (9,6))
ax = fig.gca(projection = '3d')
surf = ax.plot_surface(x,y,z,rstride = 2,cstride = 2,cmap = mpl.cm.coolwarm,linewidth = 0.5,
antialiased = True)
ax.set_xlabel('x')
ax.set_ylabel('y')
ax.set_zlabel('f(x,y)')
fig.colorbar(surf,shrink = 0.5,aspect = 5)
plt.show()
```

运行结果如图 4-5 所示。

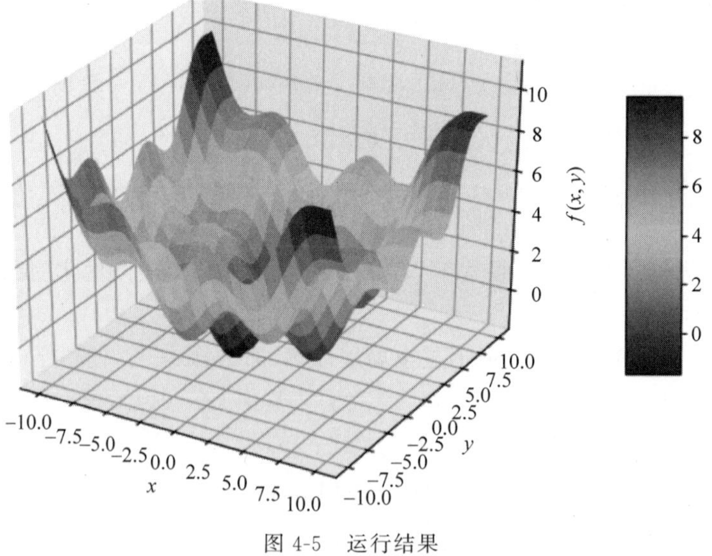

图 4-5 运行结果

对其进行全局最优化：

```
def fo( * args):
    x = args[0][0]
    y = args[0][1]
    z = np.sin(x) + 0.05 * x ** 2 + np.sin(y) + 0.05 * y ** 2
    #print(x,y,z)
```

```
    return z
opt = spo.brute(fo,((-10,10,0.1),(-10,10,0.1)),finish=None)
print(opt)
print(fm(opt[0],opt[1]))
```

最优化参数现在是 $x=-1.4$，$y=-1.4$；全局最优解为−1.7748994599769203。

再对其进行局部优化：

```
opt2 = spo.fmin(fo,(2.0,2.0),maxiter=250)
print(opt2)
print(fm(opt2[0],opt2[1]))
```

输出结果为 $x=4.2710728$，$y=4.27106945$；局部最优解约为 0.0158257532746805。

4.3 最小二乘法

4.3.1 最小二乘法原理

最小二乘法是一种数学优化技术，常用于函数拟合或者求函数极值。它由勒让德(A. M. Legendre)于 1805 年在其著作《计算彗星轨道的新方法》中提出，主要思想是最小化误差二次方和寻找数据的最佳匹配函数，利用最小二乘法求解未知参数，使得理论值与观测值之差(即误差，或称为残差)的二次方和达到最小，即

$$E=\sum_{i=1}^{n}\varepsilon_i^2=\sum_{i=1}^{n}(y_i-\hat{y})^2 \tag{4-21}$$

其中，$\hat{y}$ 是样本数据；y_i 是假设拟合函数。下面通过一个简单的例子来说明。

假定通过观测或实验得到一组(x,y)数据：(1,6),(3,5),(5,7),(6,12)。

目标是用一条与这几个点最匹配的直线来表示出这些数据之间的关系。从分析数据可以看出，这些点差不多分布在一条直线上，因此我们自然想到用线性式 $y=ax+b$ 表示它们之间的关系，方程组如下：

$$\begin{cases}6=a+b\\5=3a+b\\7=5a+b\\12=6a+b\end{cases}$$

这就需要确定参数 a 和 b 的值。若存在这样的 a 和 b 能够满足上面的方程，那么解答就很简单了。但是，通常这样的 a 和 b 是不存在的。也就是说，找不到一条穿过所有点的线，因为它们不在一条线上，如图 4-6 所示。

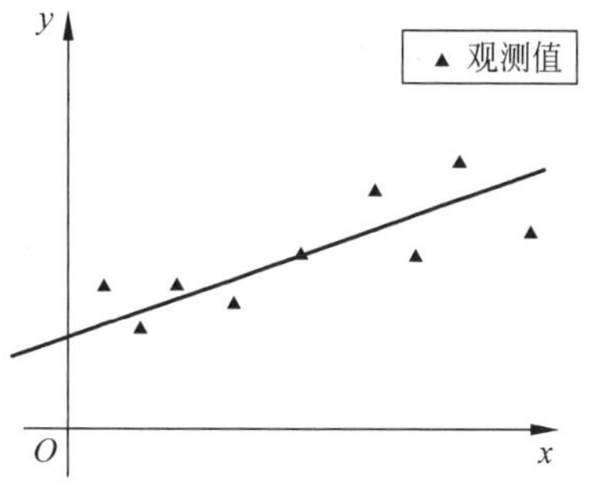

图 4-6 拟合直线与观测值关系图

我们希望能找到一条线，虽然不能满足所有的条件，但是能近似地表示这个趋势。

假定有某个方法可以确定 a 和 b，则按 $y=ax+b$，给出一个 x 便可以计算出一个 y，记作 $y_i=$

ax_i+b。

y_i 称为 $\hat{y}$ 的估计值，显然它们不会是完全相同的，但它们之间的差（通常称为残差）$\varepsilon_k=y_i-\hat{y}$ 无疑是衡量被确定的参数 a 和 b（也就是近似多项式 $y=ax+b$）好坏的重要标志。可以规定许多原则来确定参数 a 和 b。例如：

（1）参数的确定，使残差绝对值中最大的一个达到最小，即 $T=\max\{|\varepsilon_k|\}$ 为最小。

（2）参数的确定，使残差绝对值之和达到最小，即 $\sum\limits_k \varepsilon_k$ 为最小。

（3）参数的确定，使残差的二次方和达到最小，即 $\sum\limits_k \varepsilon_k^2$ 为最小。

(1)和(2)这两个原则是很直观的，也很理想，但很不好用；而原则(3)既直观又很好用。按原则(3)确定待定参数，从而得到近似多项式的方法，就是通常所说的最小二乘法。

回到所提出的问题，即用最小二乘法确定参数 a 和 b。按最小二乘法，把每个点到直线的误差二次方加起来：

$$S(a,b)=\sum_{i=1}^{n}[\hat{y}-(ax_i+b)]^2$$

取最小值。因此，应有

$$\frac{\partial S}{\partial a}=-2\sum_{i=1}^{n}[\hat{y}-(ax_i+b)]x_i=0$$

$$\frac{\partial S}{\partial b}=-2\sum_{i=1}^{n}[\hat{y}-(ax_i+b)]=0$$

$$S(a,b)=[6-(a+b)]^2+[5-(3a+b)]^2+[7-(5a+b)]^2+[12-(6a+b)]^2$$

由此，得到如下线性方程组：

$$\begin{aligned}\frac{\partial S}{\partial a}=&2\times[6-(a+b)]+2\times[5-(3a+b)]\times 3+\\&2\times[7-(5a+b)]\times 5+2\times[12-(6a+b)]\times 6=0\end{aligned}$$

$$\begin{aligned}\frac{\partial S}{\partial b}=&2\times[6-(a+b)]+2\times[5-(3a+b)]+\\&2\times[7-(5a+b)]+2\times[12-(6a+b)]=0\end{aligned}$$

经过简单计算，这个方程组为

$$\begin{cases}142a+30b=256\\15a+4b=30\end{cases}$$

解之可得 $a=1.0508, b=3.5593$，从而得到近似多项式 $y=1.0508x+3.5593$，这个函数就是我们所要的直线表达式，虽然不能经过所有点，但是它可以最大程度地接近这些点。

推广为更为一般的情形。设已知列表函数 $y_i=f(x_i)(i=0,1,\cdots,m)$，用一个通常的 $n(<m)$ 次多项式去近似它，表示如下：

$$p_n(x)=a_0+a_1x+\cdots+a_nx^n$$

问题是应该如何选择 $a_0,a_1,\cdots,a_n$ 使 $p_n(x)$ 能较好地近似列表函数 $f(x)$。按最小二乘法，应该选择 $a_0,a_1,\cdots,a_n$ 使 $S(a_0,a_1,\cdots,a_n)=\sum\limits_{i=0}^{m}(f(x_i)-p_n(x_i))^2$ 取值最小。

注意 S 是非负的，且是 $a_0, a_1, \cdots, a_n$ 的二次多项式，它必有最小值。求 S 对 $a_0, a_1, \cdots, a_n$ 的偏导数，并令其等于零，得到：

$$\frac{\partial S(a_0, a_1, \cdots, a_n)}{\partial a_0} = -\sum_{i=0}^{m}(y_i - a_0 - a_1 x_i - \cdots - a_n x_i{}^n) = 0$$

$$\frac{\partial S(a_0, a_1, \cdots, a_n)}{\partial a_1} = -\sum_{i=0}^{m}(y_i - a_0 - a_1 x_i - \cdots - a_n x_i{}^n) x_i = 0$$

$$\vdots$$

$$\frac{\partial S(a_0, a_1, \cdots, a_n)}{\partial a_n} = -\sum_{i=0}^{m}(y_i - a_0 - a_1 x_i - \cdots - a_n x_i{}^n) x_i^n = 0$$

从而求得唯一解 $a_0, a_1, \cdots, a_n$ 且使多项式 S 取极小值。如此，我们应用最小二乘法找到了 $f(x)$ 的近似多项式 $p_n(x)$。

在利用最小二乘法求解多项式时，所有点 x_i 都起到了同样的作用，但是有时依据某种理由认为某些项的作用大些，而另外一些作用小些（例如一些 y_i 是由精度较高的仪器或操作上比较熟练的人员获得的，自然应该予以较大的信任），有时也会用加权和多项式 $\sum_{i=0}^{m}\rho_i(f(x_i) - p_n(x_i))^2$ 替代 $\sum_{i=0}^{m}(f(x_i) - p_n(x_i))^2$，其中 $\rho_i > 0$ 且 $\sum_{i=1}^{n}\rho_i = 1$，ρ_i 通常称为权。

4.3.2 Python 举例

下面举个例子，通过 Python 实现最小二乘法的应用。从某所高中随机抽取 6 个女生，测出她们的体重和身高如表 4-1 所示，现在来了一个 60kg 的女生，根据表中数据，这位女生的身高会有多高呢？

表 4-1 身高和体重

女生 ID	1	2	3	4	5	6	7	8
身高/cm	165	165	157	170	175	165	155	170
体重/kg	48	57	50	54	64	61	43	59

Python 代码如下：

```
import matplotlib
import matplotlib.pyplot as plt
from matplotlib.font_manager import FontProperties
from scipy.optimize import leastsq
from sklearn.linear_model import LinearRegression
from scipy import sparse
import numpy as np
#拟合函数
def func(a, x):
    k, b = a
    return k * x + b
```

```
#残差
def dist(a, x, y):
    return func(a, x) - y
font = FontProperties()
plt.rcParams['font.sans-serif'] = ['SimHei']
plt.rcParams['font.sans-serif'] = ['Droid Sans Fallback']#指定默认字体
plt.rcParams['font.sans-serif'] = ['SimHei']
plt.rcParams['axes.unicode_minus'] = False#解决保存图像是负号'-'显示为方块的问题
plt.figure()
plt.title(u'女生的身高体重数据 ')
plt.xlabel(u'体重/kg')
plt.ylabel(u'身高/cm')
plt.axis([40, 80, 140, 200])
plt.grid(True)
x = np.array([48.0, 57.0, 50.0,54.0, 64.0, 61.0, 43.0, 59.0])
y = np.array([165.0, 165.0,157.0, 170.0, 175.0, 165.0, 155.0, 170.0])
plt.plot(x, y, 'k.')
param = [0, 0]
var = leastsq(dist, param, args = (x, y))
k, b = var[0]
print (k, b)
plt.plot(x, k * x + b, 'o-')
plt.show()
```

k 和 b 的值分别为 0.7514124562779751 和 124.29802113285037。

拟合结果如图 4-7 所示。

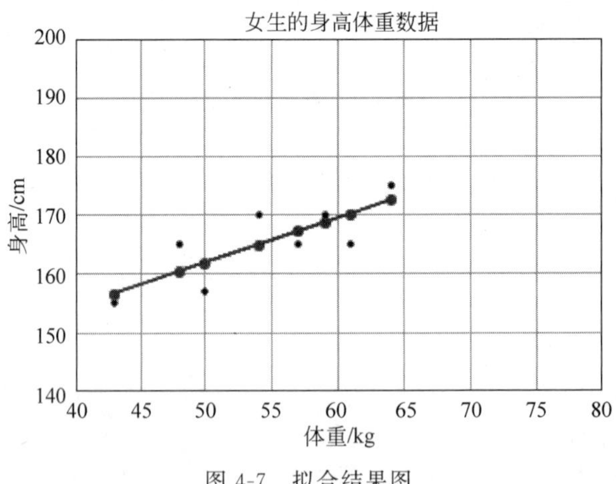

图 4-7 拟合结果图

4.4 梯度下降法

梯度下降法是求解无约束优化问题的一种简单而有效的优化方法，它是一种利用目标函数的 Taylor 展式构造搜索方向的方法。

4.4.1 梯度下降思想

梯度下降法三要素：出发点、下降方向、下降步长。

用梯度下降法求解优化问题的基本思想可以类比为一个下山的过程，可微分的函数代表一座山，我们的目标就是寻找这个函数的最小值，也就是山底。假设有这样的情况，一个人被困在山上，四周可视度比较低，无法确定下山的路径和方向，此时必须利用周围的一些信息来寻找下山的路。那么，他可以利用梯度下降法来帮助自己寻找下山的路径。具体做法如下：

以他当前所处的位置为基准，寻找这个位置四周最陡峭的地方，而最陡的那个方向就是梯度方向，然后朝着这个方向走。对函数 $f(x_1,x_2,\cdots,x_n)$来讲，对于函数上的每一个点 $P(x_1,x_2,\cdots,x_n)$，我们都可以定义一个向量$\left(\frac{\partial f}{\partial x_1},\frac{\partial f}{\partial x_2},\cdots,\frac{\partial f}{\partial x_n}\right)$，这个向量被称为函数 f 在点 P 的梯度(gradient)，记为$\nabla f(x_1,x_2,\cdots,x_n)$。函数 f 在 P 点沿着梯度方向最陡，也就是变化速率最快。这就是我们为什么要千方百计地求取梯度。我们要到达山底，需要每一步都观测此时最陡峭的地方，梯度就恰巧告诉了我们这个方向。梯度的方向就是函数上升最快的方向，那么梯度的反方向就是给定函数在给定位置下降最快的方向，所以我们沿着梯度相反的方向一直走，每走一段，重复上面的方法，最后成功抵达山谷，也就可求得函数的最小值。

4.4.2 梯度下降法算法步骤

假设要求函数 $f(\boldsymbol{x})$的最小值，梯度下降法的算法步骤如下。

步骤 1：确定起始点 $\boldsymbol{x}^0\in\mathbf{R}^n$，令 $k=0$。

步骤 2：计算点 $\boldsymbol{x}^k$ 处的梯度$\nabla f(\boldsymbol{x}^k)=\left(\frac{\partial f}{\partial x_1^k},\frac{\partial f}{\partial x_2^k},\cdots,\frac{\partial f}{\partial x_n^k}\right)$，若 $\|\nabla f(\boldsymbol{x}^k)\|=0$，则算法终止。否则，转至步骤 3。

步骤 3：进行梯度下降，更新 $\boldsymbol{x}^{k+1}$。

$$\boldsymbol{x}^{k+1}=\boldsymbol{x}^k-\alpha*\nabla f(\boldsymbol{x}^k),\quad k=k+1,$$

转到步骤 2，其中 α 为步长，则得到一个新的点 $\boldsymbol{x}^{k+1}$。

注意：在理论研究中，取$\nabla f(\boldsymbol{x}^k)=0$ 作为算法终止的条件；

在实际计算中，终止条件往往设置为 $\|\nabla f(\boldsymbol{x}^k)\|\leqslant\varepsilon$，其中$(0\leqslant\varepsilon\leqslant t)$，$t$ 为最大误差。

4.4.3 梯度算法分类

根据梯度下降时使用数据量的不同，梯度下降法可以分为 3 类：批量梯度下降法(Batch Gradient Descent，BGD)、随机梯度下降法(Stochastic Gradient Descent，SGD)和小批量梯度下降法(Mini-Batch Gradient Descent，MBGD)。

1. 批量梯度下降法

批量梯度下降法每次都使用训练集中的所有样本来更新参数，因此每次更新都会朝着正确的方向进行，最后能够保证收敛到极值点，凸函数收敛到全局最优解，非凸函数收敛到局部最优解。当样本数据集很大时，批量梯度下降法的速度就会非常慢，学习时间太长，消耗大量内存。

2. 随机梯度下降法

梯度下降过程都使用全部样本数据可能会造成训练过程过慢，随机梯度下降法(SGD)每轮迭代只从样本中选择一条数据进行梯度下降，这样经过足够多的迭代次数，SGD也可以发挥作用。

SGD的缺点在于每次更新可能并不会按照正确的方向进行，参数更新具有高方差，从而导致损失函数剧烈波动，不过，SGD可以使优化方向从一个极小点跳到另一个极小点，对于非凸函数而言，可能会找到全局最优点。

3. 小批量梯度下降法

BGD和SGD收敛速度快，但是收敛性不稳定。MBGD是BGD和SGD的折中方案，MBGD每次迭代多个样本。MBGD降低了SGD训练过程的杂乱程度，同时也保证了速度。并且如果Batch Size选择合理，不仅收敛速度比SGD更快、更稳定，而且在最优解附近的跳动也不会很大，甚至得到比Batch Gradient Descent更好的解。这样就综合了SGD和BGD的优点，同时弱化了缺点。总之，MBGD比SGD和BGD都好。

4.4.4 Python举例

梯度下降法的Python实现代码如下：

```
from random import random
def gradient_decent(fn, partial_derivatives, n_variables, lr = 0.1,
                    max_iter = 10000, tolerance = 1e - 5):
    theta = [random() for _ in range(n_variables)]
    y_cur = fn( * theta)
    for i in range(max_iter):
# Calculate gradient of current theta
        gradient = [f( * theta) for f in partial_derivatives]
# Update the theta by the gradient
        for j in range(n_variables):
            theta[j] -= gradient[j] * lr
# Check if converged or not
        y_cur, y_pre = fn( * theta), y_cur
        if abs(y_pre - y_cur) < tolerance:
            break
    return theta, y_cur
def f(x, y):
return (x + y - 3) ** 2 + (x + 2 * y - 5) ** 2 + 2
def df_dx(x, y):
  return 2 * (x + y - 3) + 2 * (x + 2 * y - 5)
def df_dy(x, y):
    return 2 * (x + y - 3) + 4 * (x + 2 * y - 5)
def main():
    print("Solve the minimum value of quadratic function:")
    n_variables = 2
```

```
    theta, f_theta = gradient_decent(f, [df_dx, df_dy], n_variables)
    theta = [round(x, 3) for x in theta]
    print("The solution is: theta %s, f(theta) %.2f.\n" % (theta, f_theta))
```

梯度下降法的求解结果如下：

```
Solve the minimum value of quadratic function:
The solution is: theta [1.028,1.983],f(theta) 2.00.
```

4.5 牛顿法

求解无约束非线性规划问题的牛顿法(Newton 法)是利用目标函数的二次 Taylor 展式构造搜索方向的方法。考虑如下无约束非线性规划问题，即 $\min f(\boldsymbol{x}), \boldsymbol{x} \in \mathbf{R}^n$。

如果目标函数 $f(\boldsymbol{x})$在 $\mathbf{R}^n$ 上具有连续的二阶偏导数，其中 Hessian 矩阵正定(为方便起见，记作 $G(\boldsymbol{x})=\nabla^2 f(\boldsymbol{x})$)，则可用牛顿法求解，其收敛速度很快。

4.5.1 牛顿法的基本原理

为了寻找收敛速度快的算法，我们考虑在应用基本迭代公式 $\boldsymbol{x}^{k+1}=\boldsymbol{x}^k+\boldsymbol{\alpha}^k d^k$ 中，每次迭代的起始点 $\boldsymbol{x}^k$ 处用一个适当的二次函数来近似该点处的目标函数，用 $\boldsymbol{x}^k$ 指向二次函数极小点的方向来构造搜索方向 $\boldsymbol{d}^k$。

假设经过 k 次迭代之后得到点 $\boldsymbol{x}^k$，将函数 $f(\boldsymbol{x})$在 $\boldsymbol{x}^k$ 点处按照泰勒公式展开，取二次近似多项式

$$f(\boldsymbol{x}) \approx f(\boldsymbol{x}^k) + \nabla f(\boldsymbol{x}^k)^{\mathrm{T}}(\boldsymbol{x}-\boldsymbol{x}^k) + \frac{1}{2}(\boldsymbol{x}-\boldsymbol{x}^k)^{\mathrm{T}} \nabla^2 f(\boldsymbol{x}^k)(\boldsymbol{x}-\boldsymbol{x}^k)$$

令近似二次函数的导数为 0，得

$$\nabla f(\boldsymbol{x}^k) + \nabla^2 f(\boldsymbol{x}^k)(\boldsymbol{x}-\boldsymbol{x}^k) = 0$$

当$\nabla^2 f(\boldsymbol{x}^k)$为非奇异矩阵时，可解得

$$\boldsymbol{x} = \boldsymbol{x}^k - [\nabla^2 f(\boldsymbol{x}^k)]^{-1} \nabla f(\boldsymbol{x}^k)$$

即

$$\boldsymbol{x}^{k+1} = \boldsymbol{x}^k - [\nabla^2 f(\boldsymbol{x}^k)]^{-1} \nabla f(\boldsymbol{x}^k)$$

对照基本迭代公式

$$\boldsymbol{x}^{k+1} = \boldsymbol{x}^k + \boldsymbol{\alpha}^k \boldsymbol{d}^k$$

易知算法的搜索方向

$$\boldsymbol{d}^k = -[\nabla^2 f(\boldsymbol{x}^k)]^{-1} \nabla f(\boldsymbol{x}^k)$$

步长 $\alpha_k=1$，即可得到近似二次函数的极小点 $\boldsymbol{x}^{k+1}$。

此时称 $\boldsymbol{d}^k=-[\nabla^2 f(\boldsymbol{x}^k)]^{-1} \nabla f(\boldsymbol{x}^k)$为从点 $\boldsymbol{x}^k$ 出发的牛顿方向。从初始点开始，每一轮从当前迭代点出发，沿牛顿方向并取步长为 1 的算法称为牛顿法。

4.5.2 牛顿法的步骤

已知目标函数 $f(\boldsymbol{x})$及其梯度、Hessian 矩阵和终止精度要求 ε。

牛顿法的完整算法描述如下。

步骤1：取初始点 $\boldsymbol{x}^1$，令 $k=1$。

步骤2：计算 $\nabla f(\boldsymbol{x}^k)$ 和 $\nabla^2 f(\boldsymbol{x}^k)$。

步骤3：若 $\|\nabla f(\boldsymbol{x}^k)\| \leqslant \varepsilon$，则算法终止，$\boldsymbol{x}^k$ 为问题的最优解；否则确定搜索方向 $\boldsymbol{d}^k = -[\nabla^2 f(\boldsymbol{x}^k)]^{-1} \nabla f(\boldsymbol{x}^k)$。

步骤4：$\boldsymbol{x}^{k+1}=\boldsymbol{x}^k-[\nabla^2 f(\boldsymbol{x}^k)]^{-1} \nabla f(\boldsymbol{x}^k)$。

步骤5：$k=k+1$；转至步骤2。

从本质上看，牛顿法是二阶收敛，梯度下降法是一阶收敛，所以牛顿法更快。如果更通俗地说，例如你想找一条最短的路径走到一个盆地的最底部，梯度下降法每次只从你当前所处位置选一个坡度最大的方向走一步，而牛顿法在选择方向时，不仅会考虑坡度是否够大，还会考虑你走了一步之后，坡度是否会变得更大。所以，可以说牛顿法比梯度下降法看得更远一点，能更快地走到最底部。牛顿法目光更加长远，所以少走弯路；相对而言，梯度下降法只考虑了局部的最优，而没有全局思想。

4.5.3 牛顿法求解无约束优化问题

给定初始点 $\boldsymbol{x}^1=(1,2)^{\mathrm{T}}$，终止条件精度参数 $\varepsilon=10^{-6}$，求解 $\min f(\boldsymbol{x})=x_1^2+2x_2^2$。

解：首先计算 $\nabla f(\boldsymbol{x})=(2x_1,4x_2)^{\mathrm{T}}$，$\nabla^2 f(\boldsymbol{x})=\begin{pmatrix}2 & 0\\ 0 & 4\end{pmatrix}$ 正定，$[\nabla^2 f(\boldsymbol{x})]^{-1}=\begin{pmatrix}1/2 & 0\\ 0 & 1/4\end{pmatrix}$。

第一次迭代：

$$\nabla f(\boldsymbol{x}^1)=(2,8)^{\mathrm{T}},\quad \|\nabla f(\boldsymbol{x}^1)\|=\sqrt{2^2+8^2}=\sqrt{68}>\varepsilon,$$

$$\boldsymbol{d}^k=-[\nabla^2 f(\boldsymbol{x}^k)]^{-1}\nabla f(\boldsymbol{x}^k)=-\begin{pmatrix}1/2 & 0\\ 0 & 1/4\end{pmatrix}\begin{pmatrix}2\\ 8\end{pmatrix}=-\begin{pmatrix}1\\ 2\end{pmatrix}$$

$$\boldsymbol{x}^2=\boldsymbol{x}^1+\boldsymbol{d}^1=\begin{pmatrix}1\\ 2\end{pmatrix}+\begin{pmatrix}-1\\ -2\end{pmatrix}=\begin{pmatrix}0\\ 0\end{pmatrix}$$

第二次迭代：

$\nabla f(\boldsymbol{x}^2)=(0,0)^{\mathrm{T}}$，$\|\nabla f(\boldsymbol{x}^2)\|=0<\varepsilon$，得到最优解 $\boldsymbol{x}^*=\boldsymbol{x}^2=(0,0)^{\mathrm{T}}$。

上述问题是一个无约束凸二次规划，用牛顿法求解时，经过一次迭代即可得到精确的最优解。其实，对于一般的无约束凸二次规划问题，用牛顿法求解时，也有相同的结论，即牛顿法具有二次终止性。

4.5.4 Python举例

用牛顿法求解无约束优化问题的Python实现，代码如下：

```
import numpy as np
def fd(x):
    t = np.asarray([2,4])
    #y = np.dot(x.T,t)
    y = x.T * t
    return y
def fdd():
```

```
    #ys = 12 * x ** 2 - 24 * x - 12
    a = np.asarray([[2,0],[0,4]])
    A = np.matrix(a)
    return A.I
fdd()
i = 1
x0 = np.asarray([1,2]) #3.00000

ans = pow(10, - 6)
fd0 = fd(x0)
fdd0 = fdd()
while  np.linalg.norm(fd0) > ans:
        x1 = x0 - (fd0 * fdd0)
        x0 = x1
        print("次数: %s,所得的值 x: %s" % (i,x1))
        i = i + 1
        fd0 = fd(x0)
        fdd0 = fdd()
else:
    print("运算结束,找到最优值!")
    print("最优值: X = %s" % x0)
```

运行结果如下：

```
次数: 1,所得的值 x:[[0. 0.]]
运算结束,找到最优值!
最优值: X = [[0. 0.]]
```

4.6 共轭梯度法

共轭梯度法是利用目标函数的梯度逐步产生共轭方向并将其作为搜索方向的方法。共轭梯度法是针对二次函数 $f(\boldsymbol{x})=\frac{1}{2}\boldsymbol{x}^{\mathrm{T}}\boldsymbol{Q}\boldsymbol{x}+\boldsymbol{b}^{\mathrm{T}}\boldsymbol{x}+c,\boldsymbol{x}\in\mathbf{R}^n$ 的无约束优化问题。考虑一种搜索方向的合理选取方法，然后推广到一般的无约束非线性规划问题。此方法具有存储变量少和收敛速度快的特点。

4.6.1 共轭方向

定义 设共轭矩阵 $\boldsymbol{A}$ 是 $n\times n$ 的对称正定矩阵，若 $d^1,d^2,\cdots,d^m\in\mathbf{R}^n$，并且 $i,j=1,2,\cdots,m$，有 $(\boldsymbol{d}^i)^{\mathrm{T}}\boldsymbol{A}\boldsymbol{d}^j=0,i\neq j$，则称 $d^1,d^2,\cdots,d^m$ 关于 $\boldsymbol{A}$ 相互共轭，或者称它们为 $\boldsymbol{A}$ 的 m 个共轭方向。

在上述定义中，如果 $\boldsymbol{A}$ 为单位矩阵，则两个方向关于 $\boldsymbol{A}$ 共轭等价于两个方向正交，由此可见，共轭是正交概念的推广。

将一组共轭方向作为搜索方向对无约束非线性规划问题进行求解的方法称为共轭方向法。共轭梯度法是将共轭方向法与梯度方法结合起来考虑的一种优化方法。

4.6.2 共轭梯度法基本原理

考虑无约束凸二次规划问题 $\min f(\boldsymbol{x})=\frac{1}{2}\boldsymbol{x}^{\mathrm{T}}\boldsymbol{Q}\boldsymbol{x}+\boldsymbol{b}^{\mathrm{T}}\boldsymbol{x}+c,\boldsymbol{x}\in\mathbf{R}^n$，其中矩阵 $\boldsymbol{Q}\in\mathbf{R}^{n\times n}$ 对称正定，向量 $\boldsymbol{b}\in\mathbf{R}^n$，显然 $\nabla f(\boldsymbol{x})=\boldsymbol{Q}\boldsymbol{x}+\boldsymbol{b}$，$\nabla^2 f(\boldsymbol{x})=\boldsymbol{Q}$ 为正定矩阵，因此 $f(\boldsymbol{x})$ 是严格凸函数，并且 $\boldsymbol{x}^*$ 是此优化问题最优解的充分必要条件是 $\nabla f(\boldsymbol{x}^*)=0$。

设从任意点 $\boldsymbol{x}^1$ 出发，若 $\nabla f(\boldsymbol{x}^1)=0$，则停止计算，$\boldsymbol{x}^1$ 为无约束问题的极小点。

若 $\nabla f(\boldsymbol{x}^1)\neq 0$，则

$$\boldsymbol{d}^1=-\nabla f(\boldsymbol{x}^1)$$

沿着 $\boldsymbol{d}^1$ 的方向进行一维搜索，得到点 $\boldsymbol{x}^2$。$\nabla f(\boldsymbol{x}^2)\neq 0$，则令

$$\boldsymbol{d}^2=-\nabla f(\boldsymbol{x}^2)+\beta_1\boldsymbol{d}^1$$

并且两个方向 $\boldsymbol{d}^1,\boldsymbol{d}^2$ 关于 $\boldsymbol{Q}$ 共轭，$\boldsymbol{d}^1$ 和 $\boldsymbol{d}^2$ 应满足 $(\boldsymbol{d}^1)^{\mathrm{T}}\boldsymbol{Q}\boldsymbol{d}^2=0$，有

$$(\boldsymbol{d}^1)^{\mathrm{T}}\boldsymbol{Q}(-\nabla f(\boldsymbol{x}^2)+\beta_1\boldsymbol{d}^1)=0$$

$$\beta_1=\frac{(\boldsymbol{d}^1)^{\mathrm{T}}\boldsymbol{Q}\,\nabla f(\boldsymbol{x}^2)}{(\boldsymbol{d}^1)^{\mathrm{T}}\boldsymbol{Q}\boldsymbol{d}^1}$$

这样得到的 $\boldsymbol{d}^2$ 与 $\boldsymbol{d}^1$ 是关于 $\boldsymbol{Q}$ 共轭的。再从 $\boldsymbol{x}^2$ 出发，沿着 $\boldsymbol{d}^2$ 方向进行一维搜索，得到 $\boldsymbol{x}^3$，以此类推。假设在 $\boldsymbol{x}^k$ 处，$\nabla f(\boldsymbol{x}^k)\neq 0$，构造 $\boldsymbol{x}^k$ 处的搜索方向如下：

$$\boldsymbol{d}^k=-\nabla f(\boldsymbol{x}^k)+\sum_{i=1}^{k-1}\beta_i\boldsymbol{d}^i$$

因为要构造的方向是关于 $\boldsymbol{Q}$ 共轭的

$$(\boldsymbol{d}^{k-1})^{\mathrm{T}}\boldsymbol{Q}\boldsymbol{d}^k=0$$

$$(\boldsymbol{d}^{k-1})^{\mathrm{T}}\boldsymbol{Q}\left(-\nabla f(\boldsymbol{x}^k)+\sum_{j=1}^{k-1}\beta_j\boldsymbol{d}^j\right)=0$$

$$-(\boldsymbol{d}^{k-1})^{\mathrm{T}}\boldsymbol{Q}\,\nabla f(\boldsymbol{x}^k)+\sum_{j=1}^{k-1}\beta_j(\boldsymbol{d}^{k-1})^{\mathrm{T}}\boldsymbol{Q}\boldsymbol{d}^j=0$$

$$-(\boldsymbol{d}^{k-1})^{\mathrm{T}}\boldsymbol{Q}\,\nabla f(\boldsymbol{x}^k)+\beta_{k-1}(\boldsymbol{d}^{k-1})^{\mathrm{T}}\boldsymbol{Q}\boldsymbol{d}^{k-1}=0$$

$$\beta_{k-1}=\frac{(\boldsymbol{d}^{k-1})^{\mathrm{T}}\boldsymbol{Q}\,\nabla f(x_k)}{(\boldsymbol{d}^{k-1})^{\mathrm{T}}\boldsymbol{Q}\boldsymbol{d}^{k-1}}$$

当 $k=n$ 时，得到 n 个非零的 $\boldsymbol{Q}$ 共轭的方向，$\boldsymbol{x}^{n+1}$ 为整个空间上的唯一极小点。

因为

$$\nabla f(\boldsymbol{x}^k)-\nabla f(\boldsymbol{x}^{k-1})=\boldsymbol{Q}(\boldsymbol{x}^k-\boldsymbol{x}^{k-1})=\alpha_{k-1}\boldsymbol{Q}\boldsymbol{d}^{k-1}$$

所以

$$\begin{aligned}\beta_{k-1}&=\frac{\nabla f(\boldsymbol{x}^k)^{\mathrm{T}}(\nabla f(\boldsymbol{x}^k)-\nabla f(\boldsymbol{x}^{k-1}))}{(\boldsymbol{d}^{k-1})^{\mathrm{T}}(\nabla f(\boldsymbol{x}^k)-\nabla f(\boldsymbol{x}^{k-1}))}(\boldsymbol{d}^{k-1})^{\mathrm{T}}(\nabla f(\boldsymbol{x}^k)-\nabla f(\boldsymbol{x}^{k-1}))\\&=-(\boldsymbol{d}^{k-1})^{\mathrm{T}}\,\nabla f(\boldsymbol{x}^{k-1})\\&=(\nabla f(\boldsymbol{x}^{k-1})-\beta_{k-2}\boldsymbol{d}^{k-2})^{\mathrm{T}}\,\nabla f(\boldsymbol{x}^{k-1})\\&=(\nabla f(\boldsymbol{x}^{k-1}))^{\mathrm{T}}\,\nabla f(\boldsymbol{x}^{k-1})\end{aligned}$$

从而

$$\beta_{k-1}=\frac{\nabla f(\boldsymbol{x}^k)^{\mathrm{T}}(\nabla f(\boldsymbol{x}^k)-\nabla f(\boldsymbol{x}^{k-1}))}{(\nabla f(\boldsymbol{x}^{k-1}))^{\mathrm{T}}\nabla f(\boldsymbol{x}^{k-1})}$$

又因为

$$\beta_{k-1}=\frac{\|\nabla f(\boldsymbol{x}^k)\|^2}{\|\nabla f(\boldsymbol{x}^{k-1})\|^2}$$

这样就得到了用于一般可微函数的共轭梯度法。其搜索方向构造如下

$$\begin{cases}\boldsymbol{d}^1=-\nabla f(\boldsymbol{x}^1)\\ \boldsymbol{d}^k=-\nabla f(\boldsymbol{x}^k)+\beta_{k-1}\boldsymbol{d}^{k-1}\end{cases}$$

设$\{\boldsymbol{x}^k\}$为由采用精确线性搜索的共轭梯度法求解无约束非线性规划问题产生的点列，则向量组$\{\boldsymbol{d}^i\}(i=1,2,\cdots,k-1)$关于$\boldsymbol{Q}$相互共轭，且对任意$k\leqslant n$，有

$$\nabla f(\boldsymbol{x}^k)^{\mathrm{T}}\boldsymbol{d}^j=0,\quad \nabla f(\boldsymbol{x}^k)^{\mathrm{T}}\nabla f(\boldsymbol{x}^j)=0,\quad \forall j<k$$

证明：从任意点出发，依次经过$\boldsymbol{d}^i\neq 0(i=1,2,\cdots,k-1)$进行一维搜索，得到的点列$\{\boldsymbol{x}^k\}$中，$\boldsymbol{x}^k$是极小点，所以也是$\boldsymbol{d}^i$方向上的极小点，因此，公式$\nabla f(\boldsymbol{x}^k)^{\mathrm{T}}\boldsymbol{d}^j=0$成立。

$$\nabla f(\boldsymbol{x}^k)^{\mathrm{T}}\nabla f(\boldsymbol{x}^j)=\nabla f(\boldsymbol{x}^k)^{\mathrm{T}}(-\boldsymbol{d}^i+\beta_1\boldsymbol{d}^1+\cdots+\beta_{i-1}\boldsymbol{d}^{i-1})=0,\quad i=1,2,\cdots,k-1$$

4.6.3 共轭梯度法迭代步骤

已知目标函数$f(\boldsymbol{x})$，终止限$\varepsilon>0$。

步骤1：选取初始点$\boldsymbol{x}^1$，令$k=1$。

步骤2：计算点$\boldsymbol{x}^k$的梯度$\nabla f(\boldsymbol{x}^k)$，$\|\nabla f(\boldsymbol{x}^k)\|<\varepsilon$，停止迭代，$\boldsymbol{x}^k$为该问题的最优解，输出$\boldsymbol{x}^k$。否则转步骤3。

步骤3：构造搜索方向$\boldsymbol{d}^k$。

$$\boldsymbol{d}^k=-\nabla f(\boldsymbol{x}^k)+\beta_{k-1}\boldsymbol{d}^{k-1}$$

其中

$$\beta_{k-1}=\begin{cases}0, & 当 k=1 时\\ \dfrac{\|\nabla f(\boldsymbol{x}^k)\|^2}{\|\nabla f(\boldsymbol{x}^{k-1})\|^2}, & 当 k>1 时\end{cases}$$

步骤4：进行一维搜索。

由$\min\varphi(\boldsymbol{\alpha})=f(x+\alpha_k\boldsymbol{d}^k)$得到$\alpha_k$，则

$$x^{k+1}=x^k+\alpha_k d^k$$

令$k=k+1$，转至步骤2。

【例4-3】 用精确线性搜索的共轭梯度法求解无约束非线性规划问题。

设$\min f(\boldsymbol{x})=\frac{1}{2}x_1^2+x_2^2$，给定初始点$\boldsymbol{x}^1=(2,1)^{\mathrm{T}}$，终止条件精度参数$\varepsilon=10^{-6}$。

解：首先计算

$$\nabla f(\boldsymbol{x})=(x_1,2x_2)^{\mathrm{T}},\quad \boldsymbol{Q}=\nabla^2 f(\boldsymbol{x})=\begin{pmatrix}1 & 0\\ 0 & 2\end{pmatrix}$$

第一次迭代：

$$\nabla f(\boldsymbol{x}^1)=(2,2)^{\mathrm{T}}\neq 0$$

$$d^1=-\nabla f(x^1)=(-2,-2)^{\mathrm{T}}$$

$$\alpha_1=-\frac{\nabla f(x^1)^{\mathrm{T}}d^1}{(d^1)^{\mathrm{T}}Qd^1}=\frac{2}{3}$$

$$x^2=x^1+\alpha_1 d^1=(2,1)^{\mathrm{T}}+\frac{2}{3}(-2,-2)^{\mathrm{T}}=\left(\frac{2}{3},-\frac{1}{3}\right)$$

第二次迭代：

$$\nabla f(x^2)=\left(\frac{2}{3},-\frac{2}{3}\right)^{\mathrm{T}}\neq 0$$

$$\beta_1=\frac{\|\nabla f(x^2)\|^2}{\|\nabla f(x^1)\|^2}=\frac{1}{9}$$

$$d^2=-\nabla f(x^2)+\beta_1 d^1=-\left(\frac{2}{3},-\frac{2}{3}\right)^{\mathrm{T}}+\frac{1}{9}(-2,-2)^{\mathrm{T}}=\left(-\frac{8}{9},\frac{4}{9}\right)^{\mathrm{T}}$$

$$\alpha_2=-\frac{\nabla f(x^2)^{\mathrm{T}}d^2}{(d^2)^{\mathrm{T}}Qd^2}=\frac{3}{4}$$

$$x^3=x^2+\alpha_2 d^2=\left(\frac{2}{3},-\frac{1}{3}\right)^{\mathrm{T}}+\frac{3}{4}\left(-\frac{8}{9},\frac{4}{9}\right)^{\mathrm{T}}=(0,0)^{\mathrm{T}}$$

$$\|\nabla f(x^3)\|=0$$

故最优解为

$$x^*=x^3=(0,0)^{\mathrm{T}}$$

此例表明当共轭梯度算法用于求解严格凸二次函数极小化问题时具有有限步终止性。事实上，当用于严格凸二次函数极小化问题时，共轭梯度法产生的方向关于目标函数的Hessian矩阵相互共轭。

4.6.4 Python举例

共轭梯度法Python实现代码如下：

```
import numpy as np
def fd(x):
    t = np.asarray([1,2])
    #y = np.dot(x.T,t)
    y = x.T * t
    return y
Q = np.asarray([[1,0],[0,2]])
x0 = np.asarray([2,1])
fd0 = fd(x0)
d0 = - fd(x0)
a0 = - np.dot(fd0.T,d0)/np.dot(np.dot(d0.T,Q),d0)
x1 = x0 + np.dot(a0,d0)
ans = pow(10, - 6)
fd1 = fd(x1)
while np.linalg.norm(fd1) > ans:
    b0 = pow(np.linalg.norm(fd1),2)/pow(np.linalg.norm(fd0),2)
    d1 = - fd1 + np.dot(b0,d0)
```

```
        a1 = - np.dot(fd1.T,d1)/np.dot(np.dot(d1.T,Q),d1)
        x2 = x1 + np.dot(a1,d1)
        x0 = x1
        x1 = x2
        fd1 = fd(x1)
        fd0 = fd(x0)
        d0 = - fd(x0)
    print("最优值: ",x1)
    main()
```

运行结果：

```
最优值: [1.11022302e-16  0.00000000e+00]
```

本章小结

人工智能问题最后都会归结为一个优化问题的求解：在复杂环境与多体交互中做出最优决策。不管是传统的机器学习还是深度学习，抑或是大有潜力的强化学习，它们的核心思想都可以提升到最优化问题。最优化理论研究的问题是判定给定目标函数的最优值(最大值或最小值)是否存在，并找到令目标函数取到最优的数值。本章讲解了凸优化、最小二乘法、梯度下降法、牛顿法等常用优化算法的基本思想与数学基础，并给出对应的数学推理与定理证明等，对每个最优化方法均给出了具体的Python语言实现代码。

课后思考题

1. 简述最优化方法的应用领域。
2. 人工智能中最常用的优化算法有哪些？
3. 叙述常用优化算法的迭代公式。

第5章 深度学习与神经网络

自从2016年基于“深度学习”工作原理的人工智能机器人——阿尔法狗(AlphaGo)第一次在围棋领域击败人类围棋世界冠军以来，深度学习算法声名鹊起，极大地推动了人工智能领域的研究进程，并迅速渗透各行各业，同时带动了一大批新兴产业。本章以深度学习为背景，重点介绍卷积神经网络(CNN)、循环神经网络(RNN)、长短时记忆网络(LSTM)等深度学习模型的原理、结构与计算方法，并给出每个模型详细的理论推导和基于Python的代码实现。

5.1 深度学习

5.1.1 深度学习概念

深度学习(Deep Learning，DL)是机器学习(Machine Learning，ML)领域中一个新的研究方向，它被引入机器学习使其更接近于人工智能目标。深度学习的概念来源于人工神经网络(Artificial Neural Network，ANN)，所以又称深度神经网络(Deep Neural Networks，DNN)。人工神经网络主要使用计算机的计算单元和存储单元模拟人类大脑神经系统中大量的神经细胞(神经元)通过神经纤维传导并相互协同工作的原理。深度学习在一定程度上等同于多层或者深层神经网络，如图5-1所示。深度学习通过算法构造多层神经网络，经过多层处理，逐渐将初始的“低层”特征表示转化为“高层”特征表示，再用自学习模型便可完成复杂的分类等学习任务。因此，可将深度学习理解为深度特征学习或深度表示学习。深度学习使机器模仿视听和思考等人类的活动，解决了很多复杂的模式识别难题，使得人工智能技术前进了一大步。典型的深度学习模型有卷积神经网络(Convolutional Neural Networks，CNN)、循环神经网络(Recurrent Neural Network，RNN)、长短时记忆网络(Long Short-Term Memory，LSTM)、深度置信网络(Deep Belief Network，DBN)模型等。

5.1.2 深度学习原理

相比传统的机器学习，深度学习有更好的特征学习能力。在传统的机器学习算法中需要手工编码特征，相比之下深度学习对特征的识别由算法自动完成，机器学习的这个处理过程不仅耗时，而且还需要较高的专业知识和一定的人工参与才能完成。而深度学习通过大数据技术直接从数据中自动学习各种特征并进行分类或者识别，做到全自动数据分析，如图5-2所示。因此，在解决复杂问题时(如目标识别、自然语言处理等)，传统机器学习算法通常先把问题分成几块，一个一个地解决好之后再重新组合起来，但是深度学习则是一次性地端到端(end-to-end)解决。

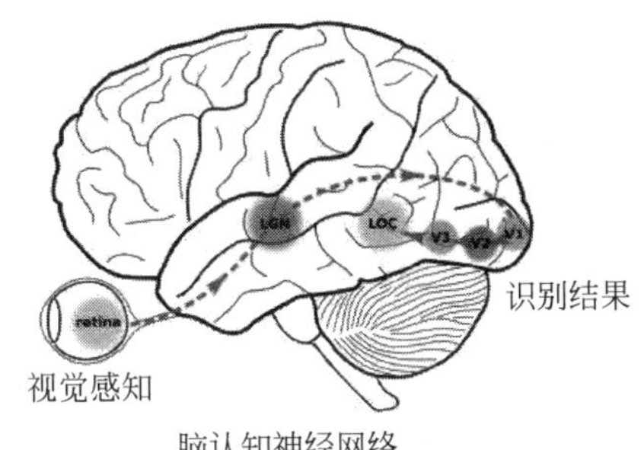

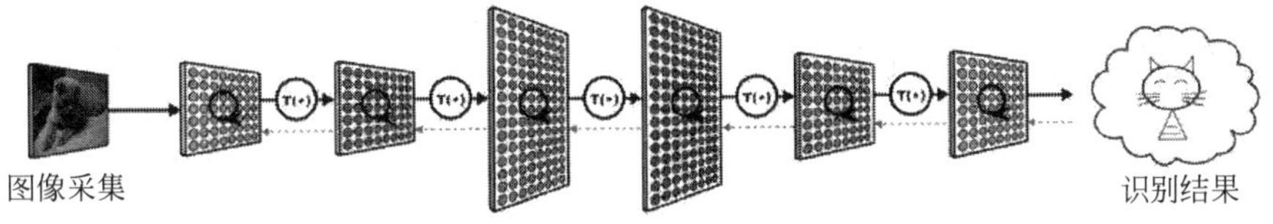

图 5-1 脑认知神经网络与深度学习神经网络

机器学习(Machine Learning)

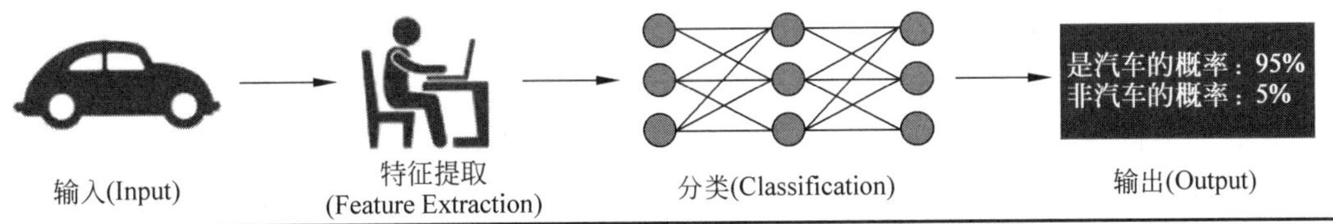

深度学习(Deep Learning)

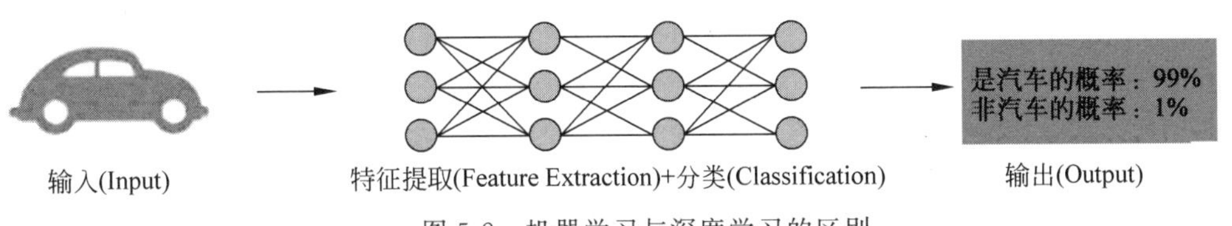

图 5-2 机器学习与深度学习的区别

相较于传统的浅层学习，深度学习的不同之处在于：

(1) 强调了模型结构的深度，通常有 5 层、6 层，甚至十几层的隐层节点，如图 5-3 所示。

(2) 明确了特征学习的重要性，也就是说，通过逐层特征变换，将样本在原空间的特征表示变换到一个新特征空间，从而使分类或预测更容易。与人工规则构造特征的方法相比，利用大数据来学习特征，更能刻画数据丰富的内在信息。

通过设计建立适量的神经元计算节点和多层运算层次结构，选择合适的输入层和输出层，通过网络的学习和调优，建立起从输入到输出的函数关系。虽然不能 100％找到输入与输出的函数关系，但是可以尽可能地逼近现实的关联关系，进而使用训练成功的网络模型实现我们对复杂事务处理的自动化要求。

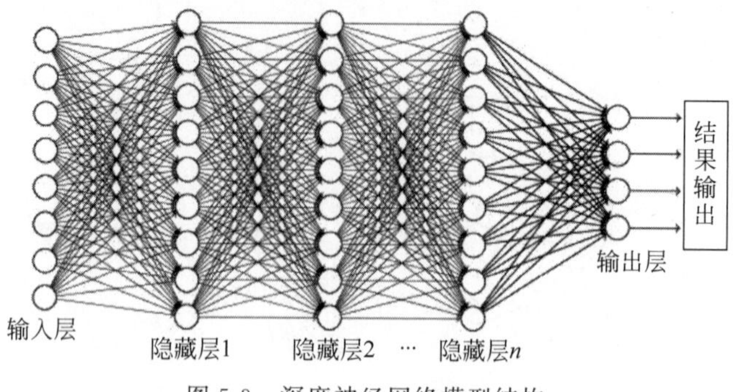

图 5-3 深度神经网络模型结构

5.1.3 深度学习训练

如果对深度学习中的所有层同时训练，时间复杂度会很高。如果每次只训练一层，偏差就会逐层传递。因此在 2006 年，Geoffrey Hinton 提出了在非监督数据上建立多层神经网络的一个有效方法，简单地说就是分两步进行：一是每次训练一层网络；二是调优，使原始表示 X 向上生成的高级表示 R 和该高级表示 R 向下生成的 X' 尽可能一致，方法是：

(1) 首先逐层构建单层神经元，这样每次训练一个单层网络。

(2) 当所有层训练完后，Hinton 使用 Wake-Sleep 算法进行调优。

将除最顶层的其他层间的权重变为双向，这样最顶层仍然是一个单层神经网络，而其他层则变为图模型。向上的权重用于"认知"，向下的权重用于"生成"。然后使用 Wake-Sleep 算法调整所有的权重。让认知和生成达成一致，也就是保证生成的最顶层表示能够尽可能正确地复原底层的节点。例如顶层的一个节点表示人脸，那么所有人脸的图像应该激活这个节点，并且这个结果向下生成的图像应该能够表现为一个大概的人脸图像。

深度学习训练过程主要包含两方面内容，如图 5-4 所示。

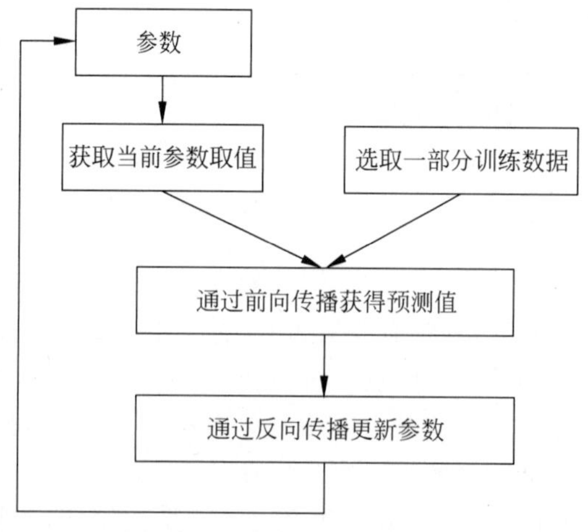

图 5-4 深度学习训练过程

1) 使用自下而上的非监督学习

采用无标定数据或有标定数据分层训练各层参数，这一步可被看作一个无监督训练过程，也可被看作特征学习过程。先用数据训练第 1 层，训练时先学习第 1 层的参数(这一层可被看作得到一个使输出和输入差别最小的3层神经网络的隐藏层)。由于模型容量的限制及稀疏性约束,使得所得到的模型能够学习到数据本身的结构,从而得到比输入更具有表示能力的特征。在学习并得到第 $N-1$ 层后,将 $N-1$ 层的输出作为第 N 层的输入,训练第 N 层,由此分别得到各层的参数。

2) 自顶而下的监督学习

基于第1步得到的各层参数来进一步调整多层模型的参数,这一步是一个有监督训练过程。第1步类似神经网络的随机初始化初值过程,由于深度学习的第1步不是随机初始化,而是通过学习输入数据的结构得到,因而这个初值更接近全局最优,从而能够取得更好的效果,所以深度学习效果好在很大程度上归功于第1步的特征学习过程。

5.2 人工神经网络基础

人工神经网络是基于生物学中脑认知神经网络的基本原理,模仿大脑神经系统工作原理所创建的数学模型,它有并行的分布处理能力、高容错性、自我学习等特征。

5.2.1 神经元感知器

人工神经网络中最基本的单元叫神经元,又叫感知器,如图5-5所示。它是模拟人脑神经系统的神经元(分析和记忆)、树突(感知)、轴突(传导)的工作原理,借助计算机的快速计算和存储来实现。

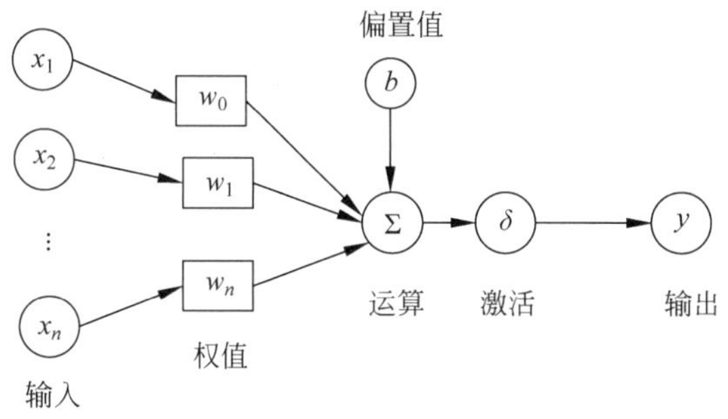

图5-5 基本神经单元(感知器)示意图

从图5-5可以看到,人工神经网络中一个基本的神经元由以下几个部分组成:

- 输入(Input):一个神经元可以接收多个输入 $\{x_1, x_2, \cdots, x_n \mid x_i \in \Re\}$。
- 权值(Weight):每个输入都有一个权值 $\omega_i \in \Re$。
- 偏置值(Bias):$b \in \Re$。
- 激活函数(Activate Function):激活函数给神经元引入了非线性因素,使得神经网络可以任意逼近任何非线性函数,这样神经网络就可以应用到众多非线性模型中。
- 输出(Output):神经元输出,该输出可由下面公式计算

$$y = f\left(\sum_{i=0}^{n}(w_i \times x_i)\right) \quad 其中\ x_0 = b \tag{5-1}$$

5.2.2 神经网络模型

图 5-6 为神经网络的结构模型图，最左边的层叫作输入层（Input Layer），最右边的层叫作输出层（Output Layer）。输入层和输出层之间的层叫作隐藏层（Hidden Layer）。含多个隐藏层的神经网络叫作深度神经网络。对于拟合任意一个函数而言，浅层神经网络浅而宽，需要大量的神经元，而深层神经网络深而窄，需要更多的层和较少的神经元。一般深层网络节省资源，但是深层网络并不好训练，需要大量的数据和很好的技巧才能去拟合并训练出好的网络。

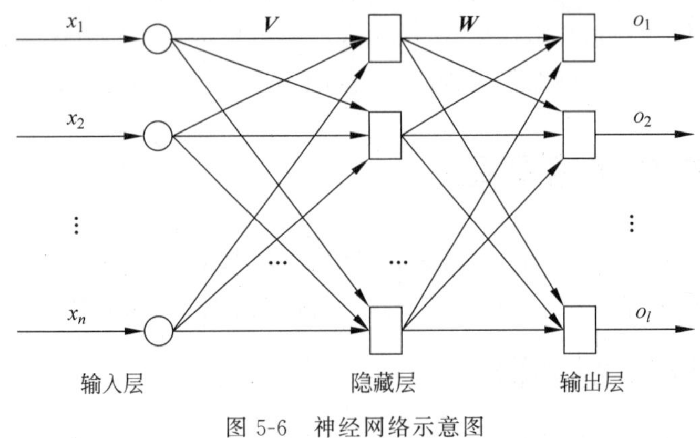

图 5-6 神经网络示意图

5.2.3 学习方式

神经网络的学习方式很多，根据有无数据训练可以将其分为 3 大类。

(1) 有监督学习：将训练样本的数据加入到神经网络的输入端，将期望答案和实际输出做差，可以得到误差信号，通过误差信号来调整权值大小，以此来优化模型输出。

(2) 无监督学习：首先并不给定标准数据样本，而是直接将网络置于环境之中，由自身根据数据特征进行自动学习。

(3) 半监督学习：输入信息介于有监督和无监督之间，不需要给定标准数据样本，但需要对网络的输出做出评判，以此来调整网络参数。

5.2.4 学习规则

学习规则是用来修改神经网络的权值和偏置值的过程和方法，其目的是训练网络，更好地拟合应用的需求，从而完成特殊的任务。常见的学习规则有 Hebb 学习规则、Delta 算法及反向传播算法（Back-propagation，BP）算法，BP 算法是人工神经网络较常采用的学习方法，其基本思想是逐一地由样本集中的样本（X_k，Y_k）计算出实际输出 O_k 和误差测度 E_p，对 w_1，w_2，…，w_n 权值做调整，重复这个循环，直到误差降至最低。用输出层的误差调整输出层权值矩阵，并用此误差估计输出层的直接前导层误差，再用输出层前导层误差估计更前一层的误差，如此获得所有其他各层的误差估计，并用这些估计实现对权重矩阵的修改，形成将输出端表现出的误差沿着与输入信号相反的方向逐级向输入端传递的链式求解过程。

BP 算法学习过程应用到深度学习中分为两个子过程：输入数据正向传递子过程和误差数据反向传递子过程，即“正向传播求误差，反向传播求偏导”。完整的学习过程是：对于一个训练样本，将输入正向传播到输出而产生误差。然后将误差信号反向从输出层传递到输入层，利用该误差信号求出权重修改量 $W_{ji}^{(h)}$（h 表示层数），通过它更新权值 $W_{ji}^{(h)}$，称为一次迭代过程。当误差或者 $W_{ji}^{(h)}$ 仍不满足要求时重复上述操作。

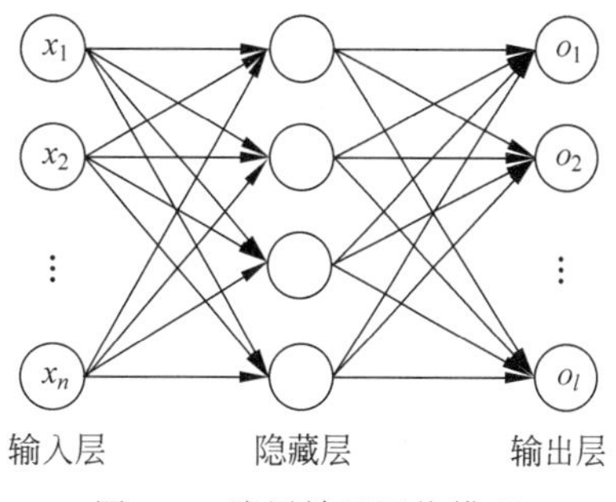

图 5-7 浅层神经网络模型

本节以图 5-7 中的三层神经网络模型为例，详细说明 BP 算法的原理及推导求解过程。

1. 正向传播求误差

该网络分为三层，设输入层到隐藏层的权值为 $W_{ji}^{(0)}$，隐藏层到输出层的权值为 $W_{ji}^{(1)}$，输入层单元的个数为 n，隐藏层层数为 m，输出层单元个数为 l，采用 Sigmoid 作为激活函数。

输入层的输入向量 $\boldsymbol{X}=(x_1,x_2,\cdots,x_n)$，隐藏层输出向量 $\boldsymbol{H}=(h_1,h_2,\cdots,h_m)$，有

$$\begin{cases}\text{net}_j^{(0)}=\sum_{i=1}^{n}w_{ji}^{(0)}x_i+b_j^{(0)}\\ h_j=f(\text{net}_j^{(0)}-\theta_j^{(0)})=\dfrac{1}{1+\mathrm{e}^{-(\text{net}_j^{(0)}-\theta_j^{(0)})}}\end{cases}\tag{5-2}$$

其中，$\text{net}_j^{(0)}$ 为未激活之前的神经网络计算输出；$w_{ji}^{(0)}$ 为权值；$b_j^{(0)}$ 为节点 h_j 的偏置值；$f()$为激活函数；$\theta_j^{(0)}$ 充当阈值，用来改变单元的活性。解释如下：θ_j 表示该神经元的阈值，根据脑认知生物学知识，只有当神经元接收的信息达到阈值时才会被激活。因此，本书将 net_j 和 θ_j 进行比较，然后通过激活函数处理以产生神经元的输出。

同样，输出层向量 $\boldsymbol{O}=(o_1,o_2,\cdots,o_l)$，有

$$\begin{cases}\text{net}_j^{(1)}=\sum_{i=1}^{m}w_{ji}^{(1)}h_i+b_j^{(1)}\\ o_j=f(\text{net}_j^{(1)}-\theta_j^{(1)})=\dfrac{1}{1+\mathrm{e}^{-(\text{net}_j^{(1)}-\theta_j^{(1)})}}\end{cases}\tag{5-3}$$

其中，$\text{net}_j^{(1)}$ 为未激活之前的神经网络计算输出；$b_j^{(1)}$ 为节点 o_j 的偏置值；$f()$为激活函数；$\theta_j^{(1)}$ 充当阈值，用来改变单元的活性。

至此，完成了从输入层到输出层的数学表达与计算推导。其中，在初始化计算时，即第一次完成从输入经过隐藏层计算后到输出的权值 $\boldsymbol{W}$ 矩阵的初始值，一般根据实际情况采用随机值或者经验值。

2. 反向传播过程求偏导

设 d 为期望输出，o 为实际输出，E 为损失函数（又称误差信号），则损失函数定义为

$$E=\frac{1}{2}(d-o)^2=\frac{1}{2}\sum_{k=1}^{l}(d_k-o_k)^2\tag{5-4}$$

其中，d_k 为输出层第 k 个单元的期望输出；o_k 是样本的第 k 个单元的实际输出。

把损失函数 E 展开到隐藏层，即把式(5-3)代入式(5-4)中，结果如下：

$$\begin{aligned}E&=\frac{1}{2}\sum_{k=1}^{l}(d_k-o_k)^2\\&=\frac{1}{2}\sum_{k=1}^{l}[d_k-f(\text{net}_k^{(1)}-\theta_k^{(1)})]^2\end{aligned}$$

$$=\frac{1}{2}\sum_{k=1}^{l}\left\{d_k-f\left[\left(\sum_{j=1}^{m}w_{kj}^{(1)}h_j+b_k^{(1)}\right)-\theta_k^{(1)}\right]\right\}^2 \tag{5-5}$$

再把式(5-2)代入式(5-5)中,即把损失函数 E 展开到输入层,公式如下:

$$\begin{aligned}E&=\frac{1}{2}\sum_{k=1}^{l}(d_k-o_k)^2\\&=\frac{1}{2}\sum_{k=1}^{l}[d_k-f(\mathrm{net}_k^{(1)}-\theta_k^{(1)})]^2\\&=\frac{1}{2}\sum_{k=1}^{l}\left\{d_k-f\left[\left(\sum_{j=1}^{m}w_{kj}^{(1)}f(\mathrm{net}_j^{(0)}-\theta_j^{(0)})+b_k^{(1)}\right)-\theta_k^{(1)}\right]\right\}^2\\&=\frac{1}{2}\sum_{k=1}^{l}\left\{d_k-f\left[\left(\sum_{j=1}^{m}w_{kj}^{(1)}f\left(\sum_{i=1}^{n}W_{ji}^{(0)}x_i+b_j^{(0)}-\theta_j^{(0)}\right)+b_k^{(1)}\right)-\theta_k^{(1)}\right]\right\}^2\end{aligned} \tag{5-6}$$

从式(5-6)可以看到,损失函数 E 是一个关于权值的函数,要使损失函数 E 最小,就要沿着梯度的反方向不断修改和调整权值矩阵 $\boldsymbol{W}$。为使 $E(w_{kj}^{(1)})$最小化,可以选择任意初始点 $w_{kj}^{(1)}$,从 $w_{kj}^{(1)}$ 出发沿着梯度下降的方向行进,可使 $E(w_{kj}^{(1)})$下降最快,所以取

$$\Delta w_{kj}^{(1)}=-\eta\frac{\partial E}{\partial w_{kj}^{(1)}},\quad j=1,2,\cdots,m;\ k=1,2,\cdots,l \tag{5-7}$$

其中,η 是一个学习效率,取值 0~1,用于避免陷入求解空间的局部最小。

同理:

$$\Delta w_{kj}^{(0)}=-\eta\frac{\partial E}{\partial w_{kj}^{(0)}},\quad i=1,2,\cdots,n;\ j=1,2,\cdots,m \tag{5-8}$$

对于输出层的 $\Delta w_{kj}^{(1)}$ 有

$$\begin{cases}\Delta w_{kj}^{(1)}=-\eta\dfrac{\partial E}{\partial w_{kj}^{(1)}}=-\eta\dfrac{\partial E}{\partial \mathrm{net}_k^{(1)}}\times\dfrac{\partial \mathrm{net}_k^{(1)}}{\partial w_{kj}^{(1)}}=-\eta\dfrac{\partial E}{\partial \mathrm{net}_k^{(1)}}\times h_j\\[2ex]\Delta b_k^{(1)}=-\eta\dfrac{\partial E}{\partial b_k^{(1)}}=-\eta\dfrac{\partial E}{\partial \mathrm{net}_k^{(1)}}\times\dfrac{\partial \mathrm{net}_k^{(1)}}{\partial b_k^{(1)}}=-\eta\dfrac{\partial E}{\partial \mathrm{net}_k^{(1)}}\end{cases} \tag{5-9}$$

对于隐藏层的 $\Delta w_{ji}^{(0)}$:

$$\begin{cases}\Delta w_{ji}^{(0)}=-\eta\dfrac{\partial E}{\partial w_{ji}^{(0)}}\\[1ex]\qquad=\displaystyle\sum_{k=1}^{l}-\eta\frac{\partial E}{\partial \mathrm{net}_k^{(1)}}\times\frac{\partial \mathrm{net}_k^{(1)}}{\partial \mathrm{net}_j^{(0)}}\times\frac{\partial \mathrm{net}_j^{(0)}}{\partial w_{ji}^{(0)}}\\[1ex]\qquad=\displaystyle\sum_{k=1}^{l}-\eta\frac{\partial E}{\partial \mathrm{net}_k^{(1)}}\times\frac{\partial \mathrm{net}_k^{(1)}}{\partial \mathrm{net}_j^{(0)}}\times x_i\\[1ex]\Delta b_j^{(0)}=-\eta\dfrac{\partial E}{\partial b_j^{(0)}}\\[1ex]\qquad=\displaystyle\sum_{k=1}^{l}-\eta\frac{\partial E}{\partial \mathrm{net}_k^{(1)}}\times\frac{\partial \mathrm{net}_k^{(1)}}{\partial \mathrm{net}_j^{(0)}}\times\frac{\partial \mathrm{net}_j^{(0)}}{\partial b_j^{(0)}}\\[1ex]\qquad=\displaystyle\sum_{k=1}^{l}-\eta\frac{\partial E}{\partial \mathrm{net}_k^{(1)}}\times\frac{\partial \mathrm{net}_k^{(1)}}{\partial b_j^{(0)}}\end{cases} \tag{5-10}$$

对于输出层和隐藏层各定义一个权值误差信号,令

$$\begin{cases}\delta_k^o = -\dfrac{\partial E}{\partial \mathrm{net}_k^{(1)}} \\ \delta_j^y = -\sum\limits_{k=1}^{l} \dfrac{\partial E}{\partial \mathrm{net}_k^{(1)}} \times \dfrac{\partial \mathrm{net}_k^{(1)}}{\partial \mathrm{net}_j^{(0)}}\end{cases} \tag{5-11}$$

则

$$\begin{cases}\Delta w_{kj} = \delta_k^o \eta h_j \\ \Delta v_{ji} = \delta_j^y \eta x_i\end{cases} \tag{5-12}$$

对于输出层和隐藏层，δ_k^o 和 δ_j^y 可以展开为

$$\begin{cases}\delta_k^o = -\dfrac{\partial E}{\partial \mathrm{net}_k^{(1)}} = -\dfrac{\partial E}{\partial o_k} \times \dfrac{\partial o_k}{\partial \mathrm{net}_k^{(1)}} = -\dfrac{\partial E}{\partial o_k} \times f'(\mathrm{net}_k^{(1)}) \\ \delta_j^y = -\sum\limits_{k=1}^{l} \dfrac{\partial E}{\partial \mathrm{net}_k^{(1)}} \times \dfrac{\partial \mathrm{net}_k^{(1)}}{\partial \mathrm{net}_j^{(0)}}\end{cases} \tag{5-13}$$

$$= -\sum_{k=1}^{l} \frac{\partial E}{\partial o_k} \times \frac{\partial o_k}{\partial \mathrm{net}_k^{(1)}} \times \frac{\partial \mathrm{net}_k^{(1)}}{\partial h_j} \times \frac{\partial h_j}{\partial \mathrm{net}_j^{(0)}}$$

$$= -\sum_{k=1}^{l} \frac{\partial E}{\partial o_k} \times f'(\mathrm{net}_k^{(1)}) \times \frac{\partial \mathrm{net}_k^{(1)}}{\partial h_j} \times f'(\mathrm{net}_j^{(0)}) \tag{5-14}$$

由此，根据式(5-3)，损失函数对 o 和 h 求偏导：

$$\begin{cases}\dfrac{\partial E}{\partial o_k} = -(d_k - o_k) \\ \dfrac{\partial E}{\partial h_j} = -\sum\limits_{k=1}^{l} (d_k - o_k) f'(\mathrm{net}_k^{(1)}) w_{kj}^{(1)}\end{cases} \tag{5-15}$$

其中，由 Sigmoid 函数性质可知，$f'(\mathrm{net}_k^{(1)}) = o_k(1-o_k)$，代入式(5-14)、式(5-15)可得

$$\delta_k^o = -\frac{\partial E}{\partial o_k} \times f'(\mathrm{net}_k^{(1)}) = (d_k - o_k) o_k (1 - o_k) \tag{5-16}$$

$$\delta_j^y = -\frac{\partial E}{\partial y_j} \times f'(\mathrm{net}_j^{(0)}) = \left(\sum_{k=1}^{l} \delta_k^o w_{jk}\right) y_j (1 - y_j) \tag{5-17}$$

所以，BP 算法的权值调节计算式为式(5-16)和式(5-17)。

再考虑各层的偏置设置，隐藏层的净输出为

$$\mathrm{net}_j^{(0)} = \sum_{i=1}^{n} w_{ji}^{(0)} x_i + b_j^{(0)} \tag{5-18}$$

隐藏层偏置的更新为(Δb_j 是偏置 b_j 的改变)：

$$\begin{cases}\Delta b_j = \eta \delta_k^o \\ b_j = b_j + \Delta b_j\end{cases} \tag{5-19}$$

相应地，输出层的净输出为

$$\mathrm{net}_j^{(0)} = \sum_{i=1}^{n} w_{ji}^{(0)} x_i + b_j^{(0)} \tag{5-20}$$

输出层的偏置更新为(Δb_j 是偏置 b_j 的改变)：

$$\Delta b_j = \eta \delta_j^y, \quad b_j = b_j + \Delta b_j \tag{5-21}$$

自此，BP 神经网络的权值矩阵和偏置值计算公式全部推导完毕。

BP 神经网络的部分实现代码如下：

```
#正向传播函数
def _feedForward(self, keep_prob):
    """ Forward pass """
    z = [];a = []
    z.append(np.dot(self.W[0], self.X) + self.B[0])
    a.append(PHI[self.ac_funcs[0]](z[-1]))
    for l in range(1,len(self.layers)):
        z.append(np.dot(self.W[l], a[-1]) + self.B[l])
        #a.append(PHI[self.ac_funcs[l]](z[l]))
        _a = PHI[self.ac_funcs[l]](z[l])
        a.append( ((np.random.rand(_a.shape[0],1) < keep_prob) * _a)/keep_prob )
    return z,a

#反向传播函数
def startTraining(self, epochs, alpha, _lambda, keep_prob=0.5, interval=100):
    """
    Start training the neural network. It takes the followng parameters :
    1. epochs :训练网络的迭代次数
    2. alpha :学习率
    3. lambda :L2 正则化参数或惩罚参数
    4. keep_prob :丢弃正则化参数,意味着部分神经元失活
    5. interval :误差和精度更新的间隔
    """
    start = time.time()
    for i in range(epochs+1) :
        z,a = self._feedForward(keep_prob)
        delta = self._cost_derivative(a[-1])
        for l in range(1,len(z)) :
            delta_w = np.dot(delta, a[-l-1].T) + (_lambda) * self.W[-l]
            delta_b = np.sum(delta, axis=1, keepdims=True)
            delta = np.dot(self.W[-l].T, delta) * PHI_PRIME[self.ac_funcs[-l-1]](z[-l
-1])
            self.W[-l] = self.W[-l] - (alpha/self.m) * delta_w
            self.B[-l] = self.B[-l] - (alpha/self.m) * delta_b
        delta_w = np.dot(delta, self.X.T ) + (_lambda) * self.W[0]
        delta_b = np.sum(delta, axis=1, keepdims=True)
        self.W[0] = self.W[0] - (alpha/self.m) * delta_w
        self.B[0] = self.B[0] - (alpha/self.m) * delta_b
#预测函数
def predict(self, X_test):
    """ Predict the labels for a new dataset. Returns probability. """
    a = PHI[self.ac_funcs[0]](np.dot(self.W[0], X_test) + self.B[0])
    for l in range(1, len(self.layers)):
        a = PHI[self.ac_funcs[l]](np.dot(self.W[l], a) + self.B[l])
    return a
```

上述代码中，将 epochs（迭代次数）、alpha（学习率）、_lambda、keep_prob 和 interval 作为函数的参数实现反向传播。从正向传播开始，然后将损失函数的导数计算为 delta。对于每一层计算 delta_w 和 delta_b 来讲，其中包含误差函数对网络的权重和偏差的导数。然后

根据各自的公式更新 delta 权重和偏差。在将最后一层的权重和偏差更新到第二层之后，再更新第一层的权重和偏差。这样进行几次迭代，直到权重和偏差的值收敛。

BP 算法虽然是经典的深度学习算法，但对于深层网络仍然有许多不足，主要原因是 Sigmoid 激活函数易出现梯度减小甚至消失，这也是为什么深层卷积神经网络利用 ReLU 函数代替 Sigmoid 激活函数的原因。

5.2.5 激活函数

激活函数又叫激励函数，主要作用是对神经元所获得的输入进行非线性变换，以此反映神经元的非线性特性。常用的激活函数有以下几种类型。

1. 线性激活函数

$$f(x)=\mathrm{k}x+\mathrm{c} \tag{5-22}$$

其中，k 和 c 为常量。线性函数常用在线性神经网络中。

2. 符号激活函数

$$f(x)=\begin{cases}1, & x\geqslant 0\\ 0, & x<0\end{cases} \tag{5-23}$$

3. Sigmoid 激活函数

$$f(x)=\frac{1}{1+\mathrm{e}^{-x}} \tag{5-24}$$

Sigmoid 激活函数又称为 S 形函数，其曲线如图 5-8 所示，是最为常见的激活函数，它将区间 $(-\infty,+\infty)$ 映射到 $(0,1)$ 的连续区间。特别是 $f(x)$ 关于 x 处可导，并且有 $f(x)$ 的导数 $f'(x)=f(x)(1-f(x))$。

4. 双曲正切激活函数

双曲正切激活函数 tanh 的图像如图 5-9 所示。

$$f(x)=\frac{\mathrm{e}^{x}-\mathrm{e}^{-x}}{\mathrm{e}^{x}+\mathrm{e}^{-x}} \tag{5-25}$$

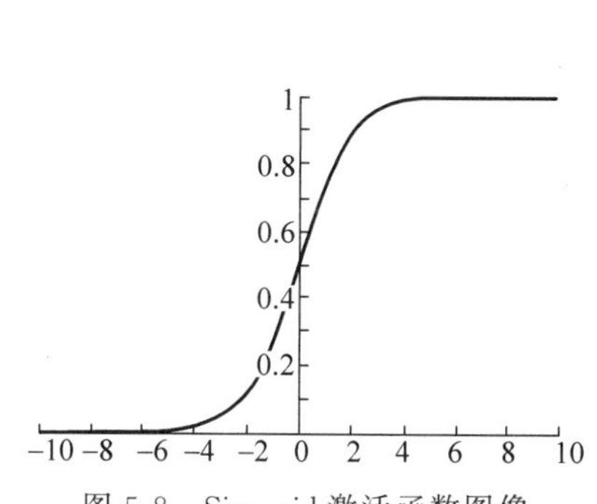

图 5-8 Sigmoid 激活函数图像

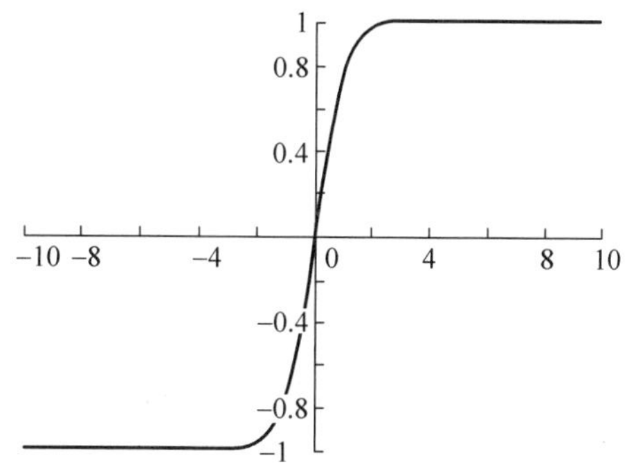

图 5-9 双曲正切激活函数 tanh 的图像

5. 高斯激活函数

$$f(x)=\mathrm{e}^{-\frac{1}{2}\left(\frac{x-\mathrm{c}}{\sigma}\right)^{2}} \tag{5-26}$$

6. ReLU 激活函数

$$f(x)=\begin{cases}x, & x>0\\ 0, & x\leqslant 0\end{cases} \tag{5-27}$$

也可表示为 $f(x)=\max(0,x)$。

在神经网络中，ReLU 激活函数得到广泛应用，如图 5-10 所示，尤其在卷积神经网络中，往往不选择 Sigmoid 或 tanh 函数而选择 ReLU 函数，原因有以下几点：

(1) 与 Sigmoid 函数必须计算指数和导数比较，ReLU 代价小，而速度更快。

(2) 对于梯度计算公式 $\nabla=\sigma'\delta x$，其中 σ' 是 Sigmoid 的导数，在使用 BP 算法求梯度下降的时候，每经过一层 Sigmoid 神经元，都要乘以 σ'，但是 σ' 的最大值为 1/4，所以会导致梯度越来越小，这对于训练深层网络是一个大问题，但是 ReLU 函数的导数为 1，不会出现梯度下降，以及梯度消失问题，从而更易于训练深层网络。

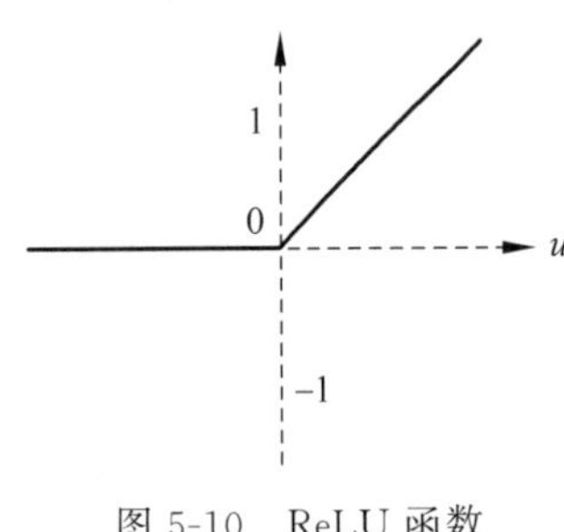

图 5-10 ReLU 函数

(3) 有研究表明，人脑在工作时只有大概 5% 的神经元被激活，而 Sigmoid 函数大概有 50% 的神经元被激活，而人工神经网络在理想状态时有 15%～30% 的激活率，所以 ReLU 函数在小于 0 的时候是完全不激活的，所以可以适应理想网络的激活率要求。

当然，没有一种完美的激活函数，不同的网络有不同的需求函数，需要根据具体的模型选取合适的激活函数。

各个激活函数的 Python 实现代码如下：

```
def sigmoid(z) :
    """ Reutrns the element wise sigmoid function. """
    return 1./(1 + np.exp( - z))
def sigmoid_prime(z) :
    """ Returns the derivative of the sigmoid function. """
    return sigmoid(z) * (1 - sigmoid(z))
def ReLU(z) :
    """ Reutrns the element wise ReLU function. """
    return (z * (z > 0))
def ReLU_prime(z) :
    """ Returns the derivative of the ReLU function. """
    return 1 * (z >= 0)
def lReLU(z) :
    """ Reutrns the element wise leaky ReLU function. """
    return np.maximum(z/100,z)
def lReLU_prime(z) :
    """ Returns the derivative of the leaky ReLU function. """
    z = 1 * (z >= 0)
    z[z == 0] = 1/100
    return z
def tanh(z) :
    """ Reutrns the element wise hyperbolic tangent function. """
    return np.tanh(z)
def tanh_prime(z) :
    """ Returns the derivative of the tanh function. """
    return (1 - tanh(z) ** 2)
```

5.2.6　梯度下降法

梯度下降法是神经网络模型训练中最常用的优化算法之一。梯度下降法是一种致力于找到函数极值点的算法。前面介绍过，机器学习其实就是不断改进模型参数，以便通过大量训练步骤将损失最小化。有了这个概念，将梯度下降法应用于寻找损失函数(Loss Function)或代价函数(Cost Function)的极值点，便构成依据输入数据的模型进行自我优化的学习过程。

常见的梯度下降法主要有批量梯度下降法、随机梯度下降法和小批量梯度下降法等。

设预测值为 y，要拟合的函数设为 $h_\theta(x)=\theta_0+\theta_1 x_1+\theta_2 x_2+\cdots+\theta_n x_n$，那么损失函数计算公式为

$$J(\theta)=\frac{1}{2}\sum_{i=1}^{m}h_\theta(x^{(i)}-y^{(i)})^2 \tag{5-28}$$

由上面的BP算法推导过程可知，每一次更新权值都需要遍历训练数据中的所有样本，这样的梯度算法就是批梯度下降法(BGD)。假设数据样本非常大，例如达到数以百万计，那么计算量也将非常巨大。因此，深度学习算法一般不采用常规的梯度下降法算法，而是选用随机梯度下降法(SGD)，图5-11展示了SGD和BGD的区别。由图5-11(a)可以看出，在SGD算法中，每次更新权值 $\boldsymbol{w}$ 的迭代，只计算一个样本数据。这样对于一个具有数百万样本的训练数据而言，每完成一次遍历，就会对权值 $\boldsymbol{w}$ 更新数以百万次，这将大大提升运算效率。由于存在样本的噪声和随机性，每次更新权值 $\boldsymbol{w}$ 并不一定会按照损失函数 E 减少的方向行进。尽管算法存在一定随机性，但对于大量的权值 $\boldsymbol{w}$ 更新来说，大体上是沿着梯度减少的方向前进，所以最终也会收敛到最小值的附近。

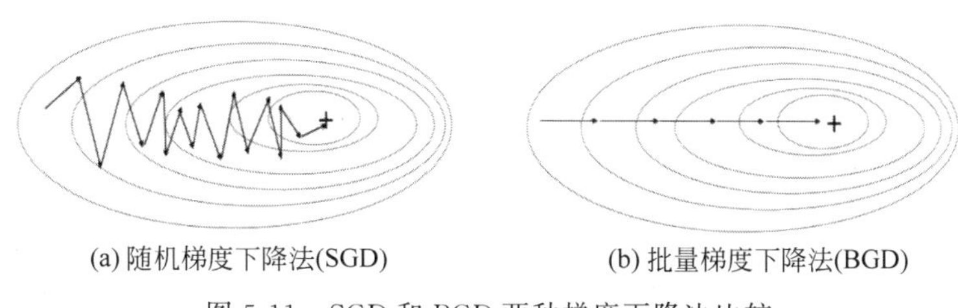

(a) 随机梯度下降法(SGD)　　(b) 批量梯度下降法(BGD)

图5-11　SGD和BGD两种梯度下降法比较

从图5-11(b)可以看出，BGD算法一直向着函数最小值的最低点前进，而SGD明显随机了很多，但从总体上看，仍然是向最低点逼近的。

假设有30万个样本，对于BGD而言，每次迭代需要计算30万个样本才能对参数进行一次更新，需要求得最小值可能需要多次迭代(假设这里是10)。而对于SGD，每次更新参数只需一个样本，因此若使用这30万个样本进行参数更新，则参数会被更新(迭代)30万次，而这期间，SGD保证能够收敛到一个合适的最小值上了。也就是说，在收敛时，BGD计算了10×30万次，而SGD只计算了1×30万次。

有时候随机性并非坏事，因此SGD效率有时候会比较高。如果我们研究的目标函数是一个凸函数，沿着梯度反方向总能找到全局唯一的最小值。但是对于非凸函数来说，存在许多局部最小值。SGD算法的随机性有助于逃离某些不理想的局部最小值，从而获得一个更好的网络架构模型。

5.2.7 交叉熵损失函数

在神经网络中较常采用交叉熵(Binary Cross Entropy)作为损失函数,设 p 表示真实标记的分布,q 则为训练后的模型的预测标记分布,交叉熵损失函数可以衡量 p 与 q 的相似性。交叉熵作为损失函数还有一个好处,使用 Sigmoid 函数在梯度下降时能避免均方误差损失函数学习速率降低的问题,因为学习速率可以被输出的误差所控制。公式如下:

$$C=\frac{1}{n}\sum_{i=1}^{n}[y_i\ln\sigma(\boldsymbol{w}^{\mathrm{T}}x_i)+(1-y_i)\ln(1-\sigma(\boldsymbol{w}^{\mathrm{T}}x_i))] \tag{5-29}$$

交叉熵损失函数的 Python 实现代码如下:

```
def binary_crossentropy(t,o):
    return -(t * tf.log(o + eps) + (1.0 - t) * tf.log(1.0 - o + eps))
```

5.2.8 过拟合与欠拟合

机器学习中的一个重要问题便是模型的泛化能力(Generalization Ability),即模型对新鲜样本的适应能力。泛化能力强的模型才是好模型。当模型在训练数据上表现良好但对不可见数据的泛化能力很差时,可能发生过拟合(Overfitting)。若在训练集表现差,则在测试集表现同样会很差,这可能是由欠拟合(Underfitting)导致的,如图 5-12 所示。

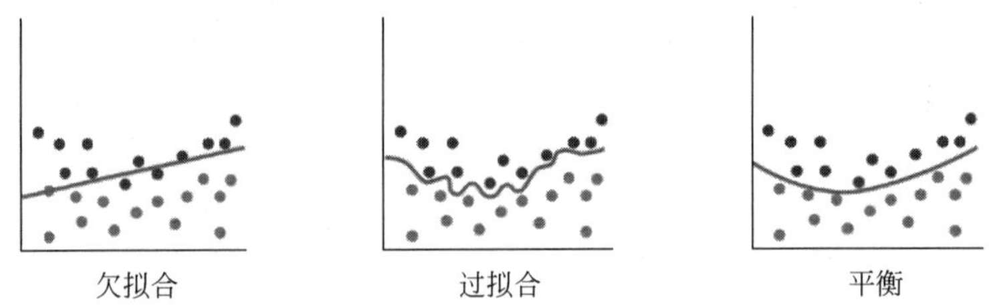

图 5-12 机器学习的过拟合与欠拟合状态

过拟合和欠拟合是所有机器学习算法都要考虑的问题,其中欠拟合的情况比较容易克服,常见解决方法有以下几种。

(1) 增加新特征,可以考虑加入特征组合、高次特征,以此增大假设空间。

(2) 添加多项式特征,这个在机器学习算法里用得很普遍,例如将线性模型通过添加二次项或者三次项使模型泛化能力更强。

(3) 减少正则化参数,正则化的目的是用来防止过拟合,但是模型出现了欠拟合,则需要减少正则化参数。

(4) 使用非线性模型,例如支持向量机、决策树、深度学习等模型。

(5) 调整模型的容量(Capacity),通俗地讲,模型的容量是指其拟合各种函数的能力。

(6) 容量低的模型可能很难拟合训练集;使用集成学习方法,如使用 Bagging,可将多个弱学习器 Bagging。

过拟合常见的解决办法有以下几种。

(1) 在神经网络模型中,可使用权值衰减的方法,即每次迭代过程中以某个小因子降低每个权值。

(2) 选取合适的停止训练标准,使对机器的训练在合适的程度。

(3) 保留验证数据集,对训练成果进行验证。

(4) 获取额外数据进行交叉验证。

(5) 正则化,即在进行目标函数或代价函数优化时,在目标函数或代价函数后面加上一个正则项,一般有 L1 正则与 L2 正则等。

5.3 卷积神经网络

5.3.1 卷积神经网络简介

卷积神经网络(Convolutional Neural Network,CNN)是一类包含卷积计算且具有深度结构的前馈神经网络(Feedforward Neural Network),是深度学习的代表算法之一。卷积神经网络具有表征学习(Representation Learning)能力,能够按其阶层结构对输入信息进行平移不变分类(Shift-invariant Classification),因此也被称为平移不变人工神经网络(Shift-Invariant Artificial Neural Network,SIANN)。

卷积神经网络仿照生物的视知觉(Visual Perception)机制构建,可以进行监督学习和非监督学习,其隐含层内的卷积核参数共享和层间连接的稀疏性使得卷积神经网络能够以较小的计算量对格点化(Grid-like Topology)特征(如像素和声频)进行学习。有稳定的效果且对数据没有额外的特征工程(Feature Engineering)要求。

5.3.2 卷积神经网络结构

典型的卷积神经网络结构主要分为输入层、卷积层、池化层、全连接层、分类层等,如图 5-13 所示。

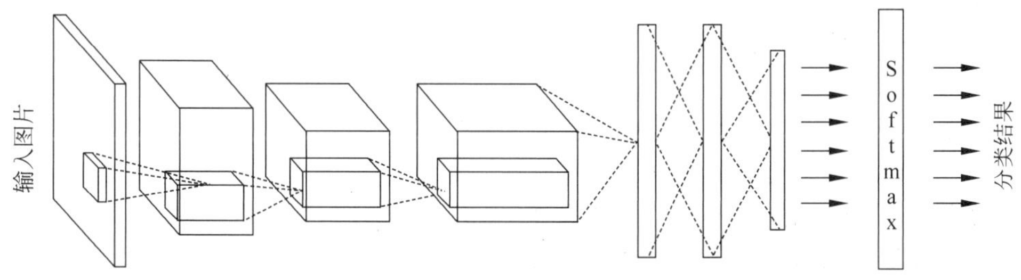

图 5-13 卷积神经网络结构

(1) 输入层(Input Layer)。输入层是整个神经网络的输入,在处理图像的卷积神经网络中,它一般代表了一张图片的像素矩阵。其中三维矩阵的长和宽代表了图像的大小,深度代表了图像的色彩通道(Channel)。例如黑白图的深度为 1,而在 RGB 色彩模式下,图像的深度为 3。从输入层开始,卷积神经网络通过不同的神经网络架构将上一层的三维矩阵转换为下一层的三维矩阵,直到最后的全连接层。

(2) 卷积层(Convolution Layer)。卷积层是一个网络最重要的部分,卷积层试图将神经网络中的每小块进行更加深入地分析从而获得抽象度更高的特征。一般来说,通过卷积层处理过的节点矩阵会变得更深。

(3) 池化层(Pooling Layer)。池化层神经网络不会改变三维矩阵的深度,但是它可以缩小矩阵的大小。通过池化层可以进一步缩小最后全连接层中节点的个数,从而达到减小整个神经网络参数的目的。

(4) 全连接层(Full Connection Layer)。在经过多轮卷积和池化之后,在卷积神经网络的最后一般会有1~2个全连接层给出最后的分类结果。经过几轮卷积和池化之后,可以认定图像中的信息已经被抽象成信息含量更高的特征。我们可以将卷积层和池化层看作自动图像特征提取的过程,在特征提取之后,仍要用全连接层来完成分类问题。

(5) Softmax层。Softmax层主要用于分类问题,通过Softmax层可以得到当前输出属于不同种类的概率分布情况。该层主要采用Softmax函数,又称归一化指数函数,是对数概率回归在C个不同值上的推广,公式如下:

$$\text{Softmax}(i)=\frac{e^{-O_i}}{\sum_{j=1}^{C}e^{-O_j}},\quad i=1,2,\cdots,C-1 \tag{5-30}$$

其中,C表示神经网络输出层的输出数量;i表示输出层第i个输出;O_i表示第i个输出值;e表示自然常数;$\sum_{j=1}^{C}e^{-O_j}$表示所有神经元输出值的对数概率函数之和。

Softmax函数的Python实现代码如下:

```
def softmax(x):
    exp_x = np.exp(x)
    return exp_x / np.sum(exp_x)
```

5.3.3 卷积神经网络计算

1. 卷积层计算

卷积层神经网络结构中最重要的部分就是过滤器(Filter)或者叫作内核(Kernel),图5-14显示了这一结构。过滤器可以将当前神经网络的一个子节点矩阵转化为下一层神经网络的一个单位节点矩阵。单位节点矩阵就是长和宽都是1,但深度不限的节点矩阵。

在一个卷积层中,过滤器所处理的节点矩阵的长和宽都是人为设定的,这个节点矩阵的尺寸也被称为过滤器的尺寸。因为过滤器处理的矩阵深度和当前神经网络节点矩阵的深度是相同的,所以尽管过滤器的节点矩阵是三维的,但是只需给出二维矩阵即可。另外一个需要人为设定的是过滤器的深度,也即输出单位节点矩阵的深度。如图5-14所示,左侧小矩阵的尺寸为过滤器的尺寸,而右侧单位矩阵的深度为滤波器的深度。

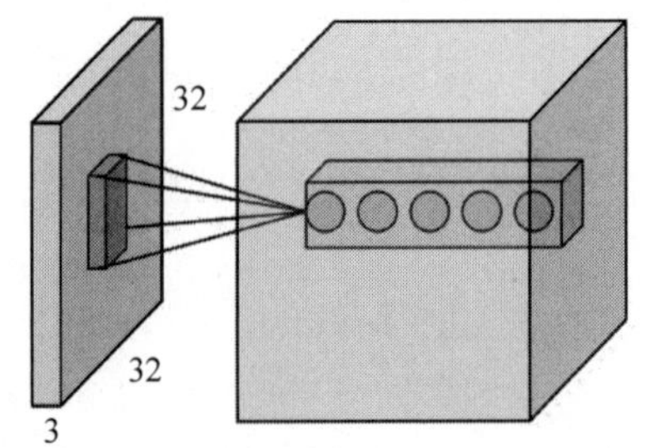

图5-14 卷积层过滤器结构示意图

为了清楚地解释卷积神经网络的卷积计算,以一张简单的5×5图片作为输入,过滤器选取3×3,步长为1,得到一个3×3的特征图(Feature Map),用$x_{i,j}$表示输入图像的第i行第j列的像素。用$w_{m,n}$表示过滤器的第m行第n列的值,w_b表示权值偏置(Bias),用

$a_{i,j}$ 表示特征图的第 i 行第 j 列的值。激活函数 f 选取 ReLU 函数，则卷积操作可以由下面的公式计算：

$$a_{i,j}=f\left(\sum_{m=0}^{2}\sum_{n=0}^{2}w_{m,n}x_{i+m,j+n}+w_b\right) \tag{5-31}$$

例如，对于图 5-15，特征图左上角的 $a_{0,0}$ 来说，其计算方法为

$$\begin{aligned}a_{0,0}&=f\left(\sum_{m=0}^{2}\sum_{n=0}^{2}w_{m,n}x_{m+0,n+0}+w_b\right)\\&=\text{relu}(w_{0,0}x_{0,0}+w_{0,1}x_{0,1}+w_{0,2}x_{0,2}+w_{1,0}x_{1,0}+w_{1,1}x_{1,1}+\\&\quad w_{1,2}x_{1,2}+w_{2,0}x_{2,0}+w_{2,1}x_{2,1}+w_{2,2}x_{2,2})\\&=\text{relu}(1+0+1+0+1+0+0+0+1+0)\\&=\text{relu}(4)\\&=4\end{aligned}$$

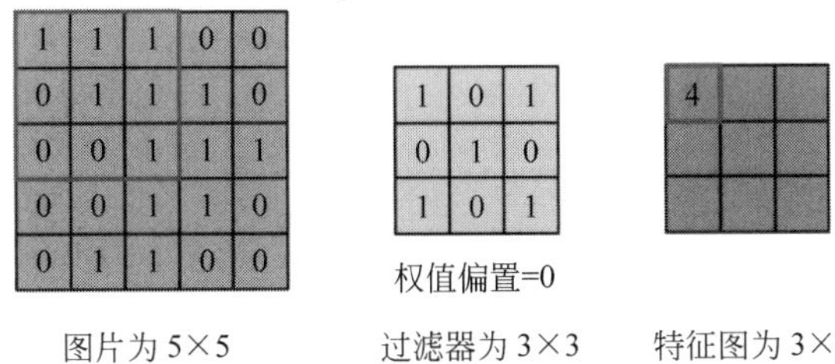

图 5-15 简单图片卷积计算示意图

然后，依次计算出所有值。上例中步长(Stride)为 1，当步长变为 2 时，特征图的尺寸便变成了 2×2，这是由式(5-32)决定的。

$$W_2=(W_1-F+2P)/S+1 \tag{5-32}$$

式中，W_2 表示输出特征图的宽，W_1 表示输入图像的宽，F 表示过滤器的宽，P 是填充零的圈数，S 是步幅。长和宽等价，所以图像的长也可以用式(5-32)计算。

以上就是卷积层卷积的计算，体现了卷积神经网络的局部连接和权值共享特性，通过卷积操作，参数的数量大幅降低。

2. 池化层计算

池化层可以有效地缩小矩阵的尺寸，从而减少最后全连接层的数量。使用池化层既可以加快计算速度也可以有效地防止过拟合问题。

池化的方式很多，最常用的池化方式是最大池化(Max Pooling)和平均池化(Average Pooling)。与卷积层的过滤器类似，池化层的过滤器也需要设置尺寸，唯一不同的是池化层的过滤器只影响一个深度上的节点，即主要减小矩阵的长和宽，不减少矩阵的深度，虽然池化层可以减少矩阵的深度，但是在实际应用中不会这样使用。图 5-16 展示了一个最大池化计算过程的例子。

从图 5-16 可以清晰地看出，池化层只减小了矩阵的长和宽，并未减少矩阵的深度。

3. 全连接层计算

几个卷积和池化层之后通常有一个或多个全连接层(Fully Connected Layers，FCL)，

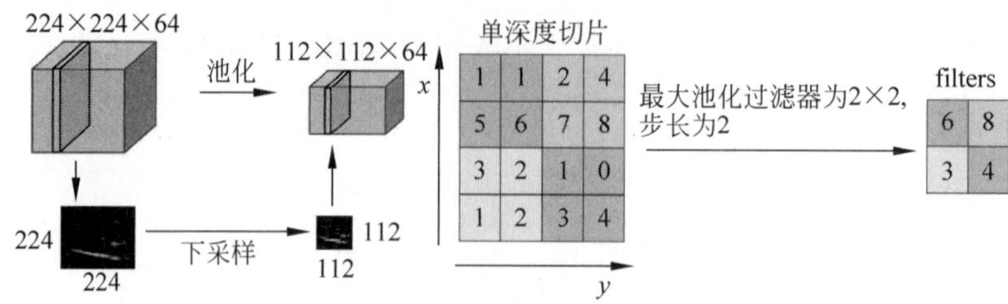

图 5-16 最大池化的计算过程示意图

旨在执行对原始图像的高级抽象。它们将前一层所有的神经元与当前层的每个神经元相连接,即与标准神经网络各层之间的连接相同,在全连接层不保存空间信息。全连接层在整个卷积神经网络中起到"分类器"的作用。如果说卷积层、池化层和激活函数层等操作是将原始数据映射到隐层特征空间,则全连接层起到将学到的"分布式特征表示"映射到样本标记空间的作用。下面举例介绍一下全连接层的计算过程,如图 5-17 所示。

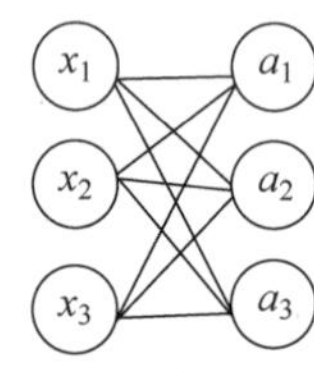

图 5-17 全连接层的计算过程

其中,x_1、x_2、x_3 为全连接层的输入,a_1、a_2、a_3 为输出,则有

$$\begin{cases} a_1 = W_{11}x_1 + W_{12}x_2 + W_{13}x_3 + b_1 \\ a_2 = W_{21}x_1 + W_{22}x_2 + W_{23}x_3 + b_2 \\ a_3 = W_{31}x_1 + W_{32}x_2 + W_{33}x_3 + b_3 \end{cases} \tag{5-33}$$

式(5-33)可以写成矩阵形式:

$$\begin{bmatrix} a_1 \\ a_2 \\ a_3 \end{bmatrix} = \begin{bmatrix} W_{11} & W_{12} & W_{13} \\ W_{21} & W_{22} & W_{23} \\ W_{31} & W_{32} & W_{33} \end{bmatrix} \begin{bmatrix} x_1 \\ x_2 \\ x_3 \end{bmatrix} + \begin{bmatrix} b_1 \\ b_2 \\ b_3 \end{bmatrix} \tag{5-34}$$

以第一个全连接层为例,该层有 50×4×4=800 个输入节点和 500 个输出节点。由于需要对 $\boldsymbol{W}$ 和 b 进行更新,即全连接层的反向传播,还要向前传递梯度,需要计算以下三个偏导数。

1) 对上一层的输出(相当于当前层的输入)求导

若已知传递到该层的梯度$\frac{\partial \text{loss}}{\partial a}$,则可以通过链式法则求得 loss 对 x 的偏导数。

首先需要求得该层的输出 a_i 对输入 x_j 的偏导数:

$$\frac{\partial a_i}{\partial x_j} = \frac{\sum_{j=1}^{800} w_{ij} x_j}{\partial x_j} = w_{ij} \tag{5-35}$$

再通过链式法则求得 loss 对 x 的偏导数:

$$\frac{\partial \text{loss}}{\partial x_k} = \sum_{j=1}^{500} \frac{\partial \text{loss}}{\partial a_j} \frac{\partial a_j}{\partial x_k} = \sum_{j=1}^{500} \frac{\partial \text{loss}}{\partial a_j} w_{jk} \tag{5-36}$$

在反向传播过程中,若第 x 层的 a 节点通过权值 $\boldsymbol{W}$ 对 $x+1$ 层的 b 节点有贡献,则在反向传播过程中,梯度通过权值 $\boldsymbol{W}$ 从 b 节点传播回 a 节点。例如,如果需要一次训练 16 张图片,即 batch_size=16,则我们可以把计算转化为矩阵形式,如图 5-18 所示。

2) 对权重系数 $\boldsymbol{W}$ 求导

由图 5-18 可知$\frac{\partial a_i}{\partial w_{ij}} = x_j$,根据计算式(5-35),有

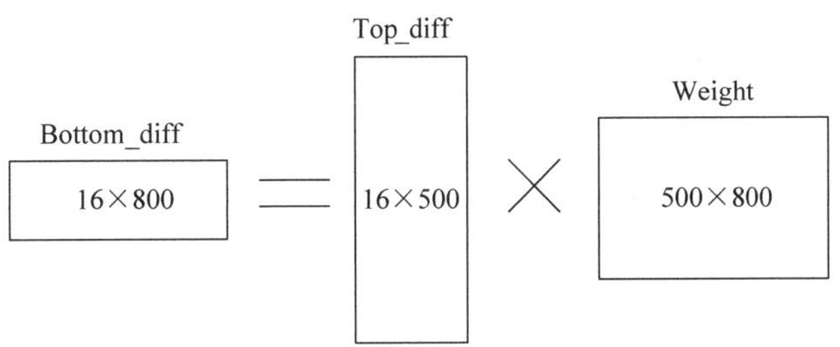

图 5-18　反向传播计算转换示意图

$$\frac{\partial \text{loss}}{\partial w_{kj}}=\frac{\partial \text{loss}}{\partial a_k}\frac{\partial a_k}{\partial w_{kj}}=\frac{\partial \text{loss}}{\partial a_k}\times x_j$$

当 batch_size=16 时，写成矩阵形式，如图 5-19 所示。

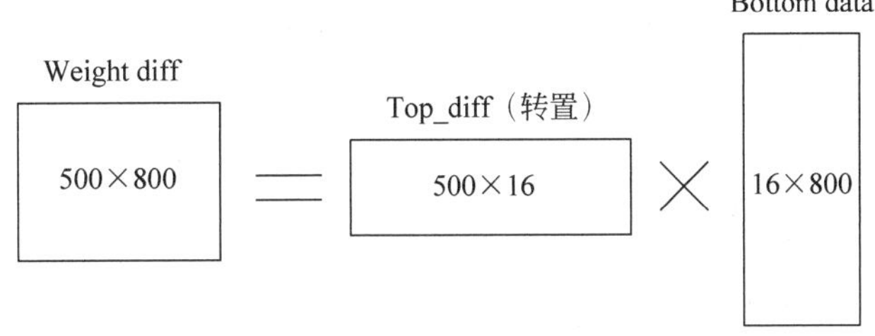

图 5-19　权重求导计算示意图

3) 对偏置系数 b 求导

由推导公式可知：$\frac{\partial a_i}{\partial b_i}=1$，即 loss 对偏置系数的偏导数等于对上一层输出的偏导数。当 batch_size=16 时，将不同 batch 对应的相同 b 的偏导相加即可，写成矩阵形式即为乘以一个全 1 的矩阵，如图 5-20 所示。

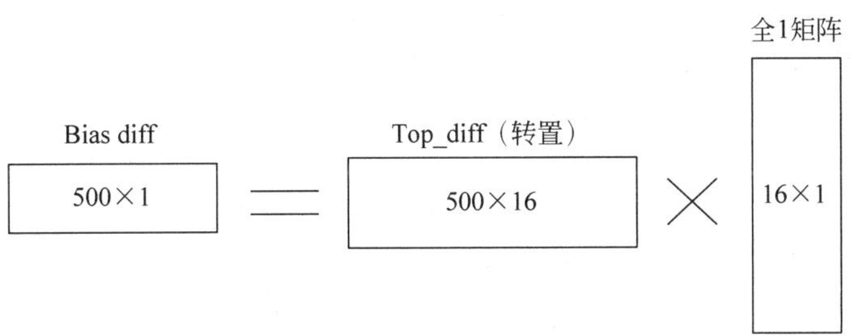

图 5-20　偏置求导计算示意图

由于全连接层参数冗余(仅全连接层参数就可占整个网络参数 80%左右)，近期一些性能优异的网络模型如 ResNet 和 GoogLeNet 等采用全局平均池化(Global Average Pooling，GAP)取代 FC 来融合学到的深度特征，最后仍用 Softmax 等损失函数作为网络目标函数来指导学习过程。需要指出的是：用 GAP 替代 FC 的网络通常有较好的预测性能。对于分类任务，Softmax 回归由于其可以生成输出的 Well-formed 概率分布而被普遍使用。给定训练集$\{x(i),y(i);\ i\in 1,2,\cdots,N;\ y(i)\in 0,1,\cdots,K-1\}$其中 $x(i)$是第 i 个输入图像块，$y(i)$是它的类标签，第 i 个输入属于第 j 类的预测值 $a_j^{(i)}$ 可以用 Softmax 函数转换：

$p_j^i = \frac{e^{a_j^{(i)}}}{\sum_{k=0}^{K-1} e^{a_k^{(i)}}}$，Softmax 将预测转换为非负值，并进行正则化处理。

5.3.4 典型卷积神经网络

1. AlexNet

该网络 2012 年由 Hinton 学生 Alex 提出，是 Lenet 加宽版，包含 65 万神经元，5 个卷积层，3 个后面带有池化层，最后用了 3 个全连接，如图 5-21 所示。Alex 采用了一系列新技术：首次采用 GPU 硬件加速；成功使用 ReLU 作为 CNN 的激活函数，并验证其效果在较深的网络超过了 Sigmoid，成功解决了 Sigmoid 在网络较深时的梯度弥散问题。训练时使用 Dropout 随机忽略一部分神经元，以避免模型过拟合；使用最大池化，避免平均池化的模糊化效果，让步长比池化核的尺寸小，这样池化层的输出之间会有重叠和覆盖，提升了特征的丰富性；使用 Dropout 有效地防止神经网络的过拟合等。

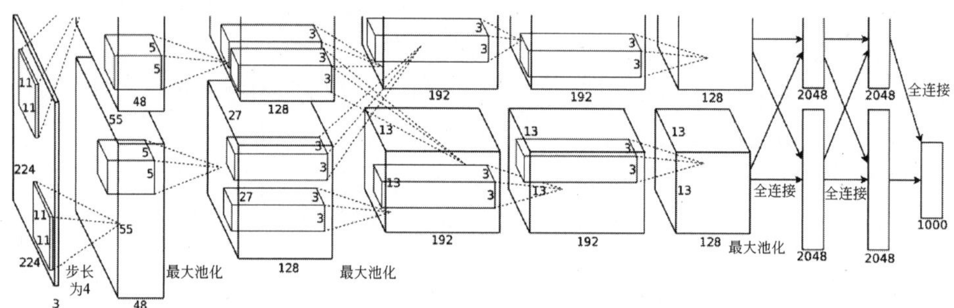

图 5-21 AlexNet 结构

2. VGGNet

VGGNet 由牛津大学的视觉几何组（Visual Geometry Group）和 Google DeepMind 公司的研究员一起研发的深度卷积神经网络，在 ILSVRC 2014 上取得了第二名的成绩，将 Top-5 错误率降到 7.3%。它主要的贡献是展示出网络的深度（depth）是算法优良性能的关键部分。目前使用比较多的网络结构主要有 ResNet（152～1000 层）、GoogLeNet（22 层）、VGGNet（16 层）、VGGNet（19 层）等，如图 5-22 所示。大多数模型基于这几个模型进行改进，采用新的优化算法，以及多模型融合等。到目前为止，VGGNet 依然经常被用来提取图像特征。图 5-22 为 VGGNet-16 的网络结构图。

以下是 VGGNet-16 各层的处理过程：

（1）输入 224×224×3 的图片，经 64 个 3×3 的卷积核做两次卷积+ReLU，卷积后的尺寸变为 224×224×64。

（2）做最大池化，池化单元尺寸为 2×2，效果为图像尺寸减半，池化后的尺寸变为 112×112×64。

（3）经 128 个 3×3 的卷积核做两次卷积+ReLU，尺寸变为 112×112×128。

（4）做 2×2 的最大池化，尺寸变为 56×56×128。

（5）经 256 个 3×3 的卷积核做 3 次卷积+ReLU，尺寸变为 56×56×256。

（6）做 2×2 的最大池化，尺寸变为 28×28×256。

（7）经 512 个 3×3 的卷积核做 3 次卷积+ReLU，尺寸变为 28×28×512。

(8) 做 2×2 的最大池化,尺寸变为 14×14×512。

(9) 经 512 个 3×3 的卷积核作 3 次卷积+ReLU,尺寸变为 14×14×512。

(10) 做 2×2 的最大池化,尺寸变为 7×7×512。

(11) 与两层 1×1×4096 和一层 1×1×1000 进行全连接+ReLU(共 3 层)。

(12) 通过 Softmax 输出 1000 个预测结果。

从上面的过程可以看出 VGGNet-16 网络结构比较简洁,都是由小卷积核、小池化核、ReLU 组合而成,简化图如图 5-23 所示。

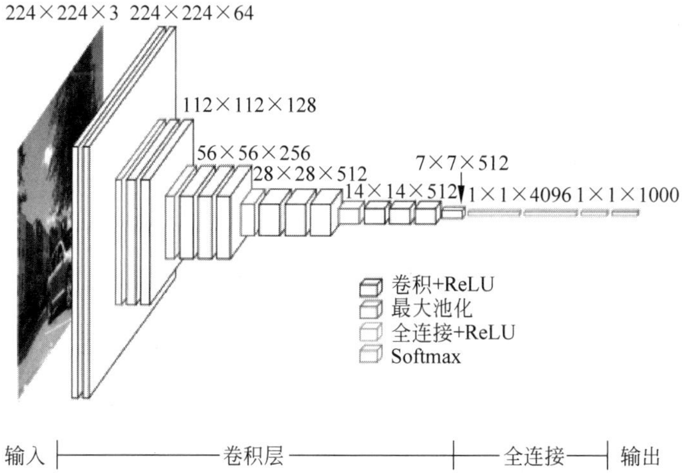

图 5-22　VGGNet-16 网络结构

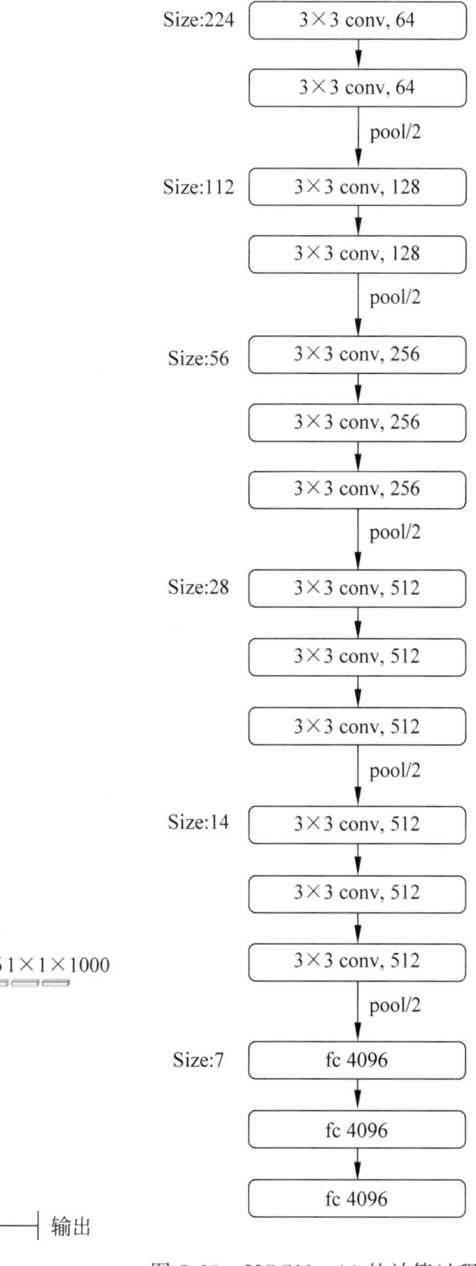

图 5-23　VGGNet-16 的计算过程

5.4 循环神经网络

5.4.1 循环神经网络简介

在5.3节中介绍了卷积神经网络模型，网络结构都是从输入层到隐含层再到输出层，层与层之间是全连接或部分连接的，但每层之间的节点没有连接。考虑这样一个问题，如果要预测一个句子的下一个单词是什么，一般需要用到当前单词及前面的单词，因为句子中前后单词并不是独立的。例如，当前单词是“很”，前一个单词是“天空”，那么下一个单词很大概率是“蓝”。这样的应用CNN并不擅长。由此出现了可以用来处理和预测序列数据的循环神经网络(RNN)。

RNN可以刻画一个序列当前的输出与之前信息的关系，通过不停地将信息循环操作，保证信息的持续存在。从网络结构上，RNN会记忆之前的信息，并利用之前的信息影响后面节点的输出。也就是说，RNN隐藏层之间的节点是有连接的，隐藏层的输入不仅包括输入层的输出，还包括上一时刻隐藏层的输出。RNN的处理方式类似人们对一个问题的思考不会完全从头开始一样，例如在阅读文章的时候，人们会根据之前理解过的信息来理解下面看到的文字。在理解当前文字的时候，人们不会忘记之前看过的文字，从头思考当前文字的含义。传统的神经网络并不能做到这一点，这是在对这种序列信息(如语音)进行预测时的一个缺点。例如对电影中的每个片段进行事件分类，传统的神经网络很难利用前面的事件信息来对后面事件进行分类。而循环神经网络则可以通过连接方式将信息关联起来，从而解决上述问题。随着更加有效的循环神经网络结构被不断提出，循环神经网络挖掘数据中的时序信息及语义信息的深度表达能力被充分利用，并在语音识别、语言模型、机器翻译及时序分析等方面实现了突破。

5.4.2 循环神经网络结构

图5-24展示了一个典型的循环神经网络结构图。循环神经网络的主体结构A的输入除了来自输入层x_t，还有一个循环的边提供上一时刻的隐藏状态h_{t-1}。在每一时刻，循环神经网络的模块A在读取了x_t和h_{t-1}之后，会生成新的隐藏状态h_t，并产生本时刻的输出o_t。循环神经网络当前的状态h_t是根据上一时刻的状态h_{t-1}和当前的输入x_t共同来决定的。在时刻t，状态h_t浓缩了前面序列$x_0,x_1,\cdots,x_{t-1}$的信息，用于作为输出o_t的参考。

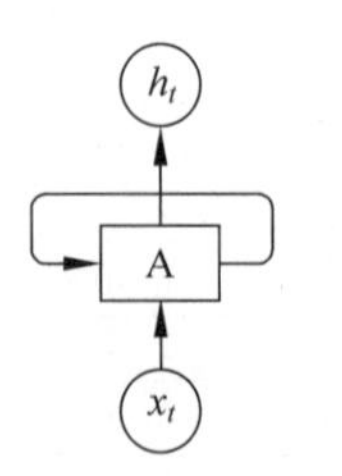

图5-24 循环神经网络结构示意图

由于序列长度可以无限长，维度有限的h状态不可能将序列的全部信息都保存下来，因此模型学习只保留与后面任务o_t，o_{t+1}，…相关的最重要信息。因此，RNN会记忆之前的信息，并利用之前的信息影响后面节点的输出。RNN可以被看作同一神经网络结构被无限复制的结果。正如卷积神经网络在不同的空间位置共享参数，循环神经网络是在不同时间位置共享参数，从而能够使用有限的参数处理任意长度的序列。

如果把图5-24中循环神经网络按时间序列展开，可以得到

图 5-25 所示的结果。

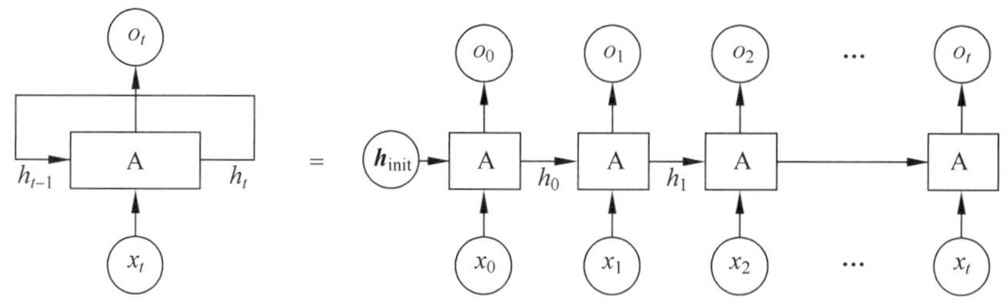

图 5-25　循环神经网络按时间展开后的结构

在图 5-25 中可以更加清楚地看出，RNN 在每一个时刻会有一个输入 x_t，然后根据 RNN 前一时刻的状态 h_{t-1} 计算新的状态 h_t，并输出 O_t。RNN 当前的状态 h_t，是根据上一时刻的状态 h_{t-1} 和当前的输入 x_t 共同决定的。在时刻 t，状态 h_{t-1} 浓缩了前面序列 $x_0, x_1, \cdots, x_{t-1}$ 的信息，用于作为输出 o_t 的参考。由于序列的长度可以无限延长，维度有限的 h 状态不可能将序列的全部信息都保存下来，因此模型必须学习只保留与后面任务 $o_t, o_{t+1}, \cdots$ 相关的最重要的信息。

循环网络的展开在模型训练中有重要意义。从图 5-25 可以看到，RNN 对长度为 N 的序列展开之后，可以视为一个有 N 个中间层的前馈神经网络。这个前馈神经网路没有循环连接，因此可以直接使用反向传播算法进行训练，而不需要任何特别的优化算法。这样的训练方法称为沿时间反向传播(Back-Propagation Through Time)，是训练循环神经网络最常见的方法。

5.4.3　循环神经网络计算

从 RNN 的结构特征可以很容易看出它最擅长解决与时间序列相关的问题。RNN 是处理这类问题时最自然的神经网络结构。对于一个序列数据，可以将这个序列上不同时刻的数据依次传入 RNN 的输入层，而输出可以是对序列中下一个时刻的预测，也可以是对当前时刻信息的处理结果，例如语音识别结果。循环神经网络要求每一个时刻都有一个输入，但是不一定每个时刻都需要输出。

下面以机器翻译为例来介绍 RNN 是如何解决实际问题的。RNN 中每一个时刻的输入为需要翻译的句子中的单词。如图 5-26 所示，如果需要翻译的句子为 ABCD，那么 RNN 第一段每一个时刻的输入就分别是 A、B、C 和 D，然后用“_”作为待翻译句子的结束符。在第一段中，循环神经网络没有输出。从结束符“_”开始，循环神经网络进入翻译阶段。该阶段中每一个时刻的输入是上一个时刻的输出，图 5-26 中虚线所示，而最终得到的输出就是句子 ABCD 翻译的结果。从图中可以看到句子 ABCD 对应的翻译结果就是 XYZ，当网络输出“_”时表示翻译结束。

RNN 可以看作同一神经网络结构(输入层→隐藏层→输出层)在时间序列上被复制多次的结果，这个被复制多次的结构被称为循环体。如何设计循环体的网络结构是循环神经网络解决实际问题的关键。图 5-27 展示了一个最简单的循环体结构，这个循环体中只使用了一个类似全连接层的神经网络结构，图中 tanh 小方框表示一个使用 tanh 作为激活函数的全连接层。下面通过图 5-27 中所示的神经网络来介绍 RNN 前向传播的完整流程。

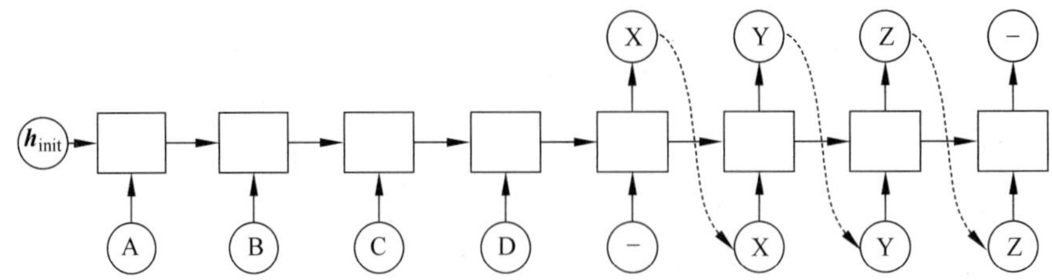

图 5-26 循环神经网络计算示意图

RNN 中的状态是通过一个向量来表示的，这个向量的维度也称为 RNN 隐藏层的大小，假设其为 n。从图 5-27 可以看出，循环体中的神经网络的输入有两部分，一部分为上一时刻的状态，另一部分为当前时刻的输入样本。对于时间序列数据来说（例如不同时刻商品的销量），每一时刻的输入样例可以是当前时刻的数值（例如销量值）；对于语言模型来说，输入样例可以是当前单词对应的单词向量（Word Embedding）。

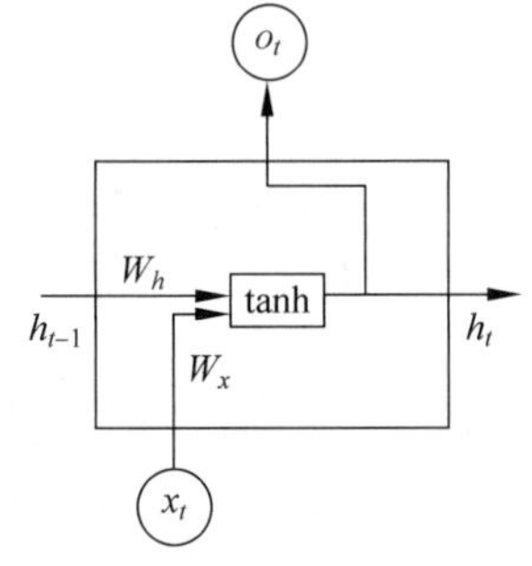

图 5-27 循环神经网络基本循环结构体

假设输入向量的维度为 x，隐藏状态的维度为 n，那么图 5-27 循环体的全连接层神经网络的输入大小为 $n+x$。也就是将上一时刻的状态与当前时刻的输入拼接成一个大的向量作为循环体中神经网络的输入。因为该全连接层的输出为当前时刻的状态，于是输出层的节点个数也为 n，循环体中的参数个数为 $(n+x)\times n+n$ 个。从图中可以看到，循环体中的神经网络输出不但提供给下一时刻作为状态，同时也会提供给当前时刻的输出。注意到循环体状态与最终输出的维度通常不同，因此为了将当前时刻的状态转化为最终的输出，RNN 还需要另外一个全连接神经网络来完成这个过程。这和 CNN 中最后的全连接层的意义是一样的。类似地，不同时刻用于输出的全连接神经网络中的参数也是一致的。

下面举例展示一个 RNN 前向传播的具体计算过程，如图 5-28 所示。

假设状态的维度为 2，输入、输出的维度都为 1，而且循环体中全连接层中的权值为

$$\boldsymbol{w}_{\text{rnn}}=\begin{bmatrix}0.1 & 0.2\\0.3 & 0.4\\0.5 & 0.6\end{bmatrix}$$

偏置项的大小为 $\boldsymbol{b}_{\text{output}}=[0.1,-0.1]$，用于输出的全连接层权值为

$$\boldsymbol{w}_{\text{output}}=\begin{bmatrix}1.0\\2.0\end{bmatrix}$$

偏置项的大小为 $b_{\text{output}}=0.1$。那么在时刻 t_0，因为没有上一时刻，所以将状态初始化为 $\boldsymbol{h}_{\text{init}}=[0,0]$，而当前的输入为 1，所以拼接得到的向量为 $[0,0,1]$，通过循环体中的全连接层神经网络得到的结果为

$$\tanh\left([0,0,1]\times\begin{bmatrix}0.1 & 0.2\\0.3 & 0.4\\0.5 & 0.6\end{bmatrix}+[0.1,-0.1]\right)=\tanh([0.6,0.5])=[0.537,0.462]$$

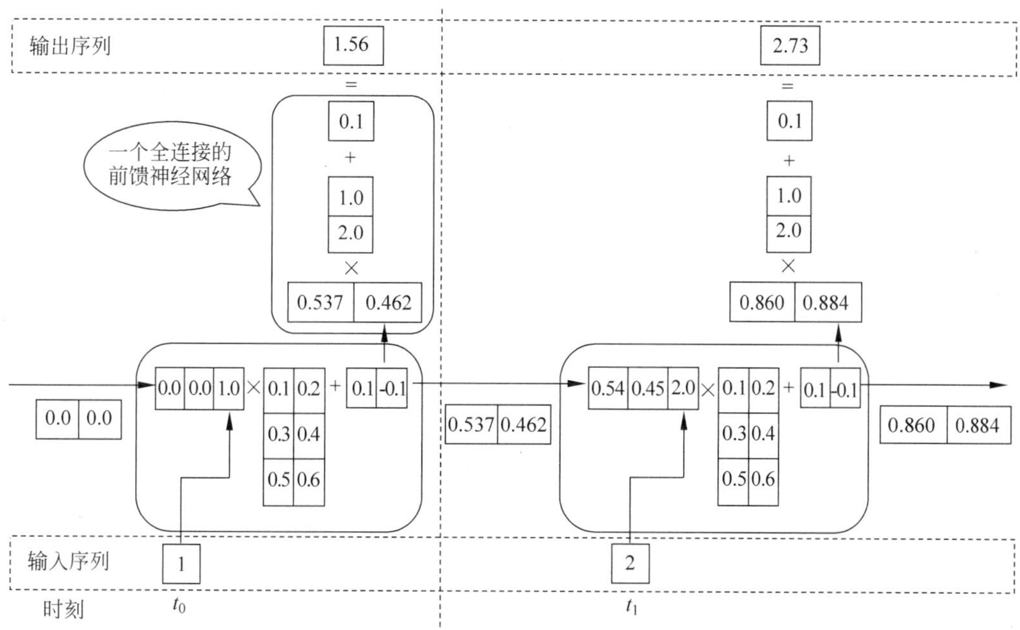

图 5-28　循环神经网络计算举例

使用 t_0 时刻的状态可以类似地推导出 t_1 时刻的状态为[0.860,0.884]，而 t_1 时刻的输出为 2.73。在得到 RNN 的前向传播结果之后，可以和其他神经网络类似地定义损失函数。RNN 与其他网络唯一的区别在于它每个时刻都有一个输出，所以 RNN 的总损失为所有时刻或者部分时刻上的损失函数的总和。

下面实现这个简单循环神经网络前向传播的过程，代码如下：

```
import numpy as np

X = [1,2]
state = [0.0, 0.0]
#分开定义不同输入部分的权重以方便操作
w_cell_state = np.asarray([[0.1, 0.2], [0.3, 0.4]])
w_cell_input = np.asarray([0.5, 0.6])
b_cell = np.asarray([0.1, -0.1])

#定义用于输出的全连接层参数
w_output = np.asarray([[1.0], [2.0]])
b_output = 0.1

#执行前向传播过程
for i in range(len(X)):
    before_activation = np.dot(state, w_cell_state) + X[i] * w_cell_input + b_cell
    state = np.tanh(before_activation)
    final_output = np.dot(state, w_output) + b_output
    print("before activation: ", before_activation)
    print("state: ", state)
    print("output: ", final_output)
```

输出结果如下：

```
before activation:  [0.6 0.5]
state:  [0.53704957 0.46211716]
output:  [1.56128388]
before activation:  [1.2923401  1.39225678]
state:  [0.85973818 0.88366641]
output:  [2.72707101]
```

5.5 长短时记忆网络

5.5.1 长短时记忆网络简介

5.4 节中介绍的循环神经网络可以用来连接前面的信息到当前的任务上，例如使用过去的视频段来推测对当前段的理解。但是，当预测位置和相关信息之间的文本间隔不断增大时，循环神经网络有可能会丧失学习到距离非常远的信息的能力，另外在复杂语言场景中，有用信息的间隔有大有小、长短不一，循环神经网络的性能也会受到影响。假设我们用 RNN 构建了一个语言模型，可以用来基于先前的词预测下一个词，如预测 the clouds are in the sky 最后的词，这个时候其实并不需要任何其他的上下文，因为下一个词很显然就应该是 sky。在这样的场景中，相关的信息和预测的词位置之间的间隔是非常小的，RNN 可以学会使用先前的信息。但是同样也会有一些更加复杂的语言模型场景，如我们试着去预测 I grew up in China… I speak fluent Chinese 最后的词。当前的信息建议下一个词可能是一种语言的名字，但是如果我们需要弄清楚是什么语言，我们就需要离当前位置很远的 Chinese 的上下文信息。这说明相关信息和当前预测位置之间的间隔变得相当大。理论上，RNN 可以处理这样的长期依赖问题，但在实践中 RNN 不能成功学习到这些知识。随着间隔不断增大，RNN 会彻底丧失学习到连接远信息的能力。

由此，人们提出了长短时记忆网络（Long Short-Term Memory，LSTM），本质上，LSTM 是一种时间循环神经网络。同循环神经网络一样，LSTM 也具有 RNN 重复模块链的形式，如图 5-29 所示。假设输入的句子为 I am from China. I am fluent in ___。为了正确预测出下一个单词 Chinese，LSTM 会更加关注上一句中的 China 并且利用神经元(cell)对其进行记忆。在处理序列时神经元会对获取的信息进行存储，这些信息会用于预测下一个单词。LSTM 网络节点中会单独设计一个“遗忘门”，当遇到句号时，遗忘门会意识到句子中的上下文发生了改变，并忽略当前神经元中存储的状态信息。换句话说，遗忘门的作用是让循环神经网络“遗忘”之前没有用到的信息。

由于独特的设计结构，LSTM 适合于处理和预测时间序列中间隔和延迟非常长的重要事件，它不仅能够解决循环神经网络 RNN 存在的长期依赖问题，还能够解决神经网络中常见的梯度爆炸或梯度消失等问题。作为非线性模型，LSTM 可作为复杂的非线性单元用于构造更大型深度神经网络。

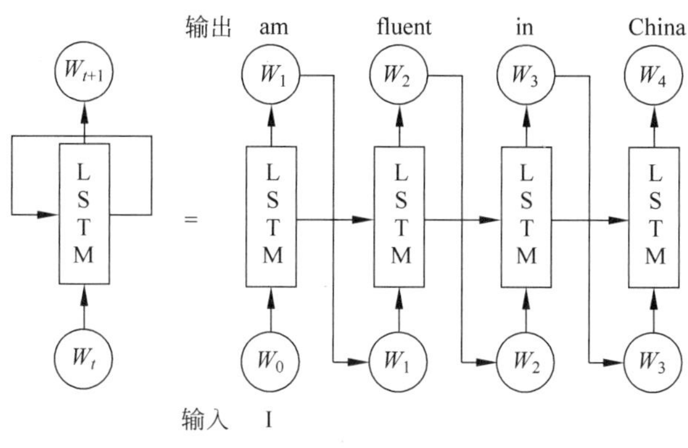

图 5-29 LSTM 链式结构图

5.5.2 长短时记忆网络结构

LSTM 链式结构中每一个计算节点实际上是一种拥有 3 个"门"结构的特殊网络结构，如图 5-30 所示。LSTM 靠一些"门"的结构让信息有选择性地影响循环神经网络中每个时刻的状态。所谓"门"结构就是一个使用 Sigmoid 神经网络和一个按位做乘法计算的操作，这两个操作合在一起就是一个"门"结构。使用 Sigmoid 作为激活函数的全连接神经网络层会输出一个 0～1 之间的数值，描述当前输入有多少信息量可以通过这个结构。当门打开时，如果 Sigmoid 神经网络层输出为 1，则全部信息都可以通过。当门关上时，如果 Sigmoid 神经网络层输出为 0，则任何信息都无法通过。

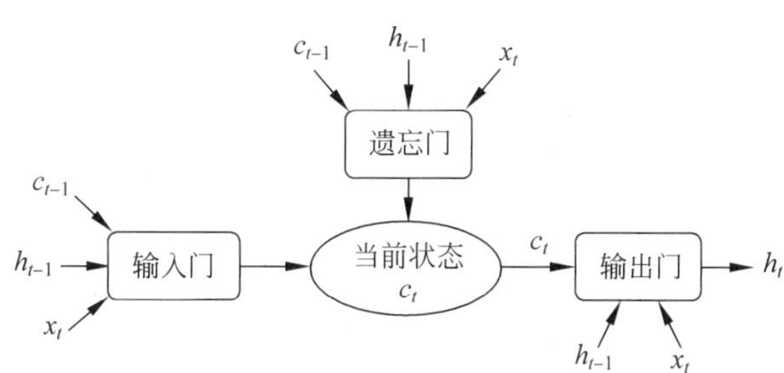

图 5-30 LSTM 单元结构示意图

图 5-30 中，"遗忘门"和"输入门"可以使神经网络更有效地保存需长期记忆的信息。"遗忘门"的作用是让循环神经网络忘记之前没有用的信息。"遗忘门"会根据当前输入 x_t 和上一时刻输出 h_{t-1} 决定哪一部分记忆需要被遗忘。

(1) 假设状态 c 的维度为 n。"遗忘门"会根据当前输入 x_t 和上一时刻输出 h_{t-1} 计算一个维度为 n 的向量 $\boldsymbol{f}=\text{Sigmoid}(W_1\boldsymbol{x}+W_2\boldsymbol{h})$，它的每一维度上的值都在(0,1)范围内，再将上一时刻的状态 $c_{(t-1)}$ 与 $\boldsymbol{f}$ 向量按位相乘，那么 $\boldsymbol{f}$ 取值接近 0 的维度上的信息就会被"忘记"，而 $\boldsymbol{f}$ 取值接近 1 的维度上的信息会被保留。例如模型发现某地原来是绿水蓝天，后来被污染了。于是在看到被污染之后，循环神经网络应该"忘记"之前绿水蓝天的状态。

(2) 在循环网络"忘记"了部分之前的状态后，它还需要从当前的输入补充最新的记忆，这个过程由"输入门"完成。"输入门"会根据 x_t 和 h_{t-1} 决定哪些信息加入到状态 $c_{(t-1)}$ 中

生成新的状态 c_t。例如模型发觉环境被污染之后，需要将这个信息写入新的状态。

(3) LSTM 结构在计算得到新的状态 c_t 后需要产生当前时刻的输出，这个过程由“输出门”完成。“输出门”会根据最新的状态 c_t、上一时刻的输出 h_{t-1} 和当前的输入 x_t 来决定该时刻的输出 h_t。例如当前的状态为被污染，那么“天空的颜色”后面的单词很有可能是“灰色的”。

5.5.3 长短时记忆网络计算

LSTM 的重复单元不同于标准 RNN 里的单元只有一个网络层，它的内部有 4 个网络层，LSTM 的网络结构如图 5-31 所示，

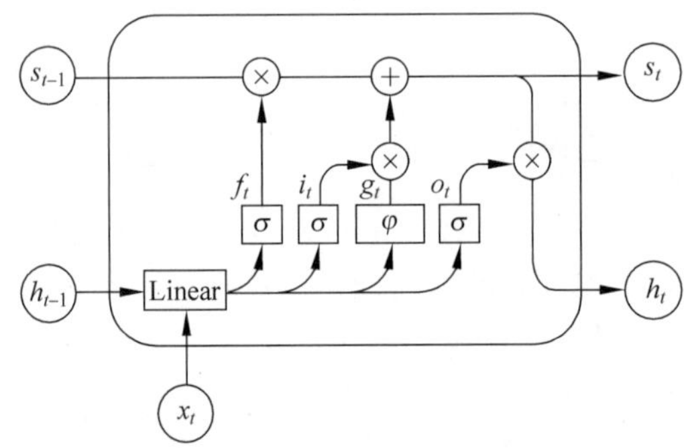

图 5-31 LSTM 网络计算节点标识

在图 5-31 中，$x(t)$表示输入序列，$h(t)$表示输出序列；

激活函数：

$$\varphi(x) = \tanh(x), \quad \sigma(x) = \frac{1}{1+\mathrm{e}^{-x}}$$

$f(t)$表示遗忘门，表达的含义是决定从以前状态中丢弃什么信息；

$i(t)$和 $g(t)$构成输入门，决定什么样的新信息被存放在该节点状态中；

$o(t)$所在位置被称作输出门，决定要输出什么值。

节点函数之间的数学关系如式(5-37)所示。

$$\begin{cases} i(t) = \sigma(W_{ix}x(t) + W_{ih}h(t-1)) + b_i \\ f(t) = \sigma(W_{fx}x(t) + W_{fh}h(t-1)) + b_f \\ g(t) = \varphi(W_{gx}x(t) + W_{gh}h(t-1)) + b_g \\ o(t) = \sigma(W_{ox}x(t) + W_{oh}h(t-1)) + b_o \\ c(t) = g(t) * i(t) + c(t-1) * f(t) \\ h(t) = c(t) * o(t) \end{cases} \tag{5-37}$$

LSTM 前向推导过程的 Python 实现代码如下：

```
def bottom_data_is(self, x, s_prev = None, h_prev = None):
        # if this is the first lstm node in the network
        if s_prev == None: s_prev = np.zeros_like(self.state.s)
        if h_prev == None: h_prev = np.zeros_like(self.state.h)
```

```
        # save data for use in backprop
        self.s_prev = s_prev
        self.h_prev = h_prev

        # concatenate x(t) and h(t - 1)
        xc = np.hstack((x,  h_prev))
        self.state.g = np.tanh(np.dot(self.param.wg, xc) + self.param.bg)
        self.state.i = sigmoid(np.dot(self.param.wi, xc) + self.param.bi)
        self.state.f = sigmoid(np.dot(self.param.wf, xc) + self.param.bf)
        self.state.o = sigmoid(np.dot(self.param.wo, xc) + self.param.bo)
        self.state.s = self.state.g * self.state.i + s_prev * self.state.f
        self.state.h = self.state.s * self.state.o
        self.x = x
        self.xc = xc
```

LSTM 的反向推导过程比较复杂，首先定义一个损失函数 $l(t)$：

$$l(t)=f(h(t),y(t))=\| h(t)-y(t) \|^2 \tag{5-38}$$

$h(t)$与 $y(t)$分别为输出序列与样本标签，下面求解整个时间序列上的 $l(t)$最小化：$L=\sum_{t=1}^{T} l(t)$。其中，T 代表整个时间序列。

通过 L 来计算梯度，假设我们要计算$\frac{\mathrm{d}L}{\mathrm{d}w}$，其中 w 是一个标量(例如可以为矩阵 $\boldsymbol{W}_{gx}$ 的一个元素)，由链式法则可以导出：

$$\frac{\mathrm{d}L}{\mathrm{d}w}=\sum_{t=1}^{T}\sum_{i=1}^{M}\frac{\mathrm{d}L}{\mathrm{d}h_i(t)}\frac{\mathrm{d}h_i(t)}{\mathrm{d}w} \tag{5-39}$$

其中 $h_i(t)$是第 i 个单元的输出，M 是 LSTM 单元的个数，网络随着时间 t 前向传播，$h_i(t)$的改变不影响 t 时刻之前的损失值 loss，可以写出：

$$\frac{\mathrm{d}L}{\mathrm{d}h_i(t)}=\sum_{s=1}^{T}\frac{\mathrm{d}l(s)}{\mathrm{d}h_i(t)} \tag{5-40}$$

为了书写方便，可以令 $L(t)=\sum_{s=1}^{T} l(s)$ 来简化书写，这样 $L(t)$就是整个序列的损失，重写式(5-40)，有

$$\frac{\mathrm{d}L}{\mathrm{d}h_i(t)}=\frac{\mathrm{d}L(t)}{\mathrm{d}h_i(t)} \tag{5-41}$$

这样就可以将式(5-39)重写为

$$\frac{\mathrm{d}L}{\mathrm{d}w}=\sum_{t=1}^{T}\sum_{i=1}^{M}\frac{\mathrm{d}L(t)}{\mathrm{d}h_i(t)}\frac{\mathrm{d}h_i(t)}{\mathrm{d}w} \tag{5-42}$$

我们知道 $L(t)=l(t)+L(t+1)$，那么有

$$\frac{\mathrm{d}L(t)}{\mathrm{d}h_i(t)}=\frac{\mathrm{d}l(t)}{\mathrm{d}h_i(t)}+\frac{\mathrm{d}L(t+1)}{\mathrm{d}h_i(t)} \tag{5-43}$$

这说明得到下一时序的导数后可以直接得出当前时序的导数，这样我们就可以计算 T 时刻的导数，然后往后推，在 T 时刻就有

$$\frac{\mathrm{d}L(T)}{\mathrm{d}h_i(T)}=\frac{\mathrm{d}l(T)}{\mathrm{d}h_i(T)}$$

该计算的 Python 实现,代码如下:

```
def y_list_is(self, y_list, loss_layer):
        """
        Updates diffs by setting target sequence
        with corresponding loss layer.
        Will * NOT * update parameters.  To update parameters,
        call self.lstm_param.apply_diff()
        """
        assert len(y_list) == len(self.x_list)
        idx = len(self.x_list) - 1
        #first node only gets diffs from label ...
        loss = loss_layer.loss(self.lstm_node_list[idx].state.h, y_list[idx])
        diff_h = loss_layer.bottom_diff(self.lstm_node_list[idx].state.h, y_list[idx])
        #here s is not affecting loss due to h(t+1), hence we set equal to zero
        diff_s = np.zeros(self.lstm_param.mem_cell_ct)
        self.lstm_node_list[idx].top_diff_is(diff_h, diff_s)
        idx -= 1
        ###... following nodes also get diffs from next nodes, hence we add diffs to diff_h
        ###we also propagate error along constant error carousel using diff_s
        while idx >= 0:
            loss += loss_layer.loss(self.lstm_node_list[idx].state.h, y_list[idx])
            diff_h = loss_layer.bottom_diff(self.lstm_node_list[idx].state.h, y_list
[idx])
            diff_h += self.lstm_node_list[idx + 1].state.bottom_diff_h
            diff_s = self.lstm_node_list[idx + 1].state.bottom_diff_s
            self.lstm_node_list[idx].top_diff_is(diff_h, diff_s)
            idx -= 1

        return loss
```

从上面公式可以很容易理解 diff_h 的计算过程,这里的 loss_layer.bottom_diff 定义如下:

```
def bottom_diff(self, pred, label):
        diff = np.zeros_like(pred)
        diff[0] = 2 * (pred[0] - label)
        return diff
```

下面来推导$\frac{\mathrm{d}L(t)}{\mathrm{d}s(t)}$,结合前面的前向推导公式可以很容易得出:$s(t)$的变化会直接影响$h(t)$和$h(t+1)$,进而影响$L(t)$,即有

$$\frac{\mathrm{d}L(t)}{\mathrm{d}h_i(t)}=\frac{\mathrm{d}L(t)}{\mathrm{d}h_i(t)}\frac{\mathrm{d}h_i(t)}{\mathrm{d}s_i(t)}+\frac{\mathrm{d}L(t)}{\mathrm{d}h_i(t+1)}\frac{\mathrm{d}h_i(t+1)}{\mathrm{d}s_i(t)}$$

因为$h(t+1)$不影响$L(t)$,所以有$\frac{\mathrm{d}L(t)}{\mathrm{d}h_i(t+1)}=\frac{\mathrm{d}L(t+1)}{\mathrm{d}h_i(t+1)}$,因此有

$$\frac{\mathrm{d}L(t)}{\mathrm{d}h_i(t)}=\frac{\mathrm{d}L(t)}{\mathrm{d}h_i(t)}\frac{\mathrm{d}h_i(t)}{\mathrm{d}s_i(t)}+\frac{\mathrm{d}L(t+1)}{\mathrm{d}h_i(t+1)}\frac{\mathrm{d}h_i(t+1)}{\mathrm{d}s_i(t)}$$

$$=\frac{\mathrm{d}L(t)}{\mathrm{d}h_i(t)}\frac{\mathrm{d}h_i(t)}{\mathrm{d}s_i(t)}+\frac{\mathrm{d}L(t+1)}{\mathrm{d}s_i(t)}$$

同样，我们可以通过后面的导数逐级反推，得到前面的导数，代码就是 diff_s 的计算过程，下面计算$\frac{\mathrm{d}L(t)}{\mathrm{d}h_i(t+1)}\frac{\mathrm{d}h_i(t)}{\mathrm{d}s_i(t+1)}$。

因为 $h(t)=s(t)*o(t)$，那么就有

$$\frac{\mathrm{d}L(t)}{\mathrm{d}h_i(t+1)}\frac{\mathrm{d}h_i(t)}{\mathrm{d}s_i(t+1)}=\frac{\mathrm{d}L(t)}{\mathrm{d}h_i(t)}o_i(t)=o_i(t)[\text{diff\_h}]$$

即

$$\frac{\mathrm{d}L(t)}{\mathrm{d}s_i(t)}=o(t)[\text{diff\_h}]_i+[\text{diff\_s}]_i$$

其中，$[\text{diff\_h}]_i$ 和 $[\text{diff\_s}]_i$ 分别表示当前 t 时刻的$\frac{\mathrm{d}L(t)}{\mathrm{d}h_i(t)}$和 $t+1$ 时刻的$\frac{\mathrm{d}L(t)}{\mathrm{d}s_i(t)}$。

下面根据前向过程计算参数偏导如式(5-44)：

$$\begin{cases}\dfrac{\mathrm{d}L(t)}{\mathrm{d}o(t)}=\dfrac{\mathrm{d}L(t)}{\mathrm{d}h(t)}s(t)\\[2ex]\dfrac{\mathrm{d}L(t)}{\mathrm{d}i(t)}=\dfrac{\mathrm{d}L(t)}{\mathrm{d}s(t)}\dfrac{\mathrm{d}s(t)}{\mathrm{d}i(t)}=\dfrac{\mathrm{d}L(t)}{\mathrm{d}s(t)}g(t)\\[2ex]\dfrac{\mathrm{d}L(t)}{\mathrm{d}g(t)}=\dfrac{\mathrm{d}L(t)}{\mathrm{d}s(t)}\dfrac{\mathrm{d}s(t)}{\mathrm{d}g(t)}=\dfrac{\mathrm{d}L(t)}{\mathrm{d}s(t)}i(t)\\[2ex]\dfrac{\mathrm{d}L(t)}{\mathrm{d}f(t)}=\dfrac{\mathrm{d}L(t)}{\mathrm{d}s(t)}\dfrac{\mathrm{d}s(t)}{\mathrm{d}f(t)}=\dfrac{\mathrm{d}L(t)}{\mathrm{d}s(t)}s(t-1)\end{cases}\tag{5-44}$$

该计算的 Python 实现代码如下：

```
def top_diff_is(self, top_diff_h, top_diff_s):
        #notice that top_diff_s is carried along the constant error carousel
        ds = self.state.o * top_diff_h + top_diff_s
        do = self.state.s * top_diff_h
        di = self.state.g * ds
        dg = self.state.i * ds
        df = self.s_prev * ds

        #diffs w.r.t. vector inside sigma / tanh function
        di_input = (1. - self.state.i) * self.state.i * di #sigmoid diff
        df_input = (1. - self.state.f) * self.state.f * df
        do_input = (1. - self.state.o) * self.state.o * do
        dg_input = (1. - self.state.g ** 2) * dg #tanh diff

        #diffs w.r.t. inputs
        self.param.wi_diff += np.outer(di_input, self.xc)
        self.param.wf_diff += np.outer(df_input, self.xc)
        self.param.wo_diff += np.outer(do_input, self.xc)
        self.param.wg_diff += np.outer(dg_input, self.xc)
        self.param.bi_diff += di_input
        self.param.bf_diff += df_input
```

```
        self.param.bo_diff += do_input
        self.param.bg_diff += dg_input

        # compute bottom diff
        dxc = np.zeros_like(self.xc)
        dxc += np.dot(self.param.wi.T, di_input)
        dxc += np.dot(self.param.wf.T, df_input)
        dxc += np.dot(self.param.wo.T, do_input)
        dxc += np.dot(self.param.wg.T, dg_input)

        # save bottom diffs
        self.state.bottom_diff_s = ds * self.state.f
        self.state.bottom_diff_x = dxc[:self.param.x_dim]
        self.state.bottom_diff_h = dxc[self.param.x_dim:]
```

这里的 top_diff_h 和 top_diff_s 分别是上文的 diff_h 和 diff_s。下面介绍 wi_diff 的求解过程，其他变量的求解过程与此类似。

$$\frac{\mathrm{d}L(t)}{\mathrm{d}W_i}=\frac{\mathrm{d}L(t)}{\mathrm{d}i(t)}\frac{\mathrm{d}i(t)}{\mathrm{d}(W_i x_c(t))}\frac{\mathrm{d}(W_i x_c(t))}{\mathrm{d}x_c(t)} \tag{5-45}$$

该计算的 Python 实现代码如下：

```
wi_diff += np.outer((1. - i) * i * di, xc)
wf_diff += np.outer((1. - i) * i * df, xc)
wo_diff += np.outer((1. - i) * i * do, xc)
wg_diff += np.outer((1. - i) * i * dg, xc)
```

本章小结

深度学习是机器学习研究中的一个新领域，其动机在于建立、模拟人脑进行分析学习的神经网络，它模仿人脑的机制来解释数据，例如图像、声音和文本。深度学习的概念源于人工神经网络的研究。含多隐层的多层感知器就是一种深度学习结构。深度学习通过组合低层特征形成更加抽象的高层表示属性类别或特征，以发现数据的分布式特征表示。深度学习使用多层神经网络模仿人脑神经系统的工作原理，在人工智能领域取得了巨大成功。本章首先对深度学习的概念及工作机理进行了介绍，同时结合人工神经网络阐述多层神经网络的理论基础与计算方法。接着对深度神经网络中的概念和方法进行详细介绍。最后结合深度学习的几种典型模型，如卷积神经网络、循环神经网络和长短时记忆网络进行详细介绍，并给出对应的 Python 代码实现。

课后思考题

1. 目前有哪些深度学习开源框架？试分别比较优缺点。
2. 深度学习与神经网络之间有什么关联？

3. 什么是激活函数？为什么神经网络需要激活？
4. 什么是卷积神经网络？目前有哪些卷积神经网络模型？
5. 什么叫全连接神经网络？
6. 什么叫递归神经网络？递归神经网络主要在哪些领域取得了良好的表现？
7. 什么是长短时记忆网络 LSTM？它有什么优点？

第 6 章

TensorFlow 深度学习

作为一款优秀的深度学习计算库，TensorFlow 在新一波人工智能浪潮中脱颖而出。它源于谷歌(Google)公司内部基于海量数据开展感知和预测类应用的需求，通过 AlphaGo 围棋大战一鸣惊人，并迅速在人工智能领域大展宏图。本章将以第 5 章深度学习的理论知识为基础，以 TensorFlow 深度学习开源框架为工具，介绍基于 TensorFlow 的 Python 编程方法及面向各种应用的深度学习模型构建及其训练。

6.1 引言

深度学习研究的热潮持续高涨，各种开源深度学习框架也层出不穷，TensorFlow 就是其中最具代表性的深度学习开源框架，其前身是谷歌的神经网络算法库 DistBelief，被广泛应用于各类机器学习、深度学习算法的编程实现。相比 Caffe、Keras、CNTK、Torch7、MXNet、Leaf、Theano、DeepLearning4、Lasagne、Neon 等其他深度学习框架，TensorFlow 以其实现代码简洁、编程范式灵活、分布式深度学习算法执行效率高、多语言 API 支持、CPU/GPU 部署方便、良好的可扩展性、可移植性及在学术研究和产品研发两端取得的良好平衡，在极短的时间内便从众多优秀的深度学习框架中脱颖而出，获得了广大开发者的关注。TensorFlow 包含了可即刻将训练好的模型产品化的轻量级软件，有效地消除了重新实现模型的需求。任何形式和尺寸的计算机，以及从智能手机到大型计算集群，都可运行 TensorFlow。

TensorFlow 由 Tensor(张量)和 Flow(流)两个单词组成，意味着“张量的流动”，形象地描述了 TensorFlow 是以张量数据和流计算的方式来运行整个程序的，TensorFlow 把任意维度的数据都统一用张量来表示。TensorFlow 从本质上看就是一个基于数据流编程(Dataflow Programming)的符号数学系统，在其设计之初就被定义为灵活且通用的端到端深度学习平台。自公开发布以来，TensorFlow 始终保持着兼收并蓄的态势，不断地从其他优秀开源框架中汲取优秀特性，在广大研究和开发人员的强力推动下，不断快速迭代并大幅提升代码的效率，平均每周的代码更新量都超过了万行，所形成的社区开创了空前的活跃度。2015 年 11 月 9 日，TensorFlow 依据 Apache 授权协议开放源代码，任何学生、研究员、爱好者、极客、工程师、开发者、发明家、创业者等都可以在 Apache 2.0 开源协议下使用 TensorFlow。

对于深度学习的初学者来说，教学资源是一个非常重要的参考指标。借助谷歌的强大影响力和执行力，TensorFlow 在这方面具有显著优势。不论是基础的指导手册，或者是花样百出的最佳实践，初学者都有大量资料可以查询。TensorFlow 拥有一个全面而灵活的生态系统，其中包含各种工具、库和社区资源，可助力研究人员推动先进机器学习技术的发展，并使开发者能够轻松地构建和部署由机器学习提供支持的应用。同时，人工智能相关的会议和期刊论文中发布的新模型和新算法，几乎都会有人使用 TensorFlow 实现，并在 GitHub 上开源代码。因此学会使用 TensorFlow 构建人工智能深度学习模型，无论是学习者还是研究人员都是一个非常好的工具。

6.2 TensorFlow 技术特点

TensorFlow 能够在众多开源框架中杀出重围，除了 Google 的影响力以外，一定有其自身的独特价值。下面介绍 TensorFlow 相比其他开源框架的优点和优势。

（1）运算性能强劲。在构建和部署机器学习系统时，性能是至关重要的因素。TensorFlow 1.0 加入的线性代数编译器 XLA 全方位地提升了计算性能。XLA 可以帮助 TensorFlow 在 CPU、GPU、TPU、嵌入式设备等平台上更快速地运行机器学习模型的训练与推理任务。同时，TensorFlow 提供了大量针对不同软硬件环境的优化配置参数。用户可以根据自身的需求和应用的特点，进一步提升计算性能。

（2）框架设计通用。TensorFlow 并非只是纯粹的神经网络库。TensorFlow 最初由 Google Brain 小组（隶属于 Google 机器智能研究机构）的研究员和工程师开发出来，用于机器学习和深度神经网络方面的研究，但其灵活的设计也可广泛用于其他计算领域。同时，TensorFlow 既提供高层封装 API（如 Slim、Keras、TF Layers 等），以此帮助用户快速实现算法原型，又提供底层原生 API，可以实现更灵活且高效的分布式并行模式。

（3）支持生产环境部署。TensorFlow 支持使用同一套 API 实现探索环境和生产环境的部署。以前科研人员将算法原型推广到生产环境中使用的过程非常麻烦，因为这涉及大量的模型重写和脚本适配工作。现在使用 TensorFlow 的算法研发人员既可以快速地将想法和原型运用到生产环境的产品中，也可以在学术圈更方便地分享自己的研究成果。

（4）语言接口丰富。TensorFlow 核心层由 C++实现，应用层使用 SWIG 等技术封装，提供了多语言 API 的支持。目前，官方支持的语言有 Python、C、C++、Java、Go 等。除此之外，TensorFlow 的社区贡献者们也提供了非官方的应用层 API，如 Node. js（https://GitHub. com/node-tensorflow/node-tensorflow）、Julia（https://GitHub. com/malmaud/TensorFlow. jl）、R（https://GitHub. com/rstudio/tensorflow）。

（5）端云协同计算。TensorFlow 同时支持在云侧（服务器端）和端侧（移动设备等终端）运行，有效结合了云侧和端侧各自的优势。在云侧方面，TensorFlow 提供多种并行模式和编译优化等技术，尽可能提升算法模型的运算性能；在端侧方面，TensorFlow 提供轻量级部署和 8 比特压缩等技术，尽可能提升计算和存储资源利用效率。

6.3 TensorFlow 组件结构

TensorFlow 作为一套包含数十万行代码的大型软件，其组件结构较为复杂。不过，由于其代码组织合理，文档资料充分，可以很容易将它的软件结构进行不同抽象程度的宏观呈现。图 6-1 给出了一幅粗粒度的 TensorFlow 组件结构示意图,展示了 TensorFlow 的主要内部结构及其与周边环境的关系。

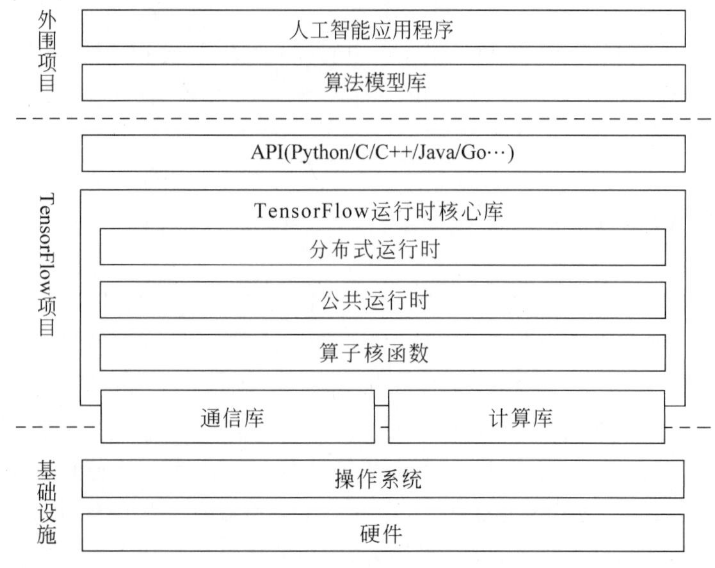

图 6-1 TensorFlow 组件结构

构成 TensorFlow 的主体是其运行时(Runtime)核心库。对于普通的 Python 应用层开发者而言,这个核心库就是指通过 pip 命令等方式安装 TensorFlow 之后,部署到 site-packages 或类似目录中的动态链接库文件。生成这个库的 C++ 源代码大致分为 3 个层次:分布式运行时、公共运行时和算子核函数。其中,"公共运行时"实现了数据流图计算的基本逻辑,"分布式运行时"在此基础上实现了数据流图的跨进程协同计算逻辑,"算子核函数"则包含图上具体操作节点的算法实现代码。

TensorFlow 运行时核心库导出的函数接口基于 C 和 C++ 语言。为了使用其他语言进行应用开发,TensorFlow 提供了多语言的 API 层。Python 应用层开发者在代码中调用 import tensorflow as tf 时,导入的便是 TensorFlow 安装在 Python 第三方库目录下的 API 层模块。API 层对用户屏蔽了 TensorFlow 核心库的动态链接逻辑,使得用户可以使用自己熟悉的语言编写算法模型。

为了简化经典模型的开发,使得 TensorFlow 成为一套"开箱即用"的工具,Google 官方团队及开源贡献者在 TensorFlow 社区开设了若干算法模型库及人工智能应用程序项目。用户可以复用这些项目的成果,加快自己的项目开发进度,也可以学习它们的实现原理,提升自己的模型与应用设计水平。这些外围项目中的部分代码(如 Keras)已被认为具有较高的共性价值,因此逐步被加入 TensorFlow 主项目之中。

TensorFlow 运行时核心库底层对接的是各种计算库和通信库。这些库有的是外部组件(如用于 CPU 代数计算的 Eigen 库),有的则作为 TensorFlow 源代码的一部分集成在核心库内部(如用于 GPU 并行计算的 StreamExecutor 库)。用户在开发应用程序时看不到这些库的细节,只需按照软件文档安装好必要的外部依赖包即可。

上述所有组件均运行在本地操作系统和硬件基础设施之上。在服务器端的运行场景,最常见的宿主操作系统是 Linux,硬件一般为 x86 CPU 和 NVIDIA GPU。在移动终端的运行场景，宿主操作系统可以是 Android、iOS 等，硬件一般为 ARM CPU 和专用的人工智能芯片。TensorFlow 不仅支持原生的物理环境，对虚拟机和容器也完全兼容，这样就可以方便地构建基于云计算环境下的各种应用。

6.4 TensorFlow 编程基础

6.4.1 TensorFlow 程序结构

TensorFlow 作为分布式机器学习平台，主要架构如图 6-2 所示。远程过程调用(Remote Procedure Call，RPC)和远程直接数据存取(Remote Direct Memory Access，RDMA)为网络层，主要负责传递神经网络算法参数。CPU、GPU 等为设备层，主要负责神经网络算法中具体的运算操作。运行时核心为 TensorFlow 中算法操作的具体实现，如卷积操作、激活操作等。分布式运行时主机(Master)用于构建子图，切割子图为多个分片，不同的子图分片运行在不同的设备上。Master 还负责分发子图分片到 Worker。Worker 在设备(CPU，GPU 等)上调度执行子图操作，并负责向其他执行器发送和接收图操作的运行结果。C API 把 TensorFlow 分割为前端和后端，前端(Python/C++/Java Client/Go)基于 API 触发 TensorFlow 后端程序运行。训练库(Training Libraries)和推理库(Inference Libraries)是模型训练和推导的库函数，为用户开发应用模型使用。

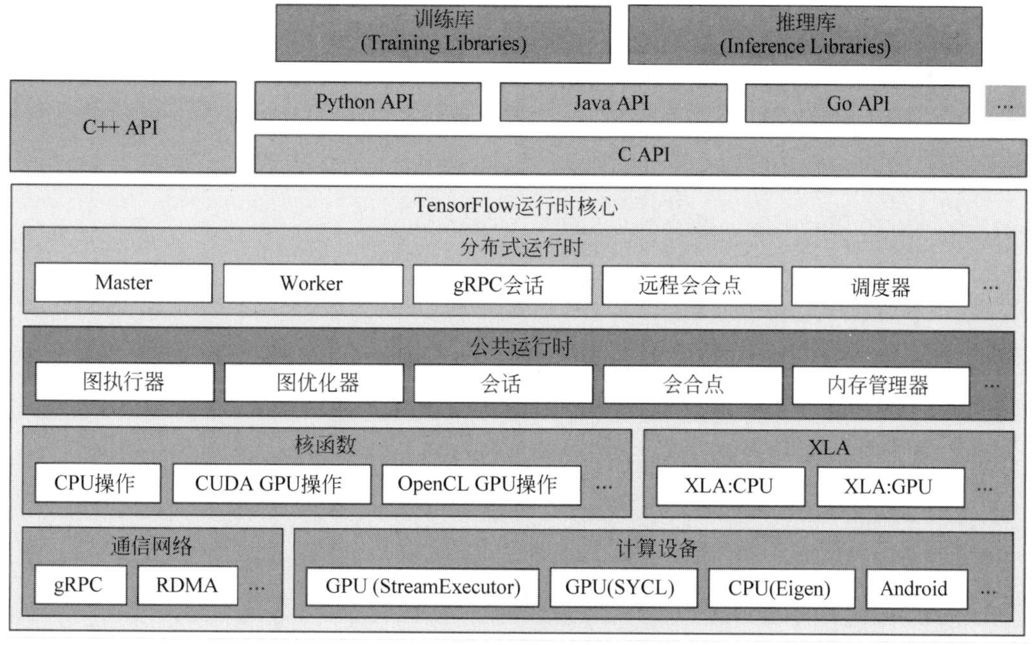

图 6-2 TensorFlow 系统架构

TensorFlow 的数据流图是由节点(Node)和边(Edge)组成的有向无环图。Tensor(张量)代表了数据流图中的边，Flow(流动)这个动作就代表了数据流图中节点所做的操作，如图 6-3 所示。

与其他编程语言非常不同，TensorFlow 将程序分为两个独立的部分：首先定义并构建

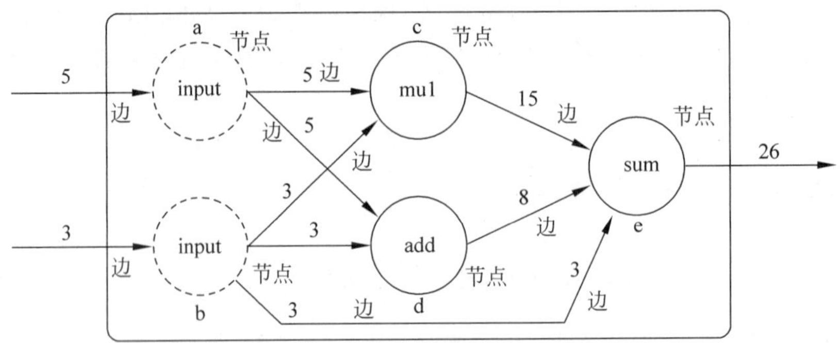

图 6-3 TensorFlow 数据流图

神经网络结构图,包括激活函数定义、损失函数定义、分类模型定义等;然后执行设计好的神经网络模型等,包括数据集输入、初始赋值及通过会话(Session)编译运行等。举例如下:

(1) 传统程序设计一般采用先赋值后运行的编程方式。TensorFlow 先定义各种张量结构的变量,然后建立一个数据流图,在数据流图中规定各个变量之间的计算关系,最后需要对数据流图进行编译,但此时的数据流图还是一个空壳,里面没有任何实际数据,只有把需要计算的输入放进去后,才能在整个模型中形成数据流,从而形成输出值,示例代码如下:

```
#传统编程方式
t = 8 + 9
#定义了 t 的运算,在运行时就执行了,并输出 17
print(t)

#TensorFlow 编程方式
import tensorflow as tf
t = tf.add(8, 9)
#输出 Tensor("Add_1:0", shape = (), dtype = int32)
print(t)
#数据流图中的节点,实际上对应的是 TensorFlow API 中的一个操作,并没有真正去运行
```

(2) TensorFlow 中涉及的运算都要放在图中,而图的运行只发生在会话(Session)中,开启会话后,就可以用数据去填充节点,进行运算,关闭会话后就不能进行计算了。因此,会话提供了操作运行和 Tensor 求值的环境,示例代码如下:

```
import tensorflow as tf
#创建图
a = tf.constant([1.0, 2.0])
b = tf.constant([3.0, 4.0])
c = a * b

#创建会话
sess = tf.Session()
#计算 c
print(sess.run(c))
sess.close()
```

由于神经网络结构图的定义和执行分开设计，所以 TensorFlow 能够多平台工作以并行执行。

6.4.2　TensorFlow 编程模型

TensorFlow 是用数据流图做计算的，因此需要先创建一个数据流图。以一个简单的回归模型为例，其中与模型有关的元素有输入(Input)、重塑(Reshape)、ReLU 层(ReLU Layer)、Logit 层(Logit Layer)、Softmax、交叉熵(Crossentropy)、梯度(Gradient)、SGD 训练(SGD Trainer)等部分。它的计算过程是首先从输入开始，经过重塑后，一层一层进行前向传播运算。ReLU 层里会有两个参数，即 W_{h1} 和 b_{h1}，在输出前用 ReLU(Rectified Linear Units)激活函数做非线性处理。然后进入 Logit 层(输出层)，学习两个参数 W_{sm} 和 b_{sm}。用 Softmax 来计算并输出结果中各个类别的概率分布，用交叉熵来度量两个概率分布(源样本的概率分布和输出结果的概率分布)之间的相似性，然后开始计算梯度，这里需要前面的 4 个参数，以及交叉熵后的结果。随后进入 SGD 训练，也就是反向传播的过程，从上往下计算每一层的参数，依次进行更新。

下面介绍几个与 TensorFlow 编程有关的重要概念。

1. 边

TensorFlow 数据流图的边有两种连接关系：数据依赖和控制依赖。其中实线边(Edge)表示数据依赖，代表数据即张量。在机器学习算法中，张量在数据流图中从前往后流动一遍就完成了一次前向传播，而残差(在数理统计中，残差是指实际观察值与训练的估计值之间的差)从后向前流动一遍就完成了一次反向传播。TensorFlow 支持的张量具有表 6-1 所示的数据属性。

表 6-1　张量的数据属性

数据类型	Python 类型	描　　述
DT_FLOAT	tf.float32	32 位浮点型
DT_DOUBLE	tf.float64	64 位浮点型
DT_INT64	tf.int64	64 位有符号整型
DT_INT32	tf.int32	32 位有符号整型
DT_INT16	tf.int16	16 位有符号整型
DT_INT8	tf.int8	8 位有符号整型
DT_UINT8	tf.uint8	8 位无符号整型
DT_STRING	tf.string	可变长度的字节数组，每一个张量元素都是一个字节数组
DT_BOOL	tf.bool	布尔型
DT_COMPLEX64	tf.complex64	由两个 32 位浮点数组成的复数：实部和虚部
DT_QINT32	tf.qint32	用于量化操作的 32 位有符号整型
DT_QINT8	tf.qint8	用于量化操作的 8 位有符号整型
DT_QUINT8	tf.quint8	用于量化操作的 8 位无符号整型

注：量化是数字信号处理领域的一个概念，是指将信号的连续取值(或者大量可能的离散取值)近似为有限多个(或较少的)离散值的过程。

2. 节点

节点又称为算子，它代表一个操作，一般用来表示施加的数学运算，也可以表示数据输入的起点及输出的终点，或者是读取/写入持久变量的终点。表 6-2 列举了一些 TensorFlow 实现的算子，算子支持表中所示的张量的各种数据属性，并且需要在建立图的时候确定下来。

表 6-2　TensorFlow 实现的算子类别及示例

类　别	示　例
数学运算操作	Add、Substract、Multiply、Div、Exp、Log、Greater、Less、Equal
数组运算操作	Concat、Slice、Split、Constant、Rank、Shape、Shuffle
矩阵运算操作	MatMul、MatrixInverse、MatrixDeterminant
有状态的操作	Variable、Assign、AssignAdd
神经网络构建操作	SoftMax、Sigmoid、ReLU、Convolution2D、MaxPool
检查点操作	Save、Restore
队列和同步操作	Enqueue、Dequeue、MutexAcquire、MutexRelease
控制张量流动的操作	Merge、Switch、Enter、Leave、NextIteration

下面举例，利用 TensorFlow 完成两个矩阵的运行，示例代码如下：

```
import tensorflow as tf
#创建一个常量运算操作,产生一个 1×2 矩阵
matrix1 = tf.constant([[3., 3.]])
#创建另外一个常量运算操作,产生一个 2×1 矩阵
matrix2 = tf.constant([[2.], [2.]])
#创建一个矩阵乘法运算,把 matrix1 和 matrix2 作为输入
#返回值 result 代表矩阵乘法的结果
result = tf.matmul(matrix1, matrix2)
print(result)
```

最后一行，当使用 print 打印结果时候，会发现无法打印出运行结果。这是因为 TensorFlow 的程序运行需要借助会话（Session）工具递交到 TensorFlow 后台完成运行并输出结果。

3. 会话

启动图的第一步是创建一个 Session 对象，会话（Session）提供在途中执行操作的一些方法。一般的模式是，建立会话，此时会生成一张空图，在会话中添加节点和边，形成一张图，然后执行。以上例为例，对于两个矩阵相乘的过程可以通过 Session 交由 TensorFlow 计算完成。将上述代码中 print 代码换成如下代码，就可以完成运行和结果的输出，示例代码如下：

```
with tf.Session() as sess:
    result = sess.run(result)
print(result)
```

运行结果输出：

```
[[12.]]
```

注意：在调用 Session 对象的 run()方法来执行图时，传入一些 tensor，这个过程叫填

充,返回的结果类型根据输入的类型而定,这个过程叫取回。会话是图交互的一个桥梁,一个会话可以有多个图,会话可以修改图的结构,也可以往图中注入数据进行计算。因此会话主要有两个 API: Extend 和 Run。Extend 操作是在图中添加节点和边,Run 操作是输入计算的节点和填充必要的数据,然后进行运算,并输出结果。

4. 设备

设备是指一块可以用来运算并且拥有自己的地址空间的硬件,如 GPU 和 CPU, TensorFlow 为了实现分布式执行操作,充分利用资源,可以明确指定操作在哪个设备上执行。举例代码如下:

```
with tf.Session() as sess:
    #指定在第 2 个 GPU 上执行
    with tf.device("/gpu:1"):
        ...
```

5. 变量

变量是一种特殊的数据,它在图中有固定的位置,不像普通张量那样可以流动。创建一个变量张量,使用 tf.Variable()构造函数,这个构造函数需要一个初始值,初始值的形状和类型决定了这个变量的形状和类型,举例代码如下:

```
#创建一个变量,初始化为标量 0
state = tf.Variable(0, name = 'counter')
```

TensorFlow 还提供了填充机制,可以在构建图时使用 tf.placeholder()临时替代任意操作的张量,在调用 Session 对象的 run()方法去执行图时,使用填充数据作为调用的参数,调用之后,填充数据就消失,示例代码如下:

```
import tensorflow as tf
input1 = tf.placeholder(tf.float32)
input2 = tf.placeholder(tf.float32)
output = tf.multiply(input2,input2)
with tf.session() as sess:
print(sess.run([output], feed_dict = {input1::[7.],input2:[2.]}))
```

输出结果如下:

```
[array([14.],dtype = float32)]
```

6.4.3 TensorFlow 常用 API

TensorFlow 的计算表现为数据流图,所以 tf.Graph 类中包含一系列表示计算的操作对象(tf.Operation),以及在操作之间流动的数据——张量对象(tf.Tensor)。与图相关的 API 均位于 tf.Graph 类中,如表 6-3 所示。

表 6-3 与图相关的 API

操 作	描 述
tf. Graph. __ init__()	创建一个空图
tf. Graph. as_default()	将某图设置成默认图，并返回一个上下文管理器，如果不显式添加一个默认图，系统会自动设置一个全局的默认图，所设置的默认图，在模块范围内定义的节点都默认加入默认图中
tf. Graph. device(deice_name_or_function)	定义运行图所使用的的设备，并返回一个上下文管理器
tf. Graph. name_scope(name)	为节点创建层次化的名称，并返回一个上下文管理器

tf. Operation 类代表图中的一个节点，用于计算张量数据。该类型由节点构造器(如 tf. matmul()或者 Graph. create_op())产生。与操作相关的 API 均位于 tf. Operation 类中，如表 6-4 所示。

表 6-4 与操作相关的 API

操 作	描 述
tf. Operation. name	操作的名称
tf. Operation. type	操作的类型
tf. Operation. inputs/outputs	操作的输入与输出
tf. Operation. control_inputs	操作的依赖
tf. Operation. run(feed_dict=None, session=None)	在会话中运行该操作
tf. Operation. get_attr(name)	获取操作的属性值

tf. Tensor 类是操作输出的符号句柄，它不包含操作输出的值，而是提供了一种在 tf. Session 中计算这些值的方法。这样就可以在操作之间构建一个数据流连接，使 TensorFlow 能够执行一个表示大量多步计算的图形。与张量相关的 API 均位于 tf. Tensor 类中，如表 6-5 所示。

表 6-5 与张量相关的 API

操 作	描 述
tf. Tensor. dtype	张量的数据类型
tf. Tensor. name	张量的名称
tf. Tensor. value_index	张量在操作输出中的索引
tf. Tensor. graph	张量所在的图
tf. Tensor. op	产生该张量的操作
tf. Tensor. consumers()	返回使用该张量的操作列表
tf. Tensor. eval(feed_dict=None, session=None)	在会话中求张量的值，需要使用 sess. as_default 或 eval(session=sess)
tf. Tensor. get_shape()	返回用于表示张量的形状(维度)的类 TensorShape
tf. Tensor. set_shape(shape)	更新张量的形状
tf. Tensor. device	设置计算该张量的设备

6.4.4 TensorFlow 变量作用域

在 TensorFlow 中有两个作用域(Scope),一个是 name_scope,另一个是 variable_scope。variable_scope 主要给 variable_name 加前缀,也可以给 op_name 加前缀;name_scope 给 op_name 加前缀。

1. variable_scope

通过所给的名字创建或返回一个变量,并为变量指定命名空间,示例代码如下:

```
v = tf.get_variable(name, shape, dtype, initializer) #通过所给的名字创建或返回一个变量
tf.variable_scope(<scope_name>)                      #为变量指定命名空间
```

当 tf.get_variable_scope().reuse==False 时,variable_scope 作用域只能用来创建新变量,示例代码如下:

```
import tensorflow as tf

with tf.variable_scope("foo"):
    v = tf.get_variable("v", [1])
    v2 = tf.get_variable("v", [1])
assert v.name == "foo/v:0"
```

上述程序会抛出 ValueError 错误,因为 v 这个变量已经被定义过了,但 tf.get_variable_scope().reuse 默认为 False,故不能重用。当 tf.get_variable_scope().reuse==True 时,作用域可以共享变量,示例代码如下:

```
import tensorflow as tf

with tf.variable_scope("foo") as scope:
    v = tf.get_variable("v", [1])
with tf.variable_scope("foo", reuse=True):
    #也可以写成
    #scope.reuse_variables()
    v1 = tf.get_variable("v", [1])
assert v1 == v
```

可以直接通过 tf.get_variable_scope()获取变量作用域,示例代码如下:

```
import tensorflow as tf

with tf.variable_scope("foo") as foo_scope:
    v = tf.get_variable("v", [1])
with tf.variable_scope(foo_scope):
    w = tf.get_variable("w", [1])
```

如果在开启的一个变量作用域里使用之前预先定义的一个作用域,则会跳过当前变量的作用域,保持预先存在的作用域不变,示例代码如下:

```
import tensorflow as tf

with tf.variable_scope("foo") as foo_scope:
    assert foo_scope.name == "foo"
with tf.variable_scope("bar"):
    with tf.variable_scope("baz") as other_scope:
        assert other_scope.name == "bar/baz"
        with tf.variable_scope(foo_scope) as foo_scope2:
            assert foo_scope2.name == "foo"            #保持不变
```

变量作用域可以默认携带一个初始化器，在这个作用域中的子作用域或变量都可以继承或者重写父作用域初始化器中的值，示例代码如下：

```
import tensorflow as tf

with tf.variable_scope("foo", initializer = tf.constant_initializer(0.4)):
    v = tf.get_variable("v", [1])
    assert v.eval() == 0.4          #被作用域初始化
    w = tf.get_variable("w", [1], initializer = tf.constant_initializer(0.3))
    assert w.eval() == 0.3          #重写初始化器的值
    with tf.variable_scope("bar"):
        v = tf.get_variable("v", [1])
        assert v.eval() == 0.4      #继承默认的初始化器
    with tf.variable_scope("baz", initializer = tf.constant_initializer(0.2)):
        v = tf.get_variable("v", [1])
        assert v.eval() == 0.2      #重写父作用域的初始化器的值
```

上面讲的是 variable_name，对于 op_name，在 variable_scope 作用域下的操作，也会被加上前缀，示例代码如下：

```
import tensorflow as tf

with tf.variable_scope("foo"):
    x = 1.0 + tf.get_variable("v", [1])
    assert x.op.name == "foo/add"
```

2. name_scope 示例

TensorFlow 中常常有数以千计的节点，在可视化的过程中很难全部展示出来，因此用 name_scope 为变量划分范围，在可视化中，这表示在计算图中的一个层级。name_scope 会影响 op_name，但不会影响用 get_variable()创建的变量，而会影响通过 Variable()创建的变量，示例代码如下：

```
import tensorflow as tf

with tf.variable_scope("foo"):
    with tf.name_scope("bar"):
```

```
        v = tf.get_variable("v", [1])
        b = tf.Variable(tf.zeros([1]), name = 'b')
        x = 1.0 + v
assert v.name == "foo/v:0"
assert b.name == "foo/bar/b:0"
assert x.op.name == "foo/bar/add"
```

6.4.5 TensorFlow 批标准化

批标准化(Batch Normalization,BN)是为了克服神经网络层数加深导致难以训练而诞生的。随着神经网络的深度加深,训练会越来越困难,收敛速度会很慢,常常会导致梯度消失问题。

梯度消失问题是在神经网络中,当前隐藏层的学习速率低于后面隐藏层的学习速率,即随着隐藏层数目的增加,分类准确率反而下降了,这种现象叫梯度消失问题。

传统机器学习中有一个 ICS 理论,这是一个经典假设:源域(Source Domain)和目标域(Target Domain)的数据分布是一致的,也就是说,训练数据和测试数据是满足相同分布的,这是通过训练数据获得的模型能够在测试集获得好的效果的一个基本保障。

协变量转移(Covariate Shift)是指当训练集的样本数据和目标样本集分布不一致时,训练得到的模型无法很好地泛化(泛化通俗地讲就是指学习到的模型对位置数据的预知能力)。它是分布不一致假设之下的一个分支问题,也就是指源域和目标域的条件概率是一致的,但是边缘概率不同。对于神经网络的各层输出,在经过了层内的操作之后,各层输出分布就会与对应的输入信号分布不同,而且差异会随着网络深度增大而增大,但是每一层所指向的样本标记仍然是不变的。

解决思路一般是根据训练样本的比例对训练样本做一个矫正,因此,通过引入批标准化来规范化某些层或者所有层的输入,从而固定每层输入信号的均值与方差。

批标准化一般用在非线性映射(激活函数)之前,对 $x=Wu+b$ 做规范化,使结果(输出信号各个维度)的均值为 0,方差为 1。让每一层的输入有一个稳定的分布会有利于网络的训练。批标准化通过规范化让激活函数分布在线性区间,结果就是加大了梯度,让模型更加大胆地进行梯度下降。批标准化具有以下几个优点:

(1) 加大探索的步长,从而加快收敛的速度。

(2) 更容易跳出局部最小值。

(3) 破坏原来的数据分布,在一定程度上缓解过拟合。

对每一层的 Wx_plus_b 进行批标准化,这个步骤放在激活函数之前,示例代码如下:

```
#计算 Wx_plus_b 的均值和方差,其中 axes = [0]表示想要标准化的维度
fc_mean, fc_var = tf.nn.moments(Wx_plus_b, axes = [0], )
scale = tf.Variable(tf.ones([out_size]))
shift = tf.Variable(tf.zeros([out_size]))
epsilon = 0.001
Wx_plus_b = tf.nn.batch_normalization(Wx_plus_b, fc_mean, fc_var, shift, scale, epsilon)
```

```
#也就是在做
#Wx_plus_b = (Wx_plus_b - fc_mean)/tf.sqrt(fc_var + 0.001)
#Wx_plus_b = Wx_plus_b * scale + shift
```

6.5 TensorFlow 神经网络模型构建

下面介绍 TensorFlow 神经网络模型构建中的几个关键函数及其使用方法。

6.5.1 神经元函数及优化方法

激活函数运行时激活神经网络中某一部分神经元，将激活信息向后传入下一层的神经网络。神经网络之所以能解决非线性问题（如语音、图像识别等），本质上就是激活函数加入了非线性因素，弥补了线性模型的表达力，把“激活的神经元的特征”通过函数保留并映射到下一层。

激活函数不会更改输入数据的维度，也就是输入和输出的维度是相同的。TensorFlow 中有如下激活函数，输入均为需要计算的 x（一个张量），输出均为与 x 数据类型相同的张量。常见的激活函数有 Sigmoid、Tanh、ReLU 和 softplus。

1. Sigmoid 函数使用方法

示例代码如下：

```
a = tf.constant([[1.0, 2.0], [1.0, 2.0], [1.0, 2.0]])
sess = tf.Session()
print(sess.run(tf.sigmoid(a)))
```

Sigmoid 函数的优点在于它的输出映射在(0,1)内，单调连续，非常适合于用作输出层，并且求导比较容易。缺点在于其软饱和性。软饱和性指激活函数 $h(x)$ 在取值趋于无穷大时，它的一阶导数趋于 0。硬饱和是指当 $|x|>c$ 时，其中 c 为常数，$f'(x)=0$)，一旦落入软饱和区，$f'(x)$ 就会变得接近于 0，很容易产生梯度消失。梯度消失指在更新模型参数时采用链式求导法则反向求导，越往前梯度越小。最终的结果是到达一定深度后梯度对于模型的更新就没有任何贡献了。

2. ReLU 函数使用方法

ReLU 函数是目前最受欢迎的激活函数之一。softplus 函数可以看作 ReLU 函数的平滑版本。ReLU 函数定义为 $f(x)=\max(x,0)$。softplus 函数定义为 $f(x)=\log(1+\exp(x))$。使用示例代码如下：

```
a = tf.constant([-1.0, 2.0])
with tf.Session() as sess:
    b = tf.nn.relu(a)
    print(sess.run(b))
```

除了 ReLU 函数本身之外，TensorFlow 还定义了 ReLU6 函数及 crelu 函数。

3. dropout 函数

一个神经元将以概率 keep_prob 决定是否被抑制。如果被抑制,则该神经元的输出为0;如果不被抑制,那么该神经元的输出值将被放大到原来的 1/keep_prob 倍。

在默认情况下,每个神经元是否被抑制是相互独立的。但是否被抑制也可以通过 noise_shape 来调节。当 noise_shape[i]==shape(x)[i]时,x 中的元素是相互独立的。如果 shape(x)=[k,l,m,n],x 中的维度的顺序分别为批、行、列和通道;如果 noise_shape=[k,l,m,n],那么每个批和通道相互独立,行跟列相互关联,也就是说,要么都是0,要么都还是原来的值。使用示例代码如下:

```
a = tf.constant([[-1.0, 2.0, 3.0, 4.0]])
with tf.Session() as sess:
    b = tf.nn.dropout(a, 0.5, noise_shape = [1, 4])
    print(sess.run(b))
    b = tf.nn.dropout(a, 0.5, noise_shape = [1, 1])
    print(sess.run(b))
```

6.5.2 卷积函数

卷积函数是构建神经网络的重要支架,是在一批图像上扫描的二维过滤器。

(1) tf.nn.convolution(input, filter, padding, strides=None, dilation_rate=None, name=None, data_format=None) 这个函数计算 N 维卷积的和。

(2) tf.nn.conv2d(input, filter, strides, padding, use_cudnn_on_gpu=None, data_format=None, name=None)这个函数的作用是对一个四维的输入数据 input 和四维的卷积核 filter 进行操作,然后对输入数据进行一个二维的卷积操作,最后得到卷积之后的结果,示例代码如下:

```
tf.nn.conv2d(input, filter, strides, padding, use_cudnn_on_gpu = None, data_format = None,
name = None)
#输入:
#input: 一个 tensor.数据类型必须是 float32 或者 float64
#filter: 一个 tensor.数据类型必须与 input 相同
#strides: 一个长度是 4 的一维整数类型数组,每一维度对应的是 input 中每一维的对应移动步数
#padding: 一个字符串,取值为 SAME 或 VALID
#padding = 'SAME': 仅适用于全尺寸操作,即输入数据维度和输出数据维度相同
#padding = 'VALID': 适用于部分窗口,即输入数据维度和输出数据维度不同
#use_cudnn_on_gpu: 一个可选布尔值,默认是 True
#name: (可选)为该操作取一个名字
```

使用示例代码如下:

```
input_data = tf.Variable(np.random.rand(10,9,9,3), dtype = np.float32)
filter_data = tf.Variable(np.random.rand(2,2,3,2), dtype = np.float32)
y = tf.nn.conv2d(input_data, filter_data, strides = [1,1,1,1],padding = 'SAME')
```

(3) tf.nn.depthwise_conv2d(input, filter, strides, padding, rate=None, name=None,

data_format＝None)这个函数输入张量的数据维度是[batch，in_height，in_width，in_channels]，卷积核的维度是[filter_height，filter_width，in_channels，channel_multiplier]，在通道 in_channels 上面的卷积深度是 1，depthwise_conv2d 函数将不同的卷积核独立地应用在 in_channels 的每个通道上(从通道 1 到通道 channel_multiplier)，然后把所有的结果进行汇总。最后输出通道的总数是 in_channels×channel_multiplier。使用示例代码如下：

```
input_data = tf.Variable(np.random.rand(10, 9, 9, 3), dtype = np.float32)
filter_data = tf.Variable(np.random.rand(2, 2, 3, 5), dtype = np.float32)
y = tf.nn.depthwise_conv2d(input_data, filter_data, strides = [1, 1, 1, 1], padding = 'SAME')
```

(4) tf. nn. separable_conv2d(input，depthwise_filter，pointwise_filter，strides，padding，rate＝None，name＝None，data_format＝None)是利用几个分离的卷积核去做卷积。在这个 API 中，将应用一个二维的卷积核，在每个通道上，以深度 channel_multiplier 进行卷积，代码如下：

```
pointwise_filter, strides, padding, rate = None, name = None, data_format = None)
#特殊参数:
#depthwise_filter: 一个张量.数据维度是四维[filter_height, filter_width, in_channels,
channel_multiplier].其中,in_channels 的卷积深度是 1
#pointwise_filter: 一个张量,数据维度是四维[1, 1, channel_multiplier * in_channels, out_
channels].其中,pointwise_filter 是在 depthwise_filter 卷积之后的混合卷积
```

使用示例代码如下：

```
input_data = tf.Variable(np.random.rand(10, 9, 9, 3), dtype = np.float32)
depthwise_filter = tf.Variable(np.random.rand(2, 2, 3, 5), dtype = np.float32)
pointwise_filter = tf.Variable(np.random.rand(1, 1, 15, 20), dtype = np.float32)
y = tf.nn.separable_conv2d(input_data, depthwise_filter, pointwise_filter, strides = [1, 1,
1, 1], padding = 'SAME')
```

(5) tf. nn. atrous_conv2d(value，filters，rate，padding，name＝None)计算 Atrous 卷积，又称孔卷积或者扩张卷积。使用示例代码如下：

```
input_data = tf.Variable(np.random.rand(1, 5, 5, 1), dtype = np.float32)
filters = tf.Variable(np.random.rand(3, 3, 1, 1), dtype = np.float32)
y = tf.nn.atrous_conv2d(input_data, filters, 2, padding = 'SAME')
```

(6) tf. nn. conv2d_transpose(value，filter，output_shape，strides，padding＝'SAME'，data_format＝'NHWC'，name＝None)在解卷积网络中有时称为“反卷积”，但实际上是 conv2d 的转置，而不是实际的反卷积，代码如下：

```
def conv2d_transpose(value, filter, output_shape, strides, padding = 'SAME', data_format =
'NHWC', name = None)
#特殊参数:
#output_shape: 一维的张量,表示反卷积运算后输出的形状
#输出: 和 value 一样维度的 Tensor
```

使用示例代码如下：

```
x = tf.random_normal(shape = [1, 3, 3, 1])
kernel = tf.random_normal(shape = [2, 2, 3, 1])
y = tf.nn.conv2d_transpose(x, kernel, output_shape = [1, 5, 5, 3], strides = [1, 2, 2, 1],
padding = 'SAME')
```

(7) tf. nn. conv1d(value, filters, stride, padding, use_cudnn_on_gpu=None, data_format=None, name=None)和二维卷积类似。这个函数是用来计算给定三维的输入和过滤器的情况下的一维卷积。不同的是，它的输入是三维，如[batch, in_width, in_channels]。卷积核的维度也是三维，少了一维 filter_height，如[filter_width, in_channels, out_channels]。stride 是一个正整数，代表卷积核向右移动每一步的长度。

(8) tf. nn. conv3d(input, filter, strides, padding, name=None)和二维卷积类似，这个函数用来计算给定五维的输入和过滤器的情况下的三维卷积。和二维卷积相对比：

input 的 shape 中多了一维 in_depth，形状为 Shape[batch, in_depth, in_height, in_width, in_channels]。

filter 的 shape 中多了一维 filter_depth，由 filter_depth、filter_height 和 filter_width 构成了卷积核的大小。

strides 中多了一维，变为[strides_batch, strides_depth, strides_height, strides_width, strides_channel]，必须保证 strides[0]=strides[4]=1。

(9) tf. nn. conv3d_transpose(value, filter, output_shape, strides, padding='SAME', name=None)和二维反卷积类似。

6.5.3 池化函数

在神经网络中，池化函数(Pooling Function)一般跟在卷积函数的下一层，池化操作是利用一个矩阵窗口在张量上进行扫描，将每个矩阵窗口中的值通过取最大值或平均值来减少元素个数。每个池化操作的矩阵窗口大小是由 ksize 指定的，并且根据步长 strides 决定移动步长。

(1) tf. nn. avg_pool(value, ksize, strides, padding, data_format='NHWC', name=None)这个函数计算池化区域中元素的平均值，代码如下：

```
def avg_pool(value, ksize, strides, padding, data_format = 'NHWC', name = None)
#value: 一个四维的张量.数据维度是[batch, height, width, channels]
#ksize: 一个长度不小于 4 的整型数组.每一位上的值对应于输入数据张量中每一维的窗口对应值
#strides: 一个长度不小于 4 的整型数组,该参数指定滑动窗口在输入数据张量每一维上的步长
#padding: 一个字符串,取值为 SAME 或者 VALID
#data_format: 'NHWC'代表输入张量维度的顺序,N 为个数,H 为高度,W 为宽度,C 为通道数(RGB 三通
#道或者灰度单通道)
#name: 为这个操作取一个名字
#输出: 一个张量,数据类型和 value 相同
```

使用示例代码如下：

```
input_data = tf.Variable(np.random.rand(10, 6, 6, 3), dtype = np.float32)
filter_data = tf.Variable(np.random.rand(2, 2, 3, 10), dtype = np.float32)
y = tf.nn.conv2d(input_data, filter_data, strides = [1, 1, 1, 1], padding = 'SAME')
out_put = tf.nn.avg_pool(value = y, ksize = [1, 2, 2, 1], strides = [1, 1, 1, 1], padding =
'SAME')
```

(2) tf. nn. max_pool(value, ksize, strides, padding, data_format='NHWC', name=None)这个函数是计算池化区域中元素的最大值。使用示例代码如下：

```
input_data = tf.Variable(np.random.rand(10, 6, 6, 3), dtype = np.float32)
filter_data = tf.Variable(np.random.rand(2, 2, 3, 10), dtype = np.float32)
y = tf.nn.conv2d(input_data, filter_data, strides = [1, 1, 1, 1], padding = 'SAME')
out_put = tf.nn.max_pool(value = y, ksize = [1, 2, 2, 1], strides = [1, 1, 1, 1], padding =
'SAME')
```

(3) tf. nn. max_pool_with_argmax(input, ksize, strides, padding, Targmax, name=None)这个函数的作用是计算池化区域中元素的最大值和该最大值所在的位置。在计算位置 argmax 的时候，将 input 平铺了进行计算，所以，如果 input=[b, y, x, c]，那么索引位置是：((b * height+y) * width+x) * channels+c。使用示例代码如下：

```
input_data = tf.Variable(np.random.rand(10, 6, 6, 3), dtype = np.float32)
filter_data = tf.Variable(np.random.rand(2, 2, 3, 10), dtype = np.float32)
y = tf.nn.conv2d(input_data, filter_data, strides = [1, 1, 1, 1], padding = 'SAME')
out_put, argmax = tf.nn.max_pool_with_argmax(input = y, ksize = [1, 2, 2, 1], strides = [1, 1,
1, 1], padding = 'SAME')
#返回结果是一个张量组成的元组(output, argmax),output 表示池化区域的最大值 argmax 的数据
#类型是 Targmax,维度是四维
```

(4) tf. nn. avg_pool3d()和 tf. nn. max_pool3d()分别是在三维下的平均池化和最大池化。

(5) tf. nn. fractional_avg_pool()和 tf. nn. fractional_max_pool()分别是 Benjamin Graham 在论文中提出的池化技术，池化后的图片大小可以成非整数倍缩小，如$\sqrt{2}$，$\sqrt{3}$。

(6) tf. nn. pool(input, window_shape, pooling_type, padding, dilation_rate=None, strides=None, name=None, data_format=None)这个函数执行一个 N 维的池化操作。

6.5.4 分类函数

(1) tf. nn. sigmoid_cross_entropy_with_logits(logits, targets, name=None)和二维反卷积类似。

```
tf.nn.sigmoid_cross_entropy_with_logits(logits, targets, name = None)
#输入: logits: [batch_size, num_classes],targets: [batch_size, size].logits 用最后一层的输
#入即可
#最后一层不需要进行 sigmoid 运算,此函数内部进行了 sigmoid 操作
#输出: loss[batch_size, num_classes]
```

这个函数的输入要格外注意。如果采用此函数作为损失函数，在神经网络的最后一层不需要进行 sigmoid 运算。

(2) tf. nn. softmax(logits, dim = -1, name = None)计算 SoftMax 激活，也就是 softmax=exp(logits)/reduce_sum(exp(logits), dim)。

(3) tf. nn. log_softmax(logits, dim=-1, name=None)计算 log softmax 激活，也就是 logsoftmax=logits-log(reduce_sum(exp(logits), dim))。

(4) tf. nn. softmax_cross_entropy_with_logits(_sentinel=None, labels=None, logits=None, dim=-1, name=None)。示例代码如下：

```
softmax_cross_entropy_with_logits(_sentinel = None, labels = None, logits = None, dim = - 1,
name = None)
#输入：logits and labels 均为[batch_size, num_classes]
#输出：loss[batch_size],里面保存的是 batch 中每个样本的交叉熵
```

(5) tf. nn. sparse_softmax_cross_entropy_with_logits(logits, labels, name=None)，示例代码如下：

```
tf.nn.sparse_softmax_cross_entropy_with_logits(logits, labels, name = None)
#输入：logits: [batch_size, num_classes] labels: [batch_size],必须在[0, num_classes]
#输出：loss[batch_size],里面保存的是 batch 中每个样本的交叉熵
```

6.5.5 优化方法

目前加速训练的优化方法基本基于梯度下降法，只是细节上有差异。梯度下降法是求函数极值的一种方法，学习到最后就是求损失函数的极值问题。

1. BGD

BGD 的全称是 Batch Gradient Descent，即批梯度下降法。这种方法是利用现有参数对训练集中的每一个输入生成一个估计输出 yi，然后与实际输出 yi 比较，统计所有误差，求平均值后得到平均误差，以此作为更新参数的一句。它的迭代过程为：

(1) 提取训练集中的所有内容$\{x_1, x_2, \cdots, x_n\}$，以及相关的输出 yi。

(2) 计算梯度和误差并更新参数。

这个方法的优点是使用所有训练数据计算能够保证收敛，并且不需要逐渐减少学习率；缺点是每一步都需要使用所有的训练集，随着训练的进行，速度会越来越慢。

2. SGD

SGD 的全称是 Stochastic Gradient Descent，即随机梯度下降法。因为这种方法的主要思想是将数据集拆分成一个个批次(batch)，随机抽取一个批次来计算并更新参数。SGD 每一次迭代计算 mini-batch 的梯度，然后对参数进行更新。与 BGD 相比，SGD 在训练数据集很大时，仍能以较快的速度收敛，但仍有以下两个缺点：

(1) 由于抽取不可避免地使梯度有误差，所以需要手动调整学习率，但是选择合适的学习率又很困难。

(2) SGD 容易收敛到局部最优，并且在某些情况下可能被困在鞍点。

3. Momentum 法

Momentum 法模拟物理学中动量的概念,更新时会在一定程度上保留之前的更新方向,利用当前批次再微调本次的更新参数,因此引入了一个新的变量 v(速度),作为前几次梯度的累加。因此,Momentum 法能够更新学习率,在下降初期,在前后梯度方向一致时,能够加速学习,在下降的中后期,在局部最小值的附近来回震荡时,能够抑制震荡,加快收敛。

4. Nesterov Momentum 法

Nesterov Momentum 法是对 Momentum 法的改进,Momentum 法首先计算一个梯度,然后在加速更新梯度的方向进行一个大的跳跃;Nesterov 法首先在原来加速的梯度方向进行一个大的跳跃,然后在该位置计算梯度值,最后用这个梯度值修正最终的更新方向。

5. Adagrad 法

Adagrad 法能够自适应地为各个参数分配不同的学习率,能够控制每个维度的梯度方向。这种方法的优点是能够实现学习率的自动更改;如果本次更新时梯度大,则学习率就衰减得快一些;如果这一次更新时梯度小,则学习率就衰减得慢一些。

6. Adadelta 法

Adadelta 法仍然存在一些问题:其学习率单调递减使在训练的后期学习率非常小,并且需要手动设置一个全局的初始学习率。

7. RMSProp 法

RMSProp 法与 Momentum 法类似,通过引入一个衰减系数,使每一回合都衰减一定比例,在实践中,对循环神经网络(RNN)效果很好。

8. Adam 法

Adam 的名称来源于自适应矩估计(Adaptive Moment Estimation)。Adam 法根据损失函数针对每个参数的梯度的一阶矩估计和二阶矩估计动态调整每个参数的学习率。矩估计就是利用样本来估计总体中相应的参数。

6.6 TensorFlow 运行环境安装

为方便读者学习使用,本书选择在 Windows 平台上搭建 TensorFlow 开发环境和运行环境,此方法和步骤在 Linux 平台可以借鉴。由于 TensorFlow 版本还在不断更新,读者在使用的时候可以关注和浏览 TensorFlow 官网获取详细信息。

6.6.1 Python 安装

1. Python 安装包下载

读者可以从网上下载 Python 3.5 后进行安装。TensorFlow 要求 Python 版本是 3.5,操作系统为 64 位。因此,使用者在安装的时候要随时关注 Python 对 TensorFlow 的支持版本。Python 下载的官方网址:https://www.python.org/downloads/Windows/,但是官方网址下载速度比较慢。因此,读者也可以自己在百度中搜索 Python 3.5 安装包并下载,找到一些国内下载网址(如下载之家)下载 Python 3.5 安装包。

2. Python 编译安装

下载后直接运行该文件就可以实现安装，在安装过程中可以选择默认路径，也可以自己设定安装目录，但是初学者在安装的时候一定要记得自己在安装过程中所选择的 Python 安装路径。安装过程中记得勾选 Adding to PATH 选项，这样安装程序会自动将 C:\Python35 及 C:\Python35\Scripts 加入 Path 变量。

测试 Python 是否按装成功可以通过 Windows 的 cmd 命令行中测试 Python 是否安装成功。通过 cmd 进入命令行操作模式后，在命令行界面中输入命令：python，如果出现如图 6-4 类似的提示信息，就表示 Python 已经安装成功。

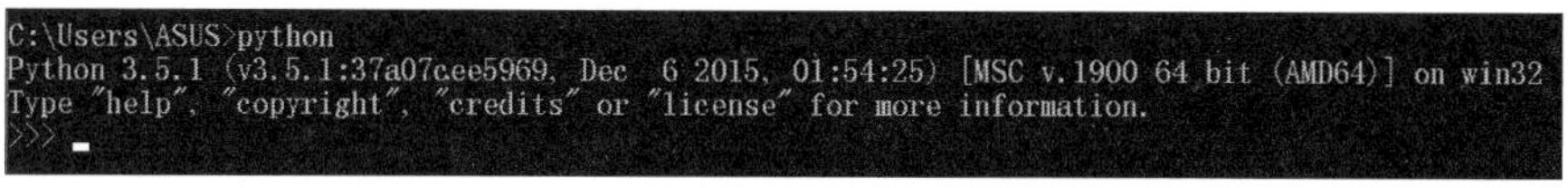

```
C:\Users\ASUS>python
Python 3.5.1 (v3.5.1:37a07cee5969, Dec  6 2015, 01:54:25) [MSC v.1900 64 bit (AMD64)] on win32
Type "help", "copyright", "credits" or "license" for more information.
>>> 
```

图 6-4　Python 安装成功显示界面

6.6.2　pip 工具安装

1. pip 安装包下载

pip 即 Python Install Package 的缩写，是 Python 最常用的包管理工具。该工具提供了对 Python 包的查找、下载、安装、卸载等功能，通过 pip 可以直接通过互联网获得各种 Python 开发包，TensorFlow 的 Python 开发包也需要通过 pip 得到。Python 2.7.9+或 Python 3.4+ 以上版本都自带 pip 工具。pip 的官方网址：https://pypi.org/project/pip/。

如果系统没有 pip 工具则需要自己单独安装，则从 pip 官网上下载 pip 安装压缩包，将 pip 的 tar 包下载到本地并解压，这个 tar.gz 格式的是 Windows 和 Linux 通用的包，在 Windows 下用常规的解压工具即可解压，下载地址：https://pypi.python.org/pypi/pip#downloads。

下载完成后，将 pip 压缩包解压到指定的目录，接着按下面方法进行安装。

2. pip 安装包安装

进入 cmd 命令行环境，并进入 pip 解压后的目录(注意：一定要进入 pip 文件目录)。在 pip 压缩包解压后的目录下执行 python setup.py install 命令进行安装。安装完成之后显示 finished 则说明安装成功。

如果执行 pip 命令的时候，提示找不到这个命令，则需要将 pip 的安装路径加入到环境变量中(设置环境变量与 Python 的环境变量设置相同)，路径为刚才安装 Python 所在目录的 Scripts 目录中。

环境变量添加完成之后，执行 pip list。如果出现如图 6-5 显示 pip 版本号等信息，则表示安装成功。

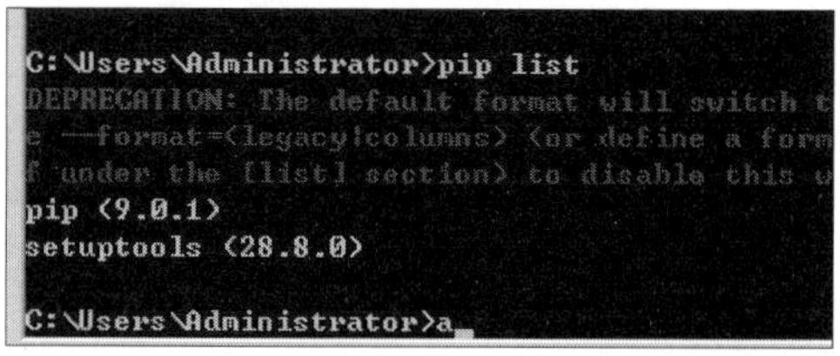

```
C:\Users\Administrator>pip list
DEPRECATION: The default format will switch t
e --format=(legacy|columns) (or define a form
f under the [list] section) to disable this w
pip (9.0.1)
setuptools (28.8.0)

C:\Users\Administrator>a
```

图 6-5　pip 安装成功显示界面

pip 命令支持在线升级。通过 cmd 进入命令行界面，输入如下命令即可实现 pip 升级：

```
python -m pip install --upgrade pip --force-reinstall
```

读者可以通过 pip 把一些常用的 Python 支持库下载到本机，常用的 Python 开源软件可以通过一些镜像（如清华开源软件镜像：https://pypi.tuna.tsinghua.edu.cn/simple）来就近安装，代码如下所示：

```
pip install -i https://pypi.tuna.tsinghua.edu.cn/simple tensorflow==1.8.0
pip install -i https://pypi.tuna.tsinghua.edu.cn/simple --upgrade setuptools
pip install https://pypi.tuna.tsinghua.edu.cn/simpl numpy==1.16.0
pip install -i https://pypi.tuna.tsinghua.edu.cn/simple keras==2.1.6
pip install opencv-python
pip install moviepy
…
```

6.6.3 Sublime 安装

1. Sublime 编辑器安装

Sublime Text 支持多种编程语言的语法高亮并拥有优秀的代码自动完成功能，还拥有保存及调用代码片段（Snippet）的功能，可以将常用的代码片段保存起来，在需要时随时调用。我们可以使用 Sublime Text 编写 Python 程序并调试、编译和运行。读者可以在网上下载 Sublime 的安装版本。Sublime 安装完成后需要与 Windows 系统中已经安装好的 Python 对接，需要如下配置，如图 6-6 所示。

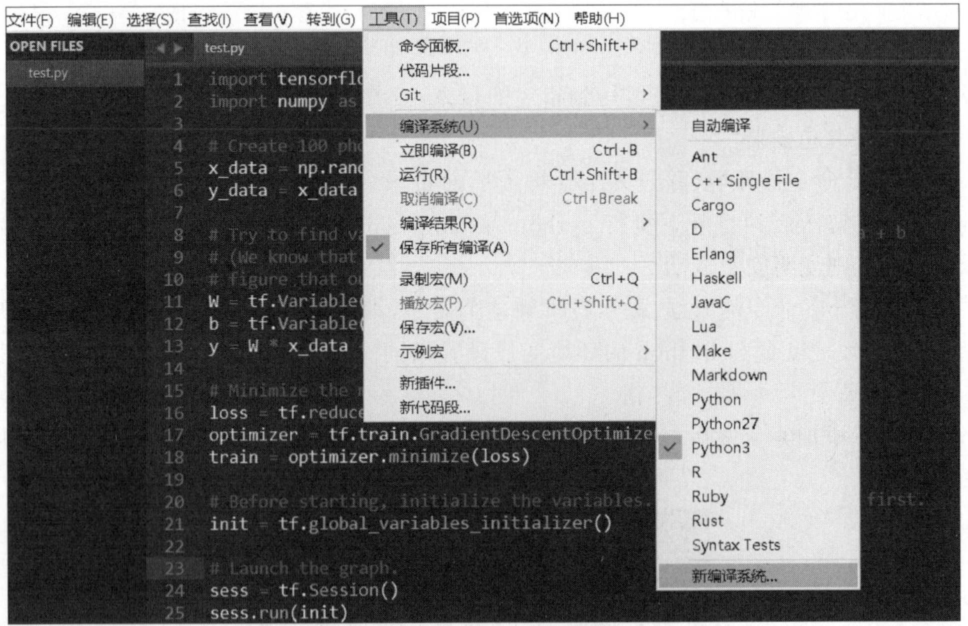

图 6-6 Sublime 编辑环境与 Python 编译环境连接配置

输入如下信息(注意,置灰部分为读者开发环境中安装 Python 时的绝对路径),如图 6-7 所示。

```
{
    "cmd": ["C:/Python35/python3.exe","-u","$file"],
    "file_regex": "^[ ]*File \"(...*?)\", line ([0-9]*)",
    "selector": "source.python",
    "encoding":"cp936"
}
```

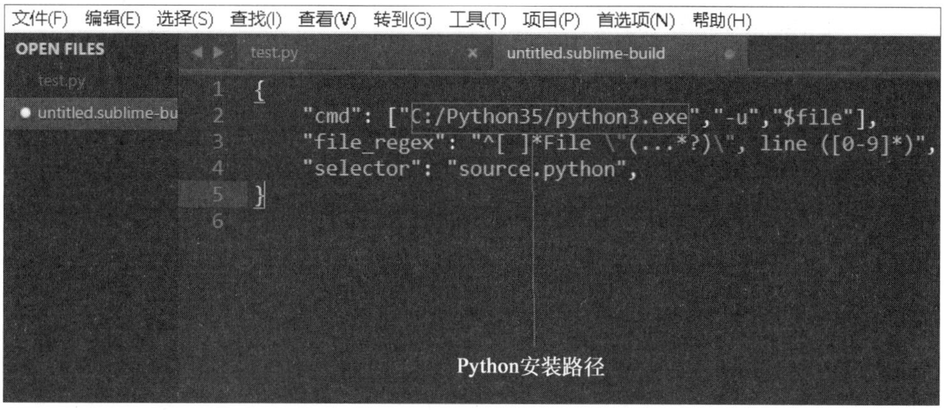

文件(F) 编辑(E) 选择(S) 查找(I) 查看(V) 转到(G) 工具(T) 项目(P) 首选项(N) 帮助(H)

OPEN FILES

test.py

untitled.sublime-bu

test.py

untitled.sublime-build

```
{
    "cmd": ["C:/Python35/python3.exe","-u","$file"],
    "file_regex": "^[ ]*File \"(...*?)\", line ([0-9]*)",
    "selector": "source.python",
}
```

Python安装路径

图 6-7 Sublime 的 Python 环境配置

将该文件另存为 Sublime Text3\Data\Packages\User 路径下,并命名为 Python3.sublime-build,如图 6-8 所示。

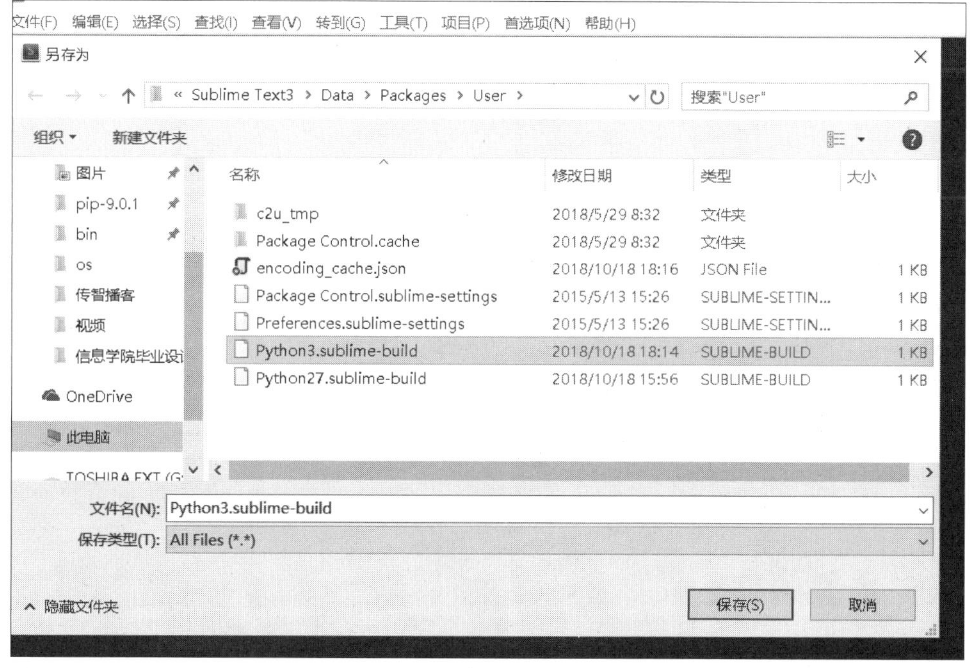

图 6-8 Python3.sublime-build 文件保存

这个时候在工具→编译系统就会出现 Python3 的菜单，选中即可，如图 6-9 所示。

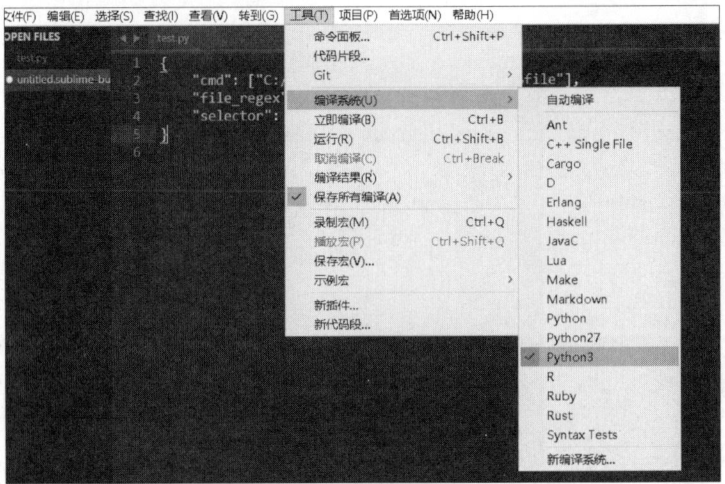

图 6-9 Sublime 环境的 Python 编译选择

2. 编程示例

新建一个 Python 文件（主菜单：文件→新建），文件名可以自行定义，但是扩展名必须为.py。输入示例代码如下：

```
import os
os.environ['TF_CPP_MIN_LOG_LEVEL'] = '2'
import tensorflow as tf
import numpy as np


#Create 100 phony x, y data points in NumPy, y = x * 0.1 + 0.3
#先建立训练集，产生 100 组满足 y=0.1x+0.3 的[x,y]集合
x_data = np.random.rand(100).astype(np.float32)
y_data = x_data * 0.1 + 0.3

# -----------------------------------------------------------
#以下程序利用这 100 个数据集[x,y]，来推算 k 和 b 值，即下面的 W 和 b 值
#Try to find values for W and b that compute y_data = W * x_data + b
#(We know that W should be 0.1 and b 0.3, but TensorFlow will
#figure that out for us.)
#初始化值：W 为[-0.1,0.1]，b 为全 0
W = tf.Variable(tf.random_uniform([1], -1.0, 1.0))
b = tf.Variable(tf.zeros([1]))
y = W * x_data + b

#Minimize the mean squared errors
#最小二乘法和梯度下降法
loss = tf.reduce_mean(tf.square(y - y_data))
optimizer = tf.train.GradientDescentOptimizer(0.5)
train = optimizer.minimize(loss)

#Before starting, initialize the variables.  We will 'run' this first
```

```
#定义好数据和解决问题的方法以后,下面就是委托 tensorflow 执行
#init 让 tf 进行初始化
init = tf.global_variables_initializer()

#Launch the graph
#跟 tf 建立对话,并委托 tf 执行计算
sess = tf.Session()
sess.run(init)

#Fit the line
#让 tf 将算法执行 200 次,每 20 次打印计算结果
for step in range(201):
    sess.run(train)
    if step % 20 == 0:
        print(step, sess.run(W), sess.run(b))

#Learns best fit is W: [0.1], b: [0.3]
```

在 Sublime 环境中编辑完成后,同时按键盘 Ctrl+S 保存该文件,再同时按键盘 Ctrl+B 进行编译和运行。如果整个运行和安装过程没有问题,就会出现如图 6-10 所示椭圆形标识中显示的结果。至此,就表示 Sublime 安装成功并可以使用 TensorFlow 了。

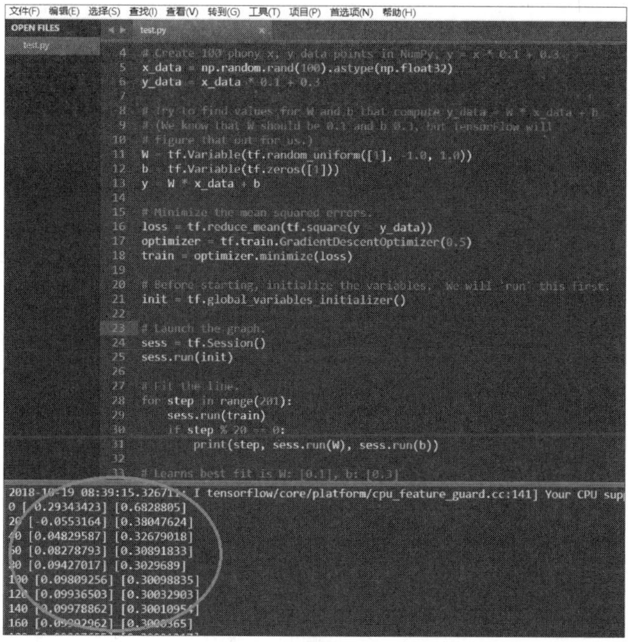

图 6-10　Python 与 TensorFlow 安装成功示例代码运行结果

6.7　TensorFlow 深度学习模型构建

下面以一元线性回归模型为例,介绍如何使用 TensorFlow 搭建模型并通过会话与后台建立联系,并通过数据来训练模型,求解参数,直到达到预期结果为止,同时学习如何使用

TensorBoard 可视化工具来展示网络图、张量的指标变化、张量的分布情况等。

设给定一批由 $y=3*x+2$ 生成的数据集(x,y)，建立线性回归模型 $h(x)=w*x+b$，预测出 $w=3$ 和 $b=2$。

6.7.1 生成拟合数据集

数据集只含有一个特征向量，注意误差项需要满足高斯分布，程序使用了 NumPy 和 Matplotlib 库。NumPy 是 Python 的一个开源数值科学计算库，可用来存储和处理大型矩阵。Matplotlib 是 Python 的绘图库，它可与 NumPy 一起使用，提供了一种有效的 MATLAB 开源替代方案。其代码如下：

```
#首先导入 3 个库
import numpy as np
import tensorflow as tf
import matplotlib.pyplot as plt
#随机产生 100 个数据点，随机概率符合高斯分布(正态分布)
num_points = 100
vectors_set = []
for i in range(num_points):
x1 = np.random.normal(0.,0.55)
y1 = x1 * 0.1 + 0.3 + np.random.normal(0.0,0.03)
vectors_set.append([x1,y1])
#定义特征向量 x
x_data = [v[0] for v in vectors_set]
#定义标签向量 y
y_data = [v[1] for v in vectors_set]
#按[x_data,y_data]在 X-Y 坐标系中以打点方式显示，调用 plt 建立坐标系并将值输出
plt.scatter(x_data,y_data,c = 'b')
plt.show()
```

产生的数据分布如图 6-11 所示。

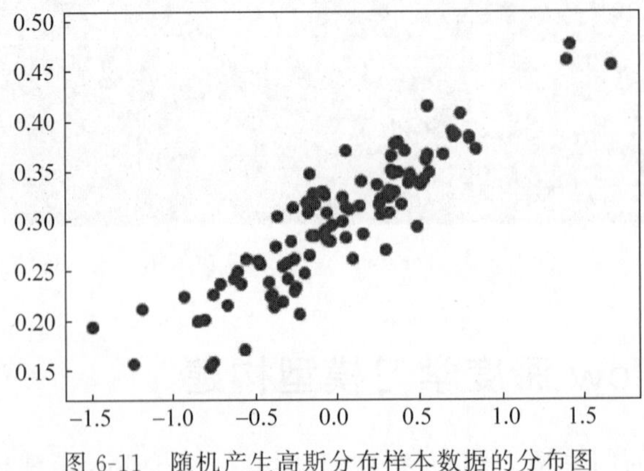

图 6-11 随机产生高斯分布样本数据的分布图

6.7.2 构建线性回归模型数据流图

示例代码如下：

```
#利用 TensorFlow 随机产生 w 和 b,为了图形显示需要,分别定义名称 myw 和 myb
w = tf.Variable(tf.random_uniform([1], -1.,1.),name='myw')
b = tf.Variable(tf.zeros([1]),name='myb')
#根据随机产生的 w 和 b,结合上面随机产生的特征向量 x_data,经过计算得出预估值
y = w * x_data + b
#以预估值 y 和实际值 y_data 之间的均方差作为损失
loss = tf.reduce_mean(tf.square(y-y_data,name='mysquare'), name='myloss')
#采用梯度下降法来优化参数
optimizer = tf.train.GradientDescentOptimizer(0.5)
train = optimizer.minimize(loss,name='mytrain')
```

6.7.3 在 Session 中运行已构建的数据流图

示例代码如下：

```
#global_variables_initializer 初始化 Variable 等变量
sess = tf.Session()
init = tf.global_variables_initializer()
sess.run(init)
print("w=", sess.run(w),"b=",sess.run(b),sess.run(loss))
#迭代 20 次 train
for step in range(20):
sess.run(train)
print("w=", sess.run(w),"b=",sess.run(b),sess.run(loss))
#写入磁盘,提供 TensorBoard 在浏览器中展示
writer = tf.summary.FileWriter("./mytmp",sess.graph)
```

输出 w 和 b，损失值的变化情况，可以看到损失值从 0.24 降到 0.0008(注：不同计算机环境的输出结果数字精度不完全相同)。

```
w= [ 0.84187579] b= [ 0.] 0.24672
w= [ 0.62387741] b= [ 0.2887578] 0.0810729
w= [ 0.46816835] b= [ 0.29152298] 0.0398987
w= [ 0.35953158] b= [ 0.29349807] 0.019856
w= [ 0.28373611] b= [ 0.29487607] 0.0100996
w= [ 0.23085392] b= [ 0.29583749] 0.00535033
w= [ 0.19395822] b= [ 0.29650828] 0.00303851
w= [ 0.16821624] b= [ 0.2969763] 0.00191316
w= [ 0.15025616] b= [ 0.29730281] 0.00136536
w= [ 0.13772549] b= [ 0.29753062] 0.0010987
w= [ 0.12898289] b= [ 0.29768959] 0.000968901
w= [ 0.1228832] b= [ 0.29780045] 0.000905715
w= [ 0.11862747] b= [ 0.29787785] 0.000874958
w= [ 0.11565827] b= [ 0.29793182] 0.000859985
w= [ 0.11358666] b= [ 0.29796949] 0.000852697
w= [ 0.11214132] b= [ 0.29799578] 0.00084915
w= [ 0.1111329] b= [ 0.2980141] 0.000847423
w= [ 0.11042934] b= [ 0.29802689] 0.000846582
w= [ 0.10993847] b= [ 0.2980358] 0.000846173
w= [ 0.10959598] b= [ 0.29804203] 0.000845974
w= [ 0.10935704] b= [ 0.29804638] 0.000845877
```

6.7.4 输出拟合的线性回归模型

示例代码如下：

```
plt.scatter(x_data,y_data,c = 'b')
plt.plot(x_data,sess.run(w) * x_data + sess.run(b))
plt.show()
```

执行上述代码后，将最佳拟合线性图输出，如图 6-12 所示。

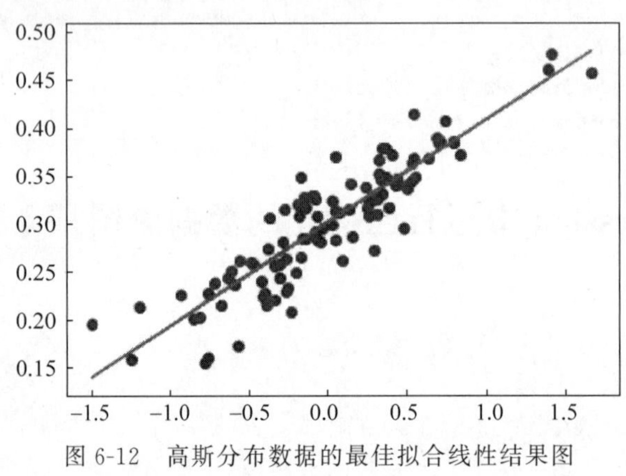

图 6-12 高斯分布数据的最佳拟合线性结果图

6.7.5 TensorBoard 神经网络数据流图可视化

TensorBoard 是 TensorFlow 的可视化工具包，使用者通过 TensorBoard 可以将代码实现的数据流图以可视化的图形显示在浏览器中，这样方便使用者编写和调试 TensorFlow 数据流图程序。如在上面的程序设计中有一行代码：

```
writer = tf.summary.FileWriter("./mytmp",sess.graph)
```

运行该代码后就可以将整个神经网络节点信息写入./mytmp 目录下（注意：该目录与前面建立的程序在同一个目录）。在 cmd 中通过"cd 目录"切换到该目录下，输入 dir 命令显示该目录下刚才运行的日志文件，最后输入：

```
tensorboard - - logdir = C:\Users\ybx\Desktop\mytmp
```

回车后出现显示信息，如图 6-13 所示。

信息最后一行显示：

```
TensorBoard 1.8.0 at http://LAPTOP - 11ET0A5M:6006 (Press CTRL + C to quit)
```

打开 Chrome 浏览器，在浏览器地址栏中输入，http://laptop-11et0a5m:6006/#graphs&run=，就会展示刚才程序设计的神经网络的图形显示，如图 6-14 所示。

```
Microsoft Windows [版本 10.0.18362.720]
(c) 2019 Microsoft Corporation。保留所有权利。

C:\Users\ybx>cd C:\Users\ybx\Desktop\mytmp

C:\Users\ybx\Desktop\mytmp>dir
 驱动器 C 中的卷是 Windows
 卷的序列号是 E09F-A9BD

 C:\Users\ybx\Desktop\mytmp 的目录

2020/04/02  11:49    <DIR>          .
2020/04/02  11:49    <DIR>          ..
2020/04/02  11:34            19,928 events.out.tfevents.1585798488.LAPTOP-11ET0A5M
2020/04/02  11:35            19,928 events.out.tfevents.1585798505.LAPTOP-11ET0A5M
2020/04/02  11:37            19,928 events.out.tfevents.1585798624.LAPTOP-11ET0A5M
2020/04/02  11:38            19,928 events.out.tfevents.1585798701.LAPTOP-11ET0A5M
2020/04/02  11:38            19,928 events.out.tfevents.1585798703.LAPTOP-11ET0A5M
2020/04/02  11:49            19,928 events.out.tfevents.1585799373.LAPTOP-11ET0A5M
               6 个文件        119,568 字节
               2 个目录 36,197,998,592 可用字节

C:\Users\ybx\Desktop\mytmp>tensorboard --logdir=C:\Users\ybx\Desktop\mytmp
2020-04-02 12:30:36.837136: I T:\src\github\tensorflow\tensorflow\core\platform\cpu_feature_guard.cc:140] Your CPU supports instructions that thi
 AVX2
W0402 12:30:36.875001 Reloader tf_logging.py:121] Found more than one graph event per run, or there was a metagraph containing a graph_def, as we
 the graph with the newest event.
W0402 12:30:36.875001 Reloader tf_logging.py:121] Found more than one metagraph event per run. Overwriting the metagraph with the newest event.
W0402 12:30:36.880001 Reloader tf_logging.py:121] Found more than one graph event per run, or there was a metagraph containing a graph_def, as we
 the graph with the newest event.
W0402 12:30:36.881000 Reloader tf_logging.py:121] Found more than one metagraph event per run. Overwriting the metagraph with the newest event.
W0402 12:30:36.888001 Reloader tf_logging.py:121] Found more than one graph event per run, or there was a metagraph containing a graph_def, as we
 the graph with the newest event.
W0402 12:30:36.889002 Reloader tf_logging.py:121] Found more than one metagraph event per run. Overwriting the metagraph with the newest event.
W0402 12:30:36.896003 Reloader tf_logging.py:121] Found more than one graph event per run, or there was a metagraph containing a graph_def, as we
 the graph with the newest event.
W0402 12:30:36.897002 Reloader tf_logging.py:121] Found more than one metagraph event per run. Overwriting the metagraph with the newest event.
W0402 12:30:36.901004 Reloader tf_logging.py:121] Found more than one graph event per run, or there was a metagraph containing a graph_def, as we
 the graph with the newest event.
W0402 12:30:36.901004 Reloader tf_logging.py:121] Found more than one metagraph event per run. Overwriting the metagraph with the newest event.
TensorBoard 1.8.0 at http://LAPTOP-11ET0A5M:6006 (Press CTRL+C to quit)
```

图 6-13　启动 TensorBoard 功能

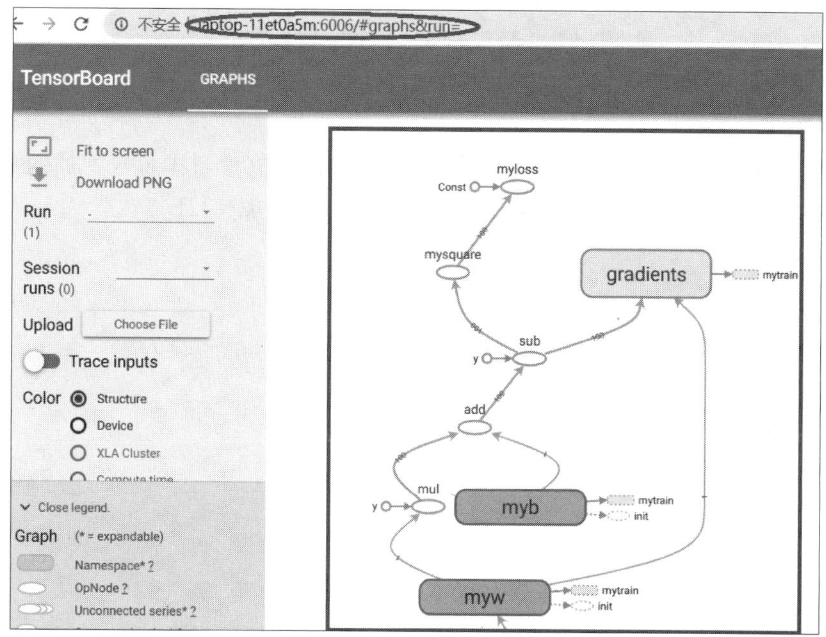

图 6-14　数据流图过程的可视化显示

本章小结

TensorFlow 是一个开源的、基于 Python 的机器学习框架，它由谷歌开发，并在图形分类、声频处理、推荐系统和自然语言处理等场景下有着丰富的应用，是目前最热门的深度学

习框架之一。本章从TensorFlow技术特点开始，首先介绍TensorFlow的组件结构，然后详细向读者讲解了TensorFlow的编程方法，包括程序结构、编程模型、常用API及其调用、变量及作用域、批标准化等基础编程知识。接着对TensorFlow神经网络模型构建进行了详细介绍，重点介绍了TensorFlow神经元函数、激活函数、池化函数、分类函数及相关的优化方法。最后通过一个典型的线性回归的示例，介绍了如何利用Python来开发TensorFlow深度学习应用，利用Sublime工具搭建TensorFlow开发环境，同时对TensorFlow的TensorBoard可视化工具包来直观地观察深度学习数据流图模型，从而可以帮助使用者高效构建深度学习智能模型，方便编写和调试程序代码。

课后思考题

1. 请举例目前人工智能领域有哪些开源的深度学习框架？TensorFlow与这些开源框架比较起来，有哪些优点？

2. 为什么说Python是一门适合开发人工智能应用的程序语言？与C、Java等程序开发语言相比，Python的主要优点是什么？

3. 请问TensorFlow中的Session是做什么的？为什么需要Session？

4. 请用画图工具（工具不限）画出TensorFlow进行模型设计和训练的基本流程图。

5. TensorFlow是一种“符号式编程框架”，首先要构造一个图（Graph），然后在会话（Session）上根据这个图进行真实的运算，请思考一下，获得这个图后给整个系统开发会带来哪些帮助？

6. 深度学习是基于数据驱动的人工智能机器学习，可以学习样本数据的内在规律和表示层次，请问如何搜集、制作和划分自己模型所需要的训练集、验证集？

第 7 章

数据采集与数据集制作

大数据是驱动新一代人工智能技术发展的关键技术之一，数据的采集与制作是训练深度学习的基础，数据采集是否全面及数据集制作是否合理等都是制约人工智能深度学习模型效率的关键因素。本章将介绍如何利用 Python 语言及爬虫技术采集数据，并对这些数据进行模型训练，用于大数据集制作。

7.1 引言

在信息技术高速发展的今天，互联网存储了海量有价值的数据，要想将数据的价值发挥出来，必须进行数据分析，而这一切的起点就是数据的采集。面对如此多的数据，人工采集显然已不太现实，那么如何高效地获取这些数据呢？首先，我们可以尝试寻找现有的数据集进行试验。数据集(Dataset)是一种由数据所组成的集合，每一列代表一个特定变量，每一行对应于该问题的某一成员，通常以表格形式(***.csv)出现。其中的每个数值被称为数据资料，对应于行数，该数据集的数据可能包括一个或多个成员。

在选择数据集时应按照以下标准：

(1) 数据集中的数据不能是混乱的，数据越干净越好，因为清理大型数据集会非常耗时。

(2) 数据集不应有过多的行或者列，便于处理，减少计算时间。

此处，介绍几个人工智能领域常用的数据集平台。

1. Kaggle

Kaggle 是由联合创始人、首席执行官安东尼·高德布卢姆(Anthony Goldbloom)于 2010 年在墨尔本创立的，主要为开发者和数据科学家提供举办机器学习竞赛、托管数据库、编写和分享代码的平台。其中包含大量外部贡献的有趣数据集，例如：北京 PM2.5 数据集、马来西亚细胞图片数据集、FIFA19 完整运动员数据集等。该平台已经吸引了大约 80 万名数据科学家的关注，如图 7-1 所示。数据集地址为 https://www.kaggle.com/datasets。

2. UCI Machine Learning Repository

UCI Machine Learning Repository 是网络中较老的数据集源之一，是学习者寻找各种有趣数据集的第一选择。这里的数据集都是用户自行贡献的，清洁程度很高，而且无须注册就可以直接下载，如图 7-2 所示。数据集地址为 https://archive.ics.uci.edu/ml/index.php。

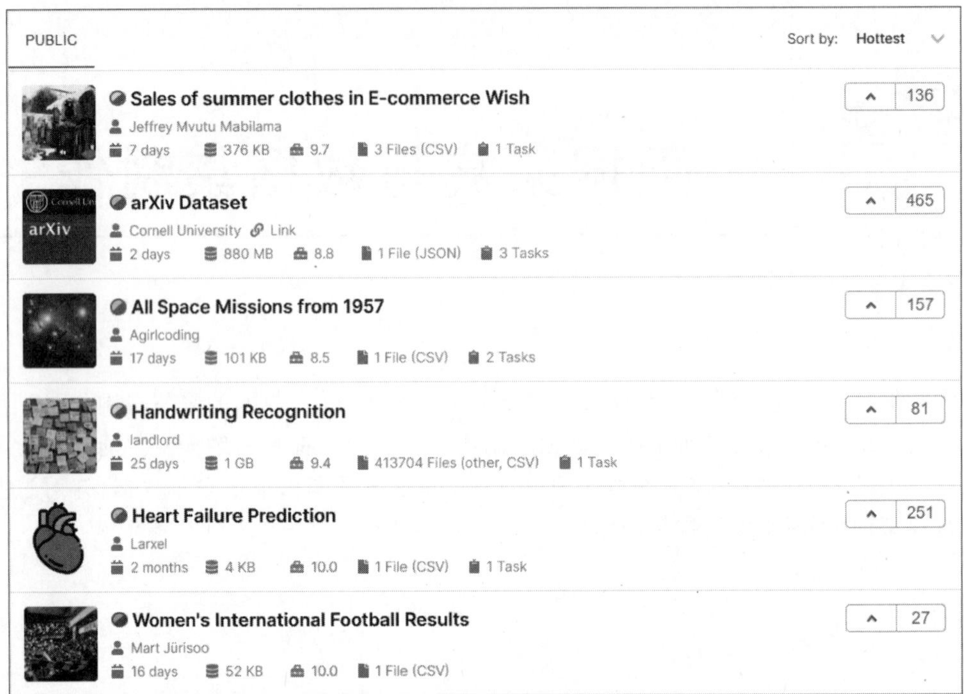

图 7-1 Kaggle 数据集列表

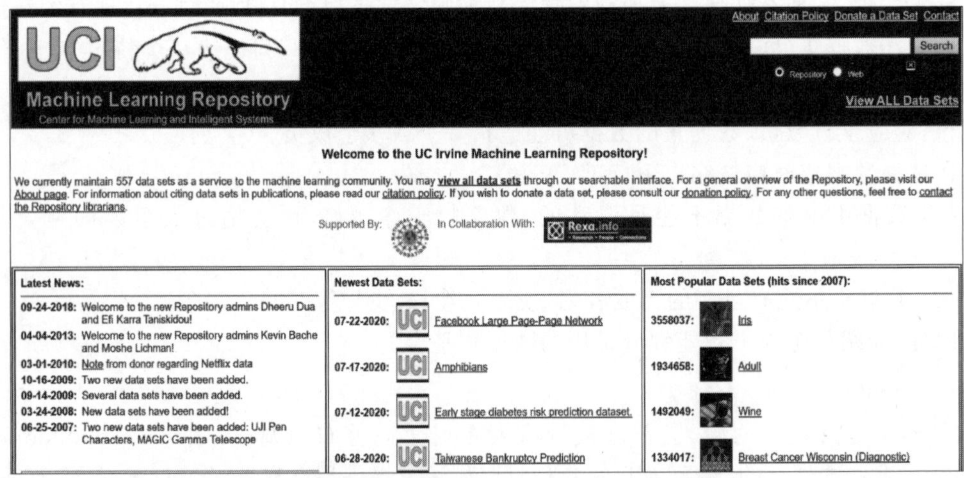

图 7-2 UCI Machine Learning Repository 网站

3. GitHub

微软的开源代码网站 GitHub 里也有不少由研究机构或用户贡献的开源数据集，按照自己项目需求用关键词直接搜索，并根据描述下载自己所需的数据集，如图 7-3 所示。Awesome 数据集地址为 https://GitHub.com/awesomedata/awesome-public-datasets。

4. sklearn

功能强大的 Python 科学包 sklearn 里也自带一些数据集，如：鸢尾花 Iris 数据集、数字 Digits 数据集、糖尿病数据集 Diabetes 等，便于人们在学习 sklearn 时使用。

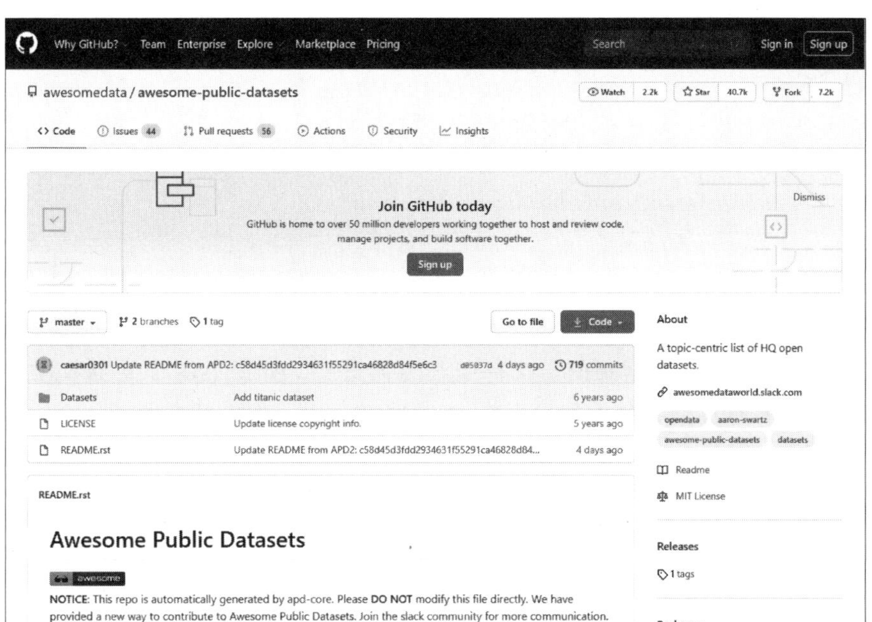

图 7-3　Awesome 公共数据集

以鸢尾花数据集 load_iris(150,5)为例，前 4 列为特征向量，第 5 列为标签；数据成员共分为 3 类：Iris-setosa、Iris-versicolor、Iris-virginica，这 3 类各 50 行。可以在 sklearn 官网上找到 demo，如图 7-4 所示。数据集地址为 https://scikit-learn.org/stable/auto_examples/datasets/plot_iris_dataset.html。

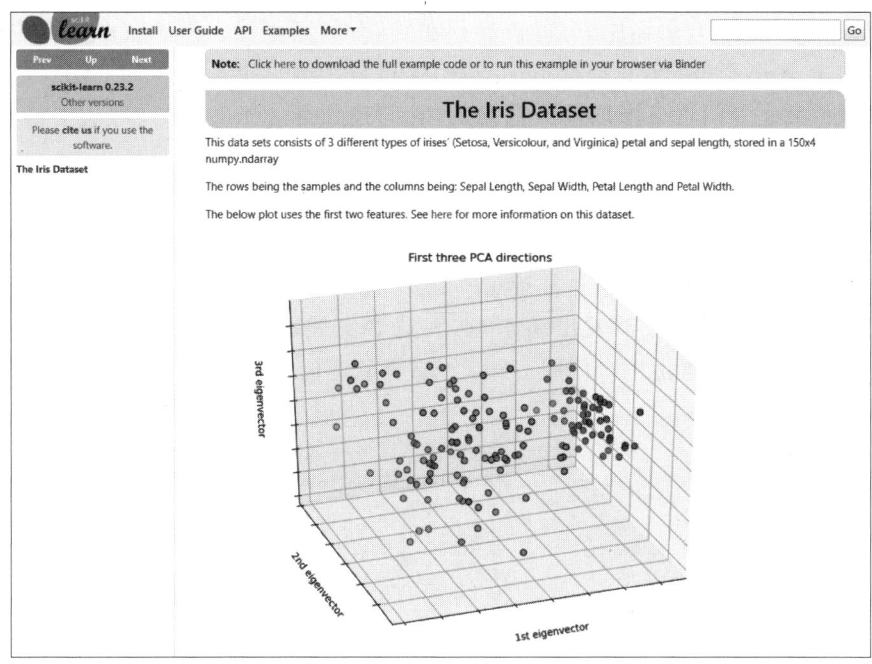

图 7-4　鸢尾花 Iris 数据集

选择一个优质的数据集可以使学习和研究事半功倍。另外,还有一些常用的公开数据集,网址如下:

https://aws.amazon.com/cn/public-datasets/

http://www.kdnuggets.com/datasets/index.html

https://tianchi.aliyun.com/datalab/index.htm

http://www.sogou.com/labs/resource/list_pingce.php

https://msropendata.com

如果想要完成一项特定任务又没有合适的数据集,就需要自己制作数据集。好的数据是成功的90%,所以制作数据集的每个环节都至关重要。数据集制作需要数据采集、数据标注、数据清洗、数据存储和预处理等工作,本章将对以上工作展开介绍。

7.2 Python数据采集

数据分析应该始于要解决的问题,所以采集原始数据前,需要完成问题定义,问题定义决定整个数据分析项目所遵循的指导方针。完成问题定义后,才开始根据具体需求选取数据源。数据选取对数据分析的成功起着至关重要的作用,所采集的样本数据必须尽可能多地反映实际情况,能够表现出系统对来自现实刺激的反应。如果原始数据采集不当,即使数据量很大,这些数据描述的情境往往也与现实相左或存在偏差。

除了所需数据的质量和数量,还需要正确地查找和选择数据源。数据源的选取是多种多样的,其中,Web是一个不错的选择。Web中存在海量数据,但大多数数据获取起来具有一定的难度,因为不是所有的数据都是以文件或者数据库形式存在的,有些数据以这样或那样的格式存在于HTML页面中,有的内容很明确,有的则不然。为了获取网页中的内容,人们研究出了Web抓取(Web Scraping)方法,通过识别网页中特定的HTML标签采集数据。有些软件就是专门用来抓取网页数据的,它们找到符合条件的标签,从中抽取目标数据,抽取完成后就得到了用于数据分析的数据,这就是网络爬虫(WebCrawler)。

7.2.1 Web机制和爬虫原理

网络爬虫是在万维网浏览网页并按照一定规则提取信息的脚本或者程序。用户在浏览网页时,浏览器向Web服务器发出请求,在浏览器中展示选择的网络资源,资源一般为HTML文档,资源的位置由用户使用URL(统一资源定位符)指定。Web工作原理如图7-5所示。

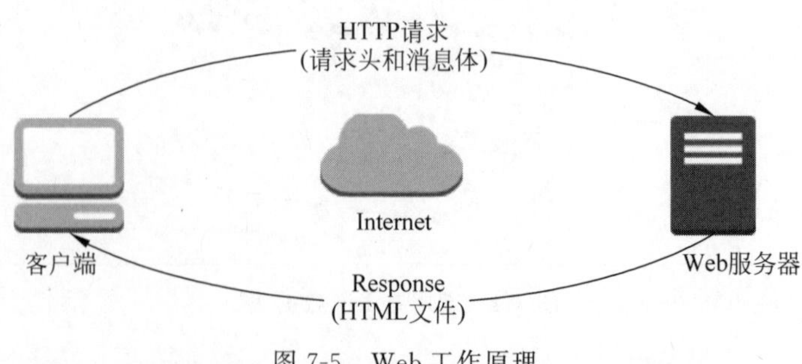

图7-5 Web工作原理

而利用网络爬虫爬取信息就是模拟这个过程。用脚本模仿浏览器，向网站服务器发出浏览网页内容的请求，在服务器检验成功后，返回网页的信息，然后解析网页并提取需要的数据，最后将提取的数据保存即可。此过程主要分为以下几个步骤。

1. 使用 Requests 库发起请求

Requests 库的作用就是请求网站获取网页数据的。Requests 库的具体实现功能和使用方法将在 7.2.3 讲解。

2. 服务器检验请求

大量的爬虫请求会造成服务器压力过大，可能使得网页响应速度变慢，影响网站的正常运行。所以网站一般会检验请求头里边的 User-Agent（以下简称 UA，相当于身份的识别）来判断发起请求的是不是机器人，而我们可以通过自己设置 UA 进行简单伪装。也有些网站设置有 robots. txt 声明对爬虫的限制。

3. 解析网页并提取数据

可以使用 BeautifulSoup 库和正则表达式来解析网页并提取数据。

4. 保存提取的内容

可以根据数据格式的不同内容将保存在 TXT、CSV、XLSX、JSON 等文件中，对数据量比较大的内容，可以选择存入数据库。

注意：有些网站设置 robots. txt 声明对爬虫的限制，一般情况下，我们应当遵守此规则。关于 robots. txt 的知识可以参考维基百科或 http://www. robotstxt. org/。本书所有爬虫代码示例均为学习交流之便。作为一名合格的互联网公民，希望读者在开发企业级爬虫获取数据时仔细阅读相关网站的 robots. txt 声明，合理采集数据，切勿对网站造成过载等不良影响。

7.2.2 Python 第三方库

了解了 Web 工作机制和爬虫原理后，我们知道了爬虫的任务主要是完成两件事情：请求网页和解析并提取信息。本节主要讲解 Python 第三方库的安装方法。

Python 语言的计算生态包括标准库和第三方库。其中，标准库是随解释器直接安装到操作系统中的功能模块，而第三方库需要经过安装才能使用的功能模块。所以在使用前需要安装这些方便的第三方库。下面介绍 3 种常用的 Python 第三方库安装方法。

1. 在 PyCharm 中安装

(1) 打开 PyCharm，在菜单栏中选择 File→Setting 命令。

(2) 在弹出的对话框中选择左侧的 Project Interpreter 选项，在窗口右方选择 Python 环境。

(3) 单击加号按钮添加第三方库。

(4) 输入第三方库名称，选中需要下载的库。

(5) 勾选 Install to users site packages directory 复选框，然后单击 Install Package 按钮。

操作过程如图 7-6 和图 7-7 所示。

在安装完成后，PyCharm 会有安装成功提示。读者也可以通过 Project Interpreter 选项查看已经安装的库，也可以单击减号卸载不需要的库。

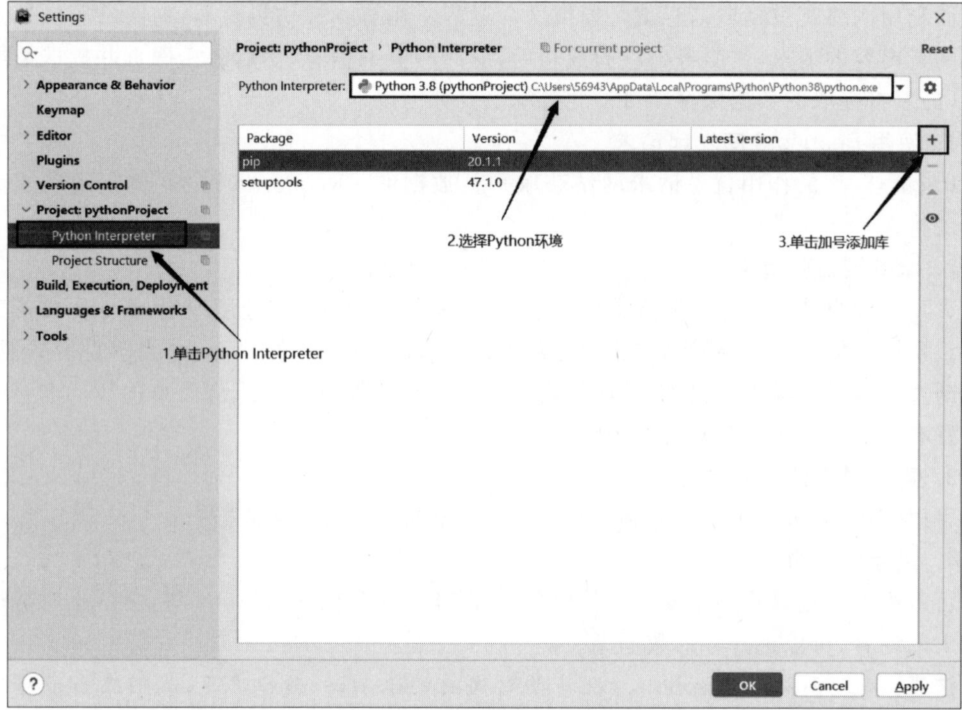

图 7-6 PyCharm 中安装第三方库步骤 1

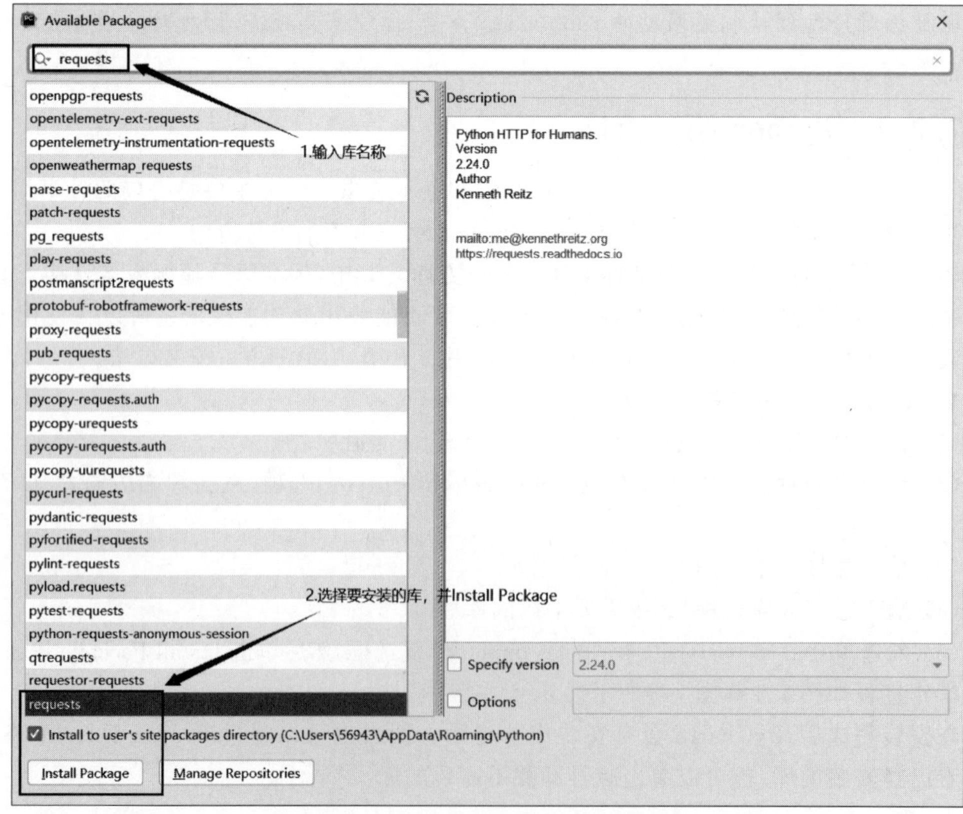

图 7-7 PyCharm 中安装第三方库步骤 2

2. 使用 pip 安装

在安装 Python 后，可进行 pip 安装，我们可以在命令行 cmd 中输入：

```
pip - version
```

如果出现下面的提示，则表示 pip 安装成功。

```
pip 9.0.1 from D:\anaconda\lib\site-packages (python 3.6)
```

在 pip 成功安装之后，在命令行 cmd 中输入以下代码即可下载第三方库：

```
>pip3 install packagename
```

#packagename 为所安装库的名称，在这里输入 pip3 install BeautifulSoup4 即可下载 BeautifulSoup4 库了。

安装完成后有提示：

```
successfully installed packagename
```

3. 下载 whl 文件

有时用前面的两种方法安装会出现问题，可能是由于网络原因，也可能是由于包的依赖关系而引起的，这时候就需要进行手动安装，这种方法最为稳妥。

(1) 进入 https://www.lfd.uci.edu/~gohlke/pythonlibs/，搜索 Lxml 库，然后单击下载到本地，如图 7-8 所示。

Lxml: a binding for the libxml2 and libxslt libraries.

lxml-4.5.2-pp36-pypy36_pp73-win32.whl
lxml-4.5.2-cp39-cp39-win_amd64.whl
lxml-4.5.2-cp39-cp39-win32.whl
lxml-4.5.2-cp38-cp38-win_amd64.whl
lxml-4.5.2-cp38-cp38-win32.whl
lxml-4.5.2-cp37-cp37m-win_amd64.whl
lxml-4.5.2-cp37-cp37m-win32.whl
lxml-4.5.2-cp36-cp36m-win_amd64.whl　　下载与本机系统相符的文件
lxml-4.5.2-cp36-cp36m-win32.whl
lxml-4.4.3-pp273-pypy_73-win32.whl
lxml-4.4.3-cp35-cp35m-win_amd64.whl
lxml-4.4.3-cp35-cp35m-win32.whl
lxml-4.4.3-cp27-cp27m-win_amd64.whl
lxml-4.4.3-cp27-cp27m-win32.whl
lxml-4.3.1-cp34-cp34m-win_amd64.whl
lxml-4.3.1-cp34-cp34m-win32.whl

图 7-8　下载 whl 文件

(2) 在命令行输入：

```
pip3 install wheel
```

(3) 等待执行,执行成功后在命令行输入:

```
cd D:\python\ku
```

(4) 在命令行输入:

```
pip3 install lxml - 4.5.2 - cp38 - cp38 - win_amd64.whl
```

这样就可以将库下载到本地了,通过 whl 文件,可以自动安装依赖包。

注意:推荐使用第 2 种和第 3 种方法安装第三方库,当第 2 种方法报错时,可以选择第 3 种方法。

7.2.3 爬虫三大库

学习了 Requests、Lxml 和 BeautifulSoup 库的安装后,本节将依次讲解各个库的说明和使用方法,并完成一个爬虫小程序。

1. Requests 库

Requests 库是 Python 实现的最简单易用的 HTTP 库,建议爬虫使用 Requests,接下来我们从简单的实例开始讲解 Requests 库的使用方法,以下以使用"小猪民宿"网站为例。

```
#请求获取指定网页的数据
import requests
URL = "https://sanya.xiaozhu.com/"
res = requests.get(URL)
print(res)
#PyCharm 中返回的结果为< Response [200]>,说明请求网址成功,若为 404 或 400,则表示请求网址
#失败
print(res.text)
```

PyCharm 的部分运行结如图 7-9 所示。

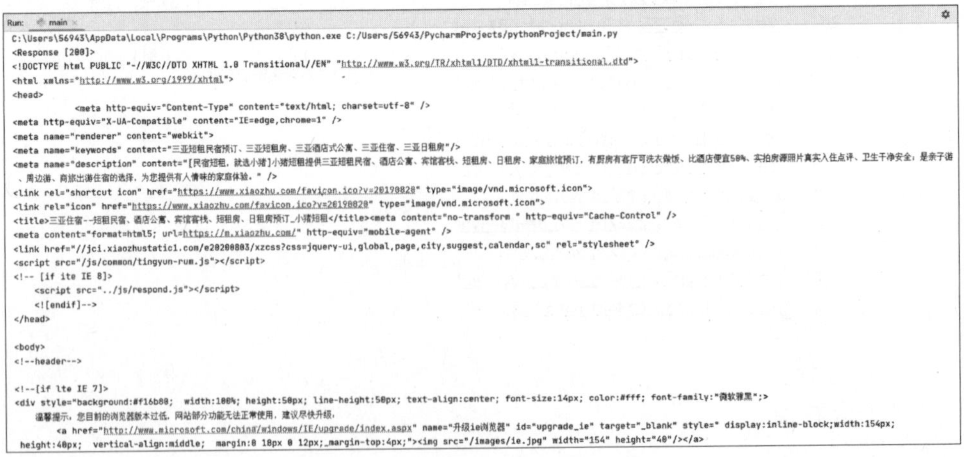

```
Run:  main
C:\Users\56943\AppData\Local\Programs\Python\Python38\python.exe C:/Users/56943/PycharmProjects/pythonProject/main.py
<Response [200]>
<!DOCTYPE html PUBLIC "-//W3C//DTD XHTML 1.0 Transitional//EN" "http://www.w3.org/TR/xhtml1/DTD/xhtml1-transitional.dtd">
<html xmlns="http://www.w3.org/1999/xhtml">
<head>
            <meta http-equiv="Content-Type" content="text/html; charset=utf-8" />
<meta http-equiv="X-UA-Compatible" content="IE=edge,chrome=1" />
<meta name="renderer" content="webkit">
<meta name="keywords" content="三亚短租民宿预订、三亚短租房、三亚酒店式公寓、三亚住宿、三亚日租房"/>
<meta name="description" content="[民宿短租，就选小猪]小猪短租提供三亚短租民宿、酒店公寓、宾馆客栈、短租房、日租房、家庭旅馆预订，有厨房有客厅可洗衣做饭、比酒店便宜50%、实拍房源照片真实入住点评、卫生干净安全；是亲子游
、周边游、商旅出游住宿的选择，为您提供有人情味的家庭体验。" />
<link rel="shortcut icon" href="https://www.xiaozhu.com/favicon.ico?v=20190828" type="image/vnd.microsoft.icon">
<link rel="icon" href="https://www.xiaozhu.com/favicon.ico?v=20190828" type="image/vnd.microsoft.icon">
<title>三亚住宿--短租民宿、酒店公寓、宾馆客栈、短租房、日租房预订_小猪短租</title><meta content="no-transform " http-equiv="Cache-Control" />
<meta content="format=html5; url=https://m.xiaozhu.com/" http-equiv="mobile-agent" />
<link href="//jci.xiaozhustatic1.com/e20200803/xzcss?css=jquery-ui,global,page,city,suggest,calendar,sc" rel="stylesheet" />
<script src="/js/common/tingyun-rum.js"></script>
<!-- [if ite IE 8]>
    <script src="../js/respond.js"></script>
    <![endif]-->
</head>

<body>
<!--header-->

<!--[if lte IE 7]>
<div style="background:#f16b80;  width:100%; height:50px; line-height:50px; text-align:center; font-size:14px; color:#fff; font-family:"微软雅黑";>
    温馨提示，您目前的浏览器版本过低，网站部分功能无法正常使用，建议尽快升级，
        <a href="http://www.microsoft.com/china/windows/IE/upgrade/index.aspx" name="升级ie浏览器" id="upgrade_ie" target="_blank" style=" display:inline-block;width:154px;
 height:40px;  vertical-align:middle;  margin:0 10px 0 12px;_margin-top:4px;"><img src="/images/ie.jpg" width="154" height="40"/></a>
```

图 7-9 打印 PyCharm 运行结果

请求头的使用方法如下：

```
import requests
headers = {
    'user-agent': 'Mozilla/5.0 (Windows NT 10.0; Win64; x64) AppleWebKit/537.36 (KHTML, like Gecko) Chrome/85.0.4183.83 Safari/537.36'
}
URL = "https://sanya.xiaozhu.com/"
res = requests.get(URL, headers = headers)        #get 方法加入请求头
print(res.text)
```

Requests 库不仅有 get()方法，还有 post()方法，post()方法用于提交表单来爬取需要登录才能获得数据的网站，此处不展开讲述。

Requests 库请求并不会一帆风顺，当遇到一些情况时，Requests 库会抛出错误或者异常，Requests 库的错误和异常主要有以下 4 种：

(1) Requests 抛出一个 ConnectionError 异常，原因为网络问题(如 DNS 查询失败，拒绝连接等)。

(2) Response.raise_for_status 抛出一个 HTTPError 异常，原因为 HTTP 请求返回了不成功的状态码(如网页不存在，则会返回 404 错误)。

(3) Requests 抛出一个 Timeout 异常，原因为请求超时。

(4) Requests 抛出一个 TooManyRedirects 异常，原因为请求超过了设定的最大重定向次数。

所有 Requests 显示抛出的异常都继承自 requests.exceptions.RequestException，当发现这些错误或异常时，需要进行代码修改然后再重新运行代码，爬虫程序重新运行，爬取到的数据又会重新爬取一次，这对于爬虫的效率和质量来说都是不利的。这时，可以通过 Python 中的 try 来避免异常，具体使用方法及代码如下：

```
import requests
headers = {
    'user-agent': 'Mozilla/5.0 (Windows NT 10.0; Win64; x64) AppleWebKit/537.36 (KHTML, like Gecko) Chrome/85.0.4183.83 Safari/537.36'
}
URL = "https://sanya.xiaozhu.com/"
res = requests.get(URL, headers = headers)
try:
    print(res.text)
except ConnectionError:   #出现错误时执行下面的操作
    print('拒绝连接')
```

通过 try 和 except 避免异常，如果请求成功了，会打印网页的源代码。如果请求出现了 ConnectionError 异常，则会打印"拒绝连接"，这样程序就不会报错了，而是给编程者一个提示，不会影响下面的代码运行。

2. BeautifulSoup 库

BeautifulSoup 库是一个非常流行的 Python 模块，通过 BeautifulSoup 库可以轻松地解析 Requests 库请求的网页，并把网页源代码解析为 soup 文档，以便过滤及提取数据，示例代码如下：

```
import requests
from bs4 import BeautifulSoup
headers = {
    'user - agent': 'Mozilla/5.0 (Windows NT 10.0; Win64; x64) AppleWebKit/537.36 (KHTML, like
Gecko) Chrome/85.0.4183.83 Safari/537.36'
}
URL = "https://sanya.xiaozhu.com/"
res = requests.get(URL,headers = headers)
soup = BeautifulSoup(res.text, 'html.parser')      #对返回的结果进行解析
print(soup.prettify())
```

输出的部分结果如图 7-10 所示，看上去与 Requests 库请求返回的网页源代码类似，但通过 BeautifulSoup 库解析得到的 soup 文档按照标准缩进格式的结构输出，获取的是结构化的数据，为数据的过滤及提取做好准备。

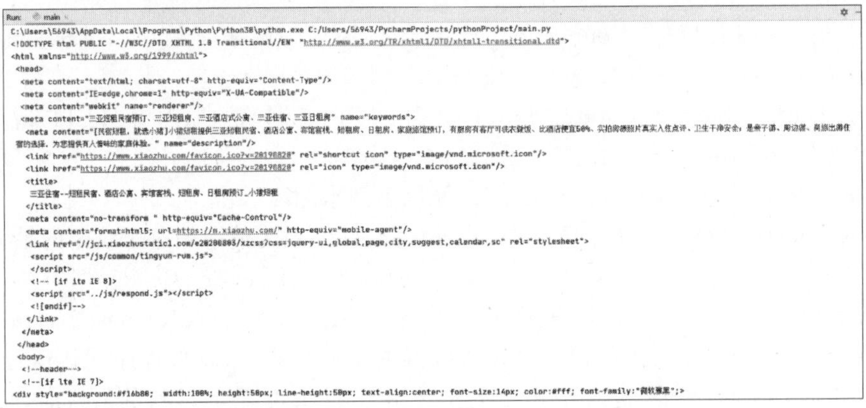

```
Run: main
C:\Users\56943\AppData\Local\Programs\Python\Python38\python.exe C:/Users/56943/PycharmProjects/pythonProject/main.py
<!DOCTYPE html PUBLIC "-//W3C//DTD XHTML 1.0 Transitional//EN" "http://www.w3.org/TR/xhtml1/DTD/xhtml1-transitional.dtd">
<html xmlns="http://www.w3.org/1999/xhtml">
 <head>
  <meta content="text/html; charset=utf-8" http-equiv="Content-Type"/>
  <meta content="IE=edge,chrome=1" http-equiv="X-UA-Compatible"/>
  <meta content="webkit" name="renderer"/>
  <meta content="三亚短租民宿预订、三亚短租房、三亚酒店式公寓、三亚住宿、三亚日租房" name="keywords">
   <meta content="[民宿短租，就选小猪]小猪短租提供三亚短租民宿、酒店公寓、宾馆客栈、短租房、日租房、家庭旅馆预订，有厨房有客厅可洗衣做饭、比酒店便宜50%、实拍房源照片真实入住点评、卫生干净安全；是亲子游、周边游、商旅出游住
宿的选择，为您提供有人情味的家庭体验。" name="description"/>
    <link href="https://www.xiaozhu.com/favicon.ico?v=20190828" rel="shortcut icon" type="image/vnd.microsoft.icon"/>
    <link href="https://www.xiaozhu.com/favicon.ico?v=20190828" rel="icon" type="image/vnd.microsoft.icon"/>
    <title>
     三亚住宿--短租民宿、酒店公寓、宾馆客栈、短租房、日租房预订_小猪短租
    </title>
    <meta content="no-transform " http-equiv="Cache-Control"/>
    <meta content="format=html5; url=https://m.xiaozhu.com/" http-equiv="mobile-agent"/>
    <link href="//jci.xiaozhustatic1.com/e20200803/xzcss?css=jquery-ui,global,page,city,suggest,calendar,sc" rel="stylesheet">
     <script src="/js/common/tingyun-rum.js">
     </script>
     <!-- [if ite IE 8]>
     <script src="../js/respond.js"></script>
     <![endif]-->
    </link>
   </meta>
  </head>
 <body>
  <!--header-->
  <!--[if lte IE 7]>
<div style="background:#f16b88;  width:100%; height:58px; line-height:58px; text-align:center; font-size:14px; color:#fff; font-family:"微软雅黑";>
```

图 7-10　解析 soup 文档

BeautifulSoup 库除了支持 Python 标准库中的 HTML 解析器外，还支持一些第三方的解析器。表 7-1 中列出了 BeautifulSoup 库的主要解析器及相应的优缺点。

表 7-1　BeautifulSoup 库解析器

解析器	使用方法	优点	缺点
Python 标准库	BeautifulSoup(markup,"htmlparser")	Python 的内置标准库，执行速度适中，文档容错能力强	Python 2.7.3 或 Python 3.2.2 前的版本中文档容错能力差
Lxml HTML 解析器	BeautifulSoup(markup,"lxml")	速度快，文档容错能力强	需要安装 C 语言库
Lxml XML 解析器	BeautifulSoup(markup,["lxml","xml"]) BeautifulSoup(markup,"xml")	速度快，唯一支持 XML 的解析器	需要安装 C 语言库
html5lib	BeautifulSoup(markup,"html5lib")	最好的容错能力，以浏览器的方式解析文档，生成 HTML5 格式的文档	速度慢，不能依赖外部扩展

注意：BeautifulSoup 库官方推荐使用 lxml 作为解析器，因而效率更高。

解析得到的 soup 文档可以使用 find()和 find_all()方法及 select()方法定位需要的元素。find()和 find_all()两个方法的用法相似，BeautifulSoup 文档中对这两个方法的定义如下：

```
find (tag,attributes,recursive,text,keywords)
find_all (tag,attributes,recursive,text,limit,keywords)
```

其中，前两个参数较为常用。熟练运用这两个参数，就可以提取想要的网页信息。

```
#查找 div 标签,class = "item"
soup.find_all('div',"item")
soup.find_all('div',class = 'item')
soup.find_all('div',attrs = {"class":"item"})
```

find()方法与 find_all()方法类似，其区别为 find_all()方法返回文档中所有符合条件的 tag 的集合(class 'bs4. element. ResultSet')，而 find()方法返回一个 tag(class 'bs4. element. Tag')。

select()方法可以根据网页内标签选择器的位置关系进行筛选，如：

```
soup.select(div.item > a > h1)
```

通过代码即可得到房间的价格，示例代码如下：

```
import requests
from bs4 import BeautifulSoup
headers = {
    'user - agent': 'Mozilla/5.0 (Windows NT 10.0; Win64; x64) AppleWebKit/537.36 (KHTML, like
Gecko) Chrome/85.0.4183.83 Safari/537.36'
}
URL = "https://sanya.xiaozhu.com/"
res = requests.get(URL,headers = headers)          #请求网页
soup = BeautifulSoup(res.text, 'html.parser')      #解析数据
#定位元素位置并通过 select()方法提取
price = soup.select('#page_list > ul > li:nth - of - type(2) > div.result_btm_con.
lodgeunitname > div:nth - child(1) > span > i')
#此处 li:nth - child(2)在 Python 中运行会报错,需改为 li:nth - of - type(2)
print(price)
```

运行结果会在屏幕上打印[<i>258</i>]标签。

此时的 li:nth-of-type(2)为选择的一个价格，为了进行房间价格分析，当然要把所有房间价格提取出来，把 selector 改为

```
#page_list > ul > li > div.result_btm_con.lodgeunitname > div:nth - child(1) > span > i
```

这样就可以得到整个页面的所有房间价格，以这样的提取信息为列表，通过循环分别打

印出来并进行存储即可,示例代码如下:

```
import requests
from bs4 import BeautifulSoup
headers = {
    'user - agent': 'Mozilla/5.0 (Windows NT 10.0; Win64; x64) AppleWebKit/537.36 (KHTML, like
Gecko) Chrome/85.0.4183.83 Safari/537.36'
}
URL = "https://sanya.xiaozhu.com/"
res = requests.get(URL, headers = headers)          # 请求网页
soup = BeautifulSoup(res.text, 'html.parser')       # 解析数据
prices = soup.select('# page_list > ul > li > div.result_btm_con.lodgeunitname > div:nth -
child(1) > span > i')                               # 将 li:nth - of - type(2)改为 li
for price in prices:                                # 此时,prices 是列表,需循环遍历
    print(price.get_text())                         # 使用 get_text()方法获取标签<i>中的文本
```

代码运行结果如图 7-11 所示。

```
Run:  main
C:\Users\56943\AppData\Local\Programs\Python\Python38\python.exe C:/Users/56943/PycharmProjects/pythonProject/main.py
190
258
148
268
238
128
198
198
339
238
128
148
199
288
138
150
128
358
238
338
380
340
148
278

Process finished with exit code 0
```

图 7-11 提取本页内所有房间价格

程序爬取了页面所有的房价信息,但该站有多个网页,这时需要构造 URL 列表,详细方法见本章的综合实例。

3. Lxml 库

Lxml 库是基于 labxml2 的 XML 解析库的 Python 封装,它使用 C 语言编写,解析速度比 BeautifulSoup 更快,可以很好地支持 HTML 文档的解析功能,也可以从 HTML 文件中提取内容。接下来我们使用 Requests 库获取 HTML 文件,使用 Lxml 库来解析 HTML 文件,示例代码如下:

```
import requests
from lxml import etree
headers = {
    'user-agent': 'Mozilla/5.0 (Windows NT 10.0; Win64; x64) AppleWebKit/537.36 (KHTML, like
Gecko) Chrome/85.0.4183.83 Safari/537.36'
}
URL = "https://sanya.xiaozhu.com/"
res = requests.get(URL,headers = headers)      #请求网页
html = etree.HTML(res.text)
result = etree.tostring(html)
print(result)
```

运行结果如图 7-12 所示。

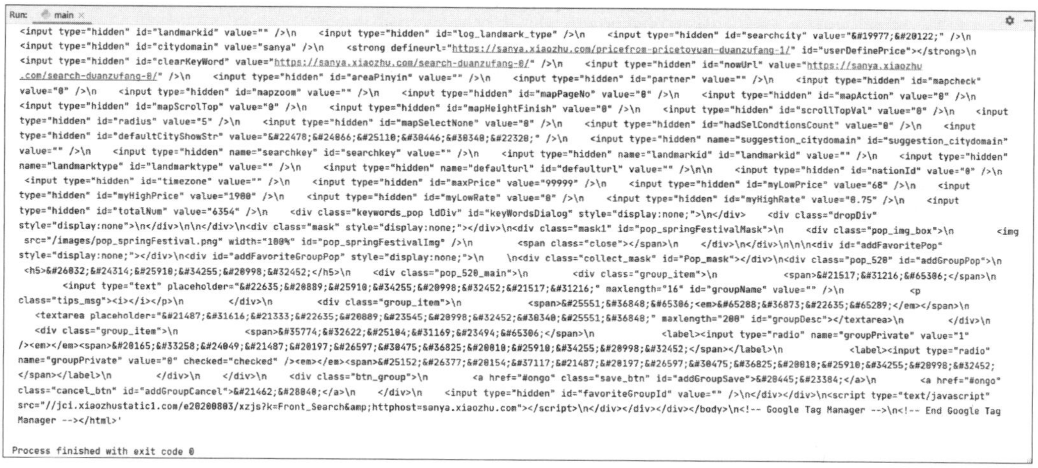

```
Run:   main ×
<input type="hidden" id="landmarkid" value="" />\n    <input type="hidden" id="log_landmark_type" />\n    <input type="hidden" id="searchcity" value="&#19977;&#20122;" />\n
<input type="hidden" id="citydomain" value="sanya" />\n    <strong defineurl="https://sanya.xiaozhu.com/pricefrom-pricetoyuan-duanzufang-1/" id="userDefinePrice"></strong>\n
<input type="hidden" id="clearKeyWord" value="https://sanya.xiaozhu.com/search-duanzufang-0/" />\n    <input type="hidden" id="nowUrl" value="https://sanya.xiaozhu
.com/search-duanzufang-0/" />\n    <input type="hidden" id="areaPinyin" value="" />\n    <input type="hidden" id="partner" value="" />\n    <input type="hidden" id="mapcheck"
value="0" />\n    <input type="hidden" id="mapzoom" value="" />\n    <input type="hidden" id="mapPageNo" value="0" />\n    <input type="hidden" id="mapAction" value="0" />\n
<input type="hidden" id="mapScrolTop" value="0" />\n    <input type="hidden" id="mapHeightFinish" value="0" />\n    <input type="hidden" id="scrollTopVal" value="0" />\n    <input
type="hidden" id="radius" value="5" />\n    <input type="hidden" id="mapSelectNone" value="0" />\n    <input type="hidden" id="hadSelCondtionsCount" value="0" />\n    <input
type="hidden" id="defaultCityShowStr" value="&#22478;&#24066;&#25110;&#30446;&#30340;&#22320;" />\n    <input type="hidden" name="suggestion_citydomain" id="suggestion_citydomain"
value="" />\n    <input type="hidden" name="searchkey" id="searchkey" value="" />\n    <input type="hidden" name="landmarkid" id="landmarkid" value="" />\n    <input type="hidden"
name="landmarktype" id="landmarktype" value="" />\n    <input type="hidden" name="defaulturl" id="defaulturl" value="" />\n\n    <input type="hidden" id="nationId" value="0" />\n
 <input type="hidden" id="timezone" value="" />\n    <input type="hidden" id="maxPrice" value="99999" />\n    <input type="hidden" id="myLowPrice" value="68" />\n    <input
type="hidden" id="myHighPrice" value="1980" />\n    <input type="hidden" id="myLowRate" value="0" />\n    <input type="hidden" id="myHighRate" value="0.75" />\n    <input
type="hidden" id="totalNum" value="6354" />\n    <div class="keywords_pop ldDiv" id="keyWordsDialog" style="display:none;">\n</div>    <div class="dropDiv"
style="display:none">\n</div>\n\n</div>\n<div class="mask" style="display:none;"></div>\n<div class="mask1" id="pop_springFestivalMask">\n    <div class="pop_img_box">\n        <img
 src="/images/pop_springFestival.png" width="100%" id="pop_springFestivalImg" />\n        <span class="close"></span>\n    </div>\n</div>\n\n\n<div id="addFavoritePop"
style="display:none;"></div>\n<div id="addFavoriteGroupPop" style="display:none;">\n    \n<div class="collect_mask" id="Pop_mask"></div>\n<div class="pop_520" id="addGroupPop">\n
 <h5>&#26032;&#24314;&#25910;&#34255;&#20998;&#32452;</h5>\n    <div class="pop_520_main">\n        <div class="group_item">\n            <span>&#21517;&#31216;&#65306;</span>\n
        <input type="text" placeholder="&#22635;&#20889;&#25910;&#34255;&#20998;&#32452;&#21517;&#31216;" maxlength="16" id="groupName" value="" />\n            <p
class="tips_msg"><i></i></p>\n        </div>\n        <div class="group_item">\n            <span>&#25551;&#36848;&#65306;<em>&#65288;&#36873;&#22635;&#65289;</em></span>\n
   <textarea placeholder="&#21487;&#31616;&#21333;&#22635;&#20889;&#23545;&#20998;&#32452;&#30340;&#25551;&#36848;" maxlength="200" id="groupDesc"></textarea>\n        </div>\n
   <div class="group_item">\n            <span>&#35774;&#32622;&#25104;&#31169;&#23494;&#65306;</span>\n            <label><input type="radio" name="groupPrivate" value="1"
/><em></em><span>&#20165;&#33258;&#24049;&#21487;&#20197;&#26597;&#30475;&#36825;&#20010;&#25910;&#34255;&#20998;&#32452;</span></label>\n            <label><input type="radio"
name="groupPrivate" value="0" checked="checked" /><em></em><span>&#25152;&#26377;&#20154;&#37117;&#21487;&#20197;&#26597;&#30475;&#36825;&#20010;&#25910;&#34255;&#20998;&#32452;
</span></label>\n        </div>\n    </div>\n    <div class="btn_group">\n        <a href="#ongo" class="save_btn" id="addGroupSave">&#20445;&#23384;</a>\n        <a href="#ongo"
class="cancel_btn" id="addGroupCancel">&#21462;&#28040;</a>\n    </div>\n    <input type="hidden" id="favoriteGroupId" value="" />\n</div></div>\n<script type="text/javascript"
src="//jci.xiaozhustatic1.com/e20200803/xzjs?k=Front_Search&amp;httphost=sanya.xiaozhu.com"></script>\n</div></div></div></body>\n<!-- Google Tag Manager -->\n<!-- End Google Tag
Manager --></html>'

Process finished with exit code 0
```

图 7-12　运行结果图

XML 库使用 Xpath 语法解析并定位网页数据。Xpath 语言具有在 XML 文档中查找信息的作用。根据 XML 文件中的节点(标签)关系,Xpath 使用路径表达式在 XML 文档中选取节点。

通过代码可以获取页面中所有房源信息标题,示例代码如下:

```
import requests
from lxml import etree
headers = {
    'user-agent': 'Mozilla/5.0 (Windows NT 10.0; Win64; x64) AppleWebKit/537.36 (KHTML, like
Gecko) Chrome/85.0.4183.83 Safari/537.36'
}
URL = "https://sanya.xiaozhu.com/"
res = requests.get(URL,headers = headers)
selector = etree.HTML(res.text)
id = selector.xpath('//*[@id="page_list"]/ul/li[1]/div[2]/div[2]/a/span/text()')
#通过 text()方法获取标签中的文本信息
print(id)
```

运行结果为：

```
['三亚湾精致海景一房「临海边百米」☆免费接送机']
```

当需要进行批量信息抓取时，思路为先抓大后抓小，寻找循环点。在网页开发者工具中，通过“三角形符号”折叠元素，找到每块完整的信息标签，如图7-13所示，每个li标签为一个块。

```
▶<li lodgeunitid="lodgeunit_104731383701" latlng="18.297442,109.430903">…</li>
▶<li lodgeunitid="lodgeunit_104727402203" latlng="18.228535,109.526392">…</li>
▶<li lodgeunitid="lodgeunit_33595412503" latlng="18.294388,109.454792">…</li>
▶<li lodgeunitid="lodgeunit_124619396701" latlng="18.228676,109.526644">…</li>
▶<li lodgeunitid="lodgeunit_111469837403" latlng="18.293635,109.465184">…</li>
▶<li lodgeunitid="lodgeunit_142884152397" latlng="18.270974,109.49607">…</li>
▶<li lodgeunitid="lodgeunit_99124813003" latlng="18.292253,109.465323">…</li>
▶<li lodgeunitid="lodgeunit_32174117103" latlng="18.297666,109.430895">…</li>
▶<li lodgeunitid="lodgeunit_131618519101" latlng="18.294388,109.454792">…</li>
▶<li lodgeunitid="lodgeunit_141164289099" latlng="18.228505,109.526626">…</li>
▶<li lodgeunitid="lodgeunit_2290643744" latlng="18.228634,109.52661">…</li>
▶<li lodgeunitid="lodgeunit_14087053003" latlng="18.249147,109.64403">…</li>
▶<li lodgeunitid="lodgeunit_24562419703" latlng="18.290997,109.463887">…</li>
▶<li lodgeunitid="lodgeunit_35383702901" latlng="18.292715,109.464784">…</li>
▶<li lodgeunitid="lodgeunit_128128119201" latlng="18.293853,109.463543">…</li>
▶<li lodgeunitid="lodgeunit_108299953501" latlng="18.228732,109.526093">…</li>
▶<li lodgeunitid="lodgeunit_115324331001" latlng="18.228732,109.526093">…</li>
▶<li lodgeunitid="lodgeunit_120350144003" latlng="18.293853,109.463543">…</li>
▶<li lodgeunitid="lodgeunit_34941702903" latlng="18.293305,109.46419">…</li>
▶<li lodgeunitid="lodgeunit_123340209503" latlng="18.291851,109.457753">…</li>
▶<li lodgeunitid="lodgeunit_115329469001" latlng="18.228732,109.526093">…</li>
▶<li lodgeunitid="lodgeunit_31579972303" latlng="18.293526,109.464254">…</li>
▶<li lodgeunitid="lodgeunit_29860434401" latlng="18.27615,109.491248">…</li>
▶<li lodgeunitid="lodgeunit_142170137899" latlng="18.236723,109.509215">…</li>
```

图7-13 寻找循环点

(1) 首先构造li标签的路径，路径为//ul[@class="pic_list_clearfix_list_code "]/li，这样就定位到了每个li块的信息，这就是“循环点”。

(2) 复制li标签的Xpath，此时的路径为//*[@id="page_list"]/ul/li[1]/div[2]/div[2]/a/span，删除循环部分，得到li[1]/div[2]/div[2]/a/span，这就是短租信息的标题。

完整获取用户ID的代码如下：

```
import requests
from lxml import etree
headers = {
    'user-agent': 'Mozilla/5.0 (Windows NT 10.0; Win64; x64) AppleWebKit/537.36 (KHTML, like
Gecko) Chrome/85.0.4183.83 Safari/537.36'
}
URL = "https://sanya.xiaozhu.com/"
res = requests.get(URL,headers = headers)
selector = etree.HTML(res.text)
URL_infos = selector.xpath('//ul[@class = "pic_list clearfix list_code"]/li')
for URL_info in URL_infos:
    title = URL_info.xpath('div[2]/div[2]/a/span/text()')[0]
    print(title)
```

程序运行结果如图 7-14 所示。

```
Run:    main ×
C:\Users\56943\AppData\Local\Programs\Python\Python38\python.exe C:/Users/56943/PycharmProjects/pythonProject/main.py
三亚湾精致海景一房「临海边百米」☆免费接送机
大东海精品高层阳台海景大床房/送游轮/送免税
三亚湾椰梦长廊超级海景两房，满三天送潜水一位
大东海新中式超大阳台海景两室/五晚接机送潜水
「地中海」三亚湾椰梦长廊海景双床房
素舍·三亚湾ins北欧风园一居
「东南亚船木」三亚湾椰梦长廊一线海景一居室
三亚湾椰梦长廊超级海景亲子房
椰梦长廊超大面积超便捷，正面海景两室两厅三床
大东海高级特色海景两室一厅/送游轮出海
大东海，清新地中海精品两房百米海边，五晚接机
亚龙湾公主郡俩室一厅
今天特价三亚湾精装豪华海景两房赠潜水票
【赠出海一日游】三亚湾精装舒适海景一房双大床
三亚湾豪华海景一居室/近椰梦长廊五分钟到海边
大东海轻奢主题阳台海景一室一厅/送游轮观光
三亚大东海超大阳台正海两室套/五晚接机送潜水
三亚湾豪华海景小清新情侣房
【网红】三亚湾古色古香榻榻米亲子海景一房
三亚湾椰梦长廊免开火温馨海景大三房
大东海超大阳台霓虹夜景两房/五晚接机送潜水
【麻将机】三亚湾豪华海景阳台带榻榻米大三居室
豪华海景大床房，赠送免税店一日游
【连住优惠】大东海日式海景两居室/凤凰岛

Process finished with exit code 0
```

图 7-14 爬取所有 li 标签中的信息

7.2.4 正则表达式

正则表达式(Regular Expression)也是一个功能强大的工具，在提取数据时经常使用，其解析网页的速度比之前介绍的 BeautifulSoup 库要快得多，要掌握它的难度也较大。Python 提供了相关的库 re，这里介绍其在解析网页和提取网页数据方面的应用。

1. 正则表达式常用符号

下面介绍正则表达式的常用符号，如表 7-2 所示。

表 7-2 正则表达式常用符号

字 符	含 义
.	匹配任意单个字符(不包括换行符\n)
\	转义字符
[⋯]	字符集，对应字符集中的任意字符
\f	换页(FF)，将当前位置移到下页开头
\n	换行(LF)，将当前位置移到下一行开头
\r	回车(CR)，将当前位置移到本行开头
\t	水平制表(HT)(跳到下一个 TAB 位置)
\v	垂直制表(VT)
\d	匹配一个数字字符，等价于[0-9]
\D	匹配一个非数字字符
\s	匹配任意空白字符，包括空格、制表符、换页符等，等价于[\f\n\r\t\v]
\S	匹配任意非空白字符
\w	匹配包括任意单词字符和下画线，等价于[A-Za-z0-9_]
\W	匹配任何非单词字符

续表

字　符	含　　义
*	匹配前一个字符 0 或无限次
+	匹配前一个字符 1 或无限次
?	匹配前一个字符 0 或 1 次
{m}	匹配前一个字符 m 次
{m,n}	匹配前一个字符 m 至 n 次
^	匹配字符串开头
$	匹配字符串结尾
\A	仅匹配字符串开头
\Z	仅匹配字符串结尾

除了以上常用字符,还有一些常用固定用法,如(. * ?)"()"表示括号的内容作为返回结果,". * ? "是非贪心算法,匹配任意的字符,例如字符串：xxIxxjshdxxlovexxsffaxxpythonxx,可以通过"xx(. * ?)xx"匹配符合这种规则的字符串,代码如下：

```
import re
str = 'xxIxxjshdxxlovexxsffaxxpythonxx'
infos = re.findall('xx(. * ?)xx',str)      #findall()方法返回的字符串为列表结构
print(infos)
```

运行结果为：

```
['I','love','python']
```

2. re 模块

re 模块使 Python 语言拥有全部的正则表达式功能,re 常用的函数如表 7-3 所示。

表 7-3　re 模块函数

函数名	语　　法	含　　义
search()	re. search(pattern,string,flags=0)	匹配并提取第一个符合规律的内容,返回一个正则表达式对象
sub()	re. sub(pattern, repl, string, count = 0,flags=0)	用于替换字符串中的匹配项。 repl：替换后的字符串。 string：替换前的字符串
findall()	re. findall(pattern,string,flags=0)	匹配并提取所有符合规律的内容,以列表形式返回结果

pattern：匹配的正则表达式。

string：匹配的字符串。

flags：标志位,对应标志修饰符。

repl：替换后的字符串。

count：匹配后替换的最大次数,默认 0 表示替换所有的匹配。

re 模块常用的 3 个函数中,findall()函数在爬虫实战中使用得最多。仍以"小猪民宿"

网站为例，使用正则表达式获取房间价格。首先，需要通过网页源代码找到房间价格所在的标签为 '<span class="result_price">¥<i>190</i>起/晚</span>'；然后使用正则表达式(.*?)替换原来的房间价格 190，实现代码如下：

```
import re
import requests
headers = {
    'user-agent': 'Mozilla/5.0 (Windows NT 10.0; Win64; x64) AppleWebKit/537.36 (KHTML, like Gecko) Chrome/85.0.4183.83 Safari/537.36'
}
URL = "https://sanya.xiaozhu.com/"
res = requests.get(URL,headers = headers)
prices = re.findall('<span class = "result_price">&#165;<i>(.*?)</i>起/晚</span>',res.text)
for price in prices:
    print(price)
```

程序运行结果如图 7-15 所示。

图 7-15　程序运行结果图

可以看出，通过使用正则表达式的方法爬取数据，比之前的方法代码更少也更简单，这是因为使用正则表达式不需要解析数据，通过 Requests 库请求返回的 HTML 文件直接就是字符串类型。

另外，re 模块还包含一些可选标识修饰符来控制匹配的模式，如表 7-4 所示。

表 7-4　re 模块修饰符

修饰符	描　述
re.I	使匹配对大小写不敏感
re.L	进行本地化识别(locale-aware)匹配
re.M	多行匹配，影响^和 $
re.S	使匹配包括换行在内的所有字符
re.U	根据 Unicode 字符集解析字符，这个标识影响\w、\W、\b 和\B
re.X	通过给予更灵活的格式，使书写的正则表达式更易理解

比较常用的 re 模块修饰符为 re.S，此处举一个简单的例子，例如提取段落标签< p >你好</p >中的文字。可以通过以下代码实现：

```
import re
str = '< p >你好</p >'
result = re.findall('< p >(. * ?)</p >',str)
print(result)
```

输出结果为：

```
['你好']
```

但若段落标签< p >你好</p >未在同一行，则通过以上代码无法提出“你好”，代码如下：

```
import re
str = '''< p >你好
</p >'''
result = re.findall('< p >(. * ?)</p >',str)
print(result)
```

输入结果为：

```
[]
```

这是因为 findall()函数是逐行匹配的，当第 1 行没有匹配到数据时，就会从第 2 行开始重新匹配，这样就没法匹配到跨行标签中的文字信息，这时便可通过 re.S 进行跨行匹配。代码如下：

```
import re
str = '''< p >你好
</p >'''
result = re.findall('< p >(. * ?)</p >',str,re.S)
print(result)
```

输出结果为：

```
['你好\n']
```

从结果可以看出，跨行匹配的输出会产生一个换行符\n，这样的数据需要清洗才能存入数据库，可以使用 strip()方法去除换行符。代码如下：

```
import re
str = '''< p >你好
</p >'''
result = re.findall('< p >(. * ?)</p >',str,re.S)
print(result[0].strip())      # strip()方法去除换行符
```

输出结果为：

```
['你好']
```

7.2.5 使用 API

现在，当我们完成一个爬虫操作时，首先用 Requests 库请求网页，然后从正则表达式、BeautifulSoup 或 Lxml 中选择一个自己熟悉的库来解析数据。但有时我们并不需要写这么复杂的代码，因为应用编程接口（Application Programming Interface，API）可能已经为我们做好了一切准备。

许多大型的网站都会为自己构造 API，为使用者或开发者提供便利，例如可以通过百度地图 API 查询路线，以及定位坐标等；通过一些音乐网站的 API 查询歌手信息，以及下载歌词等；通过翻译 API 进行实时翻译多国语言；甚至可以花一点钱去 APIStore（http://apistore.baidu.com/）购买 API 服务。

以百度地图 API 为例。使用百度地图 API，首先需要到百度地图开放平台申请百度密钥（API Key，AK），然后到 Web 服务 API（http://lbsyun.baidu.com/index.php?title=webapi）的服务文档中查找接口和参数，最后根据需求编写 Python 代码。下面使用百度 API 完成指定地点检索的功能，代码如下：

```
import requests
#设置请求参数
params = {
    'query':'蜈支洲岛',                              #以三亚市蜈支洲岛景区为例
    'region':'三亚',
    'ak':'nwMAVC9QuWaGVhHhPbVFdEb5PHllGZU9',      #百度密钥
    'output': 'json'                                #输出结果设置为 JSON 格式
}
URL = 'http://api.map.baidu.com/place/v2/search'
res = requests.get(URL,params)                     #get()方法请求 API
print(res.text)
```

部分运行结果如图 7-16 所示。

从运行结果可以看出，该程序返回的是 JSON 数据，对于数据的进一步处理会在后续的章节进行讲解。

API 请求与 Web 工作原理相似，API 也是通过客户端 Requests 请求和服务端的 Response 回应来完成一次 API 的调用。不同的是，API 请求使用非常严谨的语法，并且 API 返回的是 JSON 或 XML 格式的数据，而不是 HTML 数据。有些网站会限制 API 调用的次数和频率，用户需要付费来升级成高级用户才可以获取更灵活的 API 调用。

7.2.6 爬虫进阶

通过前面所讲解的知识，我们已经可以完成爬虫的基本任务了，但爬虫工作还有很多细节值得我们进一步去了解。

1. 动态 UA

有时将 UA 设置为自己浏览器的 UA 也会造成访问问题。对于这种情况，可以使用

```
Run:  main ×
C:\Users\56943\AppData\Local\Programs\Python\Python38\python.exe C:/Users/56943/PycharmProjects/pythonProject/main.py
{
    "status":0,
    "message":"ok",
    "results":[
        {
            "name":"三亚蜈支洲岛旅游区",
            "location":{
                "lat":18.316394,
                "lng":109.77286
            },
            "address":"三亚市海棠区林旺镇后海村",
            "province":"海南省",
            "city":"三亚市",
            "area":"海棠区",
            "street_id":"",
            "telephone":"(0898)88751257",
            "detail":1,
            "uid":"1f570814374caffb58f6beee"
        },
        {
            "name":"蜈支洲岛码头",
            "location":{
                "lat":18.280132,
                "lng":109.736652
            },
            "address":"海南省三亚市渔村东巷",
            "province":"海南省",
            "city":"三亚市",
            "area":"海棠区",
            "street_id":"1fd3092ee3b41ad480a00c53",
            "detail":1,
```

图 7-16 三亚蜈支洲岛景区检索结果

fake_useragent 库，先看一段事例代码，代码如下：

```
from fake_useragent import UserAgent
ua = UserAgent()            #得到 UA 对象
print(ua.ie)                #IE 浏览器的 User Agent
print(ua.opera)             #Opera 浏览器
print(ua.Chrome)            #Chrome 浏览器
print(ua.firefox)           #FireFox 浏览器
print(ua.safari)            #Safri 浏览器
print(ua.random)            #支持随机生成请求头
```

代码运行结果如图 7-17 所示。

```
Run:  main ×
C:\Users\56943\AppData\Local\Programs\Python\Python38\python.exe C:/Users/56943/PycharmProjects/pythonProject/main.py
Mozilla/5.0 (compatible; MSIE 9.0; Windows NT 6.1; Win64; x64; Trident/5.0; .NET CLR 3.5.30729; .NET CLR 3.0.30729; .NET CLR 2.0.50727; Media Center PC 6.0)
Opera/9.80 (X11; Linux i686; U; ru) Presto/2.8.131 Version/11.11
Mozilla/5.0 (Windows NT 5.1) AppleWebKit/537.36 (KHTML, like Gecko) Chrome/27.0.1453.93 Safari/537.36
Mozilla/5.0 (Windows NT 6.2; Win64; x64; rv:21.0.0) Gecko/20121011 Firefox/21.0.0
Mozilla/5.0 (Macintosh; U; Intel Mac OS X 10_6_6; ja-jp) AppleWebKit/533.20.25 (KHTML, like Gecko) Version/5.0.4 Safari/533.20.27
Mozilla/5.0 (Windows NT 6.1; WOW64) AppleWebKit/537.36 (KHTML, like Gecko) Chrome/36.0.1985.67 Safari/537.36

Process finished with exit code 0
```

图 7-17 不同浏览器的 UserAgent

从运行结果中可以清楚地看到，fake_useragent 库可以方便地获取多种浏览器的 UA，具体使用的时候直接加入 headers 字典里就可以了。

2. 代理 IP

对于封 IP 的网站，Requests 库提供了方便的方法来使用代理 IP，而且比 Python 自带的设置代理器的方法更容易理解，这也是本章介绍 Requests 库而不是 URLlib 库的原因。

```
import requests
proxies = {      #构造存储代理 IP 地址的字典
    "http":"218.71.161.56:80",
    "http":"19.85.5.75:24748",
    "http":"222.85.39.52:808"
}
data = requests.get("http://sanya.xiaozhu.com/", proxies = proxies)
print(data.text)
```

使用代理 IP,只要将代理 IP 放到字典中,再将此字典添加到 Requests.get()的参数 proxies 即可。请求网址会返回发起请求时的 IP。这里测试用的代理 IP 是从网上找来的,不太稳定。若需要性能稳定的代理 IP,一般需要找代理商购买。

3. 模拟登录

有些网站需要登录账号才能看到一些数据,想要抓取这些数据,就必须先登录。而浏览器主要通过 cookie 的方式来检验用户的登录状态,因此可以直接通过从浏览器复制 cookie 到 headers 进行模拟登录。cookie 的获取方式和之前的 UA 的获取方式是一样的,如图 7-18 所示。

```
import requests
from fake_useragent import UserAgent
mycookie = ''      #此处填写从浏览器复制的 cookie 信息
ua = UserAgent()
headers = {
    'UserAgent':ua.random,
    'Cookie':mycookie
}
URL = "https://www.douban.com/people/222710992/"
data = requests.get(URL,headers = headers)
print(data.status_code)
print(data.request.headers)
print(data.text)
```

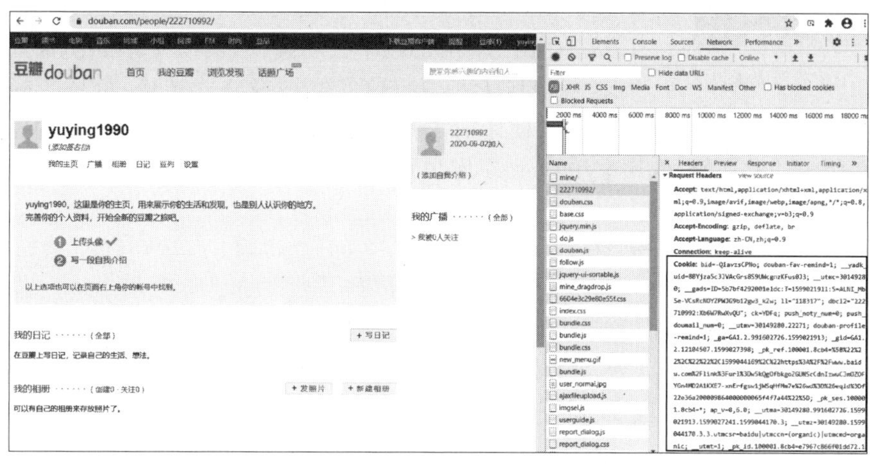

图 7-18　获取页面 cookie

这里通过复制 cookie 的办法就可以达到登录的目的,此时在运行结果中可以发现自己的用户名已经被打印出来了。需要注意的是,将请求地址改为自己个人信息的地址,这样才能打印出自己的用户名。但是,cookie 是有一定的有效期的,过一段时间就会失效,每次都手动获取就会比较麻烦。下面介绍通过表单模拟登录。

第一种方式是通过查询源代码的 form 标签和 input 标签。找到登录元素,在输入账号处选中,单击右键检查,然后直接查询网页源代码去找到上面的部分,根据标签来观察提交的表单参数。此处 form 标签中的 action 属性代表请求的 URL,input 标签下的 name 属性代表提交参数的 key。参考代码如下:

```
import  requests
URL = "https://www.douban.com/accounts/login"      # action 属性
params = {
    "source":"index_nav",                          # input 标签下的 name
    "form_email":"xxxxxx",
    "form_password":"xxxxxx"
}
html = requests.post(URL,data = params)
print(html.text)
```

第二种方式是通过浏览器的 network 选项卡查询表单参数。单击右键检查,选择 network,然后手动输入账号和密码登录,此时显示加载了文件,选择加载的第一个文件,选中后查看 headers 字段下的数据,此时会发现请求的 URL 往下拉会显示字段参数。

4. 验证码问题

模拟登录有时会遇到验证码的问题,这种情况通常有 3 种解决方法。第一种就是提取验证码的地址,下载验证码到本地手动输入后再使用 post 登录。这种方式需要人工参与,操作较为烦琐。第二种是通过一些验证码识别的库,如 pytesseract 库,进行识别,但是遇到复杂的验证码识别率就会很低。第三种是使用云打码平台。此方法识别率高,不需要人工操作,缺点是需要收费。此处介绍使用 pytesseract 库进行简单的验证码识别。

6067 v w o 7

图 7-19 验证码图片

Python 的免费图像处理工具包 PIL(Python Image Library)由 PythonWare 公司提供,具有基本的图像处理功能,如改变图像大小、旋转图像、图像格式转换、色场空间转换、图像增强、直方图处理、插值和滤波等。使用前需先安装 PIL 库和 pytesseract 库的支持,对于如图 7-19 所示的验证码,使用 pytesseract 库识别率比较高。

示例代码如下所示:

```
from PIL import Image
import pytesseract
image = Image.open('img.png')                        # 验证码图片
content = pytesseract.image_to_string(image)  # 解析图片
print(content)
```

输出结果为:

```
6067
```

与图7-19类似的验证码可以很好地被识别，但是如果验证码再复杂一些，这个库的识别率就比较低了。这时可以选择云打码平台。云打码平台有很多，一般会提供开发文档，参照文档调用API即可，此处不做介绍。

5. 网页动态内容的获取

如果网页中呈现的信息都可以在网页的HTML源码里找到，这就是静态网页。之前我们处理的网页都是HTML静态网页。有一些网站的内容由前端的JS生成，呈现在网页上的内容是动态的，可以在浏览器上看到，但是在HTML源码中却发现不了。对于这种情况，我们该如何爬取网页中的信息呢？

接下来将介绍两种不同的方法来处理动态网页：第一种是直接从网页响应中找到JS脚本返回的JSON数据，其难点在于包含数据文件地址的查找，优点是针对性较强，速度快；第二种方法是使用Selenium对网页进行模拟访问，其缺点是处理速度较慢，优点是简单易用。在此只对第一种方法进行介绍。

以某购物网站的每日秒杀页面为例，页面上有许多价格。通过检查元素也能看到这些价格，但在HTML源码中却找不到这些价格数据，所以直接采用爬取网页再解析数据的方法无法得到这些价格数据。

要想找到包含价格的文件，则需要进行抓包，即在network选项卡下的preview中找到返回内容包含价格的请求，如图7-20所示。

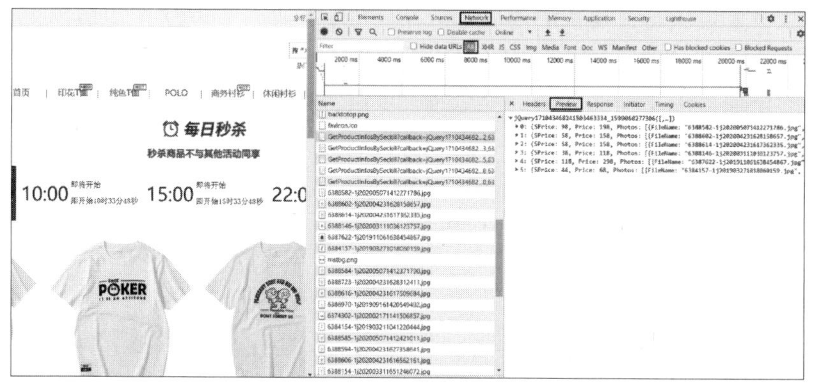

图7-20 动态网页中的价格信息

接下来查看请求头，如图7-21所示。

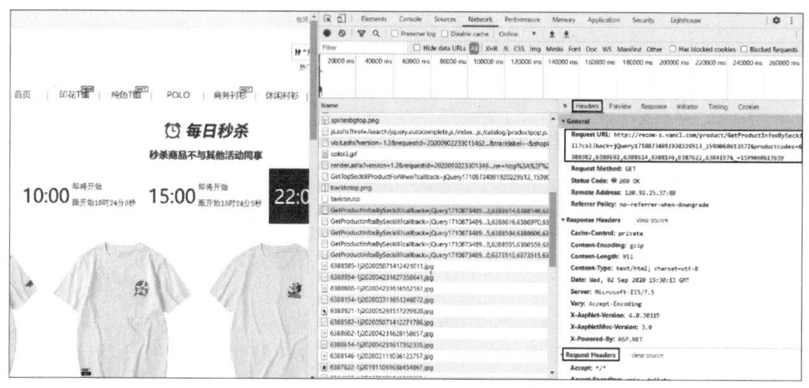

图7-21 查看请求头

向对应的地址模拟发送请求即可获得对应的数据,这就是对网页进行逆向工程的大致流程,实现代码如下:

```
import requests
from fake_useragent import UserAgent
import pprint

def getdata(json_URL):
    ua = UserAgent()
    headers = {'User-Agent':ua.random}
    data = requests.get(json_URL,headers = headers)
    pprint.pprint(data.text)

if __name__ == '__main__':
        json_URL1 = '图 7-24 中的 Request URL'
        getdata(json_URL1)
```

此处得到的数据大部分是 JSON 格式的,处理时需要使用 JSON 库。关于数据的处理和数据集制作会在后面的小节中进行讲解。

6. 多线程与多进程

串行下载极大地限制了爬虫的速度和效率,尤其不适用于大批量的请求处理。多线程即请求任务同时进行,程序的执行在不同的线程之间进行切换,每个线程执行程序的不同部分。多进程的原理与多线程的原理比较类似,多进程就是在多核 CPU 的不同核上进行进程的切换执行。

Python 进行多进程爬虫使用了 multiprocessing 库,本书使用 multiprocessing 库的进程池方法进行多进程爬虫,使用方法的代码如下:

```
import requests
import re
from fake_useragent import UserAgent
import time
from multiprocessing import Pool                #添加 multiprocessing 库

ua = UserAgent()
headers = {'User-Agent':ua.random}              #使用动态 UA

def re_scraper(URL):                            #定义函数 re_scraper 获取信息
    res = requests.get(URL,headers = headers)
    ids = re.findall('<h2>(.*?)</h2>',res.text,re.S)
    contents = re.findall('<div class = "content">.*?<span>(.*?)</span>',res.text,re.S)
    laughs = re.findall('<span class = "stats-vote"><i class = "number">(\d+)</i></span>',
res.text,re.S)
    comments = re.findall('<i class = "number">(\d+)</i>评论',res.text,re.S)
    for id,content,laugh,comment in zip(ids,contents,laughs,comments):
        info = {
            'id':id,
            'content':content,
            'laugh':laugh,
```

```
            'comment':comment
        }
        return info
if __name__ == '__main__':
    URLs = ['http://www.qiushibaike.com/text/page/{}/'.format(str(i)) for i in range(1,36)]
    #串行进程
    start_1 = time.time()
    for URL in URLs:
        re_scraper(URL)
    end_1 = time.time()
    print('串行爬虫',end_1 - start_1)
    #2个进程串行
    start_2 = time.time()
    pool = Pool(processes = 2)
    pool.map(re_scraper,URLs)
    end_2 = time.time()
    print('2个进程',end_2 - start_2)
    #4个进程串行
    start_3 = time.time()
    pool = Pool(processes = 4)
    pool.map(re_scraper,URLs)
    end_3 = time.time()
    print('4个进程',end_3 - start_3)
```

执行结果如图7-22所示。

```
Run:  main
C:\Users\56943\AppData\Local\Programs\Python\Python38\python.exe C:/Users/56943/PycharmProjects/pythonProject/main.py
串行爬虫 10.614064455032349
2个进程 6.302139043807983
4个进程 3.136997699737549

Process finished with exit code 0
```

图7-22　程序串行和并行性能比较

由于硬件条件不同,执行结果会存在一定差异。不过3次爬虫之间的相互差异性是相当的,且差异随着网页的数据量增多而显著增大。从输出的结果可以看出4进程并行的爬虫速度快于2进程爬虫并行的速度,2进程并行爬取的速度又快于串行爬取的速度。这就是使用多进程和多线程的意义。

7.3　训练数据集制作

本节主要介绍数据的存储方式,以及使用Pandas清洗数据。

7.3.1　数据存取

利用爬虫从网络上获取信息后需要进行存储,以便后续进行建模分析,选择恰当的数据存储方式会使数据的提取更加方便快捷。我们已经在前面的章节介绍了Python的基本文件操作，本节将介绍几种常用的文件存储格式。

1. CSV文件的存取

CSV(Comma-Separated-Values)，通常被称作逗号分隔值。CSV文件由任意数目的记录(行)组成，每条记录由一些字段(列)组成，字段之间通常以逗号分隔，当然也可以用制表符等其他字符分割，所以CSV又被称为字符分割值。在数据分析领域，CSV文件被广泛应用。

Python自带CSV模块，但这里主要介绍更简单易用的Pandas进行CSV文件的读取。使用Pandas可以直接读取CSV文件为Series和DataFrame，在进行一系列的操作之后，只需简单的几行代码就可以保存文件，示例代码如下：

```
import pandas as pd                              #使用 Pandas 库
#手动实现 CSV 格式
def saveTOCSV(rows, cols, data):
    f = open('mycsv.csv','w')
    f.write('A,B\n')                             #列名
    for i in range(rows):                        #对于每一行
        for j in range(cols):                    #对于每一列
            f.write(str(data.iloc[i][j]))        #写入的数据应为字符型
            if j != cols - 1:                    #每行最后不写入逗号
                f.write(',')                     #设置分隔符
        f.write('\n')
    f.close()

#将数据写入 mycsv.csv 文件
data = {'A':[1,2,3], 'B':[4,5,6]}                #设定一些数据
df = pd.DataFrame(data)                          #将字典转换为 DataFrame 格式
saveTOCSV(df.shape[0], df.shape[1], df)          #保存
#读取 mycsv.csv 文件
df1 = pd.read_csv('mycsv.csv')
print('DataFrame:\n',df1)                        #打印 df1
```

程序运行的输出结果如图7-23(a)所示，使用记事本打开mycsv.csv文件如图7-23(b)所示。

这就是CSV文件的最基本的存取操作。

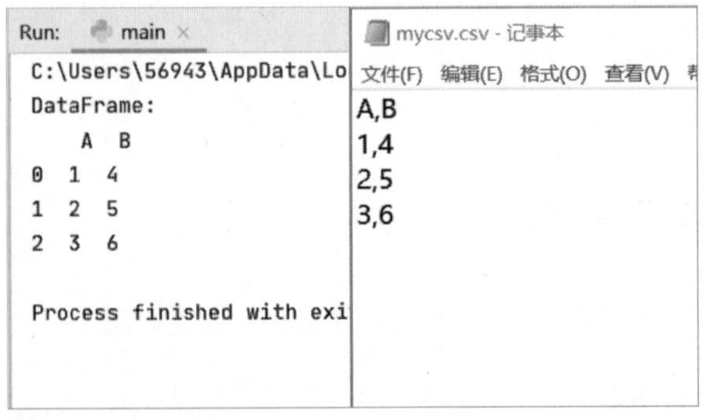

(a) 控制台输出结果　　(b) mycsv.csv文件

图7-23　保存为CSV文件

2. JSON 文件的存取

实际的数据存储有时需要一些更为复杂的结构来存储数据，以便于读写。例如学生信息表，对每个学生都要记录性别、身高、体重等信息。在这种情况下，存储为 CSV 这样成行的文本格式会使之后的数据提取变得相当麻烦。这时候需要选取具有层级关系的数据存取方式，可以使用 JSON。而且，JSON 支持多种类型的存储，包括 str、int、dict、list 等。

下面介绍 JSON 包的两对常用函数。首先是 json. drumps()和 json. loads()，代码如下：

```
import json
#设定一些数据放到字典中
data = {'Tom':{'Sex':'M','Weight':65,'Height':180},
        'Nina':{'Sex':'F','Weight':55,'Height':170},
        'Echo':{'Sex':'F','Weight':60,'Height':170}
}
json_str = json.dumps(data)
print(json_str)
print(type(json_str))

json_dict = json.loads(json_str)
print(json_dict)
print(type(json_dict))
```

代码运行结果如图 7-24 所示。

```
Run:   main ×
C:\Users\56943\AppData\Local\Programs\Python\Python38\python.exe C:/Users/56943/PycharmProjects/pythonProject/main.py
{"Tom": {"Sex": "M", "Weight": 65, "Height": 180}, "Nina": {"Sex": "F", "Weight": 55, "Height": 170}, "Echo": {"Sex": "F", "Weight": 60, "Height": 170}}
<class 'str'>
{'Tom': {'Sex': 'M', 'Weight': 65, 'Height': 180}, 'Nina': {'Sex': 'F', 'Weight': 55, 'Height': 170}, 'Echo': {'Sex': 'F', 'Weight': 60, 'Height': 170}}
<class 'dict'>

Process finished with exit code 0
```

图 7-24　json. drumps()和 json. loads()运行结果

从程序的输出结果可以看出，json. drumps()将数据字典转化为 JSON 编码的字符串 str；json. loads()将字符串转化为原来的数据字典 dict 格式。

json. drump()和 json. load()用于对文件的操作，代码如下：

```
import json

data = {'Tom':{'Sex':'M','Weight':65,'Height':180},
        'Nina':{'Sex':'F','Weight':55,'Height':170},
        'Echo':{'Sex':'F','Weight':60,'Height':170}
}

with open('mydata.json','w') as f:        #以只写方式访问文件 mydata.json
    json.dump(data, f)                    #使用 json.dump()将 data 存入文件对象 f 中

with open('mydata.json','r') as f:        #以只读方式访问文件 mydata.json
    data = json.load(f)                   #使用 json.load()读取文件数据，并赋值给 data
```

```
    print(data)

print(type(data))
```

代码运行结果如图 7-25 所示。

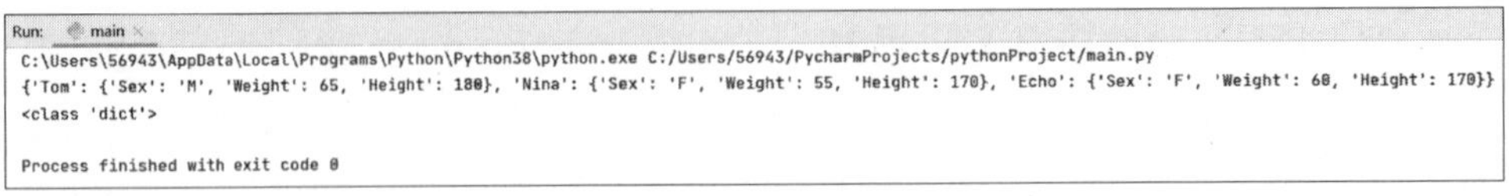

```
Run:  main
C:\Users\56943\AppData\Local\Programs\Python\Python38\python.exe C:/Users/56943/PycharmProjects/pythonProject/main.py
{'Tom': {'Sex': 'M', 'Weight': 65, 'Height': 180}, 'Nina': {'Sex': 'F', 'Weight': 55, 'Height': 170}, 'Echo': {'Sex': 'F', 'Weight': 60, 'Height': 170}}
<class 'dict'>

Process finished with exit code 0
```

图 7-25　json. drump()和 json. load()运行结果

使用 json. drump()可以将 JSON 数据写入文件,使用 json. load()可以读取文件中的数据,读取的数据仍为数据字典 dict 格式。

除此之外,我们还可以使用"ensure_ascii＝False"来兼容汉字的读写；使用"sort_key＝True"来对字典中的记录进行排序；使用 indent 进行合理缩进,优化打印输出效果。代码如下：

```
import json
data = {2:{'name':'小明','Sex':'M','Weight':65,'Height':180},
        3:{'name':'Nina','Sex':'F','Weight':55,'Height':170},
        1:{'name':'小华','Sex':'F','Weight':60,'Height':170}
}

#对照组
json_str1 = json.dumps(data)
print(json_str1)
#ensure_ascii 默认值为 True,无法识别汉字
#sort_keys 默认值为 False,不排序
#indent 设置合适的缩进,美化输出效果
json_str2 = json.dumps(data, ensure_ascii = False, sort_keys = True, indent = 4)
print(json_str2)
```

输出效果如图 7-26 所示。

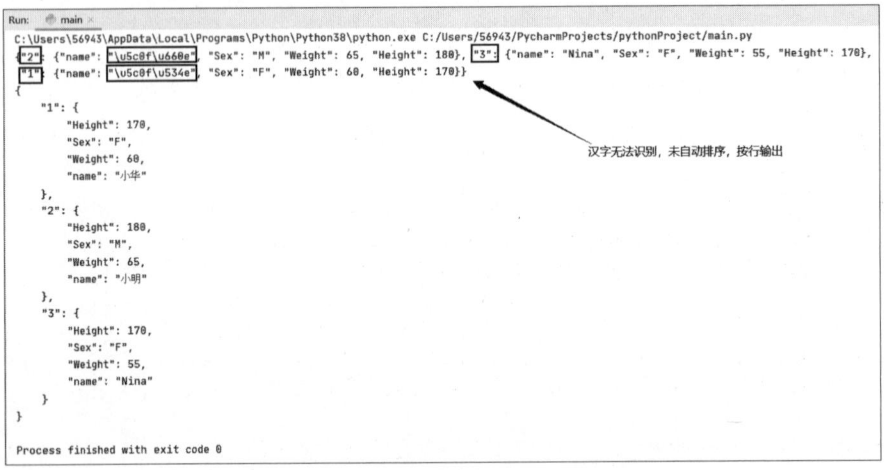

```
Run:  main
C:\Users\56943\AppData\Local\Programs\Python\Python38\python.exe C:/Users/56943/PycharmProjects/pythonProject/main.py
{"2": {"name": "\u5c0f\u660e", "Sex": "M", "Weight": 65, "Height": 180}, "3": {"name": "Nina", "Sex": "F", "Weight": 55, "Height": 170},
"1": {"name": "\u5c0f\u534e", "Sex": "F", "Weight": 60, "Height": 170}}
{
    "1": {
        "Height": 170,
        "Sex": "F",
        "Weight": 60,
        "name": "小华"
    },
    "2": {
        "Height": 180,
        "Sex": "M",
        "Weight": 65,
        "name": "小明"
    },
    "3": {
        "Height": 170,
        "Sex": "F",
        "Weight": 55,
        "name": "Nina"
    }
}

Process finished with exit code 0
```

汉字无法识别，未自动排序，按行输出

图 7-26　ensure_ascii、sort_keys、indent 应用效果

以上所讲内容就是常用的关于 JSON 文件的读写操作。想深入了解相关内容，可以参考官方文档进行进一步学习。

3. XLSX 文件的存取

在处理数据时会经常用到 Excel 电子表格，Python 的很多包都可以与 Excel 进行交互。目前主要有 4 个库可以进行 Excel 文件的读写操作，分别为 xlrd、xlwt、xlsxwriter、openpyxl。其中，前两者分别用于处理 XLS 文件的读和写；后两者用于 XLSX 文件（即 Excel 2010 及更高版本的电子表格文件）的操作。这里仅对 xlsxwriter 和 openpyxl 进行介绍。

xlsxwriter 可以在 Excel 表格中写入数据，且只有写入功能。用法参考代码如下：

```
import os
import xlsxwriter

if 'myXlsxFolder' not in os.listdir():   # 如果没有 myXlsxFolder 文件夹，则创建（避免重复创建
                                          # 报错）
    os.mkdir('myXlsxFolder')              # 在当前目录创建文件夹 myXlsxFolder
os.chdir('myXlsxFolder')                  # 打开文件夹 myXlsxFolder

myXlsxFile = xlsxwriter.Workbook('book_info.xlsx') # 创建电子表格文件 book_info.xlsx
myWorkSheet = myXlsxFile.add_worksheet('mySheet')  # 为电子表格 book_info.xlsx 添加一个名
                                                   # 为 mySheet 的工作表
myWorkSheet.write('A1','«三国演义»')      # 在单元格 A1 写入数据 Hello World!
myXlsxFile.close()                        # 关闭电子表格
```

运行后，可以在当前文件夹（.py 文件所在的文件夹）下看到新建的文件夹 myXlsxFolder，以及其目录下的电子表格文件 book_info.xlsx，打开表格文件可以看到新增的 mySheet 工作簿及其 A1 单元格中的"《三国演义》"字符串。

openpyxl 同时具有读写的功能，而且能充分利用 Pandas。这里仅以读取文件的操作为例。代码如下：

```
import os
import numpy as np
from openpyxl import load_workbook

if 'myXlsxFolder' not in os.listdir():
    os.mkdir('myXlsxFolder')
os.chdir('myXlsxFolder')

myFile = load_workbook('book_info.xlsx')
print("表名：",myFile.sheetnames)              # 打印工作表名称

mySheet = myFile['豆瓣读书']                    # 通过表名选择工作表
print("行数：", len(list(mySheet.rows)))        # 打印工作表数据行数
print("列数：", len(list(mySheet.columns)))     # 打印工作表数据列数
```

运行结果如图 7-27 所示。

```
Run:   main ×
C:\Users\56943\AppData\Local\Programs\Python\Python38\
表名： ['豆瓣读书']
行数： 250
列数： 7

Process finished with exit code 0
```

图 7-27　运行结果图

4. MySQL 文件的存取

对于存取比较少量的数据，使用 CSV、JSON、XLSX 文件就足够了。但是如果存取的数据量较大，则要优先选择数据库，接下来介绍如何使用 Python 操作 MySQL 数据库。学习前首先要安装 MySQL 数据库，以及为 Python 安装 PyMySQL 支持包。

使用 PyMySQL 最好事先了解一些基本的 SQL 语句。首先建立一个连接，看一下 PyMySQL 的基本使用方法，示例代码如下：

```
import pyMySQL                          # 导入 PyMySQL 支持包

# 使用 connect 创建数据库连接，常用参数有本地主机、用户名 root、密码、PyDatabase 数据库、编码
# 格式
db = pyMySQL.connect(host = "localhost", user = "root", password = "密码", db =
"PyDatabase", charset = 'utf8')
cursor = db.cursor()                    # 获取游标，用它来执行数据库的操作

try:
    cursor.execute("Select Version()")  # 执行 SQL 语句
    data = cursor.fetchone()
    print("Database version: %s" %data)

finally:
    db.close()                          # 关闭数据库
```

运行会输出数据库的版本信息。下面介绍一些数据库基本的增、删、改、查操作，示例代码如下：

```
import pyMySQL                          # 导入 PyMySQL 支持包

# 创建连接
db = pyMySQL.connect(host = "localhost", user = "root", password = "密码", db =
"PyDatabase", charset = 'utf8')
cursor = db.cursor()                    # 获取游标，用它来执行数据库的操作

# 定义打印列名的函数 print_colsname()
def print_colsname():
    cursor.execute("SHOW COLUMNS FROM Py_Data;")      # 执行 SQL 语句，查询 Py_Data 中的列
    cols_name = cursor.fetchall()
```

```
    print(cols_name)
    return cols_name

#定义打印数据的函数 print_alldata()
def print_alldata():
    cursor.execute("SELECT * FROM Py_Data;")  #执行 SQL 语句,查询 Py_Data 中的所有数据
    data = cursor.fetchall() #获取全部数据
    print(data)
    return data

#执行 SQL 语句
try:
    #删除表(防止 Py_Data 创建前已存在)
    cursor.execute("DROP TABLE IF EXISTS Py_Data;")   #执行 SQL 删除语句 Py_Data
    #创建表
    cursor.execute("CREATE TABLE Py_Data (username VARCHAR (10), useraddr VARCHAR (20));")

    #插入数据
    cursor.execute("INSERT INTO Py_Data (username,useraddr) VALUES ('张三','中国');")
    cursor.execute("INSERT INTO Py_Data (username,useraddr) VALUES ('Lisa','美国');")
    #打印数据
    print_alldata()
    #删除数据
    cursor.execute("DELETE FROM Py_Data WHERE useraddr = '美国'")
    #打印数据
    print_alldata()

    #打印当前列名
    print_colsname()
    #删除列
    cursor.execute("ALTER TABLE Py_Data DROP username;")
    #添加列
    cursor.execute("ALTER TABLE Py_Data ADD COLUMN (age TINYINT(1) UNSIGNED);")
    #打印修改后的列名
    print_colsname()

    #提交以上操作到数据库
    db.commit()

except:
    #rollback(): #回滚,若出现错误则放弃执行 try,并将数据恢复到 try 之前的状态
    db.rollback()
    print("Error!")

finally:
    db.close()
```

运行代码后输出如下：

```
(('张三','中国'), ('Lisa','美国'))
(('张三','中国'))
(('username','varchar(10)','YES',",None,"), ('useraddr','varchar(10)','YES',",None,"))
(('usernaddr','varchar(10)','YES',",None,"), ('age','tinyint(1) unsigned','YES',",None,"))
```

在 MySQL 数据库中检查，可以看到数据已经成功写入。

事实上，除 MySQL 外，Python 几乎可以操作任何数据库，而且 Python 本身也内置了 SQLite 数据库，操作基本上是一致的，都是使用不同的第三方库实现。

至此，我们已经介绍了使用 Python 进行 CSV、JSON、XLSX 和 MySQL 数据库的文件存取操作，下一步我们将要学习的是数据的清洗和一些数据的预处理操作。

7.3.2 数据清洗

数据的清洗工作在整个数据分析的流程中占据重要的地位。如果数据没有清洗干净，会为后续的分析造成很多不必要的麻烦，严重时还可能得到错误的分析结果，本节介绍一些常用的清洗数据的方法。

1. 编码问题

我们获取的数据常常会包含大量的文本数据。在爬取网页数据时，可以通过 chardet 来检测编码，以此确保编码的正确性，在编写爬虫程序时，这是一种极为有效的办法。这里介绍另一种有效的方法，来解决更加普遍的编码问题，那就是 ftfy 库。

先来看一个简单的爬虫，示例代码如下：

```
import requests
data = requests.get('http://www.baidu.com')
print(data.text)
```

运行代码后结果如图 7-28 所示，返回结果存在大量乱码。

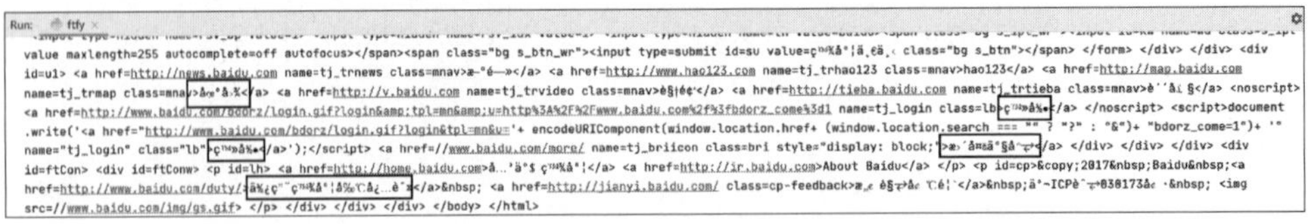

图 7-28 无法识别中文

这是一个非常简单的爬虫，程序请求了百度首页的内容。但是从返回的结果来看，中文未被正常显示，显然存在编码问题。使用 ftfy 库可以解决乱码问题，代码如下：

```
import requests
from ftfy import fix_text     #添加 ftfy 库
data = requests.get('http://www.baidu.com')
#print(data.text)
fix_text(data.text)
```

运行代码后结果如图 7-29 所示，可以看出编码问题被修复，返回的结果可以正常显示中文。


```
<!DOCTYPE html>\n<!--STATUS OK--><html> <head><meta http-equiv=content-type content=text/html;charset=utf-8><meta http-equiv=X-UA-Compatible content=IE=Edge><meta content=always name=referrer><link rel=stylesheet type=text/css href=http://s1.bdstatic.com/r/www/cache/bdorz/baidu.min.css><title>百度一下,你就知道</title></head> <body link=#0000cc> <div id=wrapper> <div id=head> <div class=head_wrapper> <div class=s_form> <div class=s_form_wrapper> <div id=lg> <img hidefocus=true src=//www.baidu.com/img/bd_logo1.png width=270 height=129> </div> <form id=form name=f action=//www.baidu.com/s class=fm> <input type=hidden name=bdorz_come value=1> <input type=hidden name=ie value=utf-8> <input type=hidden name=f value=8> <input type=hidden name=rsv_bp value=1> <input type=hidden name=rsv_idx value=1> <input type=hidden name=tn value=baidu><span class="bg s_ipt_wr"><input id=kw name=wd class=s_ipt value maxlength=255 autocomplete=off autofocus></span><span class="bg s_btn_wr"><input type=submit id=su value=百度一下 class="bg s_btn"></span> </form> </div> </div> <div id=u1> <a href=http://news.baidu.com name=tj_trnews class=mnav>新闻</a> <a href=http://www.hao123.com name=tj_trhao123 class=mnav>hao123</a> <a href=http://map.baidu.com name=tj_trmap class=mnav>地图</a> <a href=http://v.baidu.com name=tj_trvideo class=mnav>视频</a> <a href=http://tieba.baidu.com name=tj_trtieba class=mnav>贴吧</a> <noscript> <a href=http://www.baidu.com/bdorz/login.gif?login&amp;tpl=mn&amp;u=http%3A%2F%2Fwww.baidu.com%2f%3fbdorz_come%3d1 name=tj_login class=lb>登录</a> </noscript> <script>document.write('<a href="http://www.baidu.com/bdorz/login.gif?login&tpl=mn&u='+ encodeURIComponent(window.location.href+ (window.location.search === "" ? "?" : "&")+ "bdorz_come=1")+ '" name="tj_login" class="lb">登录</a>');</script> <a href=//www.baidu.com/more/ name=tj_briicon class=bri style="display: block;">更多产品</a> </div> </div> </div> <div id=ftCon> <div id=ftConw> <p id=lh> <a href=http://home.baidu.com>关于百度</a> <a href=http://ir.baidu.com>About Baidu</a> </p> <p id=cp>&copy;2017 Baidu <a href=http://www.baidu.com/duty/>使用百度前必读</a>  <a href=http://jianyi.baidu.com/ class=cp-feedback>意见反馈</a> 京ICP证030173号  <img src=//www.baidu.com/img/gs.gif> </p> </div> </div> </div> </body> </html>\n
```


图 7-29 正常显示中文

ftfy 库还有许多其他特性，此处不进行介绍。要处理更加复杂的编码问题，可以参考官方文档进一步学习。

2. 缺失值的检测与处理

缺失值有很简单的检测方法，代码如下：

```
from pandas import DataFrame          # 添加 Pandas 库

df = DataFrame({'c1':[0,1,2,None],'c2':[1,None,2,3]})
print(df)                             # None 被识别为 NaN(Not a number)
print(df.isnull())                    # 检测是否存在缺失值,若存在缺失值则返回 True,否则返
                                      # 回 False

print(df.fillna('missing'))           # 以指定的字符串 missing 填补缺失值
print(df.fillna(df.mean()))           # 以每列数据的平均值填补缺失值
# bfill 意为使用缺失值后(下)面的值进行填充
print(df.fillna(method = 'bfill',limit = 1))
# bfill 意为使用缺失值前(上)面的值进行填充
print(df.fillna(method = 'ffill',limit = 1))
```

运行以上代码可以发现，Python 中的 None 在 Pandas 中被识别为 NaN(Not a number)，此时我们可以使用 df.isnull()检测缺失值的位置，如果存在缺失值则返回 True。

使用 df.fillna()可以填补数据的空缺值，填补的空缺值可以是指定的字符或字符串；也可以是 df.mean()，即每一列的平均值；还可以是填补 bfill(缺失值后面的值)或 ffill(缺失值前面的值)，并使用 limit=1 限制连续填充，即只填充最近的缺失值。

使用 df.iloc()可以在指定位置插入或更改数据。使用方法及代码如下：

```
import numpy as np
from pandas import DataFrame
df = DataFrame({'01':np.arange(0,0.5,0.1),'02':np.arange(1,1.5,0.1)})
print(df)
# 设定指定位置的值
df.iloc[1:3,0:2] = None
df.iloc[0,0] = 100
print(df)
```

运行代码后结果如图 7-30 所示。

在缺失值较少的时候，可以选择以填充的方式来完善数据集，但是在缺失值较多且其重

```
Run:  iloc ×
C:\Users\56943\AppData\Local\Programs\Python\Python38\python.exe C:/Users/
    01   02
0  0.0  1.0
1  0.1  1.1
2  0.2  1.2
3  0.3  1.3
4  0.4  1.4
      01   02
0  100.0  1.0
1    NaN  NaN
2    NaN  NaN
3    0.3  1.3
4    0.4  1.4
```

图 7-30 使用 iloc 更改指定位置的值

要程度不高的时候,可以选择去除这些没有价值的数据。使用 df.dropna()可以快速批量地删除数据,操作方法及代码如下:

```
import numpy as np
from pandas import DataFrame
df = DataFrame({'01':np.arange(0,0.5,0.1),'02':np.arange(1,1.5,0.1)})
df.iloc[1:3,0:2] = None
df['03'] = np.nan     #添加新的列 03,并且内容都为空 NaN
print(df)

print(df.dropna())
print(df.dropna(how = 'all'))
print(df.dropna(how = 'all',axis = 1))
```

运行代码后结果如图 7-31 所示。

```
Run:  dropna ×
C:\Users\56943\AppData\Local\Programs\Python\Python38\python.exe C:/Users/
    01   02  03
0  0.0  1.0 NaN
1  NaN  NaN NaN
2  NaN  NaN NaN
3  0.3  1.3 NaN
4  0.4  1.4 NaN
Empty DataFrame
Columns: [01, 02, 03]
Index: []
    01   02  03
0  0.0  1.0 NaN
3  0.3  1.3 NaN
4  0.4  1.4 NaN
    01   02
0  0.0  1.0
1  NaN  NaN
2  NaN  NaN
3  0.3  1.3
4  0.4  1.4
```

图 7-31 使用 dropna 删除指定数据

由图 7-31 可以看出，原始的数据集 fp 第 0 行、第 1 行和第 2 行有 NaN 值，全部的列都有 NaN 值。fp.dropna()有两个参数：第一个参数 how，默认情况下取值为 any，即有一个数据为 NaN 就去除整行或者整列数据，而当取值为 all 时，代表所在行或列全部为 NaN 才删除；第二个参数 axis，指定删除的是行还是列，取值 0 代表删除该行，取值 1 代表删除该列。因此，第一次调用 fp.dropna()时删除了所有数据，第二次调用 fp.dropna()时删除了含有 NaN 的行，第三次调用 fp.dropna()时删除了含有 NaN 的列。

3. 去除异常值

异常值的范围比较广，一般来说格式数据不一致，以及数据范围异常等都属于异常值，主要根据一些生活和业务的常识来界定。我们使用 df.query()来筛选并去掉异常值，示例代码如下：

```
from pandas import DataFrame
df = DataFrame({'Name':['A','B','C'],'Age':[-1,14,125]})
print(df)
print(df.query('Age>=10 and Age<=110'))
```

这里通过对年龄的界定来筛选想要的数据，最后输出的有效数据只有 DataFrame({'Name':['B'],'Age':[14]})。

有时，变量之间互相矛盾的数据也被视作异常值，示例代码如下：

```
from pandas import DataFrame
df_dict = DataFrame({'Age':[16,17,20,21,22], 'Age_label':['teen','adult','adult','adult',
'teen']})
print(df_dict)
df_data = df_dict.query("(Age>=18 and Age_label == 'adult') or (Age<18 and Age_label ==
'teen')")
print(df_data)
```

这里年龄和是否成年之间存在逻辑矛盾的数据，teen 表示 18 岁以下，adult 表示 18 岁以上，那么可以通过筛选来得到不矛盾的数据集。最终，有问题的{'Age':17,'Age_label':'adult'}和{'Age':22,'Age_label':'teen'}被清洗掉。

异常值的检测方法还有很多，根据数据集的不同会有很多不同的表现方式，这就需要对数据集有充分的理解。有些时候也可以通过做图的方式从整体上观察有无异常值，示例代码如下：

```
from pandas import Series
import matplotlib.pyplot as plt
series_data = Series([3,1,5,7,10,50])
plt.boxplot(series_data)
plt.show()
```

plt.boxplot()的作用是绘制箱型图，运行代码后输出结果如图 7-32 所示，从图中可以明显地看出存在异常值。

4. 去除重复值与冗余信息

这里使用 drop_duplicates()可以方便地去除重复的数值，示例代码如下：

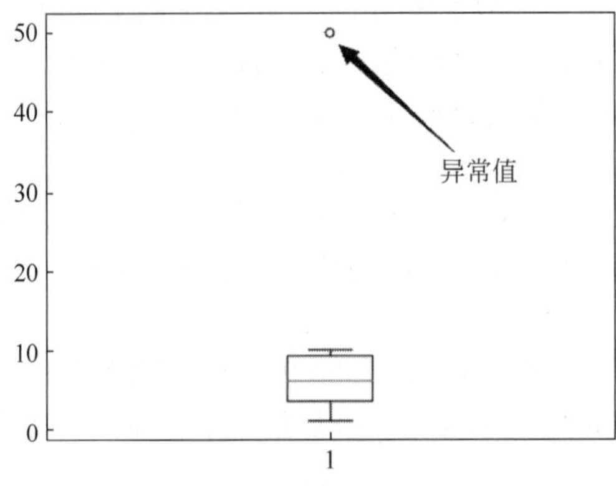

图 7-32　使用箱型图去除异常值

```
from pandas import DataFrame
df = DataFrame({'A':[1,1,2,2],'B':[3,3,4,4]})
print(df)
print(df.drop_duplicates())
```

使用 df. drop_duplicates()后，重复的数值被去除，运行代码后结果如图 7-33 所示。

值得注意的是，本案例中使用 df. drop_duplicates()后，df 的源数据并未被改变，仅在调用 drop_duplicates()时清洗掉了冗余数据，这与 drop_duplicates()的参数 inplace 有关。

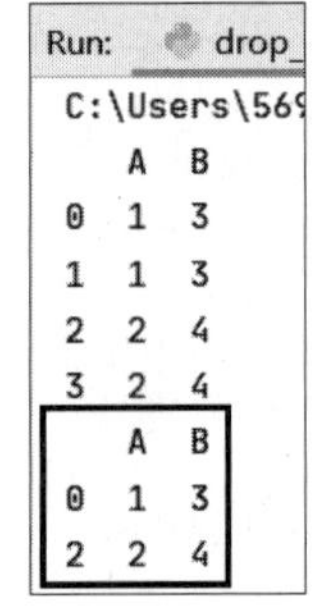

图 7-33　使用 drop_duplicates() 去除重复数据

df. drop_duplicates()常用的参数有 subset、keep、inplace，用法如下：

- subset，默认值为 None，默认对整个 DataFrame 进行去重，可以通过指定的 subset 对特定的列去重。
- keep，默认值为 first，即在有重复值的时候只保留第一次出现的数据。除此之外，可以选择 last 来保留最后出现的数据；如果选择 False，则会去除所有重复的数据。
- inplace，默认值为 False，当其值为 False 时，不改变原来的 DataFrame，返回新筛选后的数据。

此外，还可以根据需要去除一些无关的列变量，因为这些数据对我们的分析不起作用，也属于冗余的数据。例如，在分析影评数据时，数据集可能会含有评价人员社区 ID 的信息，但是这些信息在分析时不起作用，所以可以直接将这些数据去除。去除指定列的方法也很简单，直接用 drop 即可。示例代码如下：

```
from pandas import DataFrame
df = DataFrame({'A':[1,1,2,2],'B':[3,3,4,4]})
print(df.drop('B',axis = 1))
```

输出结果删掉了列名为'B'的列，运行代码后输出结果如图 7-34 所示。

5. 其他注意事项

除掌握之前介绍的数据处理技巧外,还需要注意数据的备份和处理流程的记录。

首先当我们得到一份数据时,应该在修改前进行备份,这样才可以大胆进行后面的操作,不必担心毁了原始数据。即使是从网上下载的数据集,也建议先进行数据备份,因为在数据集较大的时候,备份远比下载快得多。

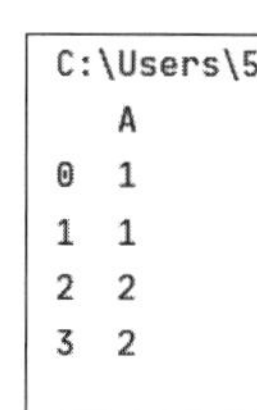

```
C:\Users\56
   A
0  1
1  1
2  2
3  2
```

图 7-34　使用 drop()去除重复的列

除此之外,我们也要注意备份一些比较重要的过程数据,因为在运行一些比较复杂的程序时,往往耗时较长,这时对中间结果的及时保存就显得尤为重要。这样即使在程序出错的时候,也可以在出错的地方进行修改,使用中间存储的结果继续进行下去,而不必从头再来。

在处理较为庞大的数据集时,无论对数据分析的严谨性来说,还是对团队合作来说,对处理的流程进行适当记录都是十分必要的。

我们可以根据具体的需要自定义日志记录的格式,示例代码如下:

```
import os
import time
import datetime
import pandas as pd
#获取日期和时间
def get_date_and_time():
    #获取时间戳
    timestamp = time.time()
    #将时间戳转化为指定格式的时间格式
    value = datetime.datetime.fromtimestamp(timestamp)
    date_and_time = value.strftime('%Y-%m-%d %H:%M:%S')
    return date_and_time
#日志文件操作
def write_to_log(logname = 'Report.txt',oprations = None):
    #检查是否创建了日志文件
    if logname not in os.listdir():
        with open(logname,'w') as f:
            #创建文件
            f.writelines(["My Report -- Created by YU", get_date_and_time()])
            f.write("\n")
            #写入数据
            f.writelines([get_date_and_time(),': '])
            f.write(oprations)
            f.write("\n")
    else:
        #已有日志文件,则以追加的模式写入记录
        with open(logname,'a') as f:
            #以追加模式写入数据
            f.writelines([get_date_and_time(),': '])
            f.write(oprations)
            f.write("\n")

if __name__ == '__main__':
```

```
    write_to_log(oprations = "Read data from result.csv")
    df = pd.read_csv('result.csv')

    write_to_log(oprations = "drop the duplicate data")
    df = df.drop_duplicates()
```

程序运行后生成 Report.txt 文件，如图 7-35 所示。

```
*Report.txt - 记事本
文件(F)  编辑(E)  格式(O)  查看(V)  帮助(H)
My Report --Created by YU2020-09-04 14:40:46
2020-09-04 14:40:46: Read data from result.csv
2020-09-04 14:40:46: drop the duplicate data
2020-09-04 14:41:01: Read data from result.csv
2020-09-04 14:41:01: drop the duplicate data
```

图 7-35 自定义日志记录的数据

这里只是一个简单的示例，大家可以根据具体需求自定义其他功能，如文件备份等。

至此已经完成了对数据清洗的介绍。数据清洗对于建模分析而言是必不可少的工作，任何技巧和方法都是为了得到更好的数据集。无论如何，对文件的备份和数据集操作的记录等工作都应该根据实际情况决定操作方式。

7.4 数据采集与数据集制作示例

结合前面学习的数据采集知识，下面通过一个综合案例来讲解整个存储流程。

首先，我们爬取豆瓣读书 Top 250 的数据，并将其保存到 CSV 文件。

(1) 打开豆瓣读书 Top 250 的网页，如图 7-36 所示。

图 7-36 豆瓣读书 Top 250 部分显示结果

(2) 通过手动翻页浏览,发现每一页显示 25 本书的信息,每页的网址区别仅在于 start 后面的值不同。将第一页的网址改为 https://book.douban.com/top250?start=0,以此来构造出 10 页的网址。

(3) 确定要爬取的信息,本案例我们爬取书籍的书名、URL 链接、作者信息、出版社、出版时间、价格、评分和评价。

(4) 使用 Python 将爬取的信息存储在本地的 result.csv 文件中。代码如下:

```
#导入相应的库文件
from lxml import etree
import requests
import csv
#创建 csv
fp = open('C:/Users/56943/PycharmProjects/pythonProject/result.csv', 'wt', newline = '',
encoding = 'utf-8')
writer = csv.writer(fp)
writer.writerow(('name', 'URL', 'author', 'publisher', 'date', 'price', 'date', 'price', 'rate',
'comment'))
#构造 URL
URLs = ['https://book.douban.com/top250?start = {}'.format(str(i)) for i in range(0, 250, 25)]

headers = {
    'User-Agent': 'Mozilla/5.0 (Windows NT 6.1; WOW64) AppleWebKit/537.36 '
                  '(KHTML, like Gecko) Chrome/53.0.2785.143 Safari/537.36'
}

for URL in URLs:
    html = requests.get(URL, headers = headers)
    selector = etree.HTML(html.text)
    infos = selector.xpath('//tr[@class = "item"]')
    for info in infos:
        name = info.xpath('td/div/a/@title')[0]
        URL = info.xpath('td/div/a/@href')[0]
        book_infos = info.xpath('td/p/text()')[0]
        author = book_infos.split('/')[0]
        publisher = book_infos.split('/')[-3]
        date = book_infos.split('/')[-2]
        price = book_infos.split('/')[-1]
        rate = info.xpath('td/div/span[2]/text()')[0]
        comments = info.xpath('td/p/span/text()')
        comment = comments[0] if len(comments) != 0 else "空"
        writer.writerow((name, URL, author, publisher, date, price, date, price, rate,
comment))

fp.close()
```

程序执行后,在指定目录下生成了 result.csv 文件,用记事本打开该文件,如图 7-37 所示。

图 7-37 result.csv 文件

将 CSV 文件进行整理，选择需要的列，并调整顺序和列宽，重新存储为 Excel 文件，代码如下：

```
#导入需要的包
import os
import pandas as pd
import xlsxwriter

#创建和打开 Excel 文件所在的路径
if 'myXlsxFolder' not in os.listdir():
    os.mkdir('myXlsxFolder')
os.chdir('myXlsxFolder')

#将 result.csv 的数据按需求导入指定的 Excel 表格
#输入爬取的数据
books_data = pd.read_csv('../result.csv',usecols = ['name','author','publisher','price','rate',
'comment','URL'],na_values = 'NULL')
titles = books_data['name']
authors = books_data['author']
publishers = books_data['publisher']
prices = books_data['price']
ratings = books_data['rate']
comments = books_data['comment']
URLs = books_data['URL']
#创建电子表格文件 book_info.xlsx,并为其添加一个名为'豆瓣读书'的工作表
myXlsxFile = xlsxwriter.Workbook('book_info.xlsx')
myWorkSheet = myXlsxFile.add_worksheet('豆瓣读书')

nums = len(titles)  #根据标题数量获取记录数

#第一行写入列名
myWorkSheet.write(0,0,'图书标题')
myWorkSheet.write(0,1,'图书作者')
myWorkSheet.write(0,2,'出版社')
```

```
myWorkSheet.write(0,3,'图书价格')
myWorkSheet.write(0,4,'图书评分')
myWorkSheet.write(0,5,'图书简介')
myWorkSheet.write(0,6,'资源地址')
#设置列宽
myWorkSheet.set_column('A:A',20)
myWorkSheet.set_column('B:B',20)
myWorkSheet.set_column('C:C',30)
myWorkSheet.set_column('D:D',20)
myWorkSheet.set_column('E:E',10)
myWorkSheet.set_column('F:F',100)
myWorkSheet.set_column('G:G',50)
#写入图书数据
for i in range(1,nums):
    myWorkSheet.write(i, 0, titles[i])
    myWorkSheet.write(i, 1, authors[i])
    myWorkSheet.write(i, 2, publishers[i])
    myWorkSheet.write(i, 3, prices[i])
    myWorkSheet.write(i, 4, ratings[i])
    myWorkSheet.write(i, 5, comments[i])
    myWorkSheet.write(i, 6, URLs[i])

myXlsxFile.close()  #关闭电子表格
```

程序执行后，在指定目录下生成了 book_info.xlsx 文件，用记事本打开该文件，如图 7-38 所示。

图 7-38　book_info.xlsx 文件

本章小结

本章首先详细介绍了 Python 进行数据采集的原理和方法,特别是基于网络爬虫的数据采集与获取,着重强调了 Python 网络爬虫数据采集的关键技术和步骤。接着详细叙述了对采集的数据进行存取和清洗的方法,并对采集的数据进行格式化处理和存储。

课后思考题

1. 在需要使用数据集时,除了本章所介绍的比较有名的开放数据集平台,还有哪些途径寻找数据集?
2. 在采集数据时应注意哪些问题?
3. 如何打造高质量的机器学习数据集?
4. 数据挖掘中常用的数据清洗方法有哪些?

第 8 章

GPU 并行计算与 CUDA 编程

人工智能与深度学习的发展得益于 GPU 等并行计算设备的快速发展与普及，解决了深度学习需要耗费大量计算资源的问题。目前主流的 AI 开发开源软件库如 OpenCV、Caffe、TensorFlow、PyTorch 等都提供了 GPU 的使用接口，使得 GPU 的使用越来越方便。CUDA（Compute Unified Device Architecture）即统一计算架构，是英伟达（NVIDIA）公司推出的并行计算平台。CUDA 采用了一种简单的数据并行模型，再结合编程模型，从而无须操纵复杂的图形基元。CUDA 极大地方便了程序员利用 NVIDIA GPU 进行通用计算的开发，成为当前 GPU 应用领域的主流开发工具。本章介绍了高性能 GPU 的各种计算模式，并以 CUDA 并行编程为例，重点介绍基于 CUDA 的 GPU 高性能计算编程开发方法。

8.1 引言

随着计算架构的不断演进，编程模型也发生着深刻的变化。计算机软件行业面临着最大的变迁问题——从串行、单线程的问题求解方式切换到大规模同时执行的问题求解方式。由于传统 GPU 硬件架构的限制，很难有效利用其资源进行通用计算。NVIDIA 公司推出的 CUDA 产品则完全扭转了这一局面。与传统 GPU 通用计算开发方式相比，CUDA 提供了非常优秀的可扩展架构，以支持这种大规模并行程序设计需求，使得编程更简单，功能更强大，应用领域更广泛，支持 CUDA 的硬件性能也更强。CUDA 能够有效地利用 GPU 强劲的处理功能和巨大的存储器带宽进行图形渲染以外的计算，广泛应用于人工智能、图像处理、视频播放、信号处理、模式识别、金融分析、数值计算、石油勘探、航空航天、流体力学计算、生物计算、分子动力学计算、编码加密等领域，并在这些应用中对 CPU 有着数个数量级的加速，取得令人瞩目的成绩。

8.2 GPU 通用计算

8.2.1 冯·诺依曼体系架构

1. 背景

从 20 世纪初，物理学和电子科学家们就在争论制造可以进行数值计算的计算器应该采用什么样的结构。人们被十进制这种人类习惯的计数方法所困扰。所以，那时以研制模拟计算机的呼声更为响亮和有力。直到 20 世纪 30 年代中期，美国科学家冯·诺依曼大胆地提出：抛弃十进制，采用二进制作为数字计算机的数制基础。同时，他还提出了预先编制计算程序，然后由计算机来按照人们事前制订的计算顺序来执行数值计算工作。从此人们把冯·诺依曼的这个理论称为冯·诺依曼体系结构。

2. 体系结构

冯·诺依曼确定了"计算机结构"的5大部件，即计算机结构必须包括运算器、控制器、存储器、输入设备和输出设备，其体系结构如图8-1所示。

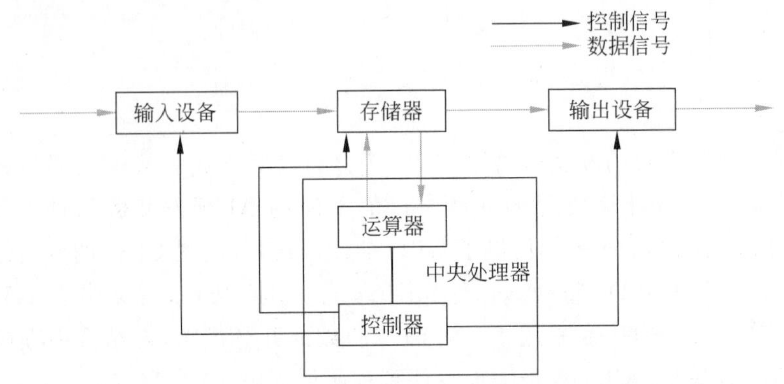

图8-1　冯·诺依曼体系结构图

从图8-1中可以看到，冯·诺依曼的体系结构主要有以下几个重要特点：

(1) 采用存储程序方式，指令和数据不加区别混合存储在同一个存储器中，数据和程序在内存中是没有区别的，它们都是内存中的数据，当EIP指针指向哪，CPU就加载哪段内存中的数据，如果是不正确的指令格式，CPU就会发生错误中断。在现在CPU的保护模式中，每个内存段都有其描述符，这个描述符记录着这个内存段的访问权限(可读、可写、可执行)，这就变相地指定了在内存中存储的是指令还是数据。指令和数据都可以送到运算器进行运算，即由指令组成的程序是可以修改的。

(2) 存储器是按地址访问的线性编址的一维结构进行单元划分，每个单元的位数是固定的。

(3) 指令由操作码和地址组成。操作码指明本指令的操作类型，地址码指明操作数和地址。操作数本身无数据类型的标志，它的数据类型由操作码确定。

(4) 通过执行指令直接发出控制信号控制计算机的操作。指令在存储器中按其执行顺序存放，由指令计数器指明要执行的指令所在的单元地址。指令计数器只有一个，一般按顺序递增，但执行顺序可按运算结果或当时的外界条件而改变。

(5) 以运算器为中心，I/O设备与存储器间的数据传送都要经过运算器。

(6) 数据以二进制表示。

3. 根据冯·诺依曼体系结构构成的计算机所具备的功能

(1) 把需要的程序和数据送至计算机中。

(2) 必须具有长期记忆程序、数据、中间结果及最终运算结果的能力。

(3) 能够完成各种算术、逻辑运算和数据传送等数据加工处理的能力。

(4) 能够按照要求将处理结果输出给用户。

8.2.2 GPU发展简介

当今半导体领域，只有一种芯片能以3倍于摩尔定律的速度发展，并能够在PC领域挑战甚至超越同时期生产的CPU产品，这就是GPU。从电子工程领域来讲，GPU是一种专门用于图形信号处理的单芯片处理器。在独立显卡中，一般位于PCB的中心。图8-2中银色部分就是GPU的正面。

1. GPU的出现

1962年麻省理工学院的博士伊凡·苏泽兰发表的论文及他的画板程序奠定了计算机图形学的基础。在随后的近20年里，计算机图形学在不断发展，但是当时的计算机却没有配备专门的图形处理芯片，图形处理任务都是由CPU来完成的。

图8-2 NVIDIA GF110核心的GPU

1984年，SGI公司推出了面向专业领域的高端图形工作站，这才有了专门的图形处理硬件，俗称图形加速器。它们开发的图形系统引入了许多经典的概念，例如顶点变换和纹理映射。在随后的10年里，SGI公司又不断研发出了一系列性能更好的图形工作站。但是，由于价格非常昂贵，在消费级市场很难获得普及，用户非常小众化。而这段时期，在消费级领域，还没有专门的图形处理硬件推出，只有一些2D加速卡。

1995年，3dfx公司发布了消费级领域史上第一款3D图形加速卡Voodoo，这也是第一款真正意义上的消费级3D显卡。随后的几年，AMD公司和ATI(2006年被AMD公司收购)公司分别发布了自己的TNT系列与Rage系列显卡。它们已经从硬件上实现了Z缓存和双缓存，可以进行光栅化之类的操作，同时也实现了DirectX 6的特征集。CPU终于从繁重的像素填充任务中解脱出来。当然，由于当时的技术不成熟，顶点变换还必须在CPU中完成，光栅化之后的像素操作也很有限。

2. GPU的快速发展

1995—2000年，各硬件单元形成一条图形处理流水线，每个流水线功能固定，硬化了一些给定的函数。这个时代称为固定功能架构(Fixed Function Architecture)时代。多条像素流水线对各自的输入数据进行相同的操作，计算模型是流式计算(Stream Computing)。GPU卸去了CPU的计算负担，加速了绘制，对图形学意义重大。

2001—2005年，GPU用可编程的顶点渲染器替换了变换与光照相关的固定单元，用可编程的像素渲染器替换了纹理采样与混合相关的固定单元。这两部分是实现图形特效最密集的部分，使用渲染器大大加强了图形处理的灵活性与表现力。两个渲染器呈现流处理器(Stream Processor)的特点，然而在物理上是两部分硬件，不可相互通用。这个时代称为分离渲染架构(Separated Shader Architecture)时代。

2006至今，GPU首次提供几何渲染程序(Geometry Shader Program)功能，并动态调度统一的渲染硬件(Unified Shader)来执行顶点、几何、像素程序，在体系结构上不再是流水线的形式，而呈现并行机的特征。我们把这个时代称为统一渲染架构(Unified Shader Architecture)时代。对指令、纹理、数据精度等各方面的支持进一步完善，支持整数、单/双精度浮点数，但仍不支持递归程序。GPU厂商们开始从硬件和API上提供对GPGPU的专门支持，且推出专门做通用计算的 GPU(NVIDIA Tesla 和 AMD Fire Stream)。GPU 的服务对象从以图形为主发展为图形和高性能计算并重。

8.2.3 早期的 GPGPU 编程

自从 NVIDIA 于 1999 年发布第一颗 GPU(GeForce 256)开始，GPU 就已经与并行计算结下了不解之缘，GPU 被扩展成可进行浮点运算的可编程处理器，而不仅仅是图形处理器。GPU 无论计算能力还是内存带宽都远胜于 CPU，其性能不应该被限制在游戏和 3D 渲染之中。

针对非图形应用程序的 GPU 编程的探索始于 2003 年。通过使用高级绘制语言，如 DirectX、OpenGL 和 Cg，将多种数据平行算法导入 GPU。诸如蛋白质折叠、股票期权定价、SQL 查询及 MRI 重建等问题都能通过 GPU 获得非凡的加速表现。早期将图形 API 用于通用计算的努力被称为 GPGPU(GPU 通用计算)。

虽然 GPGPU 模型展现了不俗的加速性能，但仍然有不少缺陷：

(1) 它要求程序员全面掌握与图形 API 及 GPU 架构相关的知识。

(2) 问题必须以顶点坐标、纹理及着色器程序的形式表达出来，这就大大增加了程序的复杂程度。

(3) 不支持基础的编程特性，如面向内存的随机读写，极大地限制了编程模型。

(4) 缺乏双精度支持(直到最近才具备这一特性)意味着有些科学应用程序不能在 GPU 上运行。

为了解决这些问题，NVIDIA 采用了两种关键技术——G80 统一图形及计算架构和 CUDA。CUDA 是一种软硬件架构，可以使用多种高级编程语言来针对 GPU 进行编程。这两种技术代表着一种新的应用 GPU 的方式。跟以前通过编程将专门的图形单元同图形 API 结合到一起不同，程序员可以利用 CUDA 的扩展来编写 C 语言程序，并面向一个通用的平行处理器。NVIDIA 将这种新的 GPU 编程方式称为 GPU 计算，这意味着更广泛的应用程序支持、更多编程语言的支持及同早期 GPGPU 编程模型的彻底分离。

G80 标量流处理器架构的诞生使得全新的 GPU 计算成为可能，并创造了无数项第一：

(1) 第一款支持 C 语言的 GPU，它让程序员可以利用 GPU 的运算能力而无须掌握一门新的编程语言。

(2) 第一款以单一的非统一的处理器取代分离式顶点及像素管线的 GPU，这种处理器可以执行顶点、几何、像素及计算程序。

(3) 第一款利用标量线程处理器的 GPU，从而使程序员无须手工操控向量寄存器。

G80 还采用了单指令、多线程(SIMT)的执行模型，多个独立线程同时执行单个指令，并针对线程间通信采用了共用存储器和障栅同步。

之后 NVIDIA 又对 G80 架构进行了重大改进，第二代统一架构 GT200 将流处理器的数量从 128 个增加到 240 个。每一个处理器的寄存器数量增倍，使得任何时候都可以在芯片上处理更多的线程。采用了硬件存储器存取合并技术以提高存储器存取的效率。此外，还采用了双精度浮点运算支持以满足科学及高性能计算(HPC)应用程序的需求。

在设计每款新一代 GPU 时，都必须遵循这样的原则——提高当前应用程序的性能及 GPU 的可编程性。应用程序速度的提高会立竿见影地带来诸多好处。正是 GPU 在可编程方面的不断进步才使得它演变成当前最通用的并行处理器。也正是基于这样的理念，GT200架构的继任者又被赋予了更多新的功能。

8.2.4　NVIDIA 和 CUDA

1. NVIDIA

NVIDIA 创立于1993年，总部位于美国加利福尼亚州圣克拉拉市。是全球可编程图形处理技术领头羊，与 ATI(后被 AMD 收购)齐名，专注于打造能够增强个人和专业计算平台的人机交互体验的产品。公司的图形和通信处理器拥有广泛市场，已被多种多样的计算平台采用，包括个人数字媒体 PC、商用 PC、专业工作站、数字内容创建系统、笔记本电脑、军用导航系统和视频游戏控制台等。NVIDIA 全球雇员数量超过4000人。全球各地众多 OEM 厂商、显卡制造商、系统制造商、消费类电子产品公司都选择 NVIDIA 的处理器作为其娱乐和商用解决方案的核心组件。在 PC 应用领域(例如制造、科研、电子商务、娱乐和教育等)，NVIDIA 公司获奖不断的图形处理器可以提供出色的性能和鲜锐的视觉效果。其媒体和通信处理器能够执行宽带连接和通信应用中要求十分苛刻的多媒体处理任务，并在声频应用能力方面取得突破。NVIDIA 产品和技术的基础是 NVIDIA ForceWare，这是一种综合性软件套件，能够实现业内领先的图形、声频、视频、通信、存储和安全功能。NVIDIA ForceWare 可以提高采用 NVIDIA GeForce 图形芯片和 NVIDIA nForce 平台解决方案的各类台式和移动 PC 的工作效率、稳定性和功能。

NVIDIA 公司专门打造面向计算机、消费电子和移动终端，以及能够改变整个行业的创新产品。这些产品家族正在改变视觉丰富和运算密集型应用，例如视频游戏、电影产业、广播、工业设计、财政模型、空间探索及医疗成像。

此外，NVIDIA 致力于研发和提供引领行业潮流的先进技术，包括 NVIDIA SLI 技术——能够灵活地大幅提升系统性能的革命性技术和 NVIDIA PureVideo 高清视频技术。NVIDIA 已经开发出了五大产品系列，以满足特定细分市场的需求，包括 GeForce、Tegra、ION、Quadro、Tesla。其中 NVIDIA Tesla V100 是当今市场上为加速人工智能、高性能计算和图形数据中心 GPU 的精尖之作。NVIDIA Tesla V100 加速器基于全新 Volta GV100 GPU，Volta 是全球功能强大无比的 GPU 架构，而 GV100 是第一种突破100TFLOPS 深度学习性能极限的处理器。GV100 将 CUDA 核心和 Tensor 核心相结合，在 GPU 中提供 AI 超级计算机的出色性能。借助 Tesla V100 加速的系统，过去需要消耗数周计算资源的人工智能模型现在只需几天即可完成训练。随着训练时间的大幅缩短，在 NVIDIA Tesla V100 加速器的助力下，人工智能现在可以解决各类新型问题。

2. CUDA

随着显卡的发展，GPU 越来越强大，而且 GPU 为显示图像做了优化。在计算上已经超越了通用的 CPU。如此强大的芯片如果只是作为显卡使用就太浪费了，因此 NVIDIA 推出了 CUDA，让显卡可以用于图像渲染和计算以外的目的(例如这里提到的通用并行计算)。CUDA 的全称是 Computer Unified Device Architecture(计算机统一设备架构)，它是 NVIDIA 在2007年推向市场的并行计算架构。CUDA 作为 NVIDIA 图形处理器的通用计算引擎，可以利用 NVIDIA 显卡进行 GPGPU(General Purpose Graphics Process Unit)开发的全套工具。因此，CUDA 不只是一种编程语言，它包括 NVIDIA 对于 GPGPU 的完整的解决方案：从支持通用计算并行架构的GPU，到实现计算所需要的硬件驱动程序、编程接口、程序库、编译器、调试器等。NVIDIA提供了一种较为简便的方式编写GPGPU代码：CUDA C。CUDA为C语言程序员提供了一个完整的接口，可以访问本地GPU的内存、命令集及并行计算元素，形成了一个开放的体系结构，并且可以同时运行成千上万个线程。开发人员可以利用Python、C、OpenCL、Fortran等为CUDA架构编写程序。它们同CUDA之间的关系如图8-3所示。

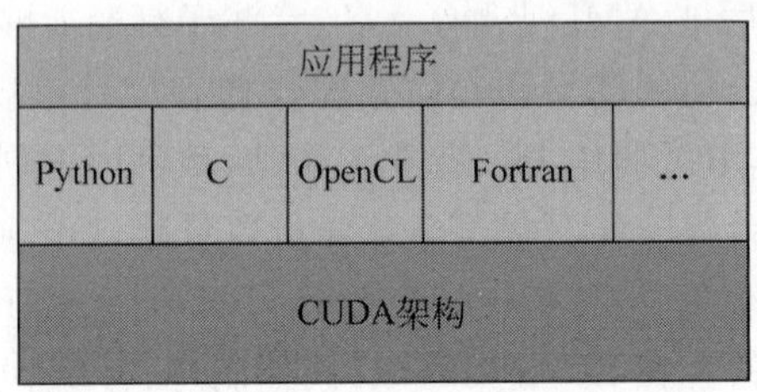

图8-3 各类语言与CUDA之间的关系图

8.3 CUDA

8.3.1 GPU硬件

GPU相对于CPU而言，GPU使显卡减少了对CPU的依赖，并分担了部分原本属于CPU的工作(主要是并行计算部分)。GPU具有强大的浮点数编程和计算能力，在计算吞吐量和内存带宽上，GPU远远超过CPU。目前NVIDIA最新的CUDA图形计算架构是2020年5月发布的Ampere架构，核心代号A100，采用台积电7nm工艺，核心面积826mm^2，共由2542亿个晶体管组成，集成108组SM单元，SXM4架构，6912个CUDA核心。其架构图如图8-4所示，其技术创新体现在以下5个方面：

(1) 台积电7nm工艺，将内存和芯片放在相同的基材上以便可以互操作，并且已经连接到HBM2显存，该内存现在提供1.5TB帧缓冲区带宽，这是历史上第一个每秒超过1TB带宽的处理器。同时显存频率从1.75Gb/s提升到了2.4Gb/s，位宽5120b，相比上一代V100的4096b增加了1024b，容量也从16/32GB增加到了40GB。

(2) 第三代TensorCoreAI核心，支持全新的TF32运算，浮点性能156TFLOPS，无须任何代码改变就可以让性能提升20倍，还支持FP64双精度运算，与HPC应用相比带来了2.5倍的性能提升。

(3) MIG新架构：这是一项创新技术，可以将一个GPU划分为7个独立的GPU，针对不同的目标提供运算，最大化提高计算效率。

(4) NVLink 3.0：新一代GPU总线的性能翻倍，可以在服务器应用中提供更有效的性能扩展。

(5) 结构稀疏性：这项新技术使用了AI运算中固有的稀疏性，从而实现了性能翻倍。

这5大技术创新使得A100加速卡不仅可用于AI推理、AI训练，还可以用于科学仿真、AI对话、基因组与高性能数据分析、地震建模及财务计算等。相较前一代V100 GPU在AI训练方面提升达20倍性能，搭载8颗NVIDIA A100的HGX A100模块可具备10

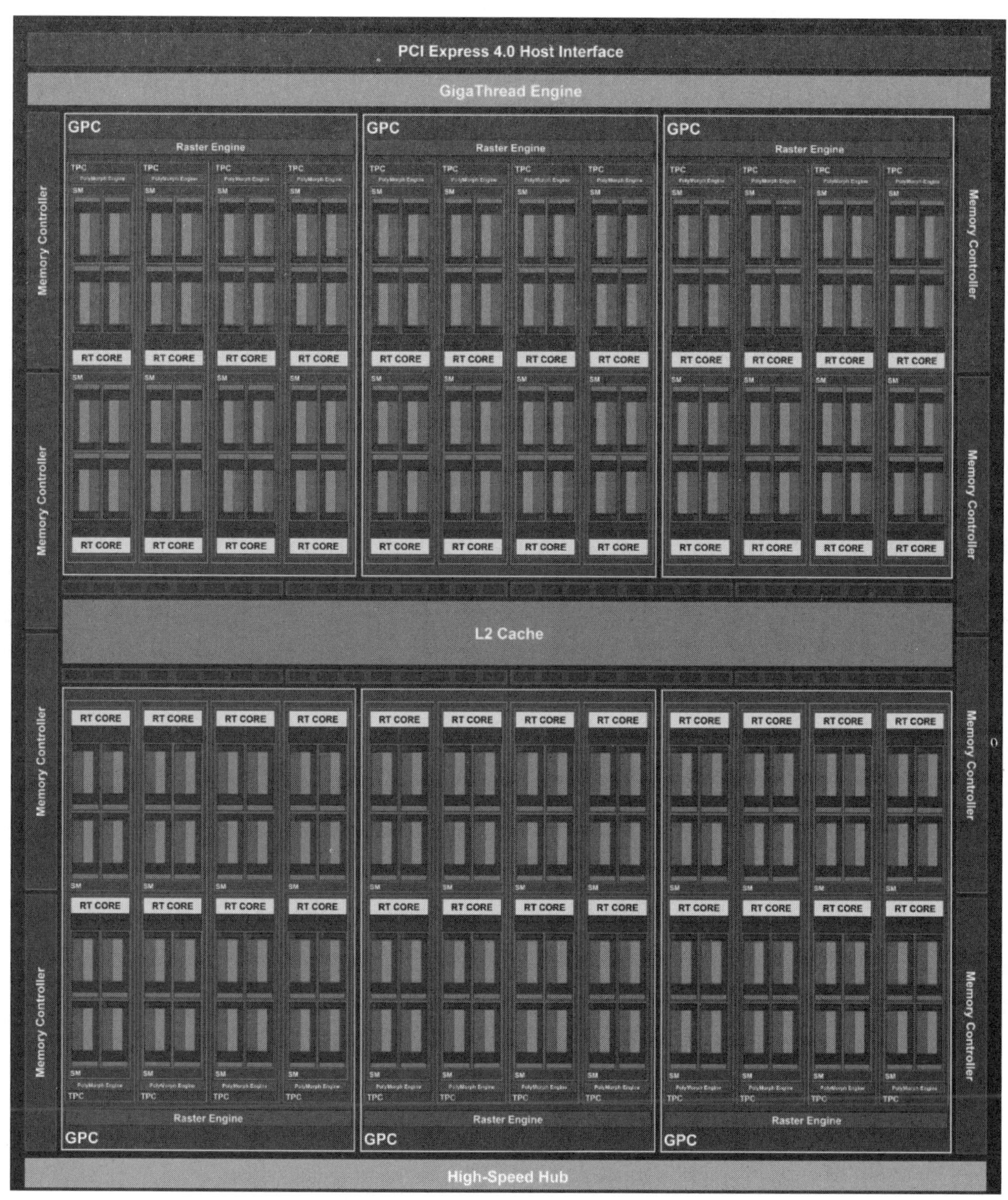

图 8-4 GPU 架构图(Ampere 架构)

PetaFLOPS 性能。

在 NVIDIA 的设计里,多个小核心组成一个 Streaming Multiprocessor(SM),一张 GPU 卡有多个 SM。从 Multiprocessor 这个名字上也可以看出 SM 包含了多个处理器。实际上,NVIDIA 主要以 SM 为运算和调度的基本单元。图 8-4 为当前最新款 Ampere 架构核心图,图中密密麻麻的小格子就是 GPU 小核心,多个小核心一起组成了一个 SM。

8.3.2 CPU与GPU

1. CPU和GPU的区别

CPU的结构主要包括运算器(Arithmetic and Logic Unit,ALU)、控制单元(Control Unit,CU)、寄存器(Register)、高速缓存器(Cache)和它们之间通信的数据、控制及状态总线。需要具备处理不同数据类型的能力,具有很强的通用性,故CPU内部结构非常复杂。CPU擅长执行像操作系统、系统软件和通用应用程序这类拥有复杂指令调度、循环、分支、逻辑判断及执行等的程序任务。它的并行优势是程序执行层面的,程序逻辑的复杂度也限定了程序执行的指令并行性,上百个并行程序执行的线程基本看不到。

GPU由数量众多的计算单元和超长的流水线组成,适合处理大量类型统一的数据。但GPU无法单独工作,必须由CPU进行控制及调用才能工作。GPU以图形类数值计算为核心。用于处理类型高度统一、相互无依赖的大规模数据和不需要被打断的纯净的计算环境。GPU擅长的是图形类的或者是非图形类的高度并行数值计算,GPU可以容纳上千个没有逻辑关系的数值计算线程,它的优势是无逻辑关系数据的并行计算。

CPU与GPU的结构对比图如图8-5所示。从图中可以看到,与CPU相比,GPU中有很多运算器ALU和很少缓存Cache,缓存的目的不是保存后面需要访问的数据,而是为线程thread提高服务。如果有很多线程需要访问同一个数据,缓存会合并这些访问,然后再去访问DRAM。

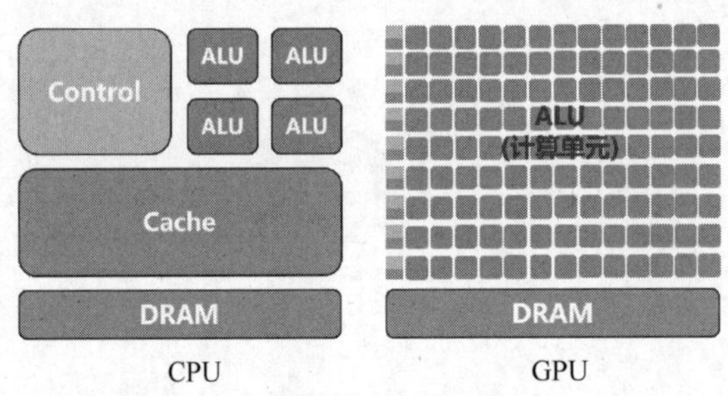

图8-5 CPU与GPU的结构对比图

2. CPU与GPU的不同之处

(1) GPU的设计目的与CPU不同。CPU的微架构是按照兼顾"指令并行执行"和"数据并行运算"的思路而设计,其大部分晶体管主要用于构建控制电路和Cache,并且其内部大约5%是ALU,控制电路则更为复杂;其次GPU的控制电路相对简单,而且对Cache的需求较小,所以可以把大部分的晶体管用于计算单元。在GPU中,大约40%是ALU。

(2) 延迟不同。CPU的内存延迟是GPU的1/10。

(3) 内存带宽不同。GPGPU的内存带宽是CPU的10倍。

(4) GPGPU具有更大的执行单元。

(5) 线程轻重程度不同。CPU线程是软件管理的粗粒度重线程,当CPU线程被中断或者由于等待资源就绪状态而变为等待状态时,操作系统需要保存当前线程的上下文,并装载另外一个线程的上下文。这种机制使得CPU切换线程的代价十分高昂,通常需要数百个时钟周期。而GPU线程是硬件管理的细粒度轻线程,可以实现零开销线程切换。当一个线程因为访问片外存储器或者同步指令开始等待以后，可以立即切换到另外一个处于就绪状态的线程，用计算来隐藏延迟，并且线程数目越多，隐藏延迟的效果越好。

(6) CPU 属于"多核"，而 GPU 则属于"众核"。CPU 的每个核心具有取指和调度单元构成的完整前端，因而其核心是多指令流多数据流(Multiple Instruction Multiple Data, MIMD)的，每个 CPU 核心可以在同一时刻执行自己的指令，与其他的核心完全没有关系。但这种设计增加了芯片的面积，限制了单块芯片集成的核心数量。GPU 的每个流多处理器才能被看作类似于 CPU 的单个核心，每个流多处理器以单指令流多线程方式工作，只能执行相同的程序。尽管 GPU 运行频率低于 CPU，但由于其流处理器数目远远多于 CPU 的核心数，我们称之为"众核"，其单精度浮点处理能力达到了同期 CPU 的 10 倍。

(7) 内存与寄存器之间的不同。目前的 CPU 内存控制器一般基于双通道或者三通道技术，每个通道位宽为 64b。而 GPU 则有数个存储器控制单元，这些控制单元具备同时存取数据的能力，从而使得总的存储器位宽达到了 512b。这个差异导致了 GPU 全局存储器带宽大约是同期 CPU 最高内存带宽的 5 倍。

(8) 缓存机制不同。CPU 拥有多级容量较大的缓存来尽量减小访存延迟和节约带宽，但缓存在多线程环境下容易产生失效反应，每次线程切换都需要重建缓存上下文，一次缓存失效的代价是几十到上百个时钟周期。同时，为了实现缓存与内存中数据的一致性，还需要复杂的逻辑控制，CPU 缓存机制导致核心数过多会引起系统性能下降。在 GPU 中则没有复杂的缓存体系与一致性机制，GPU 缓存的主要目的是随机访问并优化和减轻全局存储器的带宽压力。

综上所述，GPU 是以大量线程实现面向吞吐量的数据并行计算，适合于处理计算密度高、逻辑分支简单的大规模数据并行负载。而 CPU 则有复杂的控制逻辑和大容量的缓存从而减小延迟，擅长复杂逻辑运算。

3. 多进程、多线程、并发、并行

1) 进程(活动)

进程是一个具有独立功能的程序关于某个数据集合的一次运行活动。多进程，就好比同时打开了 Word、Excel 和 Visio，它们都是不同的程序运行活动，即多个进程同时启动。

2) 线程(执行路径)

线程，是一个执行中的程序活动(即进程)的多个执行路径，执行调度的单位。线程依托于进程存在，在进程之下，可以共享进程的内存，而且还拥有一个属于自己的内存空间，这段内存空间也叫作线程栈。多线程，指在一个进程下有多个线程。各个线程执行自己的任务，这些线程可以"同时进行"。多线程强调"同时，一起进行"，而不是单一的顺序操作。

3) 并发

并发的实质是一个物理 CPU(也可以多个物理 CPU) 在若干道程序(或线程)之间多路复用，并发性是对有限物理资源强制行使多用户共享以提高效率。也就是说，对于一个 CPU 资源，线程之间竞争得到执行机会。

4) 并行

并行指两个或两个以上事件(或线程)在同一时刻发生，是真正意义上的不同事件或线程在同一时刻，以及在不同 CPU 资源上(多核)同时执行。

4. CPU与GPU的并行计算

1）CPU并行计算

CPU采用复杂的分支预测技术来达到并行计算目的。对于CPU并行计算，缓存对程序员透明。应用程序员无法通过编程手段操纵缓存。采用MIMD——多指令多数据类型，多条指令构成指令流水线，且每个线程都由独立的硬件来操纵整个指令流。

2）GPU并行计算

GPU最大的特点是它拥有超多计算核心，往往有成千上万个核心。而每个核心都可以模拟一个CPU的计算功能，但单个GPU核心的计算能力一般低于CPU。对于GPU并行计算，缓存对程序员不透明，程序员可根据实际情况操纵大部分缓存。采用SIMT——单指令多线程模型，一条指令配备一组硬件，对应32个线程（一个线程束）。GPU内部有很多流多处理器。每个流多处理器都相当于一个“核”，而且一个流多处理器每次处理32个线程。

8.3.3 GPU的计算能力

从8.3.2节中可以看出，CPU擅长统领全局等复杂操作，而GPU擅长对大量数据进行简单重复操作。换句话说，CPU是从事复杂脑力劳动的教授，而GPU是进行大量并行计算的体力劳动者。GPU的重要参数有以下几点。

1）CUDA核心

CUDA核心数量决定了GPU并行处理的能力，在深度学习、机器学习等并行计算类业务下，CUDA核心越多则表示性能更加优秀。

2）显存容量

显存的主要功能是暂时储存GPU要处理的数据和处理完毕的数据。显存容量大小决定了GPU能够加载的数据量大小。在显存已经可以满足客户业务的情况下，提升显存容量不会对业务性能带来大的提升。在深度学习、机器学习的训练场景，显存容量的大小决定了一次能够加载训练数据的量，在大规模训练时，显存容量会显得比较重要。

3）显存位宽

显存在一个时钟周期内所能传送数据的位数，位数越大则瞬间所能传输的数据量越大，这是显存的重要参数之一。

4）显存频率

显存频率在一定程度上反映该显存的速度，以MHz(兆赫兹)为单位，显存频率随着显存的类型、性能的不同而不同。显存频率和位宽决定显存带宽。

5）显存带宽

显存带宽指显示芯片与显存之间的数据传输速率，它以字节/秒为单位。显存带宽是决定显卡性能和速度最重要的因素之一。

6）其他指标

除了显卡通用指标外，NVIDIA还有一些针对特定场景优化的指标，例如TensorCore、RTCore等能力，TensorCore专门用于加速深度学习中的张量运算。

评估一个显卡的性能不能单纯看某一个指标的性能，而是要结合显卡的各个指标及客户业务需求的综合性能进行评估。GPU是协处理器，与CPU端存储是分离的，故GPU运算时必须先将 CPU 端的代码和数据传输到 GPU，这样 GPU 才能执行 Kernel 函数。其间涉及 CPU 与 GPU 通信，其中通信接口 PCIe 的版本和性能会直接影响通信带宽。

GPU 的另一个重要参数是浮点计算能力。浮点计数是利用浮动小数点的方式使用不同长度的二进制来表示一个数字，与之对应的是定点数。在同样的长度下浮点数能表达的数字范围相比定点数更大，但浮点数并不能精确表达所有实数，而只能采用更加接近的不同精度来表达。因为采用不同位数的浮点数的表达精度不一样，所以造成的计算误差也不一样。对于需要处理的数字范围大而且需要精确计算的科学计算来说，就要采用双精度浮点数，例如：计算化学、分子建模、流体动力学等。对于常见的多媒体和图形处理计算、深度学习、人工智能等领域，32 位的单精度浮点计算已经足够了。对于要求精度更低的机器学习等应用来说，半精度 16 位浮点数甚至 8 位浮点数就已经足够了。

对于浮点计算来说，CPU 可以同时支持不同精度的浮点运算，但在 GPU 里针对单精度和双精度就需要各自独立的计算单元，一般在 GPU 里支持单精度运算的单精度 ALU（算术逻辑单元）称为 FP32 Core，而把用作双精度运算的双精度 ALU 称为 DP Unit 或者 FP64 Core，在 NVIDIA 不同架构及不同型号的 GPU 之间，这两者数量的比例差异很大。

8.3.4 CUDA 软件架构

NVIDIA 能够在人工智能时代成功，除了它们长期深耕显卡芯片领域外，更重要的是它们率先提供了可编程的软件架构。2007 年，NVIDIA 发布了 CUDA 编程模型，软件开发人员从此可以使用 CUDA 在 NVIDIA 的 GPU 上进行并行编程。在此之前，GPU 编程并不友好。CUDA 简单到什么程度呢？有经验的程序员经过半天培训，掌握一些基础概念后，能在半小时内将一份 CPU 程序修改成为 GPU 并行程序。

继 CUDA 之后，NVIDIA 不断丰富其软件技术栈，提供了科学计算所必须的 cuBLAS 线性代数库，cuFFT 快速傅里叶变换库等。当深度学习大潮到来时，NVIDIA 提供了 cuDNN 深度神经网络加速库，目前常用的 TensorFlow、PyTorch 深度学习框架的底层大多基于 cuDNN 库。NVIDIA 能在人工智能时代击败 Intel、AMD 等强大对手，很大一部分原因是因为它丰富的软件体系。这些软件工具库使研发人员专注于自己的研发领域，不用再去花大量时间学习 GPU 底层知识。CUDA 对于 GPU 就像个人计算机上的 Windows 系统、手机上的安卓系统，一旦建立好生态，吸引了开发者，用户便非常依赖这套软件生态体系。

GPU 编程可以直接使用 CUDA 的 C/C++ 版本进行编程，也可以使用其他语言包装好的库，例如 Python 可使用 Numba 库调用 CUDA。CUDA 的编程思想在不同语言上很相似。

1. CUDA 软件架构

CUDA 是一种新的操作 GPU 计算的硬件和软件架构，它将 GPU 视作一个数据并行计算设备，而且无须把这些计算映射到图形 API。操作系统的多任务机制可以同时管理 CUDA 访问 GPU 和图形程序的运行库，其计算特性支持利用 CUDA 直观地编写 GPU 核心程序。目前 Tesla 架构具有在笔记本电脑、台式机、工作站和服务器上的广泛可用性。CUDA 编程框架可分为 3 个部分：编程接口（API）、运行时需要的 RunTime 库和设备驱动，其软件架构如图 8-6 所示。

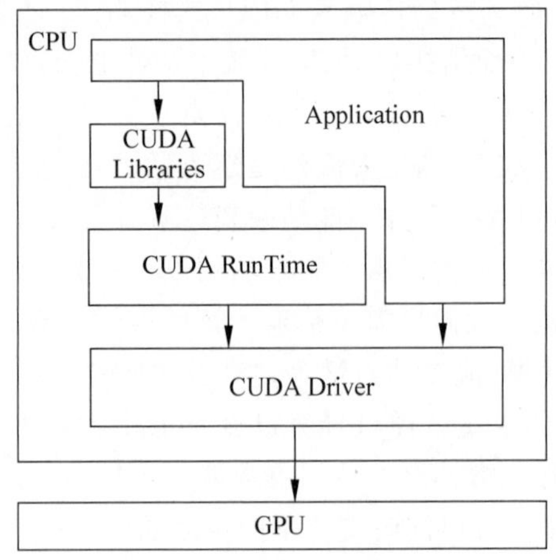

图 8-6　CUDA 软件架构图

编程接口(API)的主要任务是提供 CUDA 给出的应用开发库,并负责解决大规模的并行计算问题。RunTime 库的主要任务是提供开发和运行 CUDA 程序所需要的相关组件和环境,其中有各种函数,例如定义各种基本的数据类型、访问设备、转换数据类型、调度函数等。

2. CUDA API

CUDA 可以通过两种方式调用底层 GPU 硬件:驱动 API 和运行 API。

1) 驱动 API

(1) 驱动 API 是一种基于句柄的底层接口,大多数对象通过句柄被引用,其函数前缀均为 cu。

(2) 在调用驱动 API 前必须进行初始化,然后创建一个 CUDA 上下文,将该上下文关联到特定设备并成为主机线程的当前上下文。

(3) 通过加载 PTX 汇编形式或二进制对象形式的内核并指定参数,这样就可以启动内核进行计算。

(4) CUDA 驱动 API 可以通过直接操作硬件执行一些复杂的功能而获得更高的性能,但其编程较为复杂,使用难度较大。

2) 运行 API

(1) 运行 API 对驱动 API 进行了一定的封装,隐藏了其部分实现细节,因此使用起来更为方便,简化了编程的过程,因此在实际中更多使用的是运行 API。

(2) 运行 API 没有专门的初始化函数,它将在第一次调用运行函数时自动完成初始化。

(3) 使用运行 API 的时候通常需要包含头文件 cuda_ runtime. h,其函数前缀均为 cuda。

3. CUDA 的线程和内存结构

GPU 已经逐渐成为一个高效的并行通用计算平台,甚至在某些应用领域已经超越了 CPU 的使用率。基于此,越来越多的研究人员开始热衷于一个新的研究方向:GPGPU 主要研究 GPU 如何在其他科学计算应用领域内进行更为广泛的应用计算,从而使得传统的计算技术和算法优化问题在高性能计算平台上可以获得更好的效果。当代可编程 GPU 已经发展成为一种计算能力强大、并行性高及拥有极高内存带宽的高性能计算设备。

CUDA 计算模型如图 8-7 所示，从图中可以看到，在 CUDA 的计算模型中，程序分为两部分：主机(Host)端和设备(Device)端。主机端是在 CPU 上执行的程序部分，设备端是在 GPU 上执行的程序部分。内核(Kernel)是设备端程序的另外一种叫法。一般情况下，CPU 执行主机端的程序会准备好数据并将其复制进显卡内存中，然后设备端的程序由 GPU 执行完后，主机端程序会将生成的数据结果从显卡的内存中取回。

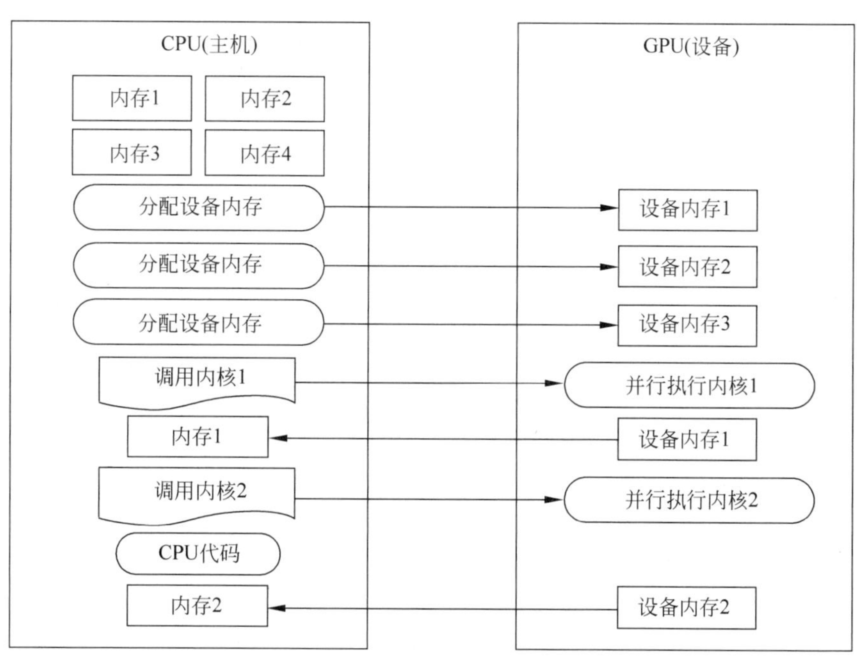

图 8-7　CUDA 的计算模型

CUDA 还指基于扩展 C 编程语言的直观和可扩展的编程模型，该模型将 CPU 和 GPU (所谓的主机和设备)统一到异构计算系统中，在两者中实现最佳优势。具体来说，CUDA-C 包含 3 种类型的函数：

(1) 主机函数。它的调用、执行都仅由主机端来完成。

(2) 内核函数。定义时必须要加上_global_限定符，它由主机端调用，设备端执行。

(3) 设备函数。定义时必须要加上_device_限定符，仅由设备端调用、执行。顺序操作应被编程为主机函数，可并行化操作，应被编程为内核函数或者设备函数。主机函数和内核函数都在 main 函数中被封装和调用。

事实上，一次内核调用将会在 GPU 上并行执行大量的线程。这取决于计算能力的等级，一个 Grid 对应于一个 GPU 或者多个多处理器。而一个 Block 中所有的线程在一个流多处理器(SM)上并发地执行。当这个 Block 中的所有线程都执行完毕并终止之后，GPU 会激活一个新的 Block 并将其分配到当前空闲的 SM 上。处于同一个 Block 里的多个 Block 可以在一个 SM 上同时被激活。

当然在同一个 SM 上可能会同时被激活，但一个 Block 里的线程不会被拆分并在多个 SM 上执行。同一个 Block 里的线程可以被同步，并且它们可以访问 SM 里的共享存储器。SM 将每个线程与一个标量处理器核心(SP)映射起来，线程可以在 SP 上独立地执行任务，并使用独自的指令地址和寄存器。

CUDA 线程被组织为 grid-block-thread 的层次结构，具有不同计算能力的 GPU 有不同的对 Block 和 Grid 维数和尺寸的限制。这样的线程组织在硬件上也对应着一个有层次的实现。一个 GPU 由一个或多个 SM 组成，而每个多处理器则由多个 SP 组成。标量处理器又称作 CUDA 核。每个标量处理器可以独立地执行计算任务并使用指定范围的计算资源。整个系统运作于 CUDA 的 SIMT 体系之上。

在 CUDA 计算结构中，内存的层次机制是一个重要架构技术，内存分为 3 个层次，分别是块内本地内存、共享内存和全局内存。在同一线程块中，每个线程都有属于自己的块内本地内存，同时开辟一块共享内存供每一个线程块使用，线程块内的所有线程都可以访问自己块内的共享内存，但是不能访问别的线程块所属的共享内存，因此，不同块之间的共享内存是互相隔离的。对于全局内存，在内核程序中的所有线程块中的线程都可以访问。

4. 单指令多线程模式

在运行主机-设备机制的并行计算时，CPU 主机的主程序使用设备内核的计算网格，在计算网格上部署的所有线程块不是指定到一个处理器上，而是由 CUDA 分配给多处理器并执行，这样使得一个线程块中的所有线程可以在一个多处理器中执行。并且多处理器管理线程的方式是使用单指令多线程(Single Instruction Multi Threads，SIMT)架构实现的，它有一个标量处理器核心，所有线程都映射到这个核心上成为标量线程，每一个标量线程在执行时都是独立地分配和使用各自的寄存器状态和指令地址。

SIMT 的模式与单指令多数据 SIMD 的向量式组织结构相似，虽然控制多个处理单元，但是是用单指令来完成的。不过 SIMT 让我们可以对独立的标量线程进行线程级细粒度的并行编码，也可以实现数据并行的编码，服务于协同线程，这些是 SIMD 向量机模式做不到的。

将一个 CUDA 应用程序分为主机端和设备端两个部分，主机端一般是指设备宿主主机的 CPU 处理器，设备端则指 CUDA 所能访问并管理的显卡设备。一般情况下，一个系统最多同时只能拥有一个主机端，但是可以同时拥有多个设备端。主机端程序主要是通过 CPU 负责实际计算任务的执行，因此，主机端一般负责程序中串行部分的业务处理，而 GPU 则主要用于并行计算任务的处理，一般以多线程的形式执行，由于主机端和设备端调用不同的处理单元，即前者调用主机的 CPU 处理单元，后者调用显卡设备的处理单元，因此二者访问的存储器空间是不同的，前者访问主机内存空间，而后者访问显卡设备内存空间。主机端负责的任务除了与显卡设备交互及 CUDA 程序的串行部分的计算任务之外，还负责对显卡设备调用前的环境初始化及相关数据预处理等工作。

一个优秀的 CUDA 程序应该由主机端负责程序中串行任务的执行，回收已经分配并执行结束的设备端程序的资源，并初始化下一个设备端内核函数的执行环境以便启动执行任务，从而减少主机端与设备端之间的数据传输，在设备端上一定时间内执行尽量多的运算。

8.3.5 CUDA 硬件框架

1. GPU 困境

虽然 GPU 能够在高度密集型的并行计算上获得较高的性能和速度，但在 2007 年以前

GPU 要实现这样的应用还存在许多困难。

(1) GPU 只能通过一个图形 API 来编程，这不仅加重了学习负担更造成那些非图像应用程序处理这些 API 的额外开销。

(2) 由于 DRAM 内存带宽的限制，一些程序会遇到瓶颈。

(3) 无法在 DRAM 上进行通用写操作。

所以 NVIDIA 于 2006 年 11 月在 G80 系列中引入的 Tesla 统一图形和计算架构扩展了 GPU，使其超越了图形领域。通过扩展处理器和存储器分区的数量，其强大的多线程处理器阵列已经成为高效的统一计算平台，同时适用于图形和通用并行计算应用程序。从 G80 系列开始 NVIDIA 加入了对 CUDA 的支持。

2. 芯片结构

具有 Tesla 架构的 GPU 是具有芯片共享存储器的一组 SIMT 多处理器。它以一个可伸缩的多线程流处理器(Streaming Multiprocessor，SM)阵列为中心实现了 MIMD 的异步并行机制，其中每个多处理器包含多个标量处理器(Scalar Processor，SP)，为了管理运行各种不同程序的数百个线程，SIMT 架构的多处理器会将各线程映射到一个标量处理器核心，各标量线程使用自己的指令地址和寄存器状态独立执行。

如图 8-8 所示，在 GPU 中，每个多处理器都有一个属于以下 4 种类型之一的芯片存储器：

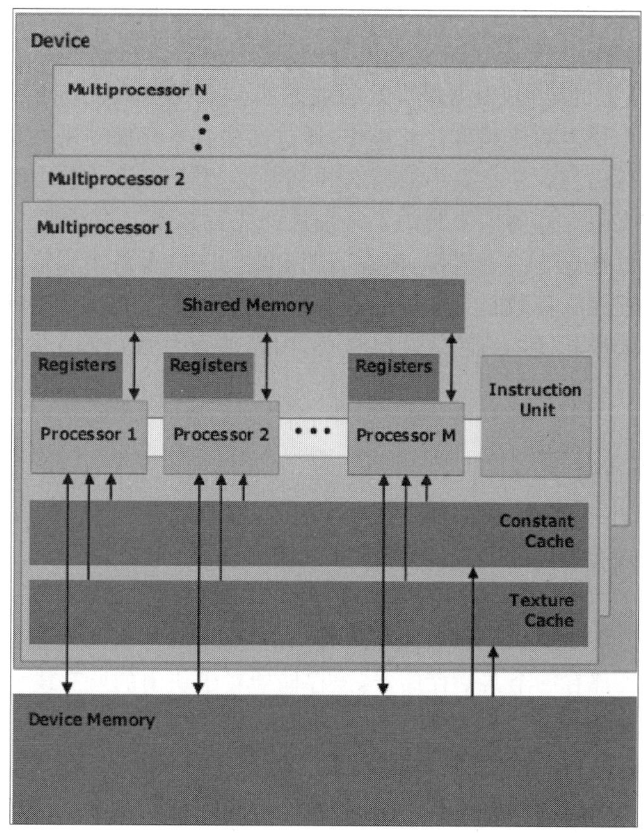

图 8-8 GPU 的共享存储器的 SIMT 多处理器模型

(1) 每个处理器上有一组本地 32 位寄存器(Registers)。

(2) 并行数据缓存或共享存储器(Shared Memory),由所有标量处理器核心共享,共享存储器空间就位于此处。

(3) 只读固定缓存(Constant Cache),由所有标量处理器核心共享,可加速从固定存储器空间进行的读取操作(这是设备存储器的一个只读区域)。

(4) 一个只读纹理缓存(Texture Cache),由所有标量处理器核心共享,加速从纹理存储器空间进行的读取操作(这是设备存储器的一个只读区域),每个多处理器都会通过实现不同寻址模型和数据过滤的纹理单元访问纹理缓存。

8.3.6 CUDA 编程模型

CUDA 程序构架分为两部分:主机和设备。一般而言,主机指的是 CPU,设备指的是 GPU。在 CUDA 程序构架中,主程序还是由 CPU 来执行,而当遇到数据并行处理的部分,CUDA 就会将程序编译成 GPU 能执行的程序,并传送到 GPU。而这个程序在 CUDA 里被称作核(Kernel)。CUDA 允许程序员定义称为核的 C 语言函数,从而扩展了 C 语言,在调用此类函数时,它将由 N 个不同的 CUDA 线程并行执行 N 次,这与普通的 C 语言函数只执行一次的方式不同。执行核的每个线程都会被分配一个独特的线程 ID,可通过内置的 threadIdx 变量在内核中访问此 ID。在 CUDA 程序中,主程序在调用任何 GPU 内核之前,必须对内核进行配置,即确定线程块数和每个线程块中的线程数及共享内存的大小。

1. 线程层次结构

在 GPU 中要执行的线程,根据最有效的数据共享来创建块(Block),其类型有一维、二维或三维。在同一个块内的线程可彼此协作,通过一些共享存储器来共享数据,并同步其执行来协调存储器进行访问。一个块中的所有线程都必须位于同一个处理器核心中。因而,一个处理器核心的有限存储器资源制约了每个块的线程数量。在早期的 NVIDIA 架构中,一个线程块最多可以包含 512 个线程,而在后期出现的一些设备中则最多可支持 1024 个线程。一般 GPGPU 程序线程数目是很多的,所以不能把所有的线程都塞到同一个块里。但一个内核可由多个大小相同的线程块同时执行,因而线程总数应等于每个块的线程数乘以块的数量。这些同样维度和大小的块被组织为一个一维或二维线程块网格(Grid)。具体框架如图 8-9 所示。

2. 存储器层次结构

CUDA 设备拥有多个独立的存储空间,其中包括全局存储器、本地存储器、共享存储器、常量存储器、纹理存储器和寄存器,如图 8-10 所示。

CUDA 线程可在执行过程中访问多个存储器空间的数据,具体如下:

(1) 每个线程都有一个私有的本地存储器。

(2) 每个线程块都有一个共享存储器,该存储器对于块内的所有线程都是可见的,并且与块具有相同的生命周期。

(3) 所有线程都可访问相同的全局存储器。

(4) 此外还有两个只读的存储器空间,可由所有线程访问,这两个空间是常量存储器空间和纹理存储器空间。全局、固定和纹理存储器空间经过优化,适用于不同的存储器。纹理存储器也为某些特殊的数据格式提供了不同的寻址模式以及数据过滤,方便 Host 对流数

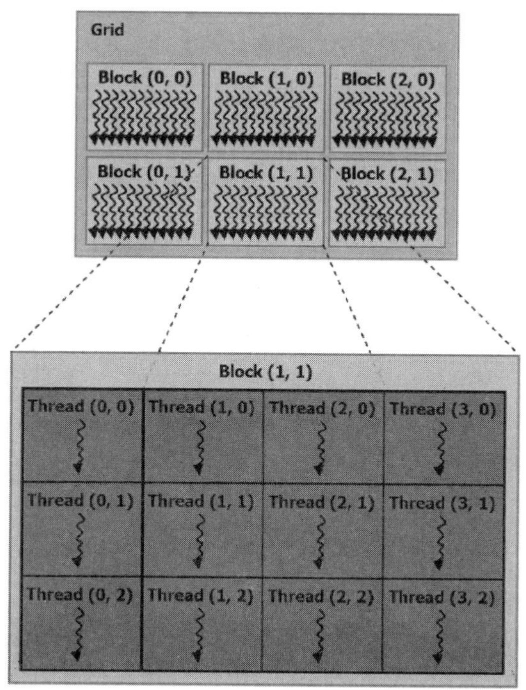

图 8-9　线程块网络结构

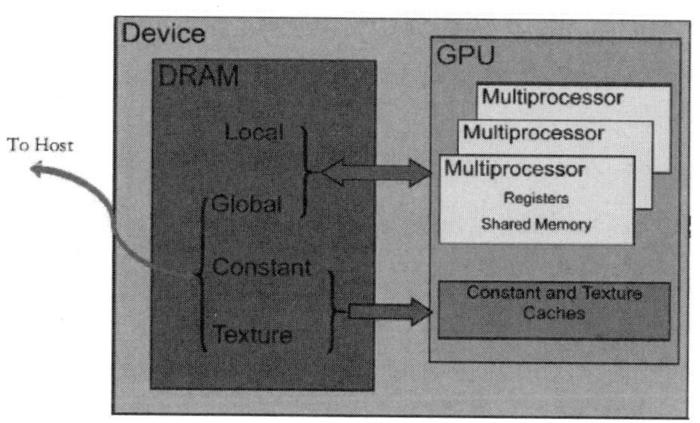

图 8-10　CUDA 设备上的存储器

据的快速存取。

3. 主机和设备

CUDA 假设线程可在物理上独立的设备上执行，此类设备作为运行 C 语言程序的主机的协处理器进行操作。内核在 GPU 上执行，而 C 语言程序的其他部分则在 CPU 上执行，即串行代码在主机上执行，而并行代码在设备上执行。此外，CUDA 还假设主机和设备均维护自己的 DRAM，分别称为主机存储器和设备存储器。因而，一个程序通过调用 CUDA 运行库来管理对内核可见的全局、固定和纹理存储器空间。这种管理包括设备存储器的分配和取消分配，还包括主机和设备存储器之间的数据传输。

4. CUDA 术语

由于 CUDA 中存在许多概念和术语，诸如 SM、Block、SP 等多个概念不容易被理解，现将其与 CPU 的一些概念进行比较，如表 8-1 所示。

表 8-1 CUDA 术语表

CPU	GPU	层次
算术逻辑和控制单元	流处理器(SM)	硬件
算术单元	批量处理器(SP)	硬件
进程	Block	软件
线程	Thread	软件
调度单位	Warp	软件

8.3.7 深度学习与 GPU 加速度计算

众所周知，人工智能的训练和推理都需要海量的高性能计算，所以深度学习是一个对算力要求很高的领域。GPU 的选择将从根本上决定你对深度学习的体验。一个好的 GPU 可以让你快速获得实践经验，而这些经验正是建立专业知识的关键。如果没有这种快速的反馈，则需花费过多时间。

市面上有很多公司可以为深度学习提供 GPU 加速，如 NVIDIA、AMD、英特尔、谷歌、亚马逊、微软等，而目前的领导者则是 NVIDIA，NVIDIA 发明的 GPU 是现代视觉计算的引擎，从最初用于游戏娱乐、视觉计算到如今的超级计算、云计算、大数据，GPU 正不断释放强劲的计算潜力。现在，GPU 已经成为数据中心、超算中心的标配，广泛应用于深度学习、大数据、石油化工、传媒娱乐、科学研究等行业。

在人工智能领域快速成长的深度学习技术是一项创新的计算引擎，可应用在从语音和图像识别、先进医药研究到全自动驾驶汽车的多个领域。得益于 GPU 的应用，近几年深度学习的精准度大幅提高，GPU 加速了深度学习革命。

针对深度学习，与 CPU 进行对比，GPU 有着以下几个优势。

1. 高宽带的内存

CPU 是基于延迟优化的，而 GPU 是基于带宽优化的。CPU 与 GPU 就像跑车与卡车，两者的任务都是从随机位置提取货物(即数据包)，并将这些货物传送到另一个随机位置，跑车(CPU)可以快速地从 RAM 里获取一些货物，而大卡车(GPU)则慢很多，有着更高的延迟。但是，跑车传送完所有货物需要往返多次；另一方面，现在最好的 CPU 大约能达到 50GB/s 的内存带宽，而现在最好的 GPU 则能达到 750GB/s 的内存带宽。因此，在内存方面，计算操作越复杂，GPU 对 CPU 的优势就越明显。

2. 多线程并行下的内存访问隐藏延迟

GPU 可以在多线程并行下隐藏延迟的同时提供高带宽，因此，对于大块内存来说，GPU 提供了几乎没有缺点的最佳内存带宽。这就是为什么 GPU 比 CPU 在处理深度学习上更快速的原因。并且 GPU 可以将内存从 RAM 提取到本地存储(L1 Cache and Registers)，这样使得数据的读取更加快捷。

3. 数量多且速度快的可调整的寄存器和 L1 缓存

所有被执行的计算都在寄存器中发生，寄存器直接连接着执行单元(一个核心 CPU 和一连串的 GPU 处理器)。GPU 有许多处理单元(SM,流处理器),且每个处理单元中都有一组寄存器,这样,GPU 就有着大量体积小、处理速度快的寄存器,这也是 GPU 的优点。由此,GPU 的寄存器总量是 CPU 所拥有的寄存器总量的 30 多倍,处理速度也快了一倍,相当于 14MB 的寄存器能够达到 80TB/s 的速度。相比之下,CPU 的 L1 缓存只能达到大约 5TB/s,相比之下这是相当慢的,并且还需要占用 1MB 的大小,而 GPU 寄存器通常只需占用 64~128KB,就能达到 10~20TB/s 的速度。

8.3.8 深度学习下 CUDA 环境搭建

在目前的深度学习领域,主流的框架为 TensorFlow 和 PyTorch。以 GPU 为 NVIDIA RTX2070,并且软件环境中深度学习的编译 IDE 为 Anaconda3-4.2.0 为例,分别在 Windows 10 LTSC 和 Ubuntu 18.04 中搭建 TensorFlow 和 PyTorch 所需要的 CUDA 9.0 环境。需要安装的深度学习框架及其软件和版本如表 8-2 所示。

表 8-2 软件及版本一览表

软件	版本	备注
NVIDIA 显卡驱动	451.48	
CUDA	9.0.176	
cuDNN	9.0	
Anaconda	4.2.0	Python 3.5
TensorFlow	1.8.0	
PyTorch	0.4.1	

1. Windows 系统

(1) 默认安装 NVIDIA 显卡驱动和 CUDA 9.0.176。将 cuDNN 9.0 解压缩后,把 bin、include、lib\x64 这 3 个文件夹里面的文件(共 3 个)分别复制到 C:\Program Files\NVIDIA GPU Computing Toolkit\CUDA\v9.0\下的 bin、include、lib\x64 目录下即可。在 cmd 命令行中输入 nvcc-V 命令,若可以看到 CUDA 的版本,则表示 CUDA 安装成功。

(2) 安装 Anaconda 4.2.0,可自行修改安装路径。

(3) 升级 pip:python -m pip install --upgrade pip。

(4) 升级 setuptools:pip install --upgrade --ignore-installed setuptools。

(5) 升级 NumPy:pip install numpy==1.13.3。

(6) 安装 TensorFlow:pip install tensorflow-gpu==1.8.0。

(7) 基于 CUDA 9.0 安装 PyTorch:

pip install http://download.pytorch.org/whl/cu90/torch-0.4.1-cp35-cp35m-win_amd64.whl。

pip install torchvision。

(8) 检测 TensorFlow 是否使用 CUDA 进行加速的代码如下,查看日志信息,若包含 GPU 信息,则成功调用了 CUDA。

```
import tensorflow as tf
sess = tf.Session(config = tf.ConfigProto(log_device_placement = True))
```

(9) 检测 PyTorch 是否使用 CUDA 进行加速的代码如下，当返回为 True 则表示成功调用了 CUDA。

```
import torch as t
t.cuda.is_available()
```

2. Ubuntu 系统

(1) 修改/etc/apt/source.list，将原 Ubuntu 系统里的软件源地址更新为国内源(如清华源、网易源、阿里源、科大讯飞源等)。

(2) 安装 NVIDIA 显卡驱动，具体指令代码如下：

```
sudo apt remove --purge nvidia*                         #卸载已有的 NVIDIA 显卡驱动
sudo add-apt-repository ppa:graphics-drivers/ppa        #添加 PPA 源
sudo apt update                                         #更新源列表
ubuntu-drivers devices                                  #查看可安装的驱动列表
sudo apt install nvidia-driver-435                      #安装 NVIDIA 显卡驱动
sudo reboot                                             #重新启动计算机
nvidia-smi                                              #检查 NVIDIA 显卡的相关信息
```

(3) 下载 CUDA 9.0.176 安装包和补丁包，安装指令如下，在安装的过程中除了安装显卡驱动时选择 no，其他选择默认路径或者 yes 即可。

```
sudo sh ***.run
```

(4) 在～/.bashrc 中配置 CUDA 的环境变量，添加如下变量信息，完成后重启系统。

```
export  PATH=/usr/local/cuda-9.0/bin:$PATH
export  LD_LIBRARY_PATH=/usr/local/cuda-9.0/lib64$LD_LIBRARY_PATH
```

(5) cuDNN 下载完毕后解压缩，安装步骤和检测 CUDA 是否安装成功的指令参照 Windows 系统篇。

(6) pip、setuptools、NumPy 的升级和 TensorFlow 1.8.0、PyTorch 的安装参照 Windows 系统篇。

(7) 下载 Anaconda3-5.2.0-Linux-x86_64.sh 安装包，使用 bash 指令对其进行安装。在～/.bashrc 中配置 Anaconda3 的环境变量，添加如下变量信息，完成后重启系统。

```
export PATH="/home/用户名/anaconda3/bin:$PATH"
```

(8) 判断 TensorFlow、PyTorch 是否可成功调用 CUDA 的代码可参照 Windows 系统篇。

8.4 CUDA 加速深度学习的案例

8.4.1 CUDA 在 TensorFlow 框架里的应用

1. 设置 CUDA 加速 TensorFlow

在 IDE 中输入如下代码，可以检测出 CUDA 是否为 TensorFlow 加速，若返回的值为

/device:GPU:0,则表示已发现有 GPU 设备进行加速。

```
import tensorflow as tf
print(tf.test.gpu_device_name())
```

在 TensorFlow 中,调用 CUDA 进行 GPU 加速有两种方法,代码如下:

方法 1:

```
Config = tf.ConfigProto(allow_soft_placement = True)
#如果指定的设备不存在,则允许 TF 自动分配设备
Config.gpu_options.allow_growth = True      #动态分配内存
sess = tf.session(config = config)
```

方法 2:

```
gpu_options  =  tf.GPUOptions(allow_growth = True)
gpu_options  = tf.GPUOptions(per_process_gpu_memory_fraction = 0.8,allow_growth = True)
#每个 GPU 占用 80%的显存
config = tf.ConfigProto(gpu_options = gpu_options,allow_soft_placement = True)
sess = tf.session(config = config)   #如果计算机有多个 GPU,TensorFlow 默认全部使用.如果想只
#使用部分 GPU,可以设置 CUDA_VISIBLE_DEVICES.
```

其中设置 CUDA_VISIBLE_DEVICES 的代码如下:

```
os.environ["CUDA_DEVICE_ORDER"]  =  "PCI_BUS_ID"      #指定的设备名称
os.environ['CUDA_VISIBLE_DEVICES']  =  '0'            #使用 GPU 0
os.environ['CUDA_VISIBLE_DEVICES']  =  '0,1'          #使用 GPU 0,1
```

2. 实验:在 TensorFlow 框架下使用 CUDA 加速 MNIST 数据集中手写体的识别

本实验需要配置的软件环境和硬件环境如表 8-3 所示。

表 8-3　软件环境和硬件环境

软件环境	Windows 10 LTSC
	PyCharm+Anaconda 4.2.0(Python 3.5)
	TensorFlow 1.8.0
	CUDA 9.0
硬件环境	AMD R5 1600(主频 3.49GHz、6 核 12 线程、16GB 内存)
	NVIDIA RTX 2070(2304 个 CUDA、8GB 显存)

(1) 新建 data 文件夹,将 MNIST 数据集的数据放于 data 文件夹中,并导入本案例所需要的库文件,同时根据需要设置是否使用 CUDA 进行加速,代码如下:

```
#导入所需的工具包
import tensorflow as tf
from tensorflow.examples.tutorials.mnist import input_data
mnist  =  input_data.read_data_sets('./data',one_hot = True)
import time
```

```
import os
os.environ["CUDA_DEVICE_ORDER"] = "PCI_BUS_ID"
os.environ["CUDA_VISIBLE_DEVICES"] = "0"   #0 表示用 GPU, -1 表示用 CPU

start = time.clock()
```

(2) 对本案例的部分参数进行设置，可以根据计算机的性能设置适当的隐藏层、迭代次数等，代码如下：

```
#参数设置
numClasses = 10
inputSize = 784
numHiddenUnits = 100              #隐藏层的个数
trainingIterations = 100000       #迭代次数
batchSize = 100

x = tf.placeholder(tf.float32,shape = [None,inputSize])
y = tf.placeholder(tf.float32,shape = [None,numClasses])
```

(3) 对整个模型进行参数初始化设置，代码如下：

```
#参数初始化
W1 = tf.Variable(tf.truncated_normal([inputSize,numHiddenUnits],stddev = 0.1))
B1 = tf.Variable(tf.constant(0.1),[numHiddenUnits])
W2 = tf.Variable(tf.truncated_normal([numHiddenUnits,numClasses],stddev = 0.1))
B2 = tf.Variable(tf.constant(0.1),[numClasses])
```

(4) 设置网络结构，代码如下：

```
#隐藏层的输出
hiddenLayerOutput = tf.matmul(x,W1) + B1
#输出的结果要进行 relu 操作
hiddenLayerOutput = tf.nn.relu(hiddenLayerOutput)
#最终的输出
finalOutput = tf.matmul(hiddenLayerOutput,W2) + B2
finalOutput = tf.nn.relu(finalOutput)
```

(5) 网络迭代，分别传入真实值和预测值，模型的学习率(Learning Rate)设置为 0.001，代码如下：

```
#传入两个值,一个是真实值,另一个是预测值
loss = tf.reduce_mean(tf.nn.softmax_cross_entropy_with_logits(labels = y, logits =
finalOutput))
opt = tf.train.GradientDescentOptimizer(learning_rate = 0.001).minimize(loss)

correct_prediction = tf.equal(tf.argmax(finalOutput,1),tf.argmax(y,1))
```

```
accuracy = tf.reduce_mean(tf.cast(correct_prediction,'float'))

sess = tf.Session()
init = tf.global_variables_initializer()
sess.run(init)
```

(6) 迭代计算,并得出最终结果,代码如下:

```
for i in range(trainingIterations):
    batch = mnist.train.next_batch(batchSize)
    batchInput = batch[0]
    batchLabels = batch[1]
    _, trainingLoss = sess.run([opt,loss],feed_dict = {x:batchInput,y:batchLabels})
    if i % 1000 == 0:
        train_accuracy = accuracy.eval(session = sess, feed_dict = {x: batchInput, y:
batchLabels})
        print('step %d,training accuracy %g' % (i,train_accuracy))
end = time.clock()
t = end - start
print(t)
```

(7) 经过 10 万次的迭代计算,结果如下:

```
step 0,training accuracy 0.14
step 1000,training accuracy 0.44
……
step 5000,training accuracy 0.66
……
step 10000,training accuracy 0.79
……
step 20000,training accuracy 0.81
……
step 50000,training accuracy 0.86
……
step 75000,training accuracy 0.9
……
step 99000,training accuracy 0.98
```

(8) 通过 10 万次迭代,分别使用 CPU 和 GPU 进行整个模型的训练。使用 AMD R5 1600(主频 3.49GHz、6 核 12 线程、16GB 内存),程序运行时长为 303.45s,使用 NVIDIA RTX 2070(2304 个 CUDA、8GB 显存)运行时长为 277.46s,用时对比图如图 8-11 所示。从图中可以看到使用 CUDA 后,程序运行效率提升了 2.6 倍。由于 MNIST 数据集比较小,使得在 TensorFlow 框架下 CUDA 优势不够明显,加速效果一般。通常在训练集较为庞大的神经网络中,相比 CPU 的运算,通过 CUDA 进行加速的效果要更加优秀。

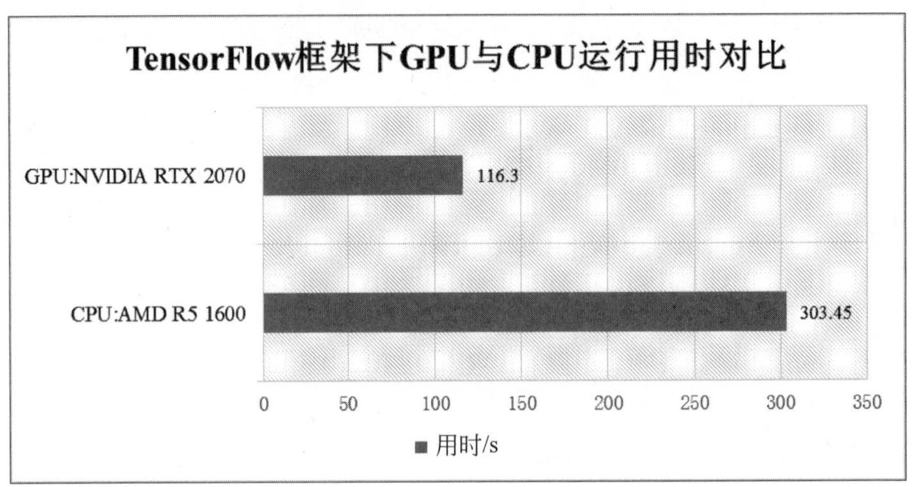

图 8-11 TensorFlow 中 GPU 与 CPU 运行用时对比

8.4.2 CUDA 在 PyTorch 框架里的应用

1. 设置 CUDA 加速 PyTorch

在 PyTorch 里，通过 CUDA 加速整个模型的运行比较简单。第一步需要指定 GPU，指令为 os.environ["CUDA_VISIBLE_DEVICES"]='0'，第二步直接在张量或者模型 x 使用 x=x.cuda()即可完成 CUDA 加速。

PyTorch 有一套很好的 GPU 运算体系，可以大幅提升模型训练效率。在 IDE 中输入如下代码，可以检测出 CUDA 是否为 PyTorch 加速，若结果返回为 True，则表示支持 CUDA 加速，若结果返回 False，则表示不支持 CUDA 加速。

```
import torch
print(torch.cuda.is_available())
```

2. 实验：在 PyTorch 框架下使用 CUDA 加速 MNIST 数据集中手写体的识别

本实验需要配置的软件环境和硬件环境如表 8-4 所示。

表 8-4 软件环境和硬件环境

软件环境	Windows 10 LTSC
	Anaconda 4.2.0 Jupyter (Python 3.5)
	PyTorch：0.4.1
	Torchvision：0.2.1
	CUDA 9.0
硬件环境	AMD R5 1600(主频 3.49GHz、6 核 12 线程、16GB 内存)
	NVIDIA RTX 2070(2304 个 CUDA、8GB 显存)

(1) 导入所需要的库文件，其中 torchvision 包的主要功能是实现数据的处理、导入和预览，如果需要对计算机视觉的相关问题进行处理，就可以利用 torchvision 包中提供的大量的类来完成相应的工作，并可以通过 torchvision.datasets 加上需要下载的数据集名称就可

以了，而且 torchvision 还包含了 COCO、imageNet、CIFCAR 等深度学习常用数据集，代码如下：

```
import torch
from torchvision import datasets,transforms
import torchvision
from torch.autograd import  Variable
import numpy as np
import matplotlib.pyplot as plt
```

（2）使用 transforms 库对对载入的数据进行变换，代码如下：

```
transform = transforms.Compose([transforms.ToTensor(),transforms.Normalize(mean = [0.5,0.5,
0.5],std = [0.5,0.5,0.5])])
```

（3）在该案例目录下新建一个 data 文件夹，用于存放 MNIST 数据集。下载 MNIST 数据集的时候，train＝True 即赋值为训练集，若为 False 就是测试集。下载速度可能会较慢，需耐心等待。

```
data_train = datasets.MNIST(root = "./data",  transform = transform, train = True, download =
True)
data_test = datasets.MNIST(root = "./data", transform = transform, train = False)
```

下载后的结果如下：

```
Downloading http://yann.lecun.com/exdb/mnist/train-images-idx3-uByte.gz
Downloading http://yann.lecun.com/exdb/mnist/train-labels-idx1-uByte.gz
Downloading http://yann.lecun.com/exdb/mnist/t10k-images-idx3-uByte.gz
Downloading http://yann.lecun.com/exdb/mnist/t10k-labels-idx1-uByte.gz
Processing...
Done!
```

（4）数据集下载完成后，就要对数据进行装载，利用 batch _size 来确认每个包的大小，用 Shuffle 来确认打乱数据集的顺序，代码如下：

```
data_loader_train = torch.utils.data.DataLoader(dataset = data_train, batch_size = 64,
shuffle = True)
data_loader_test = torch.utils.data.DataLoader(dataset = data_test, batch_size = 64, shuffle
= True)
```

（5）数据装载完成后，可以选取其中某个批次的数据进行预览，代码如下：

```
images,labels = next(iter(data_loader_train))
img = torchvision.utils.make_grid(images)
img = img.numpy().transpose(1,2,0)

std = [0.5,0.5,0.5]
mean = [0.5,0.5,0.5]
```

```
img = img * std + mean

print([labels[i] for i in range(4)])
plt.show()
```

(6) 当数据装载完成后,可以开始编写卷积神经网络和参数优化了。在 PyTorch 中已经提供了 torch. nn 这个类,包含了卷积层 torch. nn. Conv2d()、线性整流单元也就是激活函数 torch. nn. ReLU()、池化层 torch. nn. MaxPool2d()和全连接层 torch. nn. Linear()等,代码如下:

```
class Model(torch.nn.Module):
    def __init__(self):
        super(Model,self).__init__()
        self.conv1  =  torch.nn.Sequential(torch.nn.Conv2d(1,64,kernel_size = 3,stride = 1,
padding = 1),
                                           torch.nn.ReLU(),
                                            torch.nn.Conv2d(64,128,kernel_size = 3,stride =
1,padding = 1),
                                           torch.nn.ReLU(),
                                           torch.nn.MaxPool2d(stride = 2,kernel_size = 2))
        self.dense  =  torch.nn.Sequential(torch.nn.Linear(14 * 14 * 128,1024),
                                           torch.nn.ReLU(),
                                           torch.nn.Dropout(p = 0.5),
                                           torch.nn.Linear(1024,10))

    def forward(self,x):
        x  =  self.conv1(x)
        x  =  x.view( - 1,14 * 14 * 128)
        x  =  self.dense(x)
        return x
```

(7) 通过继承 torch. nn. Modeule 来构造整个网络,由于手写数字识别比较简单,故只用了两个卷积层、一个最大池化层和两个全连接层。在向前传播过程中进行 x. view(−1,14 * 14 * 128)对参数实现扁平化。最后通过自己 self. dense 定义的全连接层进行最后的分类。

此时构造出一个模型对象,如果平台支持 CUDA 加速,则可以将模型的参数装载到 GPU 上,在这里使用交叉熵损失作为损失函数,利用 PyTorch 中自带的 optim. Adam 对参数进行调优,在 optim 中包含了许多调优方法,如 SGD、AdaGrad、RMSProp 和 Adam 等,代码如下:

```
model  =  Model()
if torch.cuda.is_available():
    model.cuda()                  #将所有的模型参数移动到 GPU 上
cost  =  torch.nn.CrossEntropyLoss()
optimzer  =  torch.optim.Adam(model.parameters())
```

(8) 通过 print(model),查看整个模型的结构,打印结果如下:

```
Model(
  (conv1): Sequential(
    (0): Conv2d(1, 64, kernel_size = (3, 3), stride = (1, 1), padding = (1, 1))
    (1): ReLU()
    (2): Conv2d(64, 128, kernel_size = (3, 3), stride = (1, 1), padding = (1, 1))
    (3): ReLU()
    (4): MaxPool2d(kernel_size = 2, stride = 2, padding = 0, dilation = 1, ceil_mode = False)
  )
  (dense): Sequential(
    (0): Linear(in_features = 25088, out_features = 1024, bias = True)
    (1): ReLU()
    (2): Dropout(p = 0.5)
    (3): Linear(in_features = 1024, out_features = 10, bias = True)
  )
)
```

(9) 最后对卷积神经网络模型进行训练和参数优化,由于有 CUDA 加速,可以根据实际 GPU 的算力适当地设置迭代次数,在这里将迭代次数设置成 10 次,代码如下:

```
n_epochs = 10

for epoch in range(n_epochs):
    running_loss = 0.0
    running_correct = 0
    print("Epoch{}/{}".format(epoch,n_epochs))
    print("-" * 10)
    for data in data_loader_train:
        #print("train ing")
        X_train,y_train = data
        #如果有 GPU 则加下面这行,如果没有则不用加
        X_train,y_train = X_train.cuda(),y_train.cuda()
        X_train,y_train = Variable(X_train),Variable(y_train)
        outputs = model(X_train)
        _,pred = torch.max(outputs.data,1)
        optimzer.zero_grad()
        loss = cost(outputs,y_train)

        loss.backward()
        optimzer.step()
        running_loss += loss.data[0]
        running_correct += torch.sum(pred == y_train.data)
    testing_correct = 0
    for data in data_loader_test:
        X_test,y_test = data
        #如果有 GPU 则加下面这行,如果没有则不用加
        X_test,y_test = X_test.cuda(),y_test.cuda()
```

```
            X_test,y_test = Variable(X_test),Variable(y_test)
            outputs = model(X_test)
            _,pred = torch.max(outputs,1)
            testing_correct += torch.sum(pred == y_test.data)
        print("Loss is :{:.4f},Train Accuracy is:{:.4f}%,Test Accuracy is:{:.4f}".format
(running_loss/len(data_train),100 * running_correct/len(data_train),100 * testing_correct/
len(data_test)))
```

(10) 经过10次迭代,可以看到如下的结果。从结果中可看到不管是训练还是测试,手写体的识别精确度(Accuracy)都非常高,并且在第6次迭代后整个模型基本达到收敛,Loss值不再发生变化。

```
Epoch0/10
----------
Loss is :0.0023,Train Accuracy is:95.0000%,Test Accuracy is:97.0000
Epoch1/10
----------
Loss is :0.0008,Train Accuracy is:98.0000%,Test Accuracy is:98.0000
Epoch2/10
----------
Loss is :0.0005,Train Accuracy is:98.0000%,Test Accuracy is:98.0000
Epoch3/10
----------
Loss is :0.0004,Train Accuracy is:99.0000%,Test Accuracy is:98.0000
Epoch4/10
----------
Loss is :0.0003,Train Accuracy is:99.0000%,Test Accuracy is:98.0000
Epoch5/10
----------
Loss is :0.0001,Train Accuracy is:99.0000%,Test Accuracy is:98.0000
Epoch6/10
----------
Loss is :0.0001,Train Accuracy is:99.0000%,Test Accuracy is:98.0000
Epoch7/10
----------
Loss is :0.0001,Train Accuracy is:99.0000%,Test Accuracy is:98.0000
Epoch8/10
----------
Loss is :0.0001,Train Accuracy is:99.0000%,Test Accuracy is:98.0000
Epoch9/10
----------
Loss is :0.0001,Train Accuracy is:99.0000%,Test Accuracy is:98.0000
```

本章小结

作为一种革新性的技术,近年来,CUDA计算在科学计算领域备受关注,CUDA是NVIDIA推出的一种利用GPU进行通用并行计算的整套解决方案,包括硬件支持、程序语言扩展、编译器、调试器等整套开发工具链,它对深度学习、机器学习、矩阵数值计算、图像视频处理、计算机可视化等问题都有着优异的加速效果。NVIDIA 依然坚持以通用计算为先,兼顾图形应用的发展道路。既符合微软 DirectX 的发展趋势,满足作为显卡本身的性能需求,又能顺应高性能的需求,作为计算机运算部件之一为满足高性能运算要求贡献力量。NVIDIA 越来越开放的态度,为 CUDA 的未来发展铺平了道路,可以预见,未来在人工智能、大数据等领域,CUDA 计算可以说是无可限量。

课后思考题

1. 简述 GPU 的工作原理。与常规的 CPU 计算相比,GPU 计算的优势在哪里?
2. 什么是 CUDA? 简述 CUDA 编程模型。
3. 在 TensorFlow 和 PyTorch 深度学习框架下如何调用 CUDA 进行加速?

第 9 章

Python 人工智能实验

本章将在前述章节的基础上，以 Python 为主要开发语言，以 PyCharm 为集成开发工具，以 TensorFlow 等深度学习开源框架为平台，结合当前人工智能的热点应用，有针对性地选取 7 个有代表性的基于深度学习的人工智能应用进行教学实验。

9.1 曲线拟合实验

9.1.1 实验内容

TensorFlow 对于深度学习模型的学习与训练提供了全套开发函数和支持库，极大降低了开发的难度。TensorFlow 的训练学习流程如图 9-1 所示。

从图 9-1 可以看出，TensorFlow 进行深度学习模型训练流程图主要分为 5 个步骤：

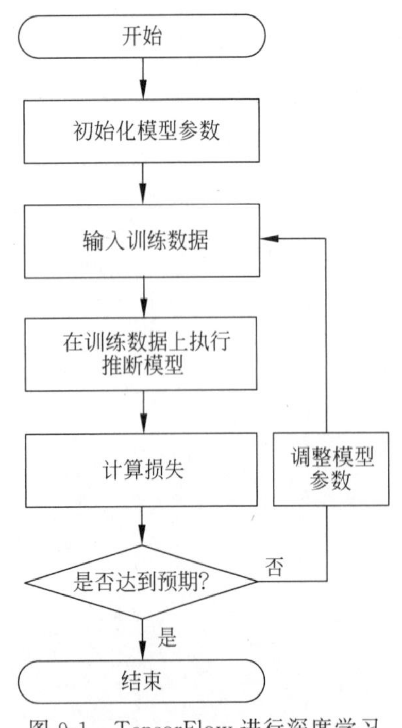

图 9-1 TensorFlow 进行深度学习模型训练流程图

(1) 对模型参数进行初始化，通常采用对参数随机赋值的方法。对于比较简单的模型可以将各参数的初值均设为 0，然后读取已经分配好的训练数据 inputs()，包括每个数据样本及其期望输出。

(2) 在训练数据上执行推断模型，在当前模型参数配置下，每个训练样本都会得到一个输出值，然后计算损失 loss(X,Y)，依据训练数据 X 及期望输出 Y 计算损失。

(3) 不断调整模型参数 train(total_loss)。在给定损失函数的约束下，通过大量训练步骤改善各参数的值，从而将损失最小化。本书选用 TensorFlow 提供的梯度下降算法 tf.gradients 进行学习。tf.gradients 通过符号计算推导出指定的流图步骤的梯度，并将其以张量形式输出，由于 TensorFlow 已经实现了大量优化方法，因此不需要手工调用这个梯度计算函数，只需通过大量循环不断重复上述过程即可。

(4) 当训练结束后便进入模型评估阶段 evaluate(sess,X,Y)。在这一阶段中，需要对一个同样含有期望输出信息的不同测试集依据模型进行推断，并评估模型在该数据集上的损失。由于测试集拥有与训练集完全不同的样本，通过评估可以了解所训练的模型在训练集之外的识别能力。

(5) 当对模型的准确率满意后，例如达到预设的98%以上的准确率，就可以直接导出模型了。

本实验通过采用 TensorFlow 深度学习平台拟合正弦函数并进行图形化显示，正弦函数的公式：$y=\sin(x)$。通过本次实验，让读者进一步了解和掌握利用 TensorFlow 实现一个全连接的深度神经网络，熟练掌握数据集产生和制作、推理模型、训练模型、验证模型等模型建立。

9.1.2 实验步骤

1. 构建 TensorFlow 网络结构

下面构建模拟正弦函数的神经网络，包含 3 个隐藏层，每个隐藏层包含 16 个隐藏节点、单变量输入和单变量输出，各层的激活函数都采用 Sigmoid 函数，需要构建的网络结构如图 9-2 所示。

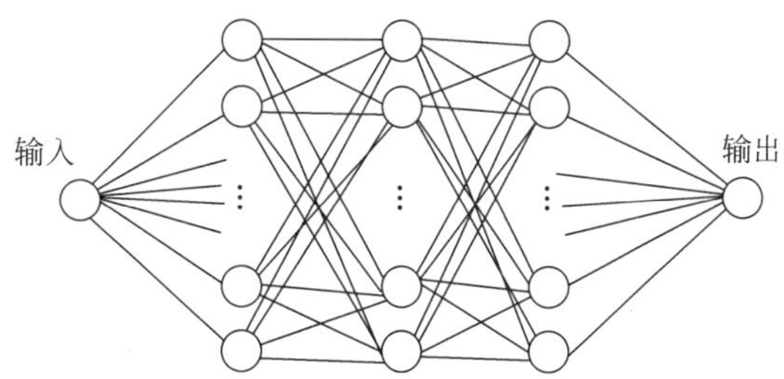

图 9-2 TensorFlow 网络结构构建

2. 绘制标准的 sin 曲线

下面实现绘制标准的正弦函数，之后标准的正弦函数和模拟结果都采用 pylab. plot 进行绘图比对。绘制 sin 曲线代码如下：

```
#导入相应的 Python 包和模块
import tensorflow as tf
import math
import numpy as np
import matplotlib.pyplot as plt
import pylab
#定义 draw_sin_line() 函数,该函数用来绘制标准的 sin 曲线
def draw_sin_line():

    #绘制标准的 sin 曲线
    x = np.arange(0, 2 * np.pi, 0.01)
    x = x.reshape((len(x), 1))
    y = np.sin(x)
    pylab.plot(x, y, label = '标准的 sin 曲线')
```

```
plt.axhline(linewidth = 1, color = 'r')
plt.axvline(x = np.pi, linestyle = '-- ', linewidth = 1, color = 'g')
```

其中,pylab 将所有的功能函数(pyplot 状态机函数,大部分是 NumPy 里面的函数)导入其单独的命名空间内。这样的好处是可以很好地与 IPython(或者类似的 IDE,例如 PyCharm)实现很好的交互模式。上面调用 pylab 的 plot 函数绘制曲线,pylab 是 Python 下的一个画图模块。plt.axhline()函数绘制平行于 x 轴的水平参考线。plt.axvline()函数绘制平行于 y 轴的垂直参考线。运行结果如图 9-3 所示。

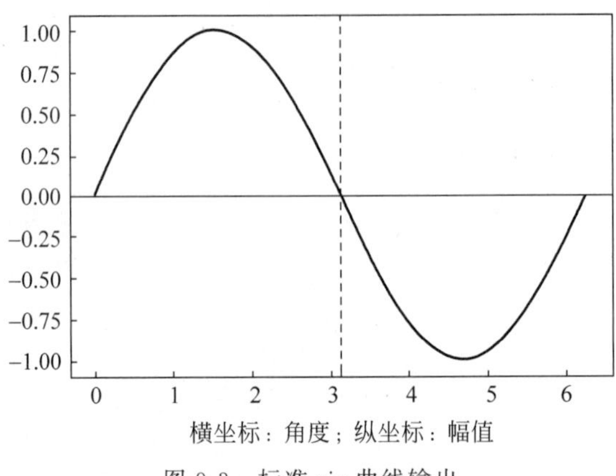

图 9-3 标准 sin 曲线输出

3. 创建训练样本

首先创建一个 sin 数据样本用于训练模型。定义 get_train_data() 函数,返回一个训练样本(train_x,train_y),其中 train_x 是随机的自变量,train_y 是 train_x 的 sin 函数值。代码如下:

```
def get_train_data():
'''返回一个训练样本(train_x, train_y)其中 train_x 是随机的自变量,train_y 是 train_x 的 sin
函数值'''
train_x = np.random.uniform(0.0, 2 * np.pi, (1))
train_y = np.sin(train_x)
return train_x, train_y
```

函数原型:numpy.random.uniform(low,high,size)。

功能:从一个均匀分布[low,high)中随机采样,注意定义域是左闭右开,即包含 low,但不包含 high。

参数介绍如下。

low:采样下界,float 类型,默认值为 0;

high:采样上界,float 类型,默认值为 1;

size:输出样本数目,为 int 或元组(tuple)类型,例如,size=(m,n,k),则输出 $m\times n\times k$ 个样本,缺省时输出 1 个值。

返回值:ndarray 类型,其形状和参数 size 中描述一致。

4. 定义推理函数 inference

构建 TensorFlow 网络结构的逻辑在 inference()函数中实现。

其中，构建了 3 个隐藏层，每个隐藏层包含 16 个节点，连接节点的参数 weight 和 bias 采用初始化均值为 0、方差为 1 的随机初始化，每个隐藏层的单位采用 tf. sigmoid()作为激活函数，输出层中没有增加 sigmoid()函数，这是因为前面的几层非线性变换已经提取了足够充分的特征，使用这些特征已经可以让模型用最后一个线性分类函数来分类。推理函数具体代码如下：

```
def inference(input_data):
'''定义前向计算的网络结构,args: 输入 x 的值,单个值'''
with tf.variable_scope('hidden1'):
#第 1 个隐藏层,采用 16 个隐藏节点
weights = tf.get_variable("weight", [1, 16], tf.float32, initializer = tf.random_normal_
initializer(0.0, 1))
biases = tf.get_variable("bias", [1, 16], tf.float32, initializer = tf.random_normal_
initializer(0.0, 1))
hidden1 = tf.sigmoid(tf.multiply(input_data, weights) + biases)
with tf.variable_scope('hidden2'):
#第 2 个隐藏层,采用 16 个隐藏节点
weights = tf.get_variable("weight", [16, 16], tf.float32, initializer = tf.random_normal_
initializer(0.0, 1))
biases = tf.get_variable("bias", [16], tf.float32, initializer = tf.random_normal_
initializer(0.0, 1))
mul = tf.matmul(hidden1, weights)
hidden2 = tf.sigmoid(mul + biases)
with tf.variable_scope('hidden3'):
#第 3 个隐藏层,采用 16 个隐藏节点
weights = tf.get_variable("weight", [16, 16], tf.float32, initializer = tf.random_normal_
initializer(0.0, 1))
biases = tf.get_variable("bias", [16], tf.float32, initializer = tf.random_normal_
initializer(0.0, 1))
mul = tf.matmul(hidden2, weights)
hidden3 = tf.sigmoid(mul + biases)
with tf.variable_scope('output_layer'):
#输出层
weights = tf.get_variable("weight", [16, 1], tf.float32, initializer = tf.random_normal_
initializer(0.0, 1))
biases = tf.get_variable("bias", [1], tf.float32, initializer = tf.random_normal_
initializer(0.0, 1))
output = tf.matmul(hidden3, weights) + biases
return output
```

如果变量存在，函数 tf. get_variable()会返回现有的变量。如果变量不存在，则会根据给定形状和初始值创建变量。

初始器(initializer)＝tf. random_normal_initializer(0. 0,1)是其中一种内置的初始器。

5. 定义训练函数

使用 TensorFlow 实现神经网络时，需要定义网络结构、参数、数据的输入和输出、采用

损失函数和优化方法。最烦琐的训练中的反向传播、自动求导和参数更新等操作由TensorFlow负责实现。训练函数具体代码如下：

```
#通过梯度下降法将损失最小化
def train():
#学习率
learning_rate = 0.01
x = tf.placeholder(tf.float32)
y = tf.placeholder(tf.float32)
#基于训练好的模型推理,获取推理结果
net_out = inference(x)
#定义损失函数的 op
loss_op = tf.square(net_out - y)
#采用随机梯度下降的优化函数
opt = tf.train.GradientDescentOptimizer(learning_rate)
#定义训练操作
train_op = opt.minimize(loss_op)
#变量初始化
init = tf.global_variables_initializer()
with tf.Session() as sess:
#执行变量的初始化操作
sess.run(init)
print("开始训练 ...")
for i in range(100001):
#获取训练数据
train_x, train_y = get_train_data()
sess.run(train_op, feed_dict = {x: train_x, y: train_y})
#定时输出当前的状态
if i % 10000 == 0:
times = int(i/10000)
#每执行 10000 次训练后,测试一下结果,测试结果用 pylab.plot()函数在界面上绘制出来
test_x_ndarray = np.arange(0, 2 * np.pi, 0.01)
test_y_ndarray = np.zeros([len(test_x_ndarray)])
ind = 0
for test_x in test_x_ndarray:
test_y = sess.run(net_out, feed_dict = {x: test_x, y: 1})
#对数组中指定的索引值指向的元素替换成指定的值
np.put(test_y_ndarray, ind, test_y)
ind += 1
#先绘制标准正弦函数的曲线,再用虚线绘制出模拟正弦函数的曲线
draw_sin_line()
pylab.plot(test_x_ndarray, test_y_ndarray, '--', label = str(times) + 'times')
pylab.legend(loc = 'upper right')
pylab.show()
print(" === DONE === ")
```

从输入数据到神经网络，再到输出预测值，采用预测值和标准值的差的二次方作为损失函数，然后将得到的损失函数的操作 loss_op 传给随机梯度下降优化方法 tf. train. GradientDescentOptimizer，从而得到最后训练操作 train_op。

在会话的 run()方法中，传入训练数据，每执行一次 train_op，就会根据输入的训练样本执行一次前向计算、一次反向传播和一次参数更新。

每训练 10 000 个样本，就将标准正弦函数和模拟结果采用 pylab. plot()函数绘制出来做对比，其中用实线表示标准正弦函数，虚线表示模拟正弦函数（也就是基于神经网络推理的结果）。

6. 验证训练函数

执行 train()函数，开始训练并验证。第 1 次的参数是随机初始化的，模拟出来的正弦函数和标准正弦函数完全不一样。执行 train()函数后显示结果如图 9-4 所示。

开始训练...

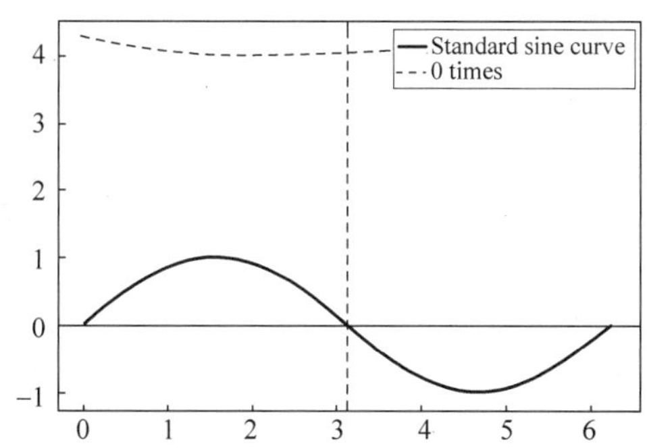

图 9-4　首次执行 train()函数训练后输出曲线图

神经网络模型经过训练 10 000 次之后，输出结果如图 9-5 所示。此时，模拟曲线（虚线）开始向实线靠近了。

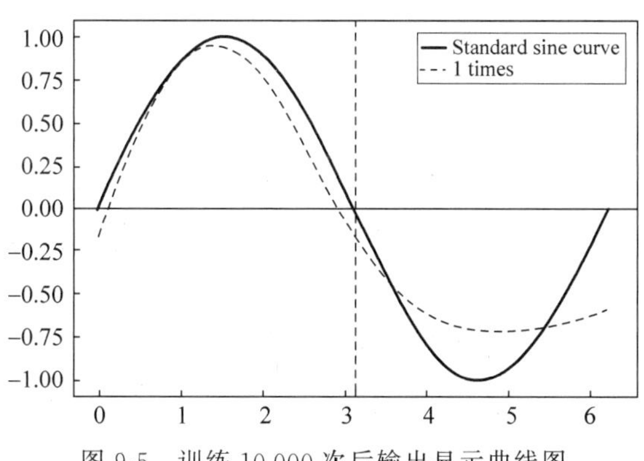

图 9-5　训练 10 000 次后输出显示曲线图

下面是训练到 10 000×10 次之后，输出结果如图 9-6 所示。此时，模拟曲线基本上和标准正弦曲线重合了。

如果觉得拟合度还不够，还可以继续训练。这样，就实现了用深度神经网络模拟正弦函数在 0～2π 的曲线。

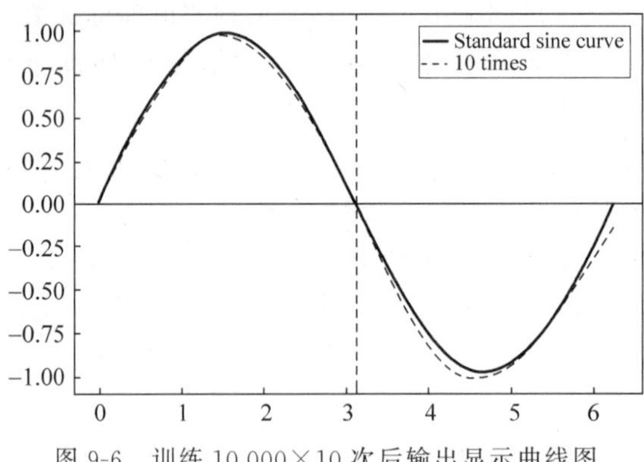

图 9-6　训练 10 000×10 次后输出显示曲线图

9.2　泰坦尼克号乘客死亡概率预测

9.2.1　实验内容

1912 年 4 月 15 日，泰坦尼克号(Titanic)撞上冰山后沉没，造成 2224 名乘客和机组人员中 1502 人死亡，如图 9-7 所示。虽然在这场事故中生存下来存在一些运气因素，但是一些群体如妇女、儿童和船体上层人员生存概率更大。

图 9-7　泰坦尼克沉船事件

本实验学习使用 TFLearn 和 TensorFlow 评估泰坦尼克号乘客幸存的机会，数据采用他们的个人信息(如性别、年龄、收入等)，学习利用 TensorFlow 和 TFLearn 来建立一个深度神经网络分类器。

9.2.2　实验步骤

1. 数据准备

本实验首先需要下载泰坦尼克号乘客基本信息数据集 titanic_dataset.csv，该数据集共有 1309 名乘客信息，9 个字段，即从这些乘客的性别、年龄、票价等 9 个维度来描述乘客信息，如表 9-1 所示。

表 9-1　泰坦尼克号乘客信息

B1　　fx　pclass

	A	B	C	D	E	F	G	H	I
1	survived	pclass	name	sex	age	sibsp	parch	ticket	fare
2	1	1	Allen, Mis	female	29	0	0	24160	211.3375
3	1	1	Allison, M	male	0.9167	1	2	113781	151.55
4	0	1	Allison, M	female	2	1	2	113781	151.55

每个字段的含义如下：

PassengerId：乘客的 ID。

survived：乘客是否获救，Key：0=没获救，1=已获救。

pclass：乘客船舱等级(1/2/3 三个等级舱位)。

name：乘客姓名。

sex：性别。

age：年龄。

sibsp：乘客在船上的兄弟姐妹/配偶数量。

parch：乘客在船上的父母/孩子数量。

ticket：船票号。

fare：船票价。

2. 建立分类器

数据集存储在 CSV 文件中，可以使用 TFlearn 的 load_csv()函数加载数据，使用 target_column 作为存活与否的标签，也就是数据集第一列 survived，函数返回一对数组(data, label)。代码如下：

```
import numpy as np
import tflearn

# Download the Titanic dataset
from tflearn.datasets import titanic
titanic.download_dataset('titanic_dataset.csv')

# Load CSV file, indicate that the first column represents labels
from tflearn.data_utils import load_csv
data, labels = load_csv('titanic_dataset.csv', target_column = 0,
                        categorical_labels = True, n_classes = 2)
```

3. 预处理

将数据进行预先处理，数据中 name 和 ticket 对于预测没有什么用处，可取消 name 和 ticket 两个字段。其次，神经网络只能处理数字，因此，将 sex 字段男/女转为数字 0 或 1。代码如下：

```
# Preprocessing function
def preprocess(data, columns_to_ignore):
    # Sort by descending id and delete columns
    for id in sorted(columns_to_ignore, reverse = True):
        [r.pop(id) for r in data]
    for i in range(len(data)):
    # Converting 'sex' field to float (id is 1 after removing labels column)
      data[i][1] = 1. if data[i][1] == 'female' else 0.
    return np.array(data, dtype = np.float32)

# Ignore 'name' and 'ticket' columns (id 1 & 6 of data array)
to_ignore = [1, 6]

# Preprocess data
data = preprocess(data, to_ignore)
```

4. 建立深度神经网络

使用 TFLearn 建立一个 3 层神经网络，需要规定输入数据的形态，每个样本有 6 个特征，按批次处理可以节省内存，数据输入形态是 [None,6]，其中 None 代码不知道维度，因此可以改变批处理中被处理后的样本总数量。代码如下：

```
#Build neural network
net = tflearn.input_data(shape=[None, 6])
net = tflearn.fully_connected(net, 32)
net = tflearn.fully_connected(net, 32)
net = tflearn.fully_connected(net, 2, activation='softmax')
net = tflearn.regression(net)
```

5. 训练

TFLearn 提供 DNN 包装器自动执行神经网络分类任务，例如训练、预测和保存恢复等。训练 10 次，神经网络训练 10 次会看到全部数据，每次批处理大小是 16。实现代码如下：

```
#Define model
model = tflearn.DNN(net)
#Start training (apply gradient descent algorithm)
model.fit(data, labels, n_epoch=10, batch_size=16, show_metric=True)
```

6. 验证

使用上述已经训练好的模型，将泰坦尼克电影中男女主角杰克和露丝的资料输入，预测杰克和露丝的存活率。实现代码如下：

```
#Let's create some data for DiCaprio and Winslet
jack = [3,"Mr. Bernt",'male',0,0,0,65306,8.1125]
rose = [1,"Allen, Miss. Elisabeth Walton",'female',29,0,0,24160,211.3375]
#Preprocess data
jack, rose = preprocess([dicaprio, winslet], to_ignore)
#Predict surviving chances (class 1 results)
pred = model.predict([jack, rose])
print("Jack Surviving Rate:", pred[0][1])
print("Rose Surviving Rate:", pred[1][1])
```

执行此代码后就可以输出预测结果，将输出结果与实际的存活结果进行比较。

9.3 股票预测

9.3.1 实验内容

股票价格是典型的时间序列数据(简称时序数据)，会受到经济环境、政府政策、人为操作等多种复杂因素的影响。本实验以股票价格为例，让读者学习利用 TensorFlow 和 Keras 构建深度神经网络来预测股票价格的涨势情况，学习如何对时序数据进行预测，并以 S&P 500 股价数据为例进行分析和预测。通过对历史数据进行分析，来对未来股票价格涨停进行一个预测，并学会举一反三，对类似这样通过历史数据来预测未来的智能模型构建进行熟练掌握。

9.3.2 实验步骤

1. 数据准备

(1) S&P 500 股价数据爬取自 Google Finance API，已经进行过缺失值处理，实验可以直接使用本次实验提供的实验数据，即与本实验内容一并提供的 data_stocks.csv 文件。

(2) 加载 Pandas 库，Pandas 库主要用于数据清洗和整理，代码如下：

```
import pandas as pd
import numpy as np
import tensorflow as tf
import matplotlib.pyplot as plt
%matplotlib inline
from sklearn.preprocessing import MinMaxScaler
```

用 Pandas 读取 CSV 文件为 DataFrame，并用 describe()查看特征的数值分布，还可以用 info()查看特征的概要，代码如下：

```
data = pd.read_csv('data_stocks.csv')
data.describe()
data.info()
```

数据共 502 列，41 266 行，502 列分别为：

DATE：该行数据的时间戳。

SP500：可以理解为大盘指数。

其他：可以理解为 500 支个股的股价。

查看数据的前 5 行实现代码如下：

```
data.head()
```

查看时间跨度代码如下：

```
print(time.strftime('%Y-%m-%d', time.localtime(data['DATE'].max())),
      time.strftime('%Y-%m-%d', time.localtime(data['DATE'].min())))
```

绘制大盘趋势折线图，实现代码如下：

```
plt.plot(data['SP500'])
```

去掉 DATE 一列，训练集与测试集分割的实现代码如下：

```
data.drop('DATE', axis=1, inplace=True)
data_train = data.iloc[:int(data.shape[0] * 0.8), :]
data_test = data.iloc[int(data.shape[0] * 0.8):, :]
print(data_train.shape, data_test.shape)
```

数据归一化，使用 data_train 进行拟合 fit()，实现代码如下：

```
scaler = MinMaxScaler(feature_range = (-1, 1))
scaler.fit(data_train)
data_train = scaler.transform(data_train)
data_test = scaler.transform(data_test)
```

2. 同步预测

同步预测是指使用当前时刻的 500 只个股股价，预测当前时刻的大盘指数，即一个回归问题，输入共 500 维特征，输出一维，即[None，500]=> [None，1]。使用 TensorFlow 实现同步预测，主要用到多层感知机（Multi-Layer Perceptron，MLP），损失函数用均方误差（Mean Square Error，MSE）。实现代码如下：

```
X_train = data_train[:, 1:]
y_train = data_train[:, 0]
X_test = data_test[:, 1:]
y_test = data_test[:, 0]

input_dim = X_train.shape[1]
hidden_1 = 1024
hidden_2 = 512
hidden_3 = 256
hidden_4 = 128
output_dim = 1
batch_size = 256
epochs = 10

tf.reset_default_graph()

X = tf.placeholder(shape = [None, input_dim], dtype = tf.float32)
Y = tf.placeholder(shape = [None], dtype = tf.float32)

W1 = tf.get_variable('W1', [input_dim, hidden_1],initializer = tf.contrib.layers.xavier_
initializer(seed = 1))
b1 = tf.get_variable('b1', [hidden_1], initializer = tf.zeros_initializer())
W2 = tf.get_variable('W2', [hidden_1, hidden_2], initializer = tf.contrib.layers.xavier_
initializer(seed = 1))
b2 = tf.get_variable('b2', [hidden_2], initializer = tf.zeros_initializer())
W3 = tf.get_variable('W3', [hidden_2, hidden_3], initializer = tf.contrib.layers.xavier_
initializer(seed = 1))
b3 = tf.get_variable('b3', [hidden_3], initializer = tf.zeros_initializer())
W4 = tf.get_variable('W4', [hidden_3, hidden_4], initializer = tf.contrib.layers.xavier_
initializer(seed = 1))
b4 = tf.get_variable('b4', [hidden_4], initializer = tf.zeros_initializer())
W5 = tf.get_variable('W5', [hidden_4, output_dim], initializer = tf.contrib.layers.xavier_
initializer(seed = 1))
b5 = tf.get_variable('b5', [output_dim], initializer = tf.zeros_initializer())

h1 = tf.nn.relu(tf.add(tf.matmul(X, W1), b1))
```

```
h2 = tf.nn.relu(tf.add(tf.matmul(h1, W2), b2))
h3 = tf.nn.relu(tf.add(tf.matmul(h2, W3), b3))
h4 = tf.nn.relu(tf.add(tf.matmul(h3, W4), b4))
out = tf.transpose(tf.add(tf.matmul(h4, W5), b5))
cost = tf.reduce_mean(tf.squared_difference(out, Y))
optimizer = tf.train.AdamOptimizer().minimize(cost)

with tf.Session() as sess:
    sess.run(tf.global_variables_initializer())

    for e in range(epochs):
        shuffle_indices = np.random.permutation(np.arange(y_train.shape[0]))
        X_train = X_train[shuffle_indices]
        y_train = y_train[shuffle_indices]

        for i in range(y_train.shape[0]//batch_size):
            start = i * batch_size
            batch_x = X_train[start : start + batch_size]
            batch_y = y_train[start : start + batch_size]
            sess.run(optimizer, feed_dict = {X: batch_x, Y: batch_y})

            if i % 50 == 0:
                print('MSE Train:', sess.run(cost, feed_dict = {X: X_train, Y: y_train}))
                print('MSE Test:', sess.run(cost, feed_dict = {X: X_test, Y: y_test}))
                y_pred = sess.run(out, feed_dict = {X: X_test})
                y_pred = np.squeeze(y_pred)
                plt.plot(y_test, label = 'test')
                plt.plot(y_pred, label = 'pred')
                plt.title('Epoch ' + str(e) + ', Batch ' + str(i))
                plt.legend()
                plt.show()
```

3. 使用 Keras 进行同步预测

使用 Keras 实现同步预测，代码量会少很多，但具体实现细节不及 TensorFlow 灵活。具体代码如下：

```
from keras.layers import Input, Dense
from keras.models import Model

X_train = data_train[:, 1:]
y_train = data_train[:, 0]
X_test = data_test[:, 1:]
y_test = data_test[:, 0]

input_dim = X_train.shape[1]
hidden_1 = 1024
hidden_2 = 512
hidden_3 = 256
```

```
hidden_4 = 128
output_dim = 1
batch_size = 256
epochs = 10

X = Input(shape = [input_dim, ])
h = Dense(hidden_1, activation = 'relu')(X)
h = Dense(hidden_2, activation = 'relu')(h)
h = Dense(hidden_3, activation = 'relu')(h)
h = Dense(hidden_4, activation = 'relu')(h)
Y = Dense(output_dim, activation = 'sigmoid')(h)

model = Model(X, Y)
model.compile(loss = 'mean_squared_error', optimizer = 'adam')
model.fit(X_train, y_train, epochs = epochs, batch_size = batch_size, shuffle = False)
y_pred = model.predict(X_test)
print('MSE Train:', model.evaluate(X_train, y_train, batch_size = batch_size))
print('MSE Test:', model.evaluate(X_test, y_test, batch_size = batch_size))
plt.plot(y_test, label = 'test')
plt.plot(y_pred, label = 'pred')
plt.legend()
plt.show()
```

4. 异步预测

异步预测是指使用历史若干时刻的大盘指数，预测当前时刻的大盘指数，这样才更加符合预测的定义。例如，使用前 5 个大盘指数，预测当前的大盘指数，每组输入包括 5 个 step，每个 step 对应一个历史时刻的大盘指数，输出一维，即[None,5,1]=> [None,1]。

使用 Keras 实现异步预测，主要用到循环神经网络即 RNN（Recurrent Neural Network）中的 LSTM（Long Short-Term Memory）。实现代码如下：

```
from keras.layers import Input, Dense, LSTM
from keras.models import Model

output_dim = 1
batch_size = 256
epochs = 10
seq_len = 5
hidden_size = 128

X_train = np.array([data_train[i : i + seq_len, 0] for i in range(data_train.shape[0] - seq
_len)])[:, :, np.newaxis]
y_train = np.array([data_train[i + seq_len, 0] for i in range(data_train.shape[0] - seq_
len)])
X_test = np.array([data_test[i : i + seq_len, 0] for i in range(data_test.shape[0] - seq_
len)])[:, :, np.newaxis]
y_test = np.array([data_test[i + seq_len, 0] for i in range(data_test.shape[0] - seq_
len)])
```

```
print(X_train.shape, y_train.shape, X_test.shape, y_test.shape)

X = Input(shape = [X_train.shape[1], X_train.shape[2],])
h = LSTM(hidden_size, activation = 'relu')(X)
Y = Dense(output_dim, activation = 'sigmoid')(h)

model = Model(X, Y)
model.compile(loss = 'mean_squared_error', optimizer = 'adam')
model.fit(X_train, y_train, epochs = epochs, batch_size = batch_size, shuffle = False)
y_pred = model.predict(X_test)
print('MSE Train:', model.evaluate(X_train, y_train, batch_size = batch_size))
print('MSE Test:', model.evaluate(X_test, y_test, batch_size = batch_size))
plt.plot(y_test, label = 'test')
plt.plot(y_pred, label = 'pred')
plt.legend()
plt.show()
```

9.4 车牌识别

9.4.1 实验内容

本实验学习如何使用 HyperLPR 进行车牌识别。识别内容包括静态图片和动态视频。通过本次实验,使读者了解车牌识别的基本原理和当前各种车牌识别的方法,掌握利用 HyperLPR 库进行车牌识别的方法、流程和技巧,掌握利用 tkinter 搭建文件选择对话框窗口,分析车牌识别的局限和限定条件,比较不同车牌识别方法的优缺点。

9.4.2 实验步骤

HyperLPR(Hyper License Plate Recognition)是一个基于深度学习的高性能中文车牌识别开源项目,地址为 https://GitHub.com/zeusees/HyperLPR,由 Python 语言编写,同时还支持 Linux、Android、iOS、Windows 等各主流平台。与较为流行的其他开源框架相比,它的检测速度、稳健性和多场景的适应性都要好于目前开源的框架,HyperLPR 可以识别多种中文车牌,包括白牌、新能源车牌、使馆车牌、教练车牌、武警车牌等。

HyperLPR 的 GitHub 地址:https://GitHub.com/zeusees/HyperLPR,可以直接下载 HyperLPR 的开源库,也可以直接通过:pip install hyperlpr 直接下载和安装 HyperLPR 库。

1. HyperLPR 的检测流程

(1) 使用 OpenCV 的 HAAR Cascade 检测车牌大致位置。

(2) Extend 检测到的大致位置的矩形区域。

(3) 使用类似于 MSER 的方式将多级二值化和 RANSAC 拟合车牌的上下边界。

(4) 使用 CNN Regression 回归车牌左右边界。

(5) 使用基于纹理场的算法进行车牌校正倾斜。

(6) 使用 CNN 滑动窗切割字符。

(7) 使用 CNN 识别字符。

2. 准备工作：安装以下依赖包

Python 不仅直接提供各种库函数供使用，同时还能方便地与其他各种开源库进行连接、装载和使用。建议大家在自己的计算机中尽量将现有的各种 Python 开发库通过 pip 方式下载并安装，如用于科学数值计算的 Numpy，提供各种特定函数的集合库 SciPy，基于 SciPy 的图像处理包 Scikit-image，用于图表绘制的 Matlibplot，在 Python 环境下的 OpenCV 接口-opencv-python，机器学习库 scikit-learn/sklearn，用于数据分析的 Pandas，用于图片处理的 Pillow，用于将 Python 程序打包成 Windows 平台上直接执行的 exe 文件的库 Pyinstall，以及其他一些深度学习开源库如 Keras、Theano 等。

安装以下依赖包：

```
pip install pyinstaller - i http://pypi.douban.com/simple -- trusted - host pypi.douban.com
pip install Keras
pip install Theano
pip install Numpy
pip install Scipy
pip install opencv - python
pip install scikit - image
pip install pillow
pip install click
```

本实验已经提供了 HyperLPR 的模型，即文件夹中的 font、hyperlpr、model 3 个文件夹，在使用的时候将车牌识别程序存放到与该文件夹在一个目录中即可。

3. 图片车牌识别

建立车牌识别源程序，将任意一张含有车牌的图片（程序示例代码中的 license 系列图片），也可以自己从网上搜索一些含有车牌的图片（必须是.jpg 类型的图片）进行识别，并观察识别结果。

本实验使用了 tkinter 库，tkinter 是 Python 自带的可用于图形化界面编程的库，本例程使用 tkinter 库建立一个文件选择对话框，用于选择需要识别的车牌图片。

新建一个识别车牌的.py 文件，示例代码如下：

```
#os.environ['TF_CPP_MIN_LOG_LEVEL'] = '2'是为了解决
#CPU 使用 TensorFlow 不能兼容 AVX2 指令的问题
#Your CPU supports instructions that this TensorFlow binary was not#compiled to use: AVX2
import os
os.environ['TF_CPP_MIN_LOG_LEVEL'] = '2'

#本实验使用了 tkinter 库,tkinter 是 Python 自带的可用于 GUI 编程的库
#利用 tkinter 可以建立一个选择车牌图片的对话框
import tkinter as tk
from tkinter import filedialog
root = tk.Tk()
root.withdraw()

#生成对话框,选择车牌图片,将路径和文件名以字符串类型返回给 filename,并打印出来
filename = filedialog.askopenfilename()
```

```
print(filename)

#使用 HyperLPR 库识别刚才选择的车牌图片
from hyperlpr import pipline as  pp
import cv2
image = cv2.imread(filename)
image,res  = pp.SimpleRecognizePlate(image)

#将识别的结果输出
print(res)
```

如果一切安装正确，系统编译并运行后将在左下角出现识别处理的车牌号码，如图 9-8 所示。

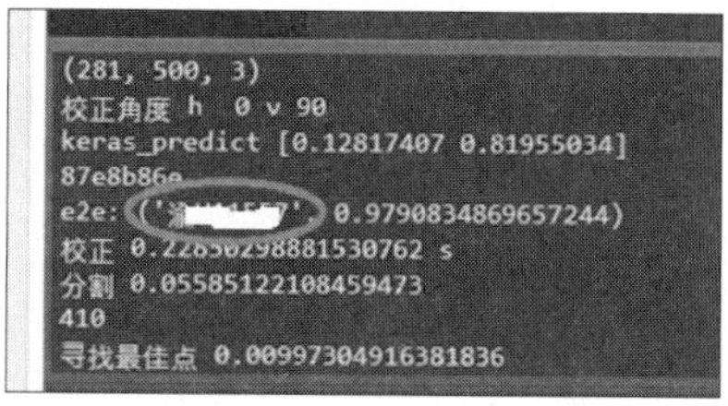

图 9-8 识别出的车牌号码

4. 视频车牌视频

HyperLPR 也支持视频中的车牌识别，可以使用本实验中提供的 license.mp4 视频文件，针对视频中出现的车牌号码进行识别，并在识别框中显示车牌号码，代码如下：

```
#os.environ['TF_CPP_MIN_LOG_LEVEL'] = '2'是为了解决 CPU 使用
#TensorFlow 不能兼容 AVX2 指令的问题
#Your CPU supports instructions that this TensorFlow binary was not#compiled to use: AVX2
import os
os.environ['TF_CPP_MIN_LOG_LEVEL'] = '2'
import time
import cv2
from hyperlpr import pipline as pp
import click
import tkinter as tk
from tkinter import filedialog
root = tk.Tk()
root.withdraw()

#生成对话框，选择车牌图片，将路径和文件名以字符串类型返回给 filename，并打印出来
filename = filedialog.askopenfilename()
print(filename)

@click.command()
@click.option('--video', help = 'input video file')
def main(video):
    print("[INFO] starting video stream...")
    #vs = VideoStream(src=0).start()
    stream = cv2.VideoCapture(filename)
    time.sleep(2.0)

    while True:
```

```
        # grab the frame from the threaded video stream
        grabbed, frame = stream.read()
        if not grabbed:
            print('No data, break.')
            break

        _, res = pp.SimpleRecognizePlate(frame)

        # convert the input frame from BGR to RGB then resize it to have
        # a width of 750px (to speedup processing)
        # rgb = cv2.cvtColor(frame, cv2.COLOR_BGR2RGB)
        # rgb = imutils.resize(frame, width = 750)
        # r = frame.shape[1] / float(rgb.shape[1])

        cv2.putText(frame, str(res), (50, 50), cv2.FONT_HERSHEY_SIMPLEX, 0.75, (0, 255,
255), 2)

        cv2.imshow("Frame", frame)
        key = cv2.waitKey(1) & 0xFF

        # if the 'q' key was pressed, break from the loop
        if key == ord("q"):
            break

# do a bit of cleanup
    cv2.destroyAllWindows()
    stream.release()


if __name__ == '__main__':
    main()
```

9.5 佩戴口罩识别

9.5.1 实验内容

2020年，一场来势汹涌的新冠肺炎疫情与人类不期而遇，作为一种通过空气传播且传染性极强的病毒给人类的生命健康带来了巨大损害。为了遏制病毒的传播并避免交叉感染，公共场所佩戴口罩成为基本要求之一。为此，本实验学习如何使用 TensorFlow 进行人脸佩戴口罩与否的识别，识别内容包括静态图片和动态视频，实现个体佩戴口罩识别和群体佩戴口罩识别，从而为公共场所中对未佩戴口罩人群的监控与管理。

本实验所需要的口罩识别模型库已经提供，整个实验文件夹如图9-9示，其中口罩模型识别库在 models 目录中。

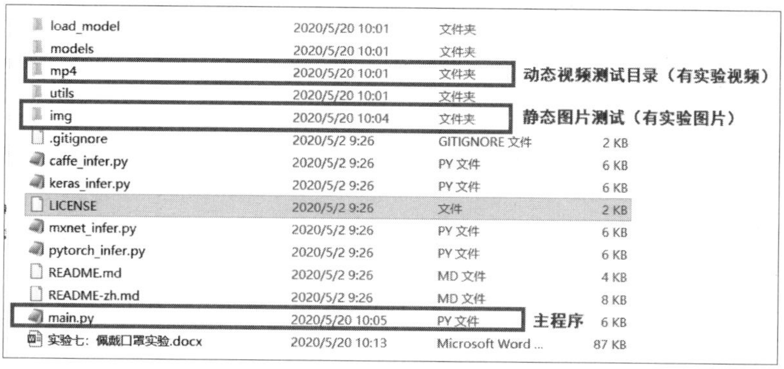

load_model	2020/5/20 10:01	文件夹	
models	2020/5/20 10:01	文件夹	
mp4	2020/5/20 10:01	文件夹	动态视频测试目录（有实验视频）
utils	2020/5/20 10:01	文件夹	
img	2020/5/20 10:04	文件夹	静态图片测试（有实验图片）
.gitignore	2020/5/2 9:26	GITIGNORE 文件	2 KB
caffe_infer.py	2020/5/2 9:26	PY 文件	6 KB
keras_infer.py	2020/5/2 9:26	PY 文件	6 KB
LICENSE	2020/5/2 9:26	文件	2 KB
mxnet_infer.py	2020/5/2 9:26	PY 文件	6 KB
pytorch_infer.py	2020/5/2 9:26	PY 文件	6 KB
README.md	2020/5/2 9:26	MD 文件	4 KB
README-zh.md	2020/5/2 9:26	MD 文件	8 KB
main.py	2020/5/20 10:05	PY 文件	主程序 6 KB
实验七：佩戴口罩实验.docx	2020/5/20 10:13	Microsoft Word ...	87 KB

图 9-9 口罩识别文件目录

9.5.2 实验步骤

1. 口罩识别模型介绍

本实验提供的口罩识别模型(models 文件夹中)采用近 8000 张人脸口罩数据和模型训练而成。数据集来自于 WIDER Face 和 MAFA 数据集,重新修改了标注并进行了校验(主要是 MAFA 和 WIDER Face 的人脸位置定义不一样,所以进行了修改标注)并将其开源。

该模型使用了 SSD(Single Shot MultiBox Detector,目标检测网络)架构,为了让模型可以实时地运行在浏览器及终端设备上,故将模型设计得非常小,只有 101.5 万个参数。模型输入大小为 260×260,主干网络只有 8 个卷积层,加上定位和分类层,一共只有 24 层(每层的通道数目基本是 32\64\128),所以模型特别小。模型在 5 个卷积层上接出来了定位分类层,其大小和锚点(anchor)设置信息如表 9-2 所示。

表 9-2 卷积层特征及锚点信息

卷积层	特征图大小	锚点大小	锚点宽高比
第一层	33×33	0.04,0.056	1,0.62,0.42
第二层	17×17	0.08,0.11	1,0.62,0.42
第三层	9×9	0.16,0.22	1,0.62,0.42
第四层	5×5	0.32,0.45	1,0.62,0.42
第五层	3×3	0.64,0.72	1,0.62,0.42

2. 实验测试主程序

本实验文件夹提供了 5 种模型的主函数接口,分别是 Caffe、Keras、Mxnet、PyTorch 和 TensorFlow,如图 9-10 所示。本实验采用 TensorFlow 模型的主函数接口,对应 tensorflow_infer.py 文件。

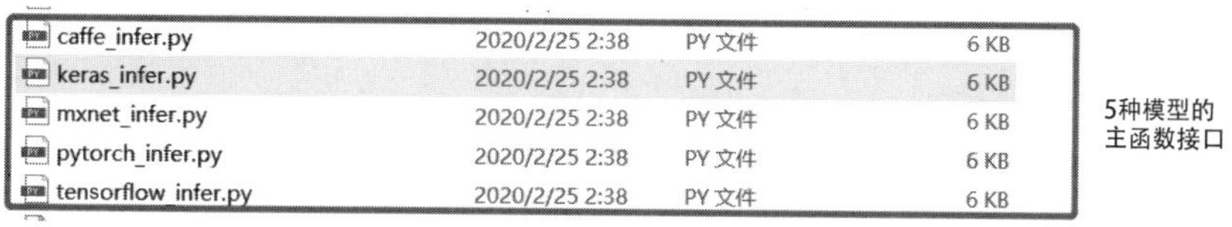

caffe_infer.py	2020/2/25 2:38	PY 文件	6 KB
keras_infer.py	2020/2/25 2:38	PY 文件	6 KB
mxnet_infer.py	2020/2/25 2:38	PY 文件	6 KB
pytorch_infer.py	2020/2/25 2:38	PY 文件	6 KB
tensorflow_infer.py	2020/2/25 2:38	PY 文件	6 KB

5种模型的主函数接口

图 9-10 5 种模型的主函数接口

通过 PyCharm 编辑编译器打开 tensorflow_infer.py 文件，该文件主要包括 3 个部分。

(1) 导入程序支持库，代码如下：

```
# - * - coding:utf - 8 - * -
import cv2
import time
import argparse

import numpy as np
from PIL import Image
from keras.models import model_from_json
from utils.anchor_generator import generate_anchors
from utils.anchor_decode import decode_bbox
from utils.nms import single_class_non_max_suppression
from load_model.tensorflow_loader import load_tf_model, tf_inference


#导入口罩智能识别模型
sess, graph = load_tf_model('models\face_mask_detection.pb')
#anchor configuration 锚点设置
feature_map_sizes = [[33, 33], [17, 17], [9, 9], [5, 5], [3, 3]]
anchor_sizes = [[0.04, 0.056], [0.08, 0.11], [0.16, 0.22], [0.32, 0.45], [0.64, 0.72]]
anchor_ratios = [[1, 0.62, 0.42]] * 5

#generate anchors 生成锚点
anchors = generate_anchors(feature_map_sizes, anchor_sizes, anchor_ratios)

#以下用于推断(inference),批大小为 1,模型输出形状为[1,N,4],因此将锚点的 dim 扩展为[1,
#anchor_num,4]
anchors_exp = np.expand_dims(anchors, axis = 0)
#将推断结果分为两类,一类是 Mask,表示佩戴了口罩,另外一类是 NoMask,表示没有佩戴口罩
id2class = {0: 'Mask', 1: 'NoMask'}
```

(2) 静态图片佩戴口罩与否推断程序，代码如下：

```
def inference(image, conf_thresh = 0.5, iou_thresh = 0.4, target_shape = (160, 160), draw_
result = True, show_result = True):
    '''检测推理的主要功能
    #: param image: 3D NumPy 图片数组
    #: param conf_thresh: 分类概率的最小阈值
    #: param iou_thresh: 网管的 IOU 阈值
    #: param target_shape: 模型输入大小
    #: param draw_result: 是否将边框拖入图像
    #: param show_result: 是否显示图像
    '''
    #image = np.copy(image)
    output_info = []
    height, width, _ = image.shape
    image_resized = cv2.resize(image, target_shape)
```

```
    image_np = image_resized / 255.0 # 归一化到 0~1
    image_exp = np.expand_dims(image_np, axis = 0)
    y_bboxes_output, y_cls_output = tf_inference(sess, graph, image_exp)

    # remove the batch dimension, for batch is always 1 for inference.
    y_bboxes = decode_bbox(anchors_exp, y_bboxes_output)[0]
    y_cls = y_cls_output[0]
    # 为了加快速度,执行单类 NMS,而不是多类 NMS
    bbox_max_scores = np.max(y_cls, axis = 1)
    bbox_max_score_classes = np.argmax(y_cls, axis = 1)

    # keep_idx 是 NMS 之后的活动边界框
    keep_idxs = single_class_non_max_suppression(y_bboxes, bbox_max_scores, conf_thresh =
conf_thresh, iou_thresh = iou_thresh)
    for idx in keep_idxs:
        conf = float(bbox_max_scores[idx])
        class_id = bbox_max_score_classes[idx]
        bbox = y_bboxes[idx]
        # 裁剪坐标,避免该值超出图像边界
        xmin = max(0, int(bbox[0] * width))
        ymin = max(0, int(bbox[1] * height))
        xmax = min(int(bbox[2] * width), width)
        ymax = min(int(bbox[3] * height), height)

        if draw_result:
            if class_id == 0:
                color = (0, 255, 0)
            else:
                color = (255, 0, 0)
            cv2.rectangle(image, (xmin, ymin), (xmax, ymax), color, 2)
            cv2.putText(image, "%s: %.2f" % (id2class[class_id], conf), (xmin + 2, ymin - 2),
                        cv2.FONT_HERSHEY_SIMPLEX, 1, color)
        output_info.append([class_id, conf, xmin, ymin, xmax, ymax])

    if show_result:
        Image.fromarray(image).show()
    return output_info
```

（3）动态图片佩戴口罩与否推断程序，代码如下：

```
def run_on_video(video_path, output_video_name, conf_thresh):
    cap = cv2.VideoCapture(video_path)
    height = cap.get(cv2.CAP_PROP_FRAME_HEIGHT)
    width = cap.get(cv2.CAP_PROP_FRAME_WIDTH)
    fps = cap.get(cv2.CAP_PROP_FPS)
    fourcc = cv2.VideoWriter_fourcc( * 'XVID')
    # writer = cv2.VideoWriter(output_video_name, fourcc, int(fps), (int(width),
int(height)))
    total_frames = cap.get(cv2.CAP_PROP_FRAME_COUNT)
```

```
    if not cap.isOpened():
        raise ValueError("Video open failed.")
        return
    status = True
    idx = 0
    while status:
        start_stamp = time.time()
        status, img_raw = cap.read()
        img_raw = cv2.cvtColor(img_raw, cv2.COLOR_BGR2RGB)
        read_frame_stamp = time.time()
        if (status):
            inference(img_raw,
                      conf_thresh,
                      iou_thresh=0.5,
                      target_shape=(260, 260),
                      draw_result=True,
                      show_result=False)
            cv2.imshow('image', img_raw[:, :, ::-1])
            cv2.waitKey(1)
            inference_stamp = time.time()
            # writer.write(img_raw)
            write_frame_stamp = time.time()
            idx += 1
            print("%d of %d" % (idx, total_frames))
            print("read_frame:%f, infer time:%f, write time:%f" % (read_frame_stamp -
start_stamp, inference_stamp - read_frame_stamp, write_frame_stamp - inference_stamp))
```

3. 静态图片中人群人脸佩戴口罩检测实验

```
#1.检测图片中人脸是否佩戴口罩
#检测图片放在img目录中,里面存放测试图片进行测试
img = cv2.imread("img/test.jpg")
img = cv2.cvtColor(img, cv2.COLOR_BGR2RGB)
#执行推断程序,并将结果输出
inference(img, show_result=True, target_shape=(260, 260))
```

执行上述代码后,出现如图9-11所示的检测结果,则表示程序运行正确。

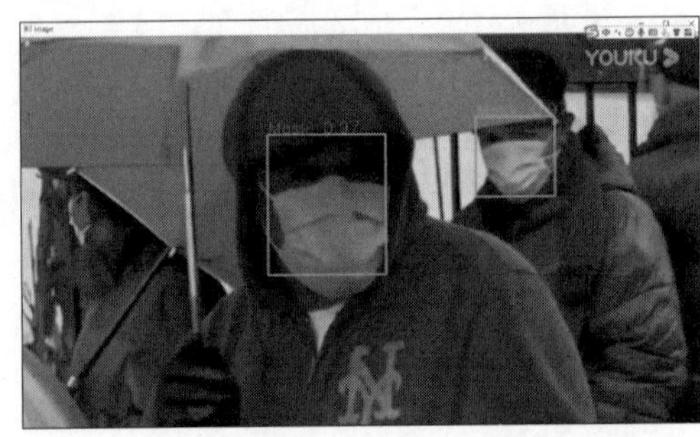

图9-11 口罩识别结果

4. 动态视频中人群人脸佩戴口罩检测

```
#2.检测监控视频中哪些人佩戴口罩,哪些人没有佩戴口罩
#参数 mp4/test.mp4 表示
run_on_video("mp4/test.mp4", '', conf_thresh = 0.5)
```

执行上述代码后,如果能对视频中出现的佩戴口罩和不佩戴口罩的人分别用黄色和红色方框标识出来,则表示程序运行成功。

9.6 自动作诗实验

9.6.1 实验内容

基于 TensorFlow 构建两层的 RNN,采用 4 万多首唐诗作为训练数据,实现可以写古诗的 AI demo。

9.6.2 实验步骤

本实验分以下几个部分:

(1) 古诗清洗、过滤较长或较短古诗、过滤既非五言也非七言古诗、为每个字生成唯一的数字 ID、每首古诗用数字 ID 表示。

(2) 两层 RNN 模型,采用 LSTM 模型。

(3) 训练 LSTM 模型。

(4) 生成古诗,随机取一个汉字,根据该汉字生成一首古诗。

具体操作如下。

1. 清洗数据:generate_poetry.py

直接从 http://github.com/zlanngao/deeplearning/blob/master/5.4.3/chat.conv 下载训练数据。

数据预处理的基本思路如下:

数据中的每首诗以 [开头、] 结尾,后续生成古诗时,根据 [随机取一个字,根据] 判断是否结束。

两种词袋:“汉字=> 数字”“数字=> 汉字”,根据第一个词袋将每首古诗转化为数字表示。

诗歌的生成是根据上一个汉字生成下一个汉字,所以 x_batch 和 y_batch 的 shape 是相同的,y_batch 是 x_batch 中每一位向前循环移动一位。前面介绍每首诗 [开头、] 结尾,在这里也体现出好处,符号]的下一个符号一定是 [(即一首诗结束,下一首诗开始)。

具体可以看一下下面的例子:

```
x_batch: ['[',12,23,34,45,56,67,78,']']
y_batch: [12,23,34,45,56,67,78,']','[']
```

在/home/ubuntu 目录下创建源文件 generate_poetry.py,文件详细编码可在下面的地址下载:https://github.com/zlanngao/deeplearning/blob/master/5.3.3/generate_poetry.py。

在终端执行：

```
#启动 Python
python
```

构建数据：

```
from generate_poetry import Poetry
p = Poetry()
```

查看第一首诗数字表示([查看输出])：

```
print(p.poetry_vectors[0])
```

根据 ID 查看对应的汉字([查看输出])：

```
print(p.id_to_word[1101])
```

根据汉字查看对应的数字([查看输出])：

```
print(p.word_to_id[u"寒"])
```

查看 x_batch、y_batch([查看输出])：

```
x_batch, y_batch = p.next_batch(1)
x_batch
y_batch
```

输出：

```
[1,1101,5413,3437,1416,555,5932,1965,5029,5798,889,1357,3,397,5567,5576,1285,2143,
5932,1985,5449,5332,4092,2198,3,3314,2102,5483,1940,3475,5932,3750,2467,3863,1913,
4110,3,4081,3081,397,5432,542,5932,3737,2157,1254,4205,2082,3,2]
```

输出：

```
寒
```

输出：

```
1101
x_batch [ 1,1101,5413,3437,1416,555,5932,1965,5029,5798,889,1357,3,397,5567,5576,1285,
2143,5932,1985,5449,5332,4092,2198,3,3314,2102,5483,1940,3475,5932,3750,2467,3863,
1913,4110,3,4081,3081,397,5432,542,5932,3737,2157,1254,4205,2082,3,2]
y_batch [1101,5413,3437,1416,555,5932,1965,5029,5798,889,1357,3,397,5567,5576,1285,
2143,5932,1985,5449,5332,4092,2198,3,3314,2102,5483,1940,3475,5932,3750,2467,3863,
1913,4110,3,4081,3081,397,5432,542,5932,3737,2157,1254,4205,2082,3,2,1]
```

2. LSTM 模型学习：poetry_model.py

在模型训练过程中，需要对每个字进行向量化，embedding 的作用是按照 inputs 顺序返回 embedding 中的对应行，类似：

```
import numpy as np
embedding = np.random.random([100,10])
inputs = np.array([7,17,27,37])
print(embedding[inputs])
```

在/home/ubuntu 目录下创建源文件 poetry_model.py，文件详细编码可在下面的地址下载：https://github.com/zlanngao/deeplearning/blob/master/5.3.3/poetry_model.py。

3. 训练 LSTM 模型：poetry_model.py

每批次采用 50 首诗训练，训练 40 000 次后，损失函数基本保持不变，GPU 大概需要 2 个小时。当然也可以调整循环次数，节省训练时间，或者直接下载已经训练好的模型。

```
wget http://tensorflow-1253675457.cosgz.myqcloud.com/poetry/poetry_model.zip
unzip poetry_model.zip
```

在 /home/ubuntu 目录下创建源文件 train_poetry.py，文件详细编码可在下面的地址下载：https://github.com/zlanngao/deeplearning/blob/master/5.3.3/train_poetry.py。

然后执行下面的代码（如果已下载模型，可以省略此步骤）：

```
cd /home/ubuntu;
python train_poetry.py
```

执行结果：

```
step:0 loss:8.692488
step:1 loss:8.685234
step:2 loss:8.674787
step:3 loss:8.642109
step:4 loss:8.533745
step:5 loss:8.155352
step:6 loss:7.797368
step:7 loss:7.635432
step:8 loss:7.254006
step:9 loss:7.075273
step:10 loss:6.606557
step:11 loss:6.284406
step:12 loss:6.197527
step:13 loss:6.022724
step:14 loss:5.539262
step:15 loss:5.285880
step:16 loss:4.625040
step:17 loss:5.167739
```

4. 模型测试：predict_poetry.py

根据[随机取一个汉字，作为生成古诗的第一个字，遇到]结束生成古诗。

在/home/ubuntu目录下创建源文件predict_poetry.py，文件详细编码可在下面的地址下载：https://github.com/zlanngao/deeplearning/blob/master/5.3.3/predict_poetry.py。

然后执行下面的代码：

```
cd /home/ubuntu;
python predict_poetry.py
```

执行结果：

```
风雨满风吹日夜,不同秋草不归情.山风欲见寒山水,山外寒流雨半风.夜日春光犹见远,一时相思独伤情.自应未肯为心客,独与江南去故乡.
```

每次执行生成的古诗不一样，可以多执行几次，查看实验结果。

9.7 聊天机器人实验

9.7.1 实验内容

基于TensorFlow构建seq2seq模型，并加入Attention机制，encoder和decoder为3层的RNN。

9.7.2 实验步骤

本实验分以下几个部分：

(1) 清洗数据、提取ask数据和answer数据、提取词典、为每个字生成唯一的数字ID、ask和answer用数字ID表示。

(2) TensorFlow中Translate Demo，由于出现deepcopy错误，这里对seq2seq进行了稍微改动。

(3) 训练seq2seq模型。

(4) 进行聊天。

具体实验步骤如下。

1. 清洗数据：generate_chat.py

可以从http://devlab-1251520893.cos.ap-guangzhou.myqcloud.com/chat.conv网址获取训练数据。

数据清洗的思路：

原始数据中，每次对话是M开头，前一行是E，并且每次对话都是一问一答的形式。将原始数据分为ask、answer两份数据。

两种词袋："汉字=> 数字""数字=> 汉字"，根据第一个词袋将ask、answer数据转化为数字表示。

answer数据每句末尾添加EOS作为结束符号。

示例代码/home/ubuntu/generate_chat.py，generate_chat.py 文件详细编码可在下面的地址下载：https://github.com/zlanngao/deeplearning/blob/master/5.4.3/generate_chat.py。

可以在终端中一步一步地执行下面命令生成数据：

```
#启动 Python
cd /home/ubuntu/
python
from generate_chat import *
```

获取 ask、answer 数据并生成字典：

```
get_chatbot()
train_encode: 用于训练的 ask 数据;
train_decode:用于训练的 answer 数据;
test_encode:用于验证的 ask 数据;
test_decode:用于验证的 answer 数据;
vocab_encode:ask 数据词典;
vocab_decode: answer 数据词典.
```

训练数据转化为数字表示：

```
get_vectors()
train_encode_vec: 用于训练的 ask 数据数字表示形式;
train_decode_vec: 用于训练的 answer 数据数字表示形式;
test_encode_vec: 用于验证的 ask 数据;
test_decode_vec: 用于验证的 answer 数据;
```

2. 模型学习：seq2seq.py、seq2seq_model.py

采用 translate 的 model，实验过程中会发现 deepcopy 出现 NotImplementedType 错误，所以对 translate 中 seq2seq 进行了改动。

在/home/ubuntu 目录下创建源文件 seq2seq.py，文件详细编码可在下面的地址下载：https://github.com/zlanngao/deeplearning/blob/master/5.4.3/seq2seq.py。

在/home/ubuntu 目录下创建源文件 seq2seq_model.py，文件详细编码可在下面的地址下载：https://github.com/zlanngao/deeplearning/blob/master/5.4.3/seq2seq_model.py。

3. 训练模型：train_chat.py

训练 30 万次后，损失函数基本保持不变，单个 GPU 大概需要 17 小时，如果采用 CPU 训练，大概需要 3 天。在训练过程中可以调整循环次数，体验一下训练过程，可以直接下载已经训练好的模型。

在/home/ubuntu 目录下创建源文件 train_chat.py，文件详细编码可在下面的地址下载：https://github.com/zlanngao/deeplearning/blob/master/5.4.3/train_chat.py。

然后执行：

```
cd /home/ubuntu;
python train_chat.py
```

执行结果：

```
step:311991,loss:0.000332
step:311992,loss:0.000199
step:311993,loss:0.000600
step:311994,loss:0.001900
step:311995,loss:0.018695
step:311996,loss:0.000945
step:311997,loss:0.000517
step:311998,loss:0.000530
step:311999,loss:0.001020
step:312000,per_loss:0.000672
step:312000,loss:0.000276
step:312001,loss:0.000332
step:312002,loss:0.003255
step:312003,loss:0.000452
step:312004,loss:0.000553
```

下载已有模型地址如下：

```
wget http://tensorflow-1253675457.cosgz.myqcloud.com/chat/chat_model.zip
unzip -o chat_model.zip
```

4．聊天测试：predict_chat.py

利用训练好的模型，我们可以开始聊天了。因为训练数据有限所以只能进行简单的对话，提问最好参考训练数据，否则效果不理想。

在 /home/ubuntu 目录下创建源文件 predict_chat.py，文件详细编码可在下面的地址下载：https://github.com/zlanngao/deeplearning/blob/master/5.4.3/predict_chat.py。

然后执行下面的代码(需要耐心等待几分钟)：

```
cd /home/ubuntu
python predict_chat.py
```

执行结果：

```
ask >你好
answer >你好呀
ask >我是谁
answer >哈哈
```

本章小结

本章主要选取了数据、图像、视频、自然语言处理等几个有代表性的应用领域，利用 Python 程序开发语言和 TensorFlow 平台进行实验，并给出了详细的实验步骤和示例代码。读者可以根据实验内容和实验步骤完整地做完每个实验。

课后思考题

1. 请问 TensorFlow 中的 Session 是用来做什么的？为什么需要 Session？

2. TensorFlow 是一种“符号式编程框架”，首先要构造一张图(graph)，然后在会话(Session)上根据这张图做真实的运算(op)。请思考一下，有这张图(graph)后给整个系统开发会带来哪些帮助？

3. 利用 TensorFlow 训练和推理方法建立拟合二次抛物线函数模型，并给出运行结果。

4. 在泰坦尼克号乘客死亡概率预测实验中，请修改训练的次数(参数 n_epoch 的值)，调整 n_epoch 为 20、30，经过训练后的模型再进行预测，根据预测结果判断训练次数的提高是否可以提高预测准确度？

5. 请简述使用 HyperLPR 进行车牌识别的基本原理及其优点。

6. 请简述目标检测网络(Single Shot MultiBox Detector，SSD)的来历和主要思想。SSD 有哪些优点和缺点？SSD 中 anchors(锚)的主要功能和作用是什么？

图书推荐

书名	作者
Flink原理深入与编程实战——Scala+Java(微课视频版)	辛立伟
HarmonyOS应用开发实战(JavaScript版)	徐礼文
HarmonyOS原子化服务卡片原理与实战	李洋
鸿蒙操作系统开发入门经典	徐礼文
鸿蒙应用程序开发	董昱
鸿蒙操作系统应用开发实践	陈美汝、郑森文、武延军、吴敬征
HarmonyOS移动应用开发	刘安战、余雨萍、李勇军 等
HarmonyOS App开发从0到1	张诏添、李凯杰
HarmonyOS从入门到精通40例	戈帅
JavaScript基础语法详解	张旭乾
华为方舟编译器之美——基于开源代码的架构分析与实现	史宁宁
Android Runtime源码解析	史宁宁
鲲鹏架构入门与实战	张磊
鲲鹏开发套件应用快速入门	张磊
华为HCIA路由与交换技术实战	江礼教
深度探索Go语言——对象模型与runtime的原理、特性及应用	封幼林
深入理解Go语言	刘丹冰
剑指大前端全栈工程师	贾志杰、史广、赵东彦
深度探索Flutter——企业应用开发实战	赵龙
Flutter组件精讲与实战	赵龙
Flutter组件详解与实战	[加]王浩然(Bradley Wang)
Flutter跨平台移动开发实战	董运成
Dart语言实战——基于Flutter框架的程序开发(第2版)	亢少军
Dart语言实战——基于Angular框架的Web开发	刘仕文
IntelliJ IDEA软件开发与应用	乔国辉
深度探索Vue.js——原理剖析与实战应用	张云鹏
Vue+Spring Boot前后端分离开发实战	贾志杰
Vue.js快速入门与深入实战	杨世文
Vue.js企业开发实战	千锋教育高教产品研发部
Python从入门到全栈开发	钱超
Python全栈开发——基础入门	夏正东
Python全栈开发——高阶编程	夏正东
Python全栈开发——数据分析	夏正东
Python游戏编程项目开发实战	李志远
HuggingFace自然语言处理详解——基于BERT中文模型的任务实战	李福林
Python深度学习	王志立
Python预测分析与机器学习	王沁晨
Python异步编程实战——基于AIO的全栈开发技术	陈少佳
Python数据分析实战——从Excel轻松入门Pandas	曾贤志
Python数据分析从0到1	邓立文、俞心宇、牛瑶

图书资源支持

感谢您一直以来对清华版图书的支持和爱护。为了配合本书的使用，本书提供配套的资源，有需求的读者请扫描下方的“书圈”微信公众号二维码，在图书专区下载，也可以拨打电话或发送电子邮件咨询。

如果您在使用本书的过程中遇到了什么问题，或者有相关图书出版计划，也请您发邮件告诉我们，以便我们更好地为您服务。

我们的联系方式：

地　　址：北京市海淀区双清路学研大厦 A 座 714

邮　　编：100084

电　　话：010-83470236　010-83470237

客服邮箱：2301891038@qq.com

QQ：2301891038（请写明您的单位和姓名）

资源下载：关注公众号“书圈”下载配套资源。

资源下载、样书申请

书圈

图书案例

清华计算机学堂

观看课程直播